国家出版基金资助项目

现代数学中的著名定理纵横谈丛书

丛书主编　王梓坤

EISENSTEIN SERIES
—MODULAR FORMS AND TERNARY QUADRATIC FORMS

Eisenstein级数
——模形式和三元二次型

裴定一　著

哈爾濱工業大學出版社
HARBIN INSTITUTE OF TECHNOLOGY PRESS

内 容 提 要

模形式理论是数论的一个重要分支.本书介绍作者在半整权模形式理论上的研究成果:证明权为3/2的任一模形式可表为一个尖形式和一个Eisenstein级数之和,并构造了由Eisenstein级数生成的子空间的基底;介绍了这个结果在三元二次型簇表整数问题中的应用;将研究权为3/2的Eisenstein级数的方法推广应用于研究一般半整权的Eisenstein级数.书中也包含了模群及其同余子群,Hecke算子,模型式的Zeta函数,整权Eisenstein级数等经典结果.

本书适合高等院校师生及数学爱好者研读.

图书在版编目(CIP)数据

Eisenstein级数——模形式和三元二次型/裴定一著.—哈尔滨:哈尔滨工业大学出版社,2021.1

(现代数学中的著名定理纵横谈丛书)

ISBN 978-7-5603-7352-2

Ⅰ.①E… Ⅱ.①裴… Ⅲ.①模型式-研究
Ⅳ.①O156

中国版本图书馆CIP数据核字(2018)第105095号

策划编辑 刘培杰 张永芹
责任编辑 王勇钢
封面设计 孙茵艾
出版发行 哈尔滨工业大学出版社
社 址 哈尔滨市南岗区复华四道街10号 邮编150006
传 真 0451-86414749
网 址 http://hitpress.hit.edu.cn
印 刷 哈尔滨市石桥印务有限公司
开 本 787 mm×1 092 mm 1/16 印张15 字数270千字
版 次 2021年1月第1版 2021年1月第1次印刷
书 号 ISBN 978-7-5603-7352-2
定 价 68.00元

⊙代序

读书的乐趣

你最喜爱什么——书籍.

你经常去哪里——书店.

你最大的乐趣是什么——读书.

这是友人提出的问题和我的回答.真的,我这一辈子算是和书籍,特别是好书结下了不解之缘.有人说,读书要费那么大的劲,又发不了财,读它做什么?我却至今不悔,不仅不悔,反而情趣越来越浓.想当年,我也曾爱打球,也曾爱下棋,对操琴也有兴趣,还登台伴奏过.但后来却都一一断交,“终身不复鼓琴”.那原因便是怕花费时间,玩物丧志,误了我的大事——求学.这当然过激了一些.剩下来唯有读书一事,自幼至今,无日少废,谓之书痴也可,谓之书橱也可,管它呢,人各有志,不可相强.我的一生大志,便是教书,而当教师,不多读书是不行的.

读好书是一种乐趣,一种情操;一种向全世界古往今来的伟人和名人求教的方法，一种和他们展开讨论的方式；一封出席各种活动、体验各种生活、结识各种人物的邀请信；一张迈进科学宫殿和未知世界的入场券；一股改造自己、丰富自己的强大力量．书籍是全人类有史以来共同创造的财富，是永不枯竭的智慧的源泉．失意时读书，可以使人重整旗鼓；得意时读书，可以使人头脑清醒；疑难时读书，可以得到解答或启示；年轻人读书，可明奋进之道；年老人读书，能知健神之理．浩浩乎！洋洋乎！如临大海，或波涛汹涌，或清风微拂，取之不尽，用之不竭．吾于读书，无疑义矣，三日不读，则头脑麻木，心摇摇无主．

潜能需要激发

我和书籍结缘，开始于一次非常偶然的机会．大概是八九岁吧，家里穷得揭不开锅，我每天从早到晚都要去田园里帮工．一天，偶然从旧木柜阴湿的角落里，找到一本蜡光纸的小书，自然很破了．屋内光线暗淡，又是黄昏时分，只好拿到大门外去看．封面已经脱落，扉页上写的是《薛仁贵征东》．管它呢，且往下看．第一回的标题已忘记，只是那首开卷诗不知为什么至今仍记忆犹新：

日出遥遥一点红，飘飘四海影无踪．

三岁孩童千两价，保主跨海去征东．

第一句指山东，二、三两句分别点出薛仁贵（雪、人贵）．那时识字很少，半看半猜，居然引起了我极大的兴趣，同时也教我认识了许多生字．这是我有生以来独立看的第一本书．尝到甜头以后，我便千方百计去找书，向小朋友借，到亲友家找，居然断断续续看了《薛丁山征西》《彭公案》《二度梅》等，樊梨花便成了我心中的女英雄. 我真入迷了. 从此,放牛也罢,车水也罢,我总要带一本书,还练出了边走田间小路边读书的本领,读得津津有味,不知人间别有他事.

当我们安静下来回想往事时,往往会发现一些偶然的小事却影响了自己的一生. 如果不是找到那本《薛仁贵征东》,我的好学心也许激发不起来. 我这一生,也许会走另一条路. 人的潜能,好比一座汽油库,星星之火,可以使它雷声隆隆、光照天地;但若少了这粒火星,它便会成为一潭死水,永归沉寂.

抄,总抄得起

好不容易上了中学,做完功课还有点时间,便常光顾图书馆. 好书借了实在舍不得还,但买不到也买不起,便下决心动手抄书. 抄,总抄得起. 我抄过林语堂写的《高级英文法》,抄过英文的《英文典大全》,还抄过《孙子兵法》,这本书实在爱得狠了,竟一口气抄了两份. 人们虽知抄书之苦,未知抄书之益,抄完毫末俱见,一览无余,胜读十遍.

始于精于一,返于精于博

关于康有为的教学法,他的弟子梁启超说:“康先生之教,专标专精、涉猎二条,无专精则不能成,无涉猎则不能通也.”可见康有为强烈要求学生把专精和广博(即“涉猎”)相结合.

在先后次序上,我认为要从精于一开始. 首先应集中精力学好专业,并在专业的科研中做出成绩,然后逐步扩大领域,力求多方面的精. 年轻时,我曾精读杜布(J. L. Doob)的《随机过程论》,哈尔莫斯(P. R. Halmos)的《测度论》等世界数学名著,使我终身受益. 简言之,即“始于精于一,返于精于博”. 正如中国革命一样,必须先有一块根据地,站稳后再开创几块,最后连成一片.

丰富我文采,澡雪我精神

辛苦了一周,人相当疲劳了,每到星期六,我便到旧书店走走,这已成为生活中的一部分,多年如此.一次,偶然看到一套《纲鉴易知录》,编者之一便是选编《古文观止》的吴楚材.这部书提纲挈领地讲中国历史,上自盘古氏,直到明末,记事简明,文字古雅,又富于故事性,便把这部书从头到尾读了一遍.从此启发了我读史书的兴趣.

我爱读中国的古典小说,例如《三国演义》和《东周列国志》.我常对人说,这两部书简直是世界上政治阴谋诡计大全.即以近年来极时髦的人质问题(伊朗人质、劫机人质等),这些书中早就有了,秦始皇的父亲便是受害者,堪称"人质之父".

《庄子》超尘绝俗,不屑于名利.其中"秋水""解牛"诸篇,诚绝唱也.《论语》束身严谨,勇于面世,"己所不欲,勿施于人",有长者之风.司马迁的《报任少卿书》,读之我心两伤,既伤少卿,又伤司马;我不知道少卿是否收到这封信,希望有人做点研究.我也爱读鲁迅的杂文,果戈理、梅里美的小说.我非常敬重文天祥、秋瑾的人品,常记他们的诗句:"人生自古谁无死,留取丹心照汗青""休言女子非英物,夜夜龙泉壁上鸣".唐诗、宋词、《西厢记》《牡丹亭》,丰富我文采,澡雪我精神,其中精粹,实是人间神品.

读了邓拓的《燕山夜话》,既叹服其广博,也使我动了写《科学发现纵横谈》的心.不料这本小册子竟给我招来了上千封鼓励信.以后人们便写出了许许多多的“纵横谈”.

从学生时代起,我就喜读方法论方面的论著.我想,做什么事情都要讲究方法,追求效率、效果和效益,方法好能事半而功倍.我很留心一些著名科学家、文学家写的心得体会和经验.我曾惊讶为什么巴尔扎克在51年短短的一生中能写出上百本书,并从他的传记中去寻找答案.文史哲和科学的海洋无边无际,先哲们的明智之光沐浴着人们的心灵,我衷心感谢他们的恩惠.

读书的另一面

以上我谈了读书的好处,现在要回过头来说说事情的另一面.

读书要选择.世上有各种各样的书:有的不值一看,有的只值看20分钟,有的可看5年,有的可保存一辈子,有的将永远不朽.即使是不朽的超级名著,由于我们的精力与时间有限,也必须加以选择.决不要看坏书,对一般书,要学会速读.

读书要多思考.应该想想,作者说得对吗?完全吗?适合今天的情况吗?从书本中迅速获得效果的好办法是有的放矢地读书,带着问题去读,或偏重某一方面去读.这时我们的思维处于主动寻找的地位,就像猎人追找猎物一样主动,很快就能找到答案,或者发现书中的问题.

有的书浏览即止,有的要读出声来,有的要心头记住,有的要笔头记录.对重要的专业书或名著,要勤做笔记,“不动笔墨不读书”.动脑加动手,手脑并用,既可加深理解,又可避忘备查,特别是自己的灵感,更要及时抓住.清代章学诚在《文史通义》中说:“札记之功必不可少,如不札记,则无穷妙绪如雨珠落大海矣.”

许多大事业、大作品，都是长期积累和短期突击相结合的产物. 涓涓不息，将成江河；无此涓涓，何来江河？

爱好读书是许多伟人的共同特性，不仅学者专家如此，一些大政治家、大军事家也如此. 曹操、康熙、拿破仑、毛泽东都是手不释卷，嗜书如命的人. 他们的巨大成就与毕生刻苦自学密切相关.

王梓坤

◎ 前言

模形式理论是数论的一个重要分支.本书的主要内容是介绍作者在半整权模形式理论上的研究成果.模形式研究中的一个基本课题是构造模形式空间的基底.当模形式的权为不小于 5/2 的整数或半整数时,熟知尖形式子空间的正交补空间是由 Eisenstein 级数生成的.而当权为 3/2 和 1/2 时,这个结论是否还能成立?在较长一段时间内没有得到解答.作者证明了当权为 3/2 时,上述结论同样也是成立的,并且构造了尖形式正交补子空间的基底.这个构造基底的方法也可应用于权为大于 3/2 的半整权模形式.在某些情况下,可以给出所构造的这组基底中的每个函数的 Fourier 展开式.第 1 章和第 4 章论述了这一结果.

第 1 章可看作全书的引子,首先从二次型表整数问题出发,通过 θ 函数的变换公式引入了模形式的概念.接着论述了 Eisenstein 级数的解析延拓及权为 3/2 的 Eisenstein 级数的构造.第 4 章首先介绍了 J. P. Serre 和 H. M. Stark 关于权为 1/2 的模形式的结果,它是研究权为 3/2 的 Eisenstein 级数所必需的.利用模形式在尖点的值是我们研究权为 3/2 的 Eisenstein 级数所使用的主要方法.这一章中 4.4,4.5,4.6 三节的内容就是构造半整权尖形式的正交补子空间的基底.

第 5 章讨论权为整数的 Eisenstein 级数. 构造整权尖形式的正交补子空间的基底，这是一个经典的结果. 我们在讲述这个结果后，利用它给出了整权模形式成为尖形式的一个判别准则，并在此基础上证明了一个权为 3/2 的尖形式能通过 Shimura 提升成为权为 2 的尖形式的充分必要条件. 这个结果是由 J. Sturm 首先证明的，我们这里使用了略为不同的证明方法. 第 6 章中关于三元二次型簇表整数问题的研究中，应用了这个结果.

整系数正定二次型表整数问题和模形式理论有密切的联系. 整系数正定三元二次型表整数的问题则与权为 3/2 的模形式有关. 第 6 章讲述了如何利用第 4 章中所得到的权为 3/2 的 Eisenstein 级数的结果，计算某些三元二次型簇表整数的解数的解析表达式.

第 2 章和第 3 章介绍其后各章所需使用的模形式的有关基本知识. 第 2 章在讨论了模群及其同余子群的基本性质后，引入了模形式的定义，并计算了同余子群上的模形式空间的维数公式. 这些维数公式都是已知的结果，本书用较直接的方法详细推导了这些公式，这在其他文献上是不易找到的. 第 3 章介绍模形式空间上的 Hecke 算子，讨论了模形式的 Zeta 函数及其函数方程. 在第 2 章中我们假定读者知道 Riemann 面上的 Riemann-Roch 定理. 在第 6 章，我们引用了 Hecke 算子在二次型所对应的 θ 函数上的作用的有关结果. 除此以外，本书内容基本上是封闭的. 本书适合初学模形式理论的读者阅读.

在完成这本书稿时，作者深深怀念已故的导师华罗庚教授，作者在数学上的成长是与他的教导分不开的. 作者衷心感谢 Goro Shimura 教授，是他引导作者进入了模形式这一研究领域，本书的很多内容都与他在半整权模形式理论方面的奠基性工作有关.

裴定一

1993 年 9 月

于中国科学技术大学研究生院

常用符号

$\boldsymbol{Z}$	整数环
$\boldsymbol{Q}$	有理数域
$\boldsymbol{R}$	实数域
$\boldsymbol{C}$	复数域
H	上半平面$\{x+\mathrm{i}y \mid y>0\}$
$\mathrm{Im}(z)$	复数 z 的虚部
$\mathrm{Re}(z)$	复数 z 的实部
$\mu(n)$	Möbius 函数
$\varphi(n)$	欧拉函数
$[c]$	不超过实数 c 的最大整数
$\{c\}$	$c-[c]$
(a,b)	整数 a 和 b 的最大公因子
$[a,b]$	整数 a 和 b 的最小公倍数
$a\equiv b(n)$	整数 a 和 b 模 n 同余
$a\mid b$	b 能被 a 整除
$p^{\alpha}\parallel n$	n 能被 p^{α} 整除，但不能被 $p^{\alpha+1}$ 整除
$\boldsymbol{Z}_p$	p 个元素的域(p 为素数)
$\boldsymbol{Z}/n\boldsymbol{Z}$	整数环模 n 的剩余类型
$(\boldsymbol{Z}/n\boldsymbol{Z})^*$	整数环模 n 的非剩余系
$M_2(\boldsymbol{Z})$	二阶整数矩阵集合
$SL_2(\boldsymbol{Z})$	行列式为 1 的二阶整数矩阵群
$GL_2(\boldsymbol{Q})$	二阶可逆有理数矩阵群
$GL_2(\boldsymbol{R})$	二阶可逆实数矩阵群
$GL_2^+(\boldsymbol{Q})$	行列式为正的二阶有理数矩阵群
$GL_2^+(\boldsymbol{R})$	行列式为正的二阶实数矩阵群

◎ 目录

第 1 章　θ 函数和 Eisenstein 级数　//　1

1.1　θ 函数　//　1
1.2　Eisenstein 级数　//　11

第 2 章　模形式空间的维数　//　38

2.1　模群及其同余子群　//　38
2.2　权为整数和半整数的模形式　//　57
2.3　$G(N,k,\omega)$和 $S(N,k,\omega)$的维数　//　66
2.4　$G(N,\kappa/2,\omega)$和 $S(N,\kappa/2,\omega)$的维数　//　75

第 3 章　模形式空间的算子　//　83

3.1　Hecke 算子　//　83
3.2　半整权模形式空间的算子　//　102
3.3　模形式的 Zeta 函数及其函数方程　//　118

第 4 章　权为半整数的 Eisenstein 级数　//　123

4.1　老形式和新形式　//　123
4.2　模形式在尖点的值　//　126

4.3　权为 1/2 的模形式　//　134

4.4　$\varepsilon(N,3/2,\omega)$的基（Ⅰ）　//　144

4.5　$\varepsilon(N,3/2,\omega)$的基（Ⅱ）　//　157

4.6　$\varepsilon(N,\kappa/2,\omega)(\kappa\geqslant 5)$的基　//　175

第 5 章　权为整数的 Eisenstein 级数　//　179

5.1　$\varepsilon(N,k,\omega)$的基　//　179

5.2　半整权 Eisenstein 级数的提升　//　190

5.3　权为 3/2 的尖形式的提升　//　198

第 6 章　三元二次型表整数　//　208

6.1　正定二次型簇的 θ 函数　//　208

6.2　三元二次型簇表整数　//　211

附录　专访广州大学信息安全研究所所长裴定一　//　219

参考文献　//　222

第1章 θ 函数和 Eisenstein 级数

1.1 θ 函 数

设 a,b,c 和 n 都是正整数，且 $(a,b,c)=1$. 以 $N(a,b,c,n)$ 表示不定方程

$$ax^2+by^2+cz^2=n$$

的整数解 (x,y,z) 的个数. 定义 θ 函数

$$\theta(z)=\sum_{n=-\infty}^{+\infty}\mathrm{e}^{2\pi\mathrm{i}n^2 z}$$

这里 z 为上半平面 H 上的复变数，$\theta(z)$ 是 H 上的全纯函数. 令

$$f(z)=\theta(az)\theta(bz)\theta(cz)$$

易见

$$f(z)=1+\sum_{n=1}^{\infty}N(a,b,c,n)\mathrm{e}^{2\pi\mathrm{i}n^2 z}$$

所以 $N(a,b,c,n)$ 是函数 $f(z)$ 的 Fourier 展开式的系数. 如果能计算 $f(z)$ 的 Fourier 展开式，也就能找到 $N(a,b,c,n)$. 函数 $f(z)$ 与 θ 函数有密切关系，以后我们将知道，$f(z)$ 是一个权为 3/2 的模形式. 在研究了模形式的有关理论后，我们在第 6 章将讨论 $N(a,b,c,n)$ 的解析表达式. 更一般的，我们也可以考虑多个变量的整系数正定二次型表整数的问题.

本节主要研究 θ 函数. 设 t 为正实数,令

$$\varphi(x)=\sum_{n=-\infty}^{+\infty}\mathrm{e}^{-\pi t(n+x)^2}$$

当 x 在任一有限区间内时,该级数绝对一致收敛. 由于 $\varphi(x+1)=\varphi(x)$,所以它有 Fourier 展开式

$$\varphi(x)=\sum_{m=-\infty}^{+\infty}c_m\mathrm{e}^{2\pi\mathrm{i}mx}$$

其中

$$c_m=\int_0^1\varphi(x)\mathrm{e}^{-2\pi\mathrm{i}mx}\mathrm{d}x=\int_{-\infty}^{+\infty}\mathrm{e}^{-\pi tx^2-2\pi\mathrm{i}mx}\mathrm{d}x=$$
$$\int_{-\infty}^{+\infty}\mathrm{e}^{-\pi\left(\sqrt{t}x+\frac{m\mathrm{i}}{\sqrt{t}}\right)^2-\frac{\pi m^2}{t}}\mathrm{d}x=$$
$$t^{-\frac{1}{2}}\mathrm{e}^{-\frac{\pi m^2}{t}}$$

因而

$$\varphi(x)=t^{-\frac{1}{2}}\sum_{m=-\infty}^{+\infty}\mathrm{e}^{-\frac{\pi m^2}{t}+2\pi\mathrm{i}mx}\tag{1.1.1}$$

令

$$\tilde{\theta}(z)=\theta\left(\frac{z}{2}\right)$$

在式(1.1.1) 中取 $x=0$,得到

$$\tilde{\theta}(\mathrm{i}t)=t^{-\frac{1}{2}}\tilde{\theta}\left(-\frac{1}{\mathrm{i}t}\right)$$

由于 $\tilde{\theta}(z)$ 是 H 上的全纯函数,故有

$$\tilde{\theta}\left(-\frac{1}{z}\right)=(-\mathrm{i}z)^{\frac{1}{2}}\tilde{\theta}(z)\quad(z\in H)\tag{1.1.2}$$

对于多值函数 $z^{\frac{1}{2}}$,我们选取 $z^{\frac{1}{2}}$ 的辐角 $\arg(z^{\frac{1}{2}})$,使其适合

$$-\frac{\pi}{2}<\arg(z^{\frac{1}{2}})\leqslant\frac{\pi}{2}$$

一般的,我们有$(z_1z_2)^{\frac{1}{2}}=\pm z_1^{\frac{1}{2}}z_2^{\frac{1}{2}}$. 考虑如何决定正负号. 设

$$z_1=|z_1|\mathrm{e}^{\mathrm{i}\alpha},\quad z_2=|z_2|\mathrm{e}^{\mathrm{i}\beta}\quad(-\pi<\alpha,\beta\leqslant\pi)$$

则

$$z_1^{\frac{1}{2}}=|z_1|^{\frac{1}{2}}\mathrm{e}^{\frac{\mathrm{i}\alpha}{2}},z_2^{\frac{1}{2}}=|z_2|^{\frac{1}{2}}\mathrm{e}^{\frac{\mathrm{i}\beta}{2}}$$

当 $-\pi<\alpha+\beta\leqslant\pi$ 时

$$(z_1z_2)^{\frac{1}{2}}=|z_1z_2|^{\frac{1}{2}}\mathrm{e}^{\frac{\mathrm{i}(\alpha+\beta)}{2}}=z_1^{\frac{1}{2}}z_2^{\frac{1}{2}}$$

当 $-2\pi<\alpha+\beta\leqslant-\pi$ 时

$$(z_1z_2)^{\frac{1}{2}}=|z_1z_2|^{\frac{1}{2}}\mathrm{e}^{\frac{\mathrm{i}(\alpha+\beta+2\pi)}{2}}=-z_1^{\frac{1}{2}}z_2^{\frac{1}{2}}$$

当 $\pi<\alpha+\beta\leqslant 2\pi$ 时

$$(z_1z_2)^{\frac{1}{2}}=|z_1z_2|^{\frac{1}{2}}\mathrm{e}^{\frac{\mathrm{i}(\alpha+\beta-2\pi)}{2}}=-z_1^{\frac{1}{2}}z_2^{\frac{1}{2}}$$

可以总结出如下的规则，若下述三个条件之一成立：

（ⅰ）$\mathrm{Im}(z_1)<0,\mathrm{Im}(z_2)<0,\mathrm{Im}(z_1z_2)>0$；

（ⅱ）$\mathrm{Im}(z_1)>0,\mathrm{Im}(z_2)>0,\mathrm{Im}(z_1z_2)<0$；

（ⅲ）z_1 和 z_2 都是负数，或一个是负数，另一个的虚部为正，则

$$(z_1z_2)^{\frac{1}{2}}=-z_1^{\frac{1}{2}}z_2^{\frac{1}{2}}$$

在其他情况，都有

$$(z_1z_2)^{\frac{1}{2}}=z_1^{\frac{1}{2}}z_2^{\frac{1}{2}}$$

一般的，设 $f(x_1,\cdots,x_\kappa)$ 为 κ 个变量的整系数正定二次型. 定义矩阵

$$\boldsymbol{A}=\left(\frac{\partial^2 f}{\partial x_i\partial x_j}\right)$$

$\boldsymbol{A}$ 是一个对称正定整系数方阵，且对角线上的元素都为偶数. 易见

$$f(x_1,\cdots,x_\kappa)=\frac{1}{2}\boldsymbol{xAx}^{\mathrm{T}}$$

这里 $\boldsymbol{x}=(x_1,\cdots,x_\kappa)\in\boldsymbol{Z}^\kappa$ 是一个行向量，$\boldsymbol{x}^{\mathrm{T}}$ 表示 $\boldsymbol{x}$ 的转置. 定义 f 对应的

$$\theta_f(z)=\sum_{\boldsymbol{x}\in\boldsymbol{Z}^\kappa}\mathrm{e}^{2\pi\mathrm{i}f(\boldsymbol{x})z}\quad(z\in H)$$

易见

$$\theta_f(z)=\sum_{\boldsymbol{x}\in\boldsymbol{Z}^\kappa}\mathrm{e}^{\pi\mathrm{i}\boldsymbol{xAx}^{\mathrm{T}}z}=\sum_{n=0}^{\infty}\gamma(f,n)\mathrm{e}^{2\pi\mathrm{i}nz}$$

其中 $\gamma(f,n)$ 为 $f(\boldsymbol{x})=n$ 的解 $\boldsymbol{x}\in\boldsymbol{Z}^\kappa$ 的个数. $\theta_f(z)$ 在 H 内的任一有界区域内绝对一致收敛，它是 H 上的一个全纯函数.

设 N 是使矩阵 $N\boldsymbol{A}^{-1}$ 的元素都为整数，且对角线元素都为偶数的最小正整数，可见，$\det\boldsymbol{A}$ 是 N^κ 的因子，所以 $\det\boldsymbol{A}$ 的素因子都是 N 的素因子；又因 $N\mid 2\det\boldsymbol{A}$，$N$ 的奇素因子也一定是 $\det\boldsymbol{A}$ 的素因子.

将 $\boldsymbol{A}$ 看作 2-adic 整数环 $\boldsymbol{Z}_2$ 上的矩阵，不难证明一定存在 $\boldsymbol{Z}_2$ 上的 κ 阶可逆矩阵 $\boldsymbol{S}$，使

$$\boldsymbol{SAS}^{\mathrm{T}}=\begin{pmatrix}\boldsymbol{A}_1 & & \\ & \ddots & \\ & & \boldsymbol{A}_r\end{pmatrix}$$

其中 $\boldsymbol{A}_i$ 或为 $2\boldsymbol{Z}_2$ 中的数，或为一个二阶对称方阵

$$\begin{pmatrix}2a & b\\ b & 2c\end{pmatrix}\quad(a,b,c\in\boldsymbol{Z}_2)$$

当 κ 为奇数时，$\boldsymbol{A}_i$ 中一定有一个是一阶的.由此得到以下引理：

引理 1.1 当 κ 为奇数时，一定有 $2\mid\det\boldsymbol{A}$ 及 $4\mid N$；当 κ 为偶数时，一定有 $N\mid\det\boldsymbol{A}$. 又若 $4\mid\kappa$，则 $\det\boldsymbol{A}$ 或为 4 的倍数，或模 4 余 1；若 $\kappa\equiv 2(\bmod 4)$，则 $\det\boldsymbol{A}$ 或为 4 的倍数，或模 4 余 3. 因而，$(-1)^{\frac{\kappa}{2}}\det\boldsymbol{A}$ 总为模 4 余 1 或余 0.

设向量 $\boldsymbol{h}\in\boldsymbol{Z}^{\kappa}$，且 $\boldsymbol{hA}\in N\boldsymbol{Z}^{\kappa}$. 定义 H 上的函数

$$\theta(z;\boldsymbol{h},\boldsymbol{A},N)=\sum_{\boldsymbol{m}\equiv\boldsymbol{h}(N)}e\left(\frac{z\boldsymbol{mAm}^{\mathrm{T}}}{2N^2}\right)$$

这里 $e(z)$ 表示 $\mathrm{e}^{2\pi\mathrm{i}z}$.

命题 1.2 我们有

$$\theta\left(-\frac{1}{z};\boldsymbol{h},\boldsymbol{A},N\right)=(\det\boldsymbol{A})^{-\frac{1}{2}}(-\mathrm{i}z)^{\frac{\kappa}{2}}\sum_{\substack{\boldsymbol{k}\bmod N\\ \boldsymbol{kA}\equiv\boldsymbol{h}(N)}}e\left(\frac{\boldsymbol{kAk}^{\mathrm{T}}}{N^2}\right)\theta(z;\boldsymbol{k},\boldsymbol{A},N)$$

证明 设 t 为正实数，$\boldsymbol{x}=(x_1,\cdots,x_\kappa)\in\boldsymbol{R}^{\kappa}$，令

$$g(\boldsymbol{x})=\sum_{\boldsymbol{m}\in\boldsymbol{Z}^{\kappa}}e\left(\frac{\mathrm{i}t(\boldsymbol{x}+\boldsymbol{m})\boldsymbol{A}(\boldsymbol{x}+\boldsymbol{m})^{\mathrm{T}}}{2}\right)$$

$g(\boldsymbol{x})$ 有 Fourier 展开式

$$g(\boldsymbol{x})=\sum_{\boldsymbol{m}\in\boldsymbol{Z}^{\kappa}}a_{\boldsymbol{m}}e(\boldsymbol{xm}^{\mathrm{T}})\tag{1.1.3}$$

其中

$$a_{\boldsymbol{m}}=\underset{0\leqslant x_j<1}{\int\cdots\int}g(\boldsymbol{x})e(-\boldsymbol{xm}^{\mathrm{T}})\mathrm{d}\boldsymbol{x}=\int_{-\infty}^{+\infty}\cdots\int e\left(\frac{\mathrm{i}t\boldsymbol{xAx}^{\mathrm{T}}}{2}-\boldsymbol{xm}^{\mathrm{T}}\right)\mathrm{d}\boldsymbol{x}$$

存在实正交方阵 $\boldsymbol{S}$，使 $\boldsymbol{SAS}^{\mathrm{T}}$ 为对角阵$[\alpha_1,\cdots,\alpha_\kappa]$，这里 $\alpha_i>0(1\leqslant i\leqslant\kappa)$. 在上述积分中取变数变换 $\boldsymbol{x}=\boldsymbol{yS}$，记 $\boldsymbol{Sm}^{\mathrm{T}}=(u_1,\cdots,u_\kappa)^{\mathrm{T}}$，我们得到

$$a_{\boldsymbol{m}}=\prod_{j=1}^{\kappa}\int_{-\infty}^{+\infty}\mathrm{e}^{-\pi t\alpha_j\boldsymbol{y}^2-2\pi\mathrm{i}u_j\boldsymbol{y}}\mathrm{d}\boldsymbol{y}=\prod_{j=1}^{\kappa}\int_{-\infty}^{+\infty}\mathrm{e}^{-\pi t\alpha_j\left(1+\frac{\mathrm{i}u_j}{t\alpha_j}\right)-\frac{\pi u_j^2}{t\alpha_j}}\mathrm{d}\boldsymbol{y}=$$

$$t^{-\frac{\kappa}{2}}\prod_{j=1}^{\kappa}\alpha_j^{-\frac{1}{2}}\mathrm{e}^{-\frac{\pi u_j^2}{t\alpha_j}}=t^{-\frac{\kappa}{2}}(\det\boldsymbol{A})^{-\frac{1}{2}}\mathrm{e}^{-\frac{\pi\boldsymbol{mA}^{-1}\boldsymbol{m}^{\mathrm{T}}}{t}}\tag{1.1.4}$$

对任一 $\boldsymbol{m}\in\boldsymbol{Z}^{\kappa}$，令 $\boldsymbol{k}\equiv\boldsymbol{m}N\boldsymbol{A}^{-1}(\bmod N)$，则 $\boldsymbol{kA}\equiv 0(\bmod N)$，$\boldsymbol{m}$ 可表为 $\dfrac{(N\boldsymbol{u}+\boldsymbol{k})\boldsymbol{A}}{N}(\boldsymbol{u}\in\boldsymbol{Z}^{\kappa})$，将式(1.1.4) 代入式(1.1.3) 得到

$$g(\boldsymbol{x})=t^{-\frac{\kappa}{2}}(\det\boldsymbol{A})^{\frac{1}{2}}\sum_{\substack{\boldsymbol{k}\bmod N\\ \boldsymbol{kA}\equiv 0(N)}}e\left(\frac{\boldsymbol{xAk}^{\mathrm{T}}}{N}\right)\sum_{\boldsymbol{u}}e\left(\boldsymbol{xAu}^{\mathrm{T}}+\frac{\mathrm{i}(N\boldsymbol{u}+\boldsymbol{k})\boldsymbol{A}(N\boldsymbol{u}+\boldsymbol{k})^{\mathrm{T}}}{2tN^2}\right)$$

因为 $\theta(\mathrm{i}t;\boldsymbol{h},\boldsymbol{A},N)=g\left(\dfrac{\boldsymbol{h}}{N}\right)$，故由上式可得到

$$\theta(\mathrm{i}t;\boldsymbol{h},\boldsymbol{A},N)=t^{-\frac{\kappa}{2}}(\det\boldsymbol{A})^{\frac{1}{2}}\sum_{\substack{\boldsymbol{k}\bmod N\\ \boldsymbol{kA}\equiv 0(N)}}e\left(\frac{\boldsymbol{hAk}^{\mathrm{T}}}{N^2}\right)\theta\left(-\frac{1}{\mathrm{i}t};\boldsymbol{k},\boldsymbol{A},N\right)$$

$\theta(z;\boldsymbol{h},\boldsymbol{A},N)$ 是 H 上的全纯函数，由此即可证得命题 1.2.

定义二阶模群

$$SL_2(\boldsymbol{Z})=\left\{\begin{pmatrix}a & b\\ c & d\end{pmatrix}\middle| a,b,c,d\in\boldsymbol{Z},ad-bc=1\right\}$$

设

$$\boldsymbol{\gamma}=\begin{pmatrix}a & b\\ c & d\end{pmatrix}\in SL_2(\boldsymbol{Z})$$

我们将研究 $\theta(z;\boldsymbol{h},\boldsymbol{A},N)$ 经变换 $z\mapsto\boldsymbol{\gamma}(z)=\dfrac{az+b}{cz+d}$ 后的变换公式. 首先设 $c>0$,利用命题 1.2,我们有

$$\theta(\boldsymbol{\gamma}(z);\boldsymbol{h},\boldsymbol{A},N)=\sum_{\boldsymbol{m}\equiv\boldsymbol{h}(N)}e\left(\boldsymbol{mAm}^{\mathrm{T}}\left(a-\frac{1}{cz+d}\right)\Big/(2cN^2)\right)=$$
$$\sum_{\substack{\boldsymbol{g}\bmod(cN)\\ \boldsymbol{g}\equiv\boldsymbol{h}(N)}}e\left(\frac{a\boldsymbol{gAg}^{\mathrm{T}}}{2cN^2}\right)\sum_{\boldsymbol{m}\equiv\boldsymbol{g}(cN)}e\left(-\frac{c\boldsymbol{mAm}^{\mathrm{T}}}{2(cz+d)(cN)^2}\right)=$$
$$(\det\boldsymbol{A})^{-\frac{1}{2}}c^{-\frac{\kappa}{2}}(-\mathrm{i}(cz+d))^{\frac{\kappa}{2}}\cdot$$
$$\sum_{\substack{\boldsymbol{k}\bmod(cN)\\ \boldsymbol{kA}\equiv 0(N)}}\Phi(\boldsymbol{h},\boldsymbol{k})\theta(cz;\boldsymbol{k},c\boldsymbol{A},cN)\tag{1.1.5}$$

其中

$$\Phi(\boldsymbol{h},\boldsymbol{k})=\sum_{\substack{\boldsymbol{g}\bmod(cN)\\ \boldsymbol{g}\equiv\boldsymbol{h}(N)}}e\left(\frac{a\boldsymbol{gAg}^{\mathrm{T}}+2\boldsymbol{kAg}^{\mathrm{T}}+d\boldsymbol{kAk}^{\mathrm{T}}}{2cN^2}\right)$$

这里我们利用了对任一 $\boldsymbol{m}\in\boldsymbol{Z}^{\kappa}$,$\boldsymbol{mAm}^{\mathrm{T}}$ 总是偶数这一事实. 因为 $ad=1+bc$,故

$$\Phi(\boldsymbol{h},\boldsymbol{k})=\sum_{\substack{\boldsymbol{g}\bmod(cN)\\ \boldsymbol{g}\equiv\boldsymbol{h}(N)}}e\left(\frac{a(\boldsymbol{g}+d\boldsymbol{k})\boldsymbol{A}(\boldsymbol{g}+d\boldsymbol{k})^{\mathrm{T}}}{2cN^2}\right)e\left(-\frac{b(2\boldsymbol{gAk}^{\mathrm{T}}+d\boldsymbol{kAk}^{\mathrm{T}})}{2N^2}\right)=$$
$$e\left(-\frac{b(2\boldsymbol{hAk}^{\mathrm{T}}+d\boldsymbol{kAk}^{\mathrm{T}})}{2N^2}\right)\Phi(\boldsymbol{h}+d\boldsymbol{k},0)$$

可见 $\Phi(\boldsymbol{h},\boldsymbol{k})$ 仅依赖于 $\boldsymbol{k}\bmod N$,由式(1.1.5)得到

$$\theta(\boldsymbol{\gamma}(z);\boldsymbol{h},\boldsymbol{A},N)(\det\boldsymbol{A})^{\frac{1}{2}}c^{\frac{\kappa}{2}}(-\mathrm{i}(cz+d))^{-\frac{\kappa}{2}}=$$
$$\sum_{\substack{\boldsymbol{k}\bmod N\\ \boldsymbol{kA}\equiv 0(N)}}\Phi(\boldsymbol{h},\boldsymbol{k})\sum_{\substack{\boldsymbol{g}\bmod(cN)\\ \boldsymbol{g}\equiv 0(N)}}\theta(cz;\boldsymbol{g},c\boldsymbol{A},cN)=$$
$$\sum_{\substack{\boldsymbol{k}\bmod N\\ \boldsymbol{kA}\equiv 0(N)}}\Phi(\boldsymbol{h},\boldsymbol{k})\theta(z;\boldsymbol{k},\boldsymbol{A},N)$$

以 $-\dfrac{1}{z}$ 代替 z,再利用命题 1.2 得到

$$\theta\left(\frac{bz-a}{dz-c};\boldsymbol{h},\boldsymbol{A},N\right)\det\boldsymbol{A}c^{\frac{\kappa}{2}}\left(-\mathrm{i}\left(d-\frac{c}{z}\right)\right)^{\frac{\kappa}{2}}(-\mathrm{i}z)^{-\frac{\kappa}{2}}=$$
$$\sum_{\substack{\boldsymbol{l}\bmod N\\ \boldsymbol{lA}\equiv 0(N)}}\left\{\sum_{\substack{\boldsymbol{k}\bmod N\\ \boldsymbol{kA}\equiv 0(N)}}e\left(\frac{\boldsymbol{lAk}^{\mathrm{T}}}{N^2}\right)\Phi(\boldsymbol{h},\boldsymbol{k})\right\}\theta(z;\boldsymbol{l},\boldsymbol{A},N)\tag{1.1.6}$$

设 $d \equiv 0(N)$. 因 $N\boldsymbol{A}^{-1}$ 为整数方阵，且对角线上的元素都是偶数，所以

$$\frac{\boldsymbol{kAk}^{\mathrm{T}}}{2N} = \frac{N^{-1}\boldsymbol{kA} \cdot N\boldsymbol{A}^{-1} \cdot N^{-1}\boldsymbol{Ak}^{\mathrm{T}}}{2}$$

为整数，因而

$$\Phi(\boldsymbol{h},\boldsymbol{k}) = e\left(-\frac{b\boldsymbol{hAk}^{\mathrm{T}}}{N^2}\right)\Phi(\boldsymbol{h},0)$$

式(1.1.6)右端为

$$\Phi(\boldsymbol{h},0)\sum_{\substack{\boldsymbol{l} \bmod N \\ \boldsymbol{lA} \equiv 0(N)}}\ \sum_{\substack{\boldsymbol{k} \bmod N \\ \boldsymbol{kA} \equiv 0(N)}} e\left(\frac{(\boldsymbol{l}-b\boldsymbol{h})\boldsymbol{Ak}^{\mathrm{T}}}{N^2}\right)\theta(z;\boldsymbol{l},\boldsymbol{A},N)$$

计算上式的内和. 存在 κ 阶模矩阵 $\boldsymbol{P},\boldsymbol{Q}$，使 $\boldsymbol{PAQ}$ 为对角阵$[\alpha_1,\cdots,\alpha_\kappa]$，因 $N\boldsymbol{A}^{-1}$ 为整数矩阵，故 $\alpha_i \mid N(1 \leqslant i \leqslant \kappa)$. 由于

$$\boldsymbol{kA} \equiv (\boldsymbol{l}-b\boldsymbol{h})\boldsymbol{A} \equiv 0(N)$$

通过计算可知

$$\sum_{\substack{\boldsymbol{k} \bmod N \\ \boldsymbol{kA} \equiv 0(N)}} e\left(\frac{(\boldsymbol{l}-b\boldsymbol{h})\boldsymbol{Ak}^{\mathrm{T}}}{N^2}\right) = \begin{cases} 0, & \text{若 } \boldsymbol{l} \not\equiv b\boldsymbol{h}(N) \\ \det \boldsymbol{A}, & \text{若 } \boldsymbol{l} \equiv b\boldsymbol{h}(N) \end{cases}$$

以$\begin{pmatrix} a & b \\ c & d \end{pmatrix}$代替$\begin{pmatrix} b & -a \\ d & -c \end{pmatrix}$，这时我们假设 $c \equiv 0(N)$，$d < 0$，我们有

$$\theta\left(\frac{az+b}{cz+d};\boldsymbol{h},\boldsymbol{A},N\right) = \left(-\mathrm{i}\left(c+\frac{d}{z}\right)\right)^{\frac{\kappa}{2}}(-\mathrm{i}z)^{\frac{\kappa}{2}}W \cdot \theta(z;a\boldsymbol{h},\boldsymbol{A},N) \tag{1.1.7}$$

其中

$$W = |d|^{-\frac{\kappa}{2}}\sum_{\substack{\boldsymbol{g} \bmod |d| N \\ \boldsymbol{g} \equiv \boldsymbol{h}(N)}} e\left(-\frac{b\boldsymbol{gAg}^{\mathrm{T}}}{2|d|N^2}\right)$$

因

$$\mathrm{Im}(-\mathrm{i}) < 0, \mathrm{Im}\left(c+\frac{d}{z}\right) > 0$$

故

$$\left(-\mathrm{i}\left(c+\frac{d}{z}\right)\right)^{\frac{\kappa}{2}} = (-\mathrm{i})^{\frac{\kappa}{2}}\left(c+\frac{d}{z}\right)^{\frac{\kappa}{2}}$$

同样，因为 $\mathrm{Im}(-\mathrm{i}) < 0$，$\mathrm{Im}\, z > 0$，故

$$(-\mathrm{i}z)^{\frac{\kappa}{2}} = (-\mathrm{i})^{\frac{\kappa}{2}}z^{\frac{\kappa}{2}}$$

又因

$$\mathrm{Im}(cz+d) = c\mathrm{Im}\, z$$

故

$$z^{\frac{\kappa}{2}}\left(c+\frac{d}{z}\right)^{\frac{\kappa}{2}} = \mathrm{sgn}(c)^{\kappa}(cz+d)^{\frac{\kappa}{2}}$$

其中

$$\operatorname{sgn}(c)=\begin{cases}1, & 若\ c\geqslant 0\\ -1, & 若\ c<0\end{cases}$$

所以

$$\left(-\mathrm{i}\left(c+\frac{d}{z}\right)\right)^{\frac{\kappa}{2}}(-\mathrm{i}z)^{\frac{\kappa}{2}}=(-\mathrm{i}\operatorname{sgn}(c))^{\kappa}(cz+d)^{\frac{\kappa}{2}} \tag{1.1.8}$$

由于 $ad\equiv 1(N)$，可将 W 中的 $\boldsymbol{g}$ 表为 $ad\boldsymbol{h}+N\boldsymbol{u}$，$\boldsymbol{u}$ 跑遍 $(\boldsymbol{Z}/\mid d\mid\boldsymbol{Z})^{\kappa}$，于是

$$\boldsymbol{W}=e\left(\frac{ab\boldsymbol{hAh}^{\mathrm{T}}}{2N^2}\right)w(b,\mid d\mid) \tag{1.1.9}$$

其中

$$w(b,\mid d\mid)=\mid d\mid^{-\frac{\kappa}{2}}\sum_{\boldsymbol{u}\bmod\mid d\mid}e\left(-\frac{b\boldsymbol{uAu}^{\mathrm{T}}}{2\mid d\mid}\right)$$

当 $c=0$ 或 $b=0$ 时，总有 $d=-1$，这时 $w(b,\mid d\mid)=1$. 今设 $bc\neq 0$，d 为奇数. 在式(1.1.7) 中以 $z+8m(m\in\boldsymbol{Z})$ 代替 z，且使 $d+8mc<0$，利用式(1.1.8) 及(1.1.9) 可知

$$w(b,\mid d\mid)=w(b+8ma,\mid d+8mc\mid)$$

由于 d 与 $8c$ 互素，可以找到整数 m，使 $-d-8mc$ 为一奇素数，记它为 p，又记 $\beta=-(b+8ma)$，于是得到

$$w(b,\mid d\mid)=w(-\beta,p)=p^{-\frac{\kappa}{2}}\sum_{\boldsymbol{u}\bmod p}e\left(\frac{\beta\boldsymbol{uAu}^{\mathrm{T}}}{2p}\right)$$

设 $\beta\equiv 2\beta'(p)$，由于 $c\equiv 0(N)$，d 与 c 互素，故 p 与 N 互素，因而 p 也与 $\det\boldsymbol{A}$ 互素，存在 κ 阶整数矩阵 $\boldsymbol{S}$，其行列式与 p 互素，使 $\boldsymbol{SAS}^{-1}$ 模 p 与对角阵 $[q_1,\cdots,q_{\kappa}]$ 同余. 利用 Gauss 和的结果，我们有

$$w(b,\mid d\mid)=p^{-\frac{\kappa}{2}}\prod_{i=1}^{\kappa}\left(\sum_{x=1}^{p}e\left(\frac{\beta' q_i x^2}{p}\right)\right)=\varepsilon_p^{\kappa}\left(\frac{(\beta')^{\kappa}\det\boldsymbol{A}}{p}\right)$$

这里 $\left(\frac{q}{p}\right)$ 是 Legendre 符号，即

$$\left(\frac{q}{p}\right)=\begin{cases}1, & 若\ q\ 为模\ p\ 的二次剩余\\ -1, & 否则\end{cases}$$

符号 ε_n 对一切奇数 n 有定义，且

$$\varepsilon_n=\begin{cases}1, & 若\ n\equiv 1(4)\\ \mathrm{i}, & 若\ n\equiv 3(4)\end{cases}$$

易见

$$\varepsilon_p=\varepsilon_{-d}=\mathrm{i}\varepsilon_d^{-1}$$

因为 $\det\boldsymbol{A}$ 的素因子一定是 N 的素因子，$p\equiv -d(8N)$，故

$$\left(\frac{\det\boldsymbol{A}}{p}\right)=\left(\frac{\det\boldsymbol{A}}{-d}\right)$$

由于$\begin{pmatrix} a & -\beta \\ c & -p \end{pmatrix} \in SL_2(\mathbf{Z})$，即 $\beta c - ap = 1$，所以 $2\beta' c \equiv 1(p)$，因而

$$\left(\frac{\beta'}{p}\right) = \left(\frac{2c}{p}\right) = \left(\frac{2c}{-d}\right)$$

设 a 为整数，$b \neq 0$ 为奇数，我们定义一个新的二次剩余符号$\left(\frac{a}{b}\right)$，它具有下述性质：

(1) 当$(a,b) \neq 1$ 时，$\left(\frac{a}{b}\right) = 0$；

(2) $\left(\frac{0}{\pm 1}\right) = 1$；

(3) 当 $b > 0$ 时，$\left(\frac{a}{b}\right)$ 就是 Jacobi 符号，即若 $b = \prod p^r$ 为标准因子分解，则

$$\left(\frac{a}{b}\right) = \prod \left(\frac{a}{p}\right)^r$$

(4) 当 $b < 0$ 时，$\left(\frac{a}{b}\right) = \mathrm{sgn}(a)\left(\frac{a}{|b|}\right)$.

今后在本书中出现的符号$\left(\frac{a}{b}\right)$都如上述所定义. 在上述定义下，我们有

$$w(b, |d|) = \varepsilon_d^{-\kappa}(\mathrm{sgn}(c)\mathrm{i})^\kappa \left(\frac{2c\det \boldsymbol{A}}{d}\right) \tag{1.1.10}$$

上式在 $c = 0$ 或 $c \neq 0$ 两种情况下都成立.

定义模群的子群

$$\Gamma_0(N) = \left\{ \begin{pmatrix} a & b \\ c & d \end{pmatrix} \in SL_2(\mathbf{Z}) \,\middle|\, N \mid c \right\}$$

于是有下述命题：

命题 1.3 设 $\boldsymbol{\gamma} = \begin{pmatrix} a & b \\ c & d \end{pmatrix} \in \Gamma_0(N)$. 当 κ 为奇数时，我们有

$$\theta(\boldsymbol{\gamma}(z); \boldsymbol{h}, \boldsymbol{A}, N) = e\left(\frac{ab\boldsymbol{h}\boldsymbol{A}\boldsymbol{h}^{\mathrm{T}}}{2N^2}\right)\left(\frac{\det \boldsymbol{A}}{d}\right)\left(\frac{2c}{d}\right)^\kappa \cdot$$
$$\varepsilon_d^{-\kappa}(cz+d)^{\frac{\kappa}{2}}\theta(z; a\boldsymbol{h}, \boldsymbol{A}, N) \tag{1.1.11}$$

当 κ 为偶数时，我们有

$$\theta(\boldsymbol{\gamma}(z); \boldsymbol{h}, \boldsymbol{A}, N) = e\left(\frac{ab\boldsymbol{h}\boldsymbol{A}\boldsymbol{h}^{\mathrm{T}}}{2N^2}\right)\left(\frac{(-1)^{\frac{\kappa}{2}}\det \boldsymbol{A}}{d}\right)(cz+d)^{\frac{\kappa}{2}}\theta(z; a\boldsymbol{h}, \boldsymbol{A}, N) \tag{1.1.12}$$

证明 首先设 κ 为奇数. 由引理 1.1，这时 N 是 4 的倍数，所以 d 一定是奇数. 当 $d < 0$ 时，将式(1.1.8)(1.1.9) 和(1.1.10) 代入式(1.1.7)，即得式(1.1.11). 当 $d > 0$ 时，以 $-\boldsymbol{\gamma}$ 代替 $\boldsymbol{\gamma}$，由于

$$(-\boldsymbol{\gamma})(z)=\boldsymbol{\gamma}(z)$$

故

$$\theta(\boldsymbol{\gamma}(z);\boldsymbol{h},\boldsymbol{A},N)=e\left(\frac{ab\boldsymbol{hAh}^{\mathrm{T}}}{2N^{2}}\right)\left(\frac{\det\boldsymbol{A}}{d}\right)\left(\frac{-2c}{-d}\right)^{\kappa}\cdot$$

$$\varepsilon_{-d}^{-\kappa}(-cz-d)^{\frac{\kappa}{2}}\theta(z;-a\boldsymbol{h},\boldsymbol{A},N)$$

易见 $\theta(z;-a\boldsymbol{h},\boldsymbol{A},N)=\theta(z;a\boldsymbol{h},\boldsymbol{A},N)$. 当 $c=0$ 时，有 $d=1$，这时

$$\left(\frac{-2c}{-d}\right)^{\kappa}\varepsilon_{-d}^{-\kappa}(-cz-d)^{\frac{\kappa}{2}}=\mathrm{i}^{-\kappa}(-1)^{\frac{\kappa}{2}}=1$$

当 $c\neq0$ 时，我们有

$$\left(\frac{-2c}{-d}\right)^{\kappa}\varepsilon_{-d}^{-\kappa}(-cz-d)^{\frac{\kappa}{2}}=(-\operatorname{sgn}(c))^{\kappa}\left(\frac{-2c}{d}\right)^{\kappa}\mathrm{i}^{-\kappa}\varepsilon_{d}^{\kappa}(-\mathrm{i}\operatorname{sgn}(c))^{\kappa}(cz+d)^{\frac{\kappa}{2}}=$$

$$\varepsilon_{d}^{-\kappa}\left(\frac{2c}{d}\right)^{\kappa}(cz+d)^{\frac{\kappa}{2}}$$

所以当 $d>0$ 时，式(1.1.11) 也成立.

现在设 κ 为偶数. 当 d 为奇数时，利用上述类似方法，可知式(1.1.12) 成立. 当 d 为偶数时，c 一定是奇数，从而 N 也是奇数. 利用上面已经证明的 d 为奇数时的结果，则我们有

$$\theta\left(\frac{az+aN+b}{cz+cN+d};\boldsymbol{h},\boldsymbol{A},N\right)=e\left(\frac{ab\boldsymbol{hAh}^{\mathrm{T}}}{2N^{2}}\right)\left(\frac{(-1)^{\frac{\kappa}{2}}\det\boldsymbol{A}}{cN+d}\right)(cz+cN+d)^{\frac{\kappa}{2}}\cdot$$

$$\theta(z;a\boldsymbol{h},\boldsymbol{A},N)\tag{1.1.13}$$

以上利用了 $\dfrac{\boldsymbol{hAh}^{\mathrm{T}}}{2N}$ 为整数这一事实. 由引理 1.1 及后面将要证明的引理 1.5，我们有

$$\left(\frac{(-1)^{\frac{\kappa}{2}}\det\boldsymbol{A}}{cN+d}\right)=\left(\frac{(-1)^{\frac{\kappa}{2}}\det\boldsymbol{A}}{d}\right)$$

这里 d 是偶数，上式右端可以理解为 $\left(\dfrac{(-1)^{\frac{\kappa}{2}}\det\boldsymbol{A}}{d+\det\boldsymbol{A}}\right)$. 在式(1.1.13) 中以 $z-N$ 代替 z 便得到式(1.1.12).

由于

$$\theta_{f}(z)=\theta(z;\boldsymbol{0},\boldsymbol{A},N)$$

我们得到本节的主要定理：

定理 1.4 设 $\boldsymbol{\gamma}=\begin{pmatrix}a&b\\c&d\end{pmatrix}\in\Gamma_{0}(N)$. 当 κ 为奇数时

$$\theta_{f}(\boldsymbol{\gamma}(z))=\left(\frac{2\det\boldsymbol{A}}{d}\right)\varepsilon_{d}^{-\kappa}\left(\frac{c}{d}\right)^{\kappa}(cz+d)^{\frac{\kappa}{2}}\theta_{f}(z)$$

当 κ 为偶数时

$$\theta_f(\boldsymbol{\gamma}(z))=\left(\frac{(-1)^{\frac{\kappa}{2}}\det \boldsymbol{A}}{d}\right)(cz+d)^{\frac{\kappa}{2}}\theta_f(z)$$

特别的,取 $\kappa=1, A=2$,这时 $N=4$,对任一

$$\boldsymbol{\gamma}=\begin{pmatrix}a & b\\ c & d\end{pmatrix}\in \Gamma_0(4)$$

由定理 1.4 得到

$$\theta(\boldsymbol{\gamma}(z))=\varepsilon_d^{-1}\left(\frac{c}{d}\right)(cz+d)^{\frac{1}{2}}\theta(z)$$

定义符号

$$j(\boldsymbol{\gamma},z)=\varepsilon_d^{-1}\left(\frac{c}{d}\right)(cz+d)^{\frac{1}{2}}\quad (\boldsymbol{\gamma}\in \Gamma_0(4))$$

若 $\boldsymbol{\gamma}_1,\boldsymbol{\gamma}_2\in \Gamma_0(4)$,利用上述结果,则我们有

$$\theta(\boldsymbol{\gamma}_1\boldsymbol{\gamma}_2(z))=j(\boldsymbol{\gamma}_1\boldsymbol{\gamma}_2,z)\theta(z)$$

及

$$\theta(\boldsymbol{\gamma}_1\boldsymbol{\gamma}_2(z))=j(\boldsymbol{\gamma}_1,\boldsymbol{\gamma}_2(z))\theta(\boldsymbol{\gamma}_2(z))=j(\boldsymbol{\gamma}_1,\boldsymbol{\gamma}_2(z))j(\boldsymbol{\gamma}_2,z)\theta(z)$$

故

$$j(\boldsymbol{\gamma}_1\boldsymbol{\gamma}_2,z)=j(\boldsymbol{\gamma}_1,\boldsymbol{\gamma}_2(z))j(\boldsymbol{\gamma}_2,z)\tag{1.1.14}$$

引理 1.5 设整数 $a=ds^2\neq 0$,d 无平方因子. 令

$$D=\begin{cases}|d|, & 若\ d\equiv 1(4)\\ 4|d|, & 若\ d\equiv 2,3(4)\end{cases}$$

则映射 $b\mapsto\left(\frac{a}{b}\right)$($a$ 为奇数)定义了一个模 $4a$ 的一个因子的特征,以 D 为导子.

证明 当 a 与 b 互素时,显然有

$$\left(\frac{a}{b}\right)=\left(\frac{d}{b}\right)$$

(ⅰ)设 $d>0$,d 为奇数. 若 $b>0$,则

$$\left(\frac{d}{b}\right)=\begin{cases}\left(\frac{b}{d}\right), & 若\ d\equiv 1(4)\\ \left(\frac{-1}{b}\right)\left(\frac{b}{d}\right), & 若\ d\equiv 3(4)\end{cases}$$

若 $b<0$,则当 $d\equiv 1(4)$ 时

$$\left(\frac{d}{b}\right)=\left(\frac{d}{|b|}\right)=\left(\frac{|b|}{d}\right)=\left(\frac{b}{d}\right)$$

当 $d\equiv 3(4)$ 时

$$\left(\frac{d}{b}\right)=\left(\frac{d}{|b|}\right)=\left(\frac{-1}{|b|}\right)\left(\frac{|b|}{d}\right)=\left(\frac{-1}{b}\right)\left(\frac{b}{d}\right)$$

所以引理成立.

（ⅱ）设 $d<0$，d 为奇数. 若 $b>0$，则

$$\left(\frac{d}{b}\right)=\left(\frac{-1}{b}\right)\left(\frac{|d|}{b}\right)=\begin{cases}\left(\frac{b}{|d|}\right), & 若\ d\equiv 1(4)\\ \left(\frac{-1}{b}\right)\left(\frac{b}{|d|}\right), & 若\ d\equiv 3(4)\end{cases}$$

若 $b<0$，则当 $d\equiv 1(4)$ 时

$$\left(\frac{d}{b}\right)=-\left(\frac{d}{|b|}\right)=-\left(\frac{|b|}{|d|}\right)=\left(\frac{b}{|d|}\right)$$

当 $d\equiv 3(4)$ 时

$$\left(\frac{d}{b}\right)=-\left(\frac{d}{|b|}\right)=-\left(\frac{-1}{|b|}\right)\left(\frac{|b|}{|d|}\right)=\left(\frac{-1}{b}\right)\left(\frac{b}{|d|}\right)$$

引理也成立.

（ⅲ）设 $d=2d'$，则

$$\left(\frac{d}{b}\right)=\left(\frac{2}{b}\right)\left(\frac{d'}{b}\right)$$

$\left(\frac{2}{b}\right)$ 是模 8 的特征，将（ⅰ）与（ⅱ）的结果应用于 $\left(\frac{d'}{b}\right)$，即可证得引理.

当 $a\equiv 1(4)$ 时，$b\mapsto\left(\frac{a}{b}\right)$ 是模 a 的特征，这时 b 也可取为偶数.

1.2 Eisenstein 级数

在本节中，κ 总代表一个正奇数，N 为正整数，且是 4 的倍数，ω 为模 N 的偶特征，即 $\omega(-1)=1$. 我们将构造一类 H 上的全纯函数，称为 Eisenstein 级数，它们具有变换公式

$$f(\boldsymbol{\gamma}(z))=\omega(d_\gamma)j(\boldsymbol{\gamma},z)^\kappa f(z)$$

$$\boldsymbol{\gamma}=\begin{pmatrix} * & * \\ * & d_\gamma\end{pmatrix}\in\Gamma_0(N)$$

因为 $j(-\boldsymbol{I},z)=1$，若 $\omega(-1)=-1$，则仅有 $f(z)=0$ 适合上式，所以我们要求 $\omega(-1)=1$.

引理 1.6 设 $k>2$ 为正整数，$z\in H$，令

$$L=\{mz+n\mid m,n\in\boldsymbol{Z}\}$$

则级数

$$E_k(z)=\sum_{w\in L\setminus\{0\}}w^{-k}=\sum_{m,n}{}'(mz+n)^{-\kappa}$$

为 H 上的全纯函数，$\sum'$ 表示对所有 $(m,n)\neq(0,0)$ 求和.

证明 令 P_m 表示以 $\pm mz\pm m$ 为顶点的平行四边形. 记

$$r=\min\{|w| \mid w\in P_1\}$$

任一 $w\in P_m$，有 $|w|\geqslant mr$. 因为 P_m 中有 L 的 $8m$ 个点，故

$$\sum_{w\in L\setminus\{0\}}|w|^{-k}=\sum_{m=1}^{\infty}\sum_{w\in P_m}|w|^{-k}\leqslant 8\sum_{m=1}^{\infty}m(mr)^{-k}$$

当 $k>2$ 时，上式右端是一个收敛级数. 所以当 z 在 H 的一个有界区域内时，$E_k(z)$ 是绝对一致收敛的，$E_k(z)$ 是 H 上的全纯函数.

令

$$\Gamma_\infty=\left\{\pm\begin{pmatrix}1&n\\0&1\end{pmatrix}\middle| n\in\mathbf{Z}\right\}$$

它是 $\Gamma_0(N)$ 的一个子群. 设 $\kappa\geqslant 5$，定义

$$E_k(\omega,N)(z)=\sum_{\boldsymbol{\gamma}\in\Gamma_\infty\setminus\Gamma_0(N)}\omega(d_\gamma)j(\boldsymbol{\gamma},z)^{-\kappa} \tag{1.2.1}$$

这里 $\boldsymbol{\gamma}$ 跑遍 Γ_∞ 在 $\Gamma_0(N)$ 中的右陪集代表系. 当 $\boldsymbol{\gamma}'\in\Gamma_\infty$ 时，利用式(1.1.14)可得

$$\omega(d_{\gamma'\gamma})j(\boldsymbol{\gamma}'\boldsymbol{\gamma},z)^{-\kappa}=\omega(d_{\gamma'})\omega(d_\gamma)j(\boldsymbol{\gamma}',\boldsymbol{\gamma}(z))^{-\kappa}j(\boldsymbol{\gamma},z)^{-\kappa}=\omega(d_\gamma)j(\boldsymbol{\gamma},z)^{-\kappa}$$

可见上述定义是合理的. 由引理 1.6，可知 $E_\kappa(\omega,N)$ 是 H 上的全纯函数. 对任一 $\boldsymbol{\gamma}'\in\Gamma_0(N)$，我们有

$$\begin{aligned}E_\kappa(\omega,N)(\boldsymbol{\gamma}'(z))&=\sum_{\boldsymbol{\gamma}\in\Gamma_\infty\setminus\Gamma_0(N)}\omega(d_\gamma)j(\boldsymbol{\gamma},\boldsymbol{\gamma}'(z))^{-\kappa}=\\&\bar{\omega}(d_{\gamma'})j(\boldsymbol{\gamma}',z)^{\kappa}\sum_{\boldsymbol{\gamma}\in\Gamma_\infty\setminus\Gamma_0(N)}\omega(d_{\gamma\gamma'})j(\boldsymbol{\gamma}\boldsymbol{\gamma}',z)^{-\kappa}=\\&\bar{\omega}(d_{\gamma'})j(\boldsymbol{\gamma}',z)^{\kappa}E_\kappa(\omega,N)(z)\end{aligned}$$

这里利用了 $d_{\gamma\gamma'}=d_\gamma\cdot d_{\gamma'}(N)$.

当 $1\leqslant\kappa<5$ 时，式(1.2.1)中定义的级数不是绝对收敛的，为了也能得到具有上述变换公式的 H 上的全纯函数，引进如下的函数

$$E_\kappa(s,\omega,N)(z)=y^{\frac{s}{2}}\sum_{\boldsymbol{\gamma}\in\Gamma_\infty\setminus\Gamma_0(N)}\omega(d_\gamma)j(\boldsymbol{\gamma},z)^{-\kappa}|j(\boldsymbol{\gamma},z)|^{-2s} \tag{1.2.2}$$

其中 $y=\operatorname{Im}(z)>0$，s 为一个复变量，通常称 $|j(\boldsymbol{\gamma},z)|^{-2s}$ 为 Hecke 收敛因子，这是由 Hecke 首先引入的. 当 $\operatorname{Re}(s)>2-\frac{\kappa}{2}$ 时，上述级数是绝对收敛的，且具有变换公式

$$E_\kappa(s,\omega,N)(\boldsymbol{\gamma}(z))=\bar{\omega}(d_\gamma)j(\boldsymbol{\gamma},z)^{\kappa}E_\kappa(s,\omega,N)(z)\quad(\boldsymbol{\gamma}\in\Gamma_0(N)) \tag{1.2.3}$$

这里利用了

$$\operatorname{Im}(\boldsymbol{\gamma}(z))=|j(\boldsymbol{\gamma},z)|^{-4}\operatorname{Im}(z)$$

我们将通过解析延拓，将 $E_\kappa(s,\omega,N)$ 延拓为 s 平面上的亚纯函数，然后在 $s=0$

处得到 H 上的一个全纯函数. 由式(1.2.3)可得

$$E_\kappa(s,\omega,N)(z+1)=E_\kappa(s,\omega,N)(z)$$

即以1为周期,我们将首先计算 $E_\kappa(s,\omega,N)(z)$ 关于 $e(z)$ 的 Fourier 展开式,然后得到关于 s 的解析延拓. 当 $\kappa\geqslant 5$ 时,$E_\kappa(0,\omega,N)(z)$ 的 Fourier 展开式即为式(1.2.1)中定义的 $E_\kappa(\omega,N)(z)$ 的 Fourier 展开式,这时并不需要引入 Hecke 收敛因子,但在下面的讨论中,我们将 $\kappa\geqslant 5$ 和 $1\leqslant\kappa\leqslant 5$ 两种情况一并处理.

我们需要下述几个引理.

引理 1.7 设 $\lambda,y\in\boldsymbol{R},\beta\in\boldsymbol{C}$,且 $y>0,\mathrm{Re}(\beta)>0$,则

$$\int_{y-\mathrm{i}\infty}^{y+\mathrm{i}\infty}v^{-\beta}\mathrm{e}^{\lambda v}\mathrm{d}v=\begin{cases}2\pi\mathrm{i}\lambda^{\beta-1}\Gamma(\beta)^{-1}, & 若\ \lambda>0\\ 0, & 若\ \lambda\leqslant 0\end{cases}$$

证明 仅需在假设 $0<\mathrm{Re}\,\beta<1$ 之下证明本引理. 记

$$\beta=a+b\mathrm{i},v=|v|\mathrm{e}^{\mathrm{i}\varphi}=s+\mathrm{i}t\quad(s,t\in\boldsymbol{R})$$

当 $\lambda\leqslant 0$ 时,取积分围道(图1.1),由于

$$|v^{-\beta}\mathrm{e}^{\lambda v}|=|\mathrm{e}^{-(a+b\mathrm{i})(\lg|v|+\mathrm{i}\varphi)+\lambda(s+\mathrm{i}t)}|=$$
$$\mathrm{e}^{-a\lg|v|+b\varphi+\lambda s}\to 0\quad(|v|\to\infty,s\geqslant y)$$

利用围道积分,易见引理成立.

当 $\lambda>0$ 时

$$\int_{y-\mathrm{i}\infty}^{y+\mathrm{i}\infty}v^{-\beta}\mathrm{e}^{\lambda v}\mathrm{d}v=\lambda^{\beta-1}\int_{\lambda y-\mathrm{i}\infty}^{\lambda y+\mathrm{i}\infty}v^{-\beta}\mathrm{e}^{v}\mathrm{d}v$$

取积分围道(图1.2),当 v 在以原点 O 为中心,r 为半径的圆上时,由于 $0<a<1$,所以

$$r|v^{-\beta}\mathrm{e}^{v}|=r^{1-a}|\mathrm{e}^{v}|\to 0\quad(r\to 0)$$

另一方面

$$|v^{-\beta}\mathrm{e}^{v}|=\mathrm{e}^{-a\lg|v|+b\varphi+s}\to 0\quad(|v|\to\infty,s\leqslant\lambda y)$$

故由围道积分得到

$$\int_{\lambda y-\mathrm{i}\infty}^{\lambda y+\mathrm{i}\infty}v^{-\beta}\mathrm{e}^{v}\mathrm{d}v=-\underbrace{\int_{-\infty}^{0}v^{-\beta}\mathrm{e}^{v}\mathrm{d}v}_{\mathrm{I}}-\underbrace{\int_{0}^{-\infty}v^{-\beta}\mathrm{e}^{v}\mathrm{d}v}_{\mathrm{II}}$$

第一个积分沿负实轴上岸,这时 $-1=\mathrm{e}^{\mathrm{i}\pi}$,第二个积分沿负实轴下岸,这时 $-1=\mathrm{e}^{-\mathrm{i}\pi}$. 我们有

$$\underbrace{\int_{-\infty}^{0}v^{-\beta}\mathrm{e}^{v}\mathrm{d}v}_{\mathrm{I}}=\mathrm{e}^{-\mathrm{i}\pi\beta}\int_{0}^{\infty}x^{-\beta}\mathrm{e}^{-x}\mathrm{d}x=\mathrm{e}^{-\mathrm{i}\pi\beta}\Gamma(1-\beta)$$

$$\underbrace{\int_{0}^{-\infty}v^{-\beta}\mathrm{e}^{v}\mathrm{d}v}_{\mathrm{II}}=-\mathrm{e}^{\mathrm{i}\pi\beta}\int_{0}^{\infty}x^{-\beta}\mathrm{e}^{-x}\mathrm{d}x=-\mathrm{e}^{\mathrm{i}\pi\beta}\Gamma(1-\beta)$$

由于

$$(e^{i\pi\beta}-e^{-i\pi\beta})\Gamma(1-\beta)=2i\Gamma(1-\beta)\sin\pi\beta=2\pi i\Gamma(\beta)^{-1}$$

证得引理 1.7.

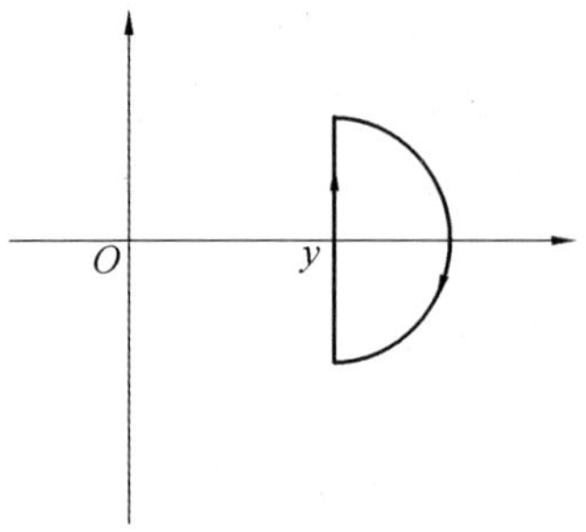

图 1.1

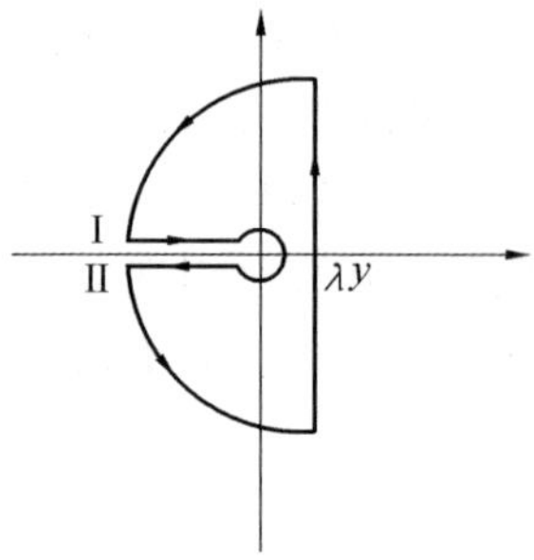

图 1.2

设 $y>0,\alpha,\beta\in\mathbf{C}$,定义

$$W(y,\alpha,\beta)=\Gamma(\beta)^{-1}\int_0^\infty(1+u)^{\alpha-1}u^{\beta-1}e^{-yu}du$$

称为 Whittaker 函数. 当 $\mathrm{Re}(\beta)>0$ 时,上述积分是收敛的,由分部积分公式可得

$$W(y,\alpha,\beta)=\beta^{-1}\Gamma(\beta)^{-1}\int_0^\infty(1+u)^{\alpha-1}e^{-yu}du^\beta=$$
$$yW(y,\alpha,\beta+1)+(1-\alpha)W(y,\alpha-1,\beta+1)\tag{1.2.4}$$

利用上式,可将 $W(y,\alpha,\beta)$ 解析延拓,使其对任一 $(\alpha,\beta)\in\mathbf{C}^2$ 都有定义. 解析延拓后的函数仍记为 $W(y,\alpha,\beta)$.

引理 1.8 $W(y,\alpha,0)=1$ 及 $W(y,1,-1/2)=y^{1/2}$.

证明 在式(1.2.4) 中取 $\beta=0$,得

$$W(y,\alpha,0)=yW(y,\alpha,1)+(1-\alpha)W(y,\alpha-1,1)=$$
$$y\int_0^\infty(1+u)^{\alpha-1}e^{-yu}du+(1-\alpha)\int_0^\infty(1+u)^{\alpha-2}e^{-yu}du=$$
$$y\int_0^\infty(1+u)^{\alpha-1}e^{-yu}du-\int_0^\infty e^{-yu}d[(1+u)^{\alpha-1}]=$$
$$-e^{-yu}(1+u)^{\alpha-1}\Big|_0^\infty=1$$

同样,在式(1.2.4) 中取 $\beta=-\dfrac{1}{2}$,得

$$W\left(y,1,-\frac{1}{2}\right)=yW\left(y,1,\frac{1}{2}\right)=y\Gamma\left(\frac{1}{2}\right)^{-1}\int_0^\infty u^{-\frac{1}{2}}e^{-yu}du=y^{\frac{1}{2}}$$

引理 1.9 设 $y>0,\alpha,\beta\in\mathbf{C}$,我们有

$$y^\beta W(y,\alpha,\beta)=y^{1-\alpha}W(y,1-\beta,1-\alpha)$$

证明 取 $\Gamma(\beta)W(y,\alpha,\beta)$ 的 Mellin 变换(设 $\mathrm{Re}(s)>0$)

$$\Gamma(\beta)\int_0^{\infty} W(y,\alpha,\beta)y^{s-1}\mathrm{d}y=\int_0^{\infty}(u+1)^{\alpha-1}u^{\beta-1}\int_0^{\infty}y^{s-1}\mathrm{e}^{-yu}\mathrm{d}y\mathrm{d}u=$$
$$\Gamma(s)\int_0^{\infty}(u+1)^{\alpha-1}u^{\beta-s-1}\mathrm{d}u$$

设 $\mathrm{Re}(1-\alpha)>0$,将

$$(u+1)^{\alpha-1}=\Gamma(1-\alpha)^{-1}\int_0^{\infty}\mathrm{e}^{-x(u+1)}x^{-\alpha}\mathrm{d}x$$

代入上式,可得

$$\Gamma(1-\alpha)\Gamma(\beta)\int_0^{\infty}W(y,\alpha,\beta)y^{s-1}\mathrm{d}y=\Gamma(s)\Gamma(\beta-s)\Gamma(1-\alpha-\beta+s)$$

利用 Mellin 反变换得

$$W(y,\alpha,\beta)=\frac{1}{2\pi\mathrm{i}}\int_{c-\mathrm{i}\infty}^{c+\mathrm{i}\infty}\frac{\Gamma(s)\Gamma(\beta-s)\Gamma(1-\alpha-\beta+s)}{\Gamma(1-\alpha)\Gamma(\beta)}y^{-s}\mathrm{d}s$$

其中 c 适合 $c>0,\mathrm{Re}(\beta)>c>\mathrm{Re}(\alpha+\beta-1)$. 当

$$\mathrm{Re}(\beta)>0,\mathrm{Re}(1-\alpha)>0$$

时,这样的 c 总存在. 取变数变换 $S=s-\beta$,我们有

$$y^{\beta}W(y,\alpha,\beta)=\frac{1}{2\pi\mathrm{i}}\int_{-p-\mathrm{i}\infty}^{-p+\mathrm{i}\infty}\frac{\Gamma(-S)\Gamma(S+\beta)\Gamma(S+1-\alpha)}{\Gamma(1-\alpha)\Gamma(\beta)}y^{-s}\mathrm{d}S$$

其中 p 适合 $0<p<\min(\mathrm{Re}(1-\alpha),\mathrm{Re}(\beta))$. 上式右端在变换 $\alpha\mapsto 1-\beta$, $\beta\mapsto 1-\alpha$ 之下不变,故当 $\mathrm{Re}(1-\alpha)>0,\mathrm{Re}(\beta)>0$ 时引理成立. 由于 $W(y,\alpha,\beta)$ 是 $\boldsymbol{C}^2$ 上的解析函数,故对任一$(\alpha,\beta)\in\boldsymbol{C}$,引理成立.

引理 1.10(Siegel[21]) 设 $\mathrm{Re}(\alpha)>0,\mathrm{Re}(\beta)>0,\mathrm{Re}(\alpha+\beta)>1,z=x+\mathrm{i}y\in H$, 则

$$\sum_{m=-\infty}^{+\infty}(z+m)^{-\alpha}(\bar{z}+m)^{-\beta}=\sum_{n=-\infty}^{+\infty}t_n(y,\alpha,\beta)\mathrm{e}^{2\pi\mathrm{i}nx}$$

其中

$$\mathrm{i}^{\alpha-\beta}(2\pi)^{-\alpha-\beta}t_n(y,\alpha,\beta)=$$
$$\begin{cases}n^{\alpha+\beta-1}\mathrm{e}^{-2\pi ny}\Gamma(\alpha)^{-1}W(4\pi ny,\alpha,\beta), & 若\ n>0\\ |n|^{\alpha+\beta-1}\mathrm{e}^{-2\pi|n|y}\Gamma(\beta)^{-1}W(4\pi|n|y,\alpha,\beta), & 若\ n<0\\ \Gamma(\alpha)^{-1}\Gamma(\beta)^{-1}\Gamma(\alpha+\beta-1)4(\pi y)^{1-\alpha-\beta}, & 若\ n=0\end{cases}$$

证明 令

$$f(x)=\sum_{m=-\infty}^{+\infty}(x+\mathrm{i}y+m)^{-\alpha}(x-\mathrm{i}y+m)^{-\beta}$$

当 $\mathrm{Re}(\alpha+\beta)>1$ 时,该级数绝对收敛. 由于 $f(x+1)=f(x)$,可设

$$f(x)=\sum_{n=-\infty}^{+\infty}c_n\mathrm{e}^{2\pi\mathrm{i}nx}$$

其中

$$c_n = \int_0^1 f(x) \mathrm{e}^{-2\pi i n x} \mathrm{d}x = \int_{-\infty}^{+\infty} (x + \mathrm{i}y)^{-\alpha} (x - \mathrm{i}y)^{-\beta} \mathrm{e}^{-2\pi i n x} \mathrm{d}x =$$

$$\mathrm{i}^{\beta-\alpha} \int_{-\infty}^{+\infty} (y - \mathrm{i}x)^{-\alpha} (y + \mathrm{i}x)^{-\beta} \mathrm{e}^{-2\pi i n x} \mathrm{d}x =$$

$$\mathrm{i}^{\beta-\alpha-1} \mathrm{e}^{2\pi n x} \int_{y-\mathrm{i}\infty}^{y+\mathrm{i}\infty} v^{-\beta} (2y - v)^{-\alpha} \mathrm{e}^{-2\pi i v} \mathrm{d}v =$$

$$\mathrm{i}^{\beta-\alpha-1} \mathrm{e}^{2\pi n y} \Gamma(\alpha)^{-1} \int_{y-\mathrm{i}\infty}^{y+\mathrm{i}\infty} v^{-\beta} \mathrm{e}^{-2\pi n v} \int_0^{\infty} \mathrm{e}^{-\xi(2y-v)} \xi^{\alpha-1} \mathrm{d}\xi \mathrm{d}v =$$

$$\mathrm{i}^{\beta-\alpha-1} \mathrm{e}^{2\pi n y} \Gamma(\alpha)^{-1} \int_0^{\infty} \xi^{\alpha-1} \mathrm{e}^{-2y\xi} \left[\int_{y-\mathrm{i}\infty}^{y+\mathrm{i}\infty} v^{-\beta} \mathrm{e}^{(\xi-2\pi n)v} \mathrm{d}v \right] \mathrm{d}\xi$$

这里利用了当 $\mathrm{Re}(\alpha) > 0$ 时

$$(2y - v)^{-\alpha} = \Gamma(\alpha)^{-1} \int_0^{\infty} \mathrm{e}^{-\xi(2y-v)} \xi^{\alpha-1} \mathrm{d}\xi$$

令 $\xi = 2\pi p, u = \max(0, n)$，因 $\mathrm{Re}(\beta) > 0$，由引理 1.7 得到

$$c_n = 2\pi \mathrm{i}^{\beta-\alpha} \mathrm{e}^{2\pi n y} \Gamma(\alpha)^{-1} \Gamma(\beta)^{-1} \int_{2\pi u}^{\infty} \xi^{\alpha-1} (\xi - 2\pi n)^{\beta-1} \mathrm{e}^{-2y\xi} \mathrm{d}\xi$$

$$(2\pi)^{\alpha+\beta} \mathrm{i}^{\beta-\alpha} \mathrm{e}^{2\pi n y} \Gamma(\alpha)^{-1} \Gamma(\beta)^{-1} \int_u^{\infty} p^{\alpha-1} (p - n)^{\beta-1} \mathrm{e}^{-4\pi p y} \mathrm{d}p$$

当 $n > 0$ 时，$u = n$，取变数变换 $p - n = nq$，这时

$$\int_n^{\infty} p^{\alpha-1} (p - n)^{\beta-1} \mathrm{e}^{-4\pi p y} \mathrm{d}p =$$

$$n^{\alpha+\beta-1} \int_0^{\infty} (q + 1)^{\alpha-1} q^{\beta-1} \mathrm{e}^{-4\pi n(1+q)y} \mathrm{d}q =$$

$$n^{\alpha+\beta-1} \mathrm{e}^{-4\pi n y} W(4\pi n y, \alpha, \beta)$$

当 $n < 0$ 时，$u = 0$，取变数变换 $p = -nq$，这时

$$\int_0^{\infty} p^{\alpha-1} (p - n)^{\beta-1} \mathrm{e}^{-4\pi p y} \mathrm{d}p =$$

$$| n |^{\alpha+\beta-1} \int_0^{\infty} (1 + q)^{\beta-1} q^{\alpha-1} \mathrm{e}^{-4\pi |n| q y} \mathrm{d}q =$$

$$| n |^{\alpha+\beta-1} W(4\pi \mid n \mid y, \beta, \alpha)$$

当 $n = 0$ 时，$u = 0$，这时

$$\int_0^{\infty} p^{\alpha+\beta-2} \mathrm{e}^{-4\pi p y} \mathrm{d}p = (4\pi y)^{1-\alpha-\beta} \Gamma(\alpha + \beta - 1)$$

现在来计算 $E_\kappa(s, \omega, N)(z)$ 的 Fourier 展开式.

令

$$W = \{(c, d) \mid c, d \in \mathbf{Z}, (c, d) = 1, N \mid c, c \geqslant 0, \text{当 } c = 0 \text{ 时 } d = 1\}$$

$\Gamma_0(N)$ 中的两个元素属于 Γ_∞ 的同一右陪集，当且仅当它们的第二行相同或差一个负号，易见 Γ_∞ 在 $\Gamma_0(N)$ 中的右陪集可与 W 中的 (c, d) 一一对应. 设 $\mathrm{Re}(s) > 2 - \frac{\kappa}{2}$，利用引理 1.10，我们有（以 cN 代替 c）

$$E_\kappa(s,\omega,N)(z)=y^{\frac{s}{2}}\left\{1+\sum_{d=-\infty}^{+\infty}\sum_{c=1}^{\infty}\omega(d)\varepsilon_d^\kappa\left(\frac{cN}{d}\right)(cNz+d)^{-\frac{\kappa}{2}}\mid cNz+d\mid^{-s}\right\}=$$
$$y^{\frac{s}{2}}\left\{1+\sum_{c=1}^{\infty}(cN)^{-\frac{\kappa}{2}-s}\sum_{d=1}^{cN}\omega(d)\varepsilon_d^\kappa\left(\frac{cN}{d}\right)\cdot\right.$$
$$\left.\sum_{n=-\infty}^{+\infty}\left(z+\frac{d}{cN}+n\right)^{-\frac{\kappa}{2}-\frac{s}{2}}\left(\bar{z}+\frac{d}{cN}+n\right)^{-\frac{s}{2}}\right\}=$$
$$y^{\frac{s}{2}}\left\{1+\sum_{n=-\infty}^{+\infty}a_\kappa(n,s,\omega,N)t_u\left(y,\frac{\kappa+s}{2},\frac{s}{2}\right)e(nx)\right\}\qquad(1.2.5)$$

其中

$$c_\kappa(n,s,\omega,N)=\sum_{c=1}^{\infty}(cN)^{-\frac{\kappa}{2}-s}\sum_{d=1}^{cN}\omega(d)\varepsilon_d^\kappa\left(\frac{cN}{d}\right)e\left(\frac{nd}{cN}\right)\qquad(1.2.6)$$

当 $\mathrm{Re}(s)>2-\frac{\kappa}{2}$ 时，定义函数

$$E'_\kappa(s,\omega,N)(z)=z^{-\frac{\kappa}{2}}E_\kappa(s,\omega,N)\left(-\frac{1}{Nz}\right)\qquad(1.2.7)$$

设 $\boldsymbol{\gamma}=\begin{pmatrix}a & b\\ c & d\end{pmatrix}\in\Gamma_0(N)$ 且 $a>0$，由式(1.2.3)我们有

$$E'_\kappa(s,\omega,N)(\boldsymbol{\gamma}(z))=\boldsymbol{\gamma}(z)^{-\frac{\kappa}{2}}E_\kappa(s,\omega,N)\left|\frac{d\left(-\frac{1}{Nz}\right)-\frac{c}{N}}{-Nb\left(-\frac{1}{Nz}\right)+a}\right|=$$
$$\left(\frac{az+b}{cz+d}\right)^{-\frac{\kappa}{2}}\bar{\omega}(a)\varepsilon_a^{-\kappa}\left(\frac{-Nb}{a}\right)\left(a+\frac{b}{z}\right)^{\frac{\kappa}{2}}\cdot$$
$$E_\kappa(s,\omega,N)\left(-\frac{1}{Nz}\right)$$

由于 $ad\equiv1(N)$，因而 $\bar{\omega}(a)=\omega(d)$，$\varepsilon_a=\varepsilon_d$，利用引理 1.5，有

$$\left(\frac{-Nb}{a}\right)=\left(\frac{Nc}{d}\right)\left(\frac{-bc}{d}\right)\left(-\frac{Nb}{1+bc}\right)=\left(\frac{cN}{d}\right)$$

又因 $a>0$，所以

$$\left(\frac{az+b}{z}\right)^{\frac{\kappa}{2}}=\frac{(az+b)^{\frac{\kappa}{2}}}{z^{\frac{\kappa}{2}}}$$
$$\left(\frac{az+b}{cz+d}\right)^{-\frac{\kappa}{2}}=\frac{(az+b)^{-\frac{\kappa}{2}}}{(cz+d)^{-\frac{\kappa}{2}}}$$

于是我们得到

$$E'_\kappa(s,\omega,N)(\boldsymbol{\gamma}(z))=\omega(d_\gamma)\left(\frac{N}{d_\gamma}\right)j(\boldsymbol{\gamma},z)^\kappa E'_\kappa(s,\omega,N)(z)\qquad(1.2.8)$$

当 $a<0$ 时，以 $-\boldsymbol{\gamma}$ 代替 $\boldsymbol{\gamma}$，由于

$$\omega(-1)\left(\frac{N}{-1}\right)j(-\boldsymbol{I},z)^\kappa=1$$

故式(1.2.8)对任一 $\boldsymbol{\gamma}\in\Gamma_0(N)$ 均成立.

令 $W'=\{(c,d)\mid c,d\in\mathbf{Z},(c,d)=1,N\mid c,d>0\}$,$\Gamma_\infty$ 在 $\Gamma_0(N)$ 中的右陪集也可与 W' 中的(c,d)一一对应,因此我们有

$$E_\kappa(s,\omega,N)(z)=y^{\frac{s}{2}}\sum_{d=1}^{\infty}\sum_{c=-\infty}^{+\infty}\omega(d)\varepsilon_d^\kappa\left(\frac{cN}{d}\right)(cNz+d)^{-\frac{\kappa}{2}}\mid cNz+d\mid^{-s}$$

由式(1.2.7)得

$$\begin{aligned}&E'_\kappa=(s,\omega,N)(z)=\\&y^{\frac{s}{2}}N^{-\frac{s}{2}}\sum_{d=1}^{\infty}\sum_{c=-\infty}^{+\infty}\omega(d)\varepsilon_d^\kappa\left(\frac{-cN}{d}\right)(dz+c)^{-\frac{\kappa}{2}}\mid dz+c\mid^{-s}=\\&y^{\frac{s}{2}}N^{-\frac{s}{2}}\sum_{d=1}^{\infty}\left(\frac{-N}{d}\right)\omega(d)\varepsilon_d^\kappa d^{-\frac{\kappa}{2}-s}\sum_{c=1}^{d}\left(\frac{c}{d}\right)\cdot\\&\sum_{m=-\infty}^{+\infty}\left(z+\frac{c}{d}+m\right)^{-\frac{\kappa}{2}-\frac{s}{2}}\left(\bar{z}+\frac{c}{d}+m\right)^{-\frac{s}{2}}=\\&y^{\frac{s}{2}}N^{-\frac{s}{2}}\sum_{n=-\infty}^{+\infty}b_\kappa(n,s,\omega,N)t_n\left(y,\frac{s+\kappa}{2},\frac{s}{2}\right)e(nx)\end{aligned}\qquad(1.2.9)$$

其中

$$b_\kappa(n,s,\omega,N)=\sum_{d=1}^{\infty}\left(\frac{-N}{d}\right)\omega(d)\varepsilon_d^\kappa d^{-s-\frac{\kappa}{2}}\sum_{m=1}^{d}\left(\frac{m}{d}\right)e\left(\frac{nm}{d}\right)\qquad(1.2.10)$$

引理 1.11 设 ω_0 为模 r 的原特征,ω 为模 rs 的特征,且当$(n,s)=1$时,有 $\omega(n)=\omega_0(n)$,则对任意整数 q 有

$$\sum_{n=1}^{rs}\omega(n)e\left(\frac{nq}{rs}\right)=\sum_{m=1}^{r}\omega_0(m)e\left(\frac{m}{r}\right)\sum_{c\mid(s,q)}c\mu\left(\frac{s}{c}\right)\omega_0\left(\frac{s}{c}\right)\bar{\omega}_0\left(\frac{q}{c}\right)$$

证明 我们有

$$\begin{aligned}\sum_{n=1}^{rs}\omega(n)e\left(\frac{nq}{rs}\right)&=\sum_{n=1}^{rs}\omega_0(n)\sum_{d\mid(s,n)}\mu(d)e\left(\frac{nq}{rs}\right)\\&\sum_{d\mid s}\mu(d)\sum_{n=1}^{rs/d}\omega_0(nd)e\left(\frac{ndq}{rs}\right)=\\&\sum_{d\mid s}\mu(d)\omega_0(d)\sum_{n=1}^{r}\omega_0(n)e\left(\frac{ndq}{rs}\right)\sum_{u=1}^{s/d}e\left(\frac{uq}{s/d}\right)\end{aligned}$$

记 $c=\frac{s}{d}$,上式中的内和仅当 $c\mid q$ 时,其值为 c,其余情况都为零,故得引理.

设 $d=ru^2$ 为正奇数,r 为无平方因子的正整数,在引理 1.11 中,取 $\omega=\left(\frac{\cdot}{d}\right)$,$\omega_0=\left(\frac{\cdot}{r}\right)$,$q=n$,这时 $s=u^2$,我们有

$$\sum_{m=1}^{d}\left(\frac{m}{d}\right)e\left(\frac{nm}{d}\right)=\varepsilon_r r^{\frac{1}{2}}\sum_{c\mid(u^2,n)}c\mu\left(\frac{u^2}{c}\right)\left(\frac{u^2/c}{r}\right)\left(\frac{n/c}{r}\right)\qquad(1.2.11)$$

这里利用了

$$\sum_{m=1}^{r}\left(\frac{m}{r}\right)e\left(\frac{m}{r}\right)=\varepsilon_r\cdot r^{\frac{1}{2}}$$

令 $\lambda=\frac{\kappa-1}{2}$，$n$ 为任一整数，定义 $\omega_\kappa^{(n)}$ 为一原特征，它适合

$$\omega_\kappa^{(n)}(d)=\left(\frac{(-1)^\lambda nN}{d}\right)\omega(d)\quad(若(d,nN)=1)$$

又以 ω' 表示适合

$$\omega'(d)=\omega^2(d)\quad(若(d,N)=1)$$

的原特征.

设 χ 为模 N 的一个因子的任一特征，定义

$$L_N(s,\chi)=\sum_{(n,N)=1}^{\infty}\chi(n)n^{-s}=\prod_{p\nmid N}(1-\chi(p)p^{-s})^{-1}$$

p 跑遍与 N 互素的所有素数.

命题 1.12 我们有

$$L_N(2s+2\lambda,\omega')b_\kappa(0,s,\omega,N)=L_N(2s+2\lambda-1,\omega')$$

当 $n\neq 0$ 时，则有

$$L_N(2s+2\lambda,\omega')b_\kappa(n,s,\omega,N)=L_N(s+\lambda,\omega_\kappa^{(n)})\beta_\kappa(n,s,\omega,N)$$

其中

$$\beta_\kappa(n,s,\omega,N)=\sum_{a,b}\mu(a)\omega_\kappa^{(n)}(a)\omega'(b)a^{-s-\lambda}b^{-2s-2\lambda+1}\qquad(1.2.12)$$

以上的求和号跑遍适合 $(ab,N)=1$，$(ab)^2\mid n$ 的正整数 a,b.

证明 当 $n=0$ 时，式(1.2.10)中的内和仅当 d 为平方数时不为零，所以

$$\begin{aligned}b_\kappa(0,s,\omega,N)&=\sum_{u=1}^{\infty}\omega(u^2)u^{-2s-\kappa}\varphi(u^2)=\\&\prod_{p\nmid N}\left\{\sum_{i=0}^{\infty}\omega(p^{2i})p^{-(2s+\kappa)i}\varphi(p^{2i})\right\}=\\&\prod_{p\nmid N}\left\{1+\sum_{i=1}^{\infty}\left(1-\frac{1}{p}\right)(\omega(p^2)p^{-(2s+\kappa-2)})^i\right\}=\\&\prod_{p\nmid N}\frac{1-\omega(p^2)p^{-2s-\kappa-1}}{1-\omega(p^2)p^{-2s-\kappa+2}}=\\&L_N(2s+2\lambda-1,\omega')L_N(2s+2\lambda,\omega')^{-1}\end{aligned}$$

设 $n=tm^2\neq 0$，t 为无平方因子整数. 由于 N 是偶数，式(1.2.10)的和式中仅当 d 为奇数时，才出现非零项，由式(1.2.11)得到

$$\begin{aligned}b_\kappa(n,s,\omega,N)=&\sum_{r,u}\left(\frac{-N}{ru^2}\right)\varepsilon_r^{\kappa+1}\omega(ru^2)(ru^2)^{-s-\frac{\kappa}{2}}r^{-\frac{1}{2}}\cdot\\&\sum_{c\mid(u^2,n)}c\mu\left(\frac{u^2}{c}\right)\left(\frac{u^2/c}{r}\right)\left(\frac{n/c}{r}\right)\end{aligned}$$

求和号中 r,u 跑遍一切正整数，且 r 无平方因子. 记 $u^2=ac$，仅当 a 无平方因子时，$\mu(a)\neq 0$，故可设 $u=ab$，这时

$$c=ab^2,\frac{u^2n}{c^2}=\frac{n}{b^2}$$

因而

$$b_\kappa(n,s,\omega,N)=\sum_{r,a,b}\mu(a)r^{-s-\lambda}a^{-2s-2\lambda}b^{-2s-2\lambda+1}\omega(ra^2b^2)\left(\frac{(-1)^\lambda nN/b^2}{r}\right)$$

这里我们利用了

$$\varepsilon_r^{\kappa+1}=\left(\frac{(-1)^{\frac{\kappa+1}{2}}}{r}\right)$$

上述求和号跑遍适合 $(rab,N)=1,ab^2\mid n$ 的 r,a,b，且 r 无平方因子. 可见 $b\mid n$，令 $m=bh$，这时 $a\mid th,\frac{n}{b^2}=th^2$. 由于

$$\omega(r)\left(\frac{(-1)^\lambda Nth^2}{r}\right)=\begin{cases}0, & 若(r,thN)>1\\ \omega_\kappa^{(n)}(r), & 若(r,thN)=1\end{cases}$$

故

$$b_\kappa(n,s,\omega,N)=\sum_{b\mid m}\omega^2(b)b^{-2s-2\lambda+1}\sum_{a\mid th}\mu(a)\omega^2(a)a^{-2s-2\lambda}\cdot \sum_{(r,thN)=1}\mu^2(r)\omega_\kappa^{(n)}(r)r^{-s-\lambda} \tag{1.2.13}$$

易见

$$\sum_{a\mid th}\mu(a)\omega^2(a)a^{-2s-2\lambda}=\prod_{\substack{p\mid th\\ p\nmid N}}(1-\omega'(p)p^{-2s-2\lambda}) \tag{1.2.14}$$

及

$$\sum_{(r,thN)=1}\mu^2(r)\omega_\kappa^{(n)}(r)r^{-s-\lambda}=\prod_{p\nmid thN}(1+\omega_\kappa^{(n)}(p)p^{-s-\lambda})=\prod_{p\nmid thN}\frac{1-\omega'(p)p^{-2s-2\lambda}}{1-\omega_\kappa^{(n)}(p)p^{-s-\lambda}}=\frac{L_N(s+\lambda,\omega_\kappa^{(n)})}{L_N(2s+2\lambda,\omega')}\cdot \prod_{p\mid th,p\nmid N}\frac{1-\omega_\kappa^{(n)}(p)p^{-s-\lambda}}{1-\omega'(p)p^{-2s-2\lambda}} \tag{1.2.15}$$

若存在素数 p，使 $p\mid t,p\nmid N$，由 $\omega_\kappa^{(n)}$ 的定义，可知这时 $\omega_\kappa^{(n)}(p)=0$. 将式(1.2.14)(1.2.15)代入式(1.2.13)得到

$$b_\kappa(n,s,\omega,N)=\frac{L_N(s+\lambda,\omega_\kappa^{(n)})}{L_N(2s+2\lambda,\omega')}\sum_{b\mid m}\omega^2(b)b^{-2s-2\lambda+1}\cdot \prod_{p\mid h,p\nmid N}(1-\omega_\kappa^{(n)}(p)p^{-s-\lambda})=\frac{L_N(s+\lambda,\omega_\kappa^{(n)})}{L_N(2s+2\lambda,\omega')}\sum_{a,b}\mu(a)\omega_\kappa^{(n)}(a)\omega'(b)a^{-s-\lambda}b^{-2s-2\lambda+1}$$

设 n 为任一整数，令 χ_n 为适合

$$\chi_n(d)=\left(\frac{n}{d}\right),(d,4n)=1$$

的原特征. 由引理 1.5，若 $n=ab^2$，a 无平方因子，则当 $a\equiv 1(4)$ 时，χ_n 的导子为 $|a|$，当 $a\equiv 2,3(4)$ 时，χ_n 的导子为 $4|a|$.

命题 1.13 我们有

$$a_\kappa(n,s,\omega,N)=b_\kappa(n,s,\omega\chi_N,N)c_\kappa(n,s,\omega,N)$$

其中

$$c_\kappa(n,s,\omega,N)=\sum_{N|M|N^\infty}\sum_{d=1}^{M}\left(\frac{M}{d}\right)\omega(d)\varepsilon_d^\kappa e\left(\frac{nd}{M}\right)M^{-s-\frac{\kappa}{2}} \tag{1.2.16}$$

当 $n\neq 0$ 时，$c_\kappa(n,s,\omega,N)$ 为有限级数.（$M|N^\infty$ 表示 M 的素因子都是 N 的素因子）

证明 记 $cN=aM$，其中 a 与 N 互素，M 适合 $N|M|N^\infty$，则

$$\sum_{d=1}^{cN}\omega(d)\varepsilon_d^\kappa\left(\frac{cN}{d}\right)e\left(\frac{nd}{aM}\right)=$$

$$\sum_{d_1=1}^{M}\sum_{d_2=1}^{a}\omega(d_1a+d_2M)\varepsilon_{d_1a}^\kappa\left(\frac{aM}{d_1a+d_2M}\right)e\left(\frac{n(d_1a+d_2M)}{aM}\right)$$

当 a,b 都为正奇数时，我们有

$$\left(\frac{a}{b}\right)=\left(\frac{b}{a}\right)\varepsilon_b^{-\kappa}\varepsilon_a^{-\kappa}\varepsilon_{ab}^\kappa \tag{1.2.17}$$

利用上式及引理 1.5 可得

$$\left(\frac{aM}{d_1a+d_2M}\right)=\left(\frac{M}{d_1a+d_2M}\right)\left(\frac{a}{d_1a+d_2M}\right)=\left(\frac{M}{d_1a}\right)\left(\frac{d_2M}{a}\right)\varepsilon_a^{-\kappa}\varepsilon_{d_1a}^{-\kappa}\varepsilon_{d_1}^\kappa$$

从而由式(1.2.6)得

$$\begin{aligned}a_\kappa(n,s,\omega,N)=&\sum_{a=1}^{\infty}\left(\frac{-1}{a}\right)\omega(a)\varepsilon_a^\kappa a^{-s-\frac{\kappa}{2}}\sum_{d=1}^{a}\left(\frac{d}{a}\right)e\left(\frac{nd}{a}\right)\cdot\\&\sum_{N|M|N^\infty}\sum_{d=1}^{M}\left(\frac{M}{d}\right)\varepsilon_d^\kappa\omega(d)e\left(\frac{nd}{M}\right)M^{-s-\frac{\kappa}{2}}=\\&b_\kappa(n,s,\omega\chi_N,N)c_\kappa(n,s,\omega,N)\end{aligned}$$

当 $\kappa\equiv 1(4)$ 时，由于

$$\varepsilon_d^\kappa=\varepsilon_d=\frac{1}{2}\left(1+\left(\frac{-1}{d}\right)\right)+\frac{\mathrm{i}}{2}\left(1-\left(\frac{-1}{d}\right)\right)$$

$c_\kappa(n,s,\omega,N)$ 的内和中 $M^{-s-\frac{\kappa}{2}}$ 的系数可表为

$$\frac{1+\mathrm{i}}{2}\sum_{d=1}^{M}\left(\frac{M}{d}\right)\omega(d)e\left(\frac{nd}{M}\right)+\frac{1-\mathrm{i}}{2}\sum_{d=1}^{M}\left(\frac{-M}{d}\right)\omega(d)e\left(\frac{nd}{M}\right)$$

对上述两个和式，分别利用引理 1.11，当 M 足够大时，对任一 $c|(s,n)$，都有

$\mu\left(\frac{s}{c}\right)=0$（$s$ 由 M 决定）. 这证明了 $c_\kappa(n,s,\omega,N)$ 是有限和. 当 $\kappa\equiv 3(4)$ 时，也可以类似地证明.

为了讨论 $E_\kappa(s,\omega,N)$ 的解析延拓，需要下述两个引理.

引理 1.14 设 ω 为模 $r\neq 1$ 的原特征

$$R(s,\omega)=\left(\frac{r}{\pi}\right)^{\frac{s+v}{2}}\Gamma\left(\frac{s+v}{2}\right)L(s,\omega)$$

其中

$$v=\begin{cases}0, & 若\ \omega(-1)=1\\ 1, & 若\ \omega(-1)=-1\end{cases}$$

则对实数 $\boldsymbol{R}$ 中任一紧子集 J，存在一个常数 c_J，它不依赖 r 和 ω，使

$$|R(s,\omega)|\leqslant c_J r^{\frac{|\sigma|}{2}+2}\quad(\sigma=\mathrm{Re}(s)\in J)$$

证明 令

$$g_\gamma(t,\omega)=\sum_{n=-\infty}^{+\infty}\omega(n)n^v\mathrm{e}^{-\frac{\pi n^2 t}{r}}\quad(t>0)$$

利用

$$\left(\frac{n^2\pi}{r}\right)^{\frac{-(s+v)}{2}}\Gamma\left(\frac{s+v}{2}\right)=\int_0^\infty \mathrm{e}^{-\frac{\pi n^2 t}{r}}t^{\frac{s+v}{2}-1}\mathrm{d}t$$

我们有

$$R(s,\omega)=\frac{1}{2}\int_0^\infty g_v(t,\omega)t^{\frac{s+v}{2}-1}\mathrm{d}t\tag{1.2.18}$$

将式(1.1.1) 两端对 x 取微商，得

$$\sum_{n=-\infty}^{+\infty}(n+x)\mathrm{e}^{-\pi t(n+x)^2}=-\mathrm{i}t^{-\frac{3}{2}}\sum_{n=-\infty}^{+\infty}n\mathrm{e}^{-\frac{\pi n^2}{t}+2\pi\mathrm{i}nx}$$

于是

$$\begin{aligned}g_v(t^{-1},\omega)=&\sum_{d=1}^{r}\omega(d)r^v\sum_{m=-\infty}^{+\infty}\left(m+\frac{d}{r}\right)^v\mathrm{e}^{-\pi r\left(m+\frac{d}{r}\right)^2/t}=\\&(-\mathrm{i})^v r^{-\frac{1}{2}}t^{v+\frac{1}{2}}\sum_{n=-\infty}^{+\infty}n^v\mathrm{e}^{-\frac{\pi t n^2}{r}}\sum_{d=1}^{r}\omega(d)e\left(\frac{nd}{r}\right)=\\&(-\mathrm{i})^v r^{-\frac{1}{2}}t^{v+\frac{1}{2}}\sum_{d=1}^{r}\omega(d)e\left(\frac{d}{r}\right)\sum_{n=-\infty}^{+\infty}\bar{\omega}(n)n^v\mathrm{e}^{-\frac{\pi t n^2}{r}}=\\&\varepsilon_v(\omega)t^{v+\frac{1}{2}}g_v(t,\bar{\omega})\end{aligned}\tag{1.2.19}$$

其中

$$\varepsilon_v(\omega)=(-\mathrm{i})^v r^{-\frac{1}{2}}\sum_{d=1}^{r}\omega(d)e\left(\frac{d}{r}\right)$$

其绝对值为 1.

由式(1.2.18) 和(1.2.19) 我们有

$$R(s,\omega)=\frac{1}{2}\left(\int_1^{\infty}g_v(t,\omega)t^{\frac{s+v}{2}-1}\mathrm{d}t+\int_1^{\infty}g_v(t^{-1},\omega)t^{-\frac{s+v}{2}-1}\mathrm{d}t\right)=$$

$$\frac{1}{2}\int_1^{\infty}g_v(t,\omega)t^{\frac{s+v}{2}-1}\mathrm{d}t+$$

$$\frac{\varepsilon_v(\omega)}{2}\int_1^{\infty}g_v(t,\bar{\omega})t^{\frac{1-s+v}{2}-1}\mathrm{d}t \tag{1.2.20}$$

以 $P(s,\omega)$ 表示上式中的第一项，其第二项即为 $\varepsilon_v(\omega)P(1-s,\bar{\omega})$，由此可见 $R(s,\omega)$ 可以延拓为 s 平面上的全纯函数，且有函数方程

$$R(1-s,\omega)=\varepsilon_v(\omega)R(s,\bar{\omega}) \tag{1.2.21}$$

当 $\sigma>1$ 时，我们有

$$|R(1-s,\omega)|=|R(s,\bar{\omega})|\leqslant\left(\frac{r}{\pi}\right)^{\frac{\sigma+v}{2}}\Gamma\left(\frac{\sigma+v}{2}\right)\xi(\sigma) \tag{1.2.22}$$

为了证明引理 1.14，我们仅需再考虑 $-1<\sigma\leqslant 2$ 的情况. 由于

$$|g_v(t,\omega)|\leqslant 2\sum_{n=1}^{\infty}n\mathrm{e}^{-\frac{\pi nt}{r}}=2\mathrm{e}^{-\frac{\pi t}{r}}(1-\mathrm{e}^{-\frac{\pi t}{r}})^{-2}$$

因而

$$|P(s,\omega)|\leqslant\int_1^{+\infty}\mathrm{e}^{-\frac{\pi t}{r}}(1-\mathrm{e}^{-\frac{\pi t}{r}})^{-2}t^{\frac{\sigma+v}{s}-1}\mathrm{d}t=$$

$$\left(\frac{r}{\pi}\right)^{\frac{\sigma+v}{2}}\int_{\frac{\pi}{r}}^{+\infty}\mathrm{e}^{-t}(1-\mathrm{e}^{-t})^{-2}t^{\frac{\sigma+v}{2}-1}\mathrm{d}t \tag{1.2.23}$$

不妨设 $r>\pi$，将上述积分区间分为$(1,-\infty)$ 和$\left(\frac{\pi}{r},1\right)$两段，在$(1,-\infty)$ 上的积分与 r 和 ω 无关，在$(0,1)$ 上，$\frac{t}{1-\mathrm{e}^{-t}}$ 是连续函数，故存在一个常数 A，使 $\mathrm{e}^{-t}(1-\mathrm{e}^{-t})^{-2}\leqslant At^{-2}$. 当 $-1<\sigma<2$ 时，存在不依赖 r 及 ω 的常数 B,C，使

$$\int_{\frac{\pi}{r}}^{1}\mathrm{e}^{-t}(1-\mathrm{e}^{-t})^{-2}t^{\frac{\sigma+v}{2}-1}\mathrm{d}t\leqslant A\int_{\frac{\pi}{r}}^{1}t^{\frac{\sigma+v}{2}-3}\mathrm{d}t\leqslant B+Cr^{2-\frac{\sigma+v}{2}} \tag{1.2.24}$$

将式(1.2.24) 代入(1.2.23) 得到

$$|P(s,\omega)|\leqslant Dr^2\quad(-1<\sigma<2)$$

其中 D 为一常数，因而

$$|R(s,\omega)|\leqslant C_J r^2\quad(-1<\sigma<2) \tag{1.2.25}$$

由式(1.2.22) 和(1.2.25) 即证得引理 1.14.

在引理 1.14 中，我们实际上也证明了当 ω 为非平凡特征时 $R(s,\omega)$ 是 s 平面上的全纯函数，由此我们将 $L(s,\omega)$ 延拓为 s 平面上的亚纯函数，并得到了它的函数方程式(1.2.21). 对于平凡特征的情况，令

$$\eta(s)=\pi^{-\frac{s}{2}}\Gamma\left(\frac{s}{2}\right)\zeta(s)\quad(\mathrm{Re}(s)>1)$$

这里 $\zeta(s)$ 为 Riemann-ζ 函数. 利用类似的方法可得到$(\mathrm{Re}(s)>1)$

$$\eta(s)=\frac{1}{2}\int_0^{\infty}\left(\sum_{n=-\infty}^{+\infty}\mathrm{e}^{-\pi n^2 t}-1\right)t^{\frac{s}{2}-1}\mathrm{d}t=$$

$$\frac{1}{s(s-1)}+\frac{1}{2}\int_0^{\infty}\left(\sum_{n=-\infty}^{+\infty}\mathrm{e}^{-\pi n^2 t}-1\right)t^{\frac{s}{2}-1}\mathrm{d}t+$$

$$\frac{1}{2}\int_1^{\infty}\left(\sum_{n=-\infty}^{+\infty}\mathrm{e}^{-\pi n^2 t}-1\right)t^{\frac{1-s}{2}-1}\mathrm{d}t$$

可见 $\xi(s)=s(s-1)\eta(s)$ 为 s 平面上的全纯函数，且 $\xi(s)=\xi(1-s)$.

引理 1.15 设 K 为 $\boldsymbol{C}^2$ 中的一个紧子集，则存在正常数 A 与 B，使

$$|y^B W(y,\alpha,\beta)|\leqslant A\max(y^{-B},1)\quad((\alpha,\beta)\in K)$$

证明 在引理 1.9 的证明中我们得到了

$$y^{\beta}W(y,\alpha,\beta)=\frac{1}{2\pi\mathrm{i}}\int_{-p-\mathrm{i}\infty}^{-p+\mathrm{i}\infty}\frac{\Gamma(-s)\Gamma(s+\beta)\Gamma(s+1-\alpha)}{\Gamma(-\alpha)\Gamma(\beta)}y^{-s}\mathrm{d}s$$

其中 $0<p<\min(\mathrm{Re}(\beta),\mathrm{Re}(1-\alpha))$. 设 $\mathrm{Re}(\beta)>-q,\mathrm{Re}(1-\alpha)>-q$，$q$ 为正数，将积分线由 $\mathrm{Re}(s)=-p$ 移至 $\mathrm{Re}(s)=q$，由

$$\Gamma(-s)=\frac{\Gamma(-s+m+1)}{(-s)(-s+1)\cdots(-s+m)}\quad(m\geqslant 0)$$

可知 $\Gamma(-s)$ 在 $s=m$ 处的留数为$\frac{(-1)^m}{m!}$，故

$$y^{\beta}W(y,\alpha,\beta)=\sum_{m=0}^{[q]}\frac{\Gamma(m+\beta)\Gamma(m+1-\alpha)}{\Gamma(m+1)\Gamma(1-\alpha)\Gamma(\beta)}(-y)^{-m}+$$

$$\frac{1}{2\pi\mathrm{i}}\int_{q-\mathrm{i}\infty}^{q+\mathrm{i}\infty}\frac{\Gamma(-s)\Gamma(s+\beta)\Gamma(s+1-\alpha)}{\Gamma(1-\alpha)\Gamma(\beta)}y^{-s}\mathrm{d}s$$

由于上述等式两端都是 $\boldsymbol{C}^2$ 上的解析函数，所以该等式对一切 $(\alpha,\beta)\in\boldsymbol{C}^2$ 都成立，从而可证得引理 1.15.

定理 1.16 设 $z\in H,s\in\boldsymbol{C}$，定义

$$F'_{\kappa}(s,\omega,N)(z)=\Gamma\left(\frac{s+\kappa}{2}\right)\Gamma\left(\frac{s+\lambda+\lambda_0}{2}\right)L_N(2s+2\lambda,\omega')E'_{\kappa}(s,\omega,N)(z)$$

其中

$$\lambda=\frac{\kappa-1}{2}$$

$$\lambda_0=\begin{cases}0, & 若\ 2\mid\lambda\\ 1, & 若\ 2\nmid\lambda\end{cases}$$

则 $(s+\lambda-1)F'_{\kappa}$ 可延拓为 s 平面上的全纯函数. 当$\frac{\kappa+1}{2}$为偶数或 ω' 为非平凡特征时，F'_{κ} 可以延拓为 s 平面上的全纯函数.

证明 由式(1.2.9) 及命题 1.12，我们有

$$(-\mathrm{i})^{\frac{\kappa}{2}}(2\pi)^{-s-\frac{\kappa}{2}}\left(\frac{N}{y}\right)^{\frac{s}{2}}F'_{\kappa}(s,\omega,N)(z)=$$

$$\sum_{n=-\infty}^{+\infty} A(n,y,s)\mathrm{e}^{2\pi(inx-|n|y)} \mid n \mid^{s+\frac{\kappa}{2}-1} \tag{1.2.26}$$

其中

$$A(n,y,s)=L_N(s+\lambda,\omega_\kappa^{(n)})\beta_\kappa(n,s,\omega,N)\Gamma\left(\frac{s+\lambda+\lambda_0}{2}\right)\cdot$$

$$\begin{cases} W\left(4\pi ny,\frac{s+\kappa}{2},\frac{s}{2}\right), & 若\ n>0 \\ \Gamma\left(\frac{s+\kappa}{2}\right)\Gamma\left(\frac{s}{2}\right)^{-1}W\left(4\pi \mid n \mid y,\frac{s}{2},\frac{s+\kappa}{2}\right), & 若\ n<0 \end{cases}$$

$$A(0,y,s)=\Gamma\left(\frac{s}{2}\right)^{-1}\Gamma\left(\frac{s+\lambda+\lambda_0}{2}\right)\Gamma\left(\frac{s+\kappa}{2}-1\right)\cdot$$

$$L_N(2s+2\lambda-1,\omega')(4\pi y)^{1-s-\frac{\kappa}{2}}$$

我们有

$$\Gamma\left(\frac{s+\lambda+\lambda_0}{2}\right)\Gamma\left(\frac{s}{2}\right)^{-1}=2^{-c}\sum_{a=1}^{c}(s+\lambda+\lambda_0-2a)$$

(其中 $c=\dfrac{\lambda+\lambda_0}{2}$),以及

$$\Gamma\left(s+\frac{\kappa}{2}-1\right)L_N(2s+\kappa-2,\omega')=\Gamma\left(s+\frac{\kappa}{2}-1\right)L(2s+\kappa-2,\omega')\cdot$$

$$\prod_{p\mid N}(1-\omega'(p)p^{2-2s-\kappa})$$

由此可见,$A(0,y,s)$ 是 s 平面上的亚纯函数. 当 ω' 非平凡时,由式(1.2.20) 可知 $\Gamma\left(s+\frac{\kappa}{2}-1\right)L(2s+\kappa-2,\omega')$ 是 s 平面上的全纯函数,因而 $A(0,y,s)$ 是 s 平面上的全纯函数. 而当 ω' 为平凡特征时,$\Gamma\left(s+\frac{\kappa}{2}-1\right)\zeta(2s+\kappa-2)$ 以 $s=1-\frac{\kappa}{2}$ 和 $s=1-\lambda$ 为一阶极点,而前一极点可以被因子 $1-2^{2-2s-\kappa}$ 抵消,当 λ 为奇数时(这时 $\lambda_0=1$),后一极点可被因子 $s+\lambda-1$ 抵消. 因而

$$(s+\lambda-1)A(0,y,s)$$

总是 s 平面上的全纯函数,而当 $\lambda+1=\dfrac{\kappa+1}{2}$ 为偶数或 ω' 为非平凡特征时,$A(0,y,s)$ 是 s 平面上的全纯函数.

当 $n>0$ 时,$\beta_\kappa(n,s,\omega,N)$ 是 s 平面上的全纯函数,且

$$\mid \beta_\kappa(n,s,\omega,N) \mid \leqslant \gamma \mid n \mid^{\delta\sigma+\varepsilon}$$

常数 $\gamma,\delta,\varepsilon$ 与 n 无关. $W\left(4\pi ny,\frac{s+\kappa}{2},\frac{s}{2}\right)$ 也是 s 平面上的全纯函数,当 s 在 $\boldsymbol{C}$ 的一个紧子集 K 中时,由引理 1.15 有

$$\left|W\left(4\pi ny,\frac{s+\kappa}{2},\frac{s}{2}\right)\right|\leqslant C(4\pi ny)^{\frac{-\delta}{2}}\max((4\pi ny)^{-B},1)$$

常数 B 和 C 由 K 决定，与 n 无关. 我们有

$$\Gamma\left(\frac{s+\lambda+\lambda_0}{2}\right)L_N(s+\lambda,\omega_\kappa^{(n)})=\Gamma\left(\frac{s+\lambda+\lambda_0}{2}\right)L(s+\lambda,\omega_\kappa^{(n)})\cdot \prod_{p\mid N}(1-\omega_\kappa^{(n)}(p)p^{-s-\lambda})$$

当 λ 为奇数时

$$\omega_\kappa^{(n)}(-1)=-1 \text{ 及 } \lambda_0=1$$

当 λ 为偶数时

$$\omega_\kappa^{(n)}(-1)=-1 \text{ 及 } \lambda_0=0$$

由引理 1.14 可知，当 $\omega_\kappa^{(n)}$ 非平凡时，$\Gamma\left(\frac{s+\lambda+\lambda_0}{2}\right)L(s+\lambda,\omega_\kappa^{(n)})$ 为 s 平面上的全纯函数，因而 $A(n,y,s)$ 是 s 平面上的全纯函数. 当 $\omega_\kappa^{(n)}$ 为平凡特征时(这时 λ 为偶数)，$\Gamma\left(\frac{s+\lambda}{2}\right)L(s+\lambda,\omega_\kappa^{(n)})$ 以 $s=-\lambda$ 及 $s=1-\lambda$ 为两个一阶极点，前一极点被因子 $1-\alpha^{-s-\lambda}$ 抵消，因而 $(s+\lambda-1)A(n,y,s)$ 是 s 平面上的全纯函数. 利用引理 1.14，当 s 在紧子集 K 中时，我们有

$$|(s+\lambda-1)A(n,y,s)|\leqslant un^v(y^W+y^{-W}) \tag{1.2.27}$$

常数 u,v,W 仅依赖 K，与 n 无关.

现在考虑 $n<0$. λ 为奇数时

$$\omega_\kappa^{(n)}(-1)=1$$

λ 为偶数时

$$\omega_\kappa^{(n)}(-1)=-1$$

令

$$\eta=\begin{cases}0, & \text{若 } \lambda \text{ 为奇数}\\ 1, & \text{若 } \lambda \text{ 为偶数}\end{cases}$$

我们有

$$\begin{aligned}A(n,y,s)=&\frac{\Gamma(s+\lambda+\eta)}{2}L(s+\lambda,\omega_\kappa^{(n)})\cdot\\ &\prod_{p\mid N}(1-\omega_\kappa^{(n)}(p)p^{-s-\lambda})\beta_\kappa(n,s,\omega,N)\cdot\\ &W\left(4\pi\mid n\mid y,\frac{s}{2},\frac{s+\kappa}{2}\right)\Gamma\left(\frac{s+\kappa}{2}\right)\cdot\\ &\Gamma\left(\frac{s+\lambda+\eta}{2}\right)^{-1}\Gamma\left(\frac{s+\lambda+\lambda_0}{2}\right)\Gamma\left(\frac{s}{2}\right)^{-1}\end{aligned}$$

上式中最后四个因子乘积为

$$\alpha^{-c-d}\prod_{b=1}^{d}(s+\kappa-2b)\prod_{a=1}^{c}(s+\lambda+\lambda_0-2a)$$

其中 $d=\dfrac{\lambda-\eta+1}{2}$. 利用上述同样方法，可以证明 $A(n,y,s)$ 为 s 平面上的全纯函数，且当 $s\in K$ 时

$$|A(n,y,s)|\leqslant u'\eta^{v'}(y^{w'}+y^{-w'}) \tag{1.2.28}$$

常数 u',v',w' 由 K 决定，与 n 无关.

由式(1.2.27)和(1.2.28)，可知级数(1.2.26)乘 $s+\lambda-1$ 之后在 K 中绝对一致收敛，定理 1.16 证毕.

定理 1.16 将 $E'_\kappa(s,\omega,N)(z)$ 延拓为 s 平面上的亚纯函数，利用式(1.2.7)，$E_\kappa(s,\omega,N)(z)$ 也可延拓为 s 平面上的亚纯函数，$E_\kappa(s,\omega,N)$ 和 $E'_\kappa(s,\omega,N)$ 的变换公式(1.2.3)及(1.2.8)在整个 s 平面上也都成立. 我们关心它们在 $s=0$ 的值.

设 $\kappa\geqslant 3$，当 $\kappa=3$ 时，ω 不是实特征，在这假设下，对任意整数 n，$L_N(\lambda,(\bar{\omega}\chi_N)_\kappa^{(n)})$ 总是有限数. 定义函数

$$E_\kappa(\omega,N)(z)=E_\kappa(0,\bar{\omega},N)(z)$$
$$E'_\kappa(\omega,N)(z)=E'_\kappa(0,\bar{\omega},N)(z)$$

由于 $\Gamma(0)^{-1}=0$ 及 $W\left(4\pi ny,\dfrac{\kappa}{2},0\right)=1$(引理 1.8)，由命题 1.12，1.13，引理 1.10 及式(1.2.5)，我们有

$$E_\kappa(\omega,N)(z)=1+\frac{(-2\pi\mathrm{i})^{\frac{\kappa}{2}}}{\Gamma\left(\frac{\kappa}{2}\right)}\sum_{n=1}^{\infty}\frac{L_N(\lambda,(\bar{\omega}\chi_N)_\kappa^{(n)})}{L_N(2\lambda,\bar{\omega}')}\beta_\kappa(n,0,\bar{\omega}\chi_N,N)\cdot c_\kappa(n,0,\bar{\omega},N)n^{\frac{\kappa}{2}-1}e(nz) \tag{1.2.29}$$

同样由式(1.2.9)得

$$E'_\kappa(\omega,N)(z)=\frac{(-2\pi\mathrm{i})^{\frac{\kappa}{2}}}{\Gamma\left(\frac{\kappa}{2}\right)}\sum_{n=1}^{\infty}\frac{L_N(\lambda,\omega_\kappa^{(n)})}{L_N(2\lambda,\omega')}\beta_\kappa(n,0,\omega,N)n^{\frac{\kappa}{2}-1}e(nz) \tag{1.2.30}$$

记 $n=tm^2$，t 为无平方因子的正整数. 由引理 1.14 可知

$$|L_N(\lambda,(\bar{\omega}\chi_N)_\kappa^{(n)})|\leqslant\rho t^2$$

其中 ρ 为不依赖 n 的常数，当 $n\neq 0$ 时，由命题 1.13 可知 $c_\kappa(n,0,\omega,N)$ 为有限级数，因而

$$|E_\kappa(\omega,N)(z)|\leqslant 1+\rho\sum_{n=1}^{\infty}n^{\frac{\kappa}{2}+1}\mathrm{e}^{-2\pi ny}\leqslant 1+\rho y^{\frac{-(\kappa+5)}{2}} \tag{1.2.31}$$

这里 ρ 可以表示不同的常数. 由此可见，$E_\kappa(\omega,N)(z)$ 是 H 上的全纯函数，类似

地可以证明 $E'_\kappa(\omega,N)(z)$ 也是 H 上的全纯函数.

由式(1.2.3)及式(1.2.8),我们有

$$E_\kappa(\omega,N)(\boldsymbol{\gamma}(z))=\omega(d_\gamma)j(\boldsymbol{\gamma},z)^\kappa E_\kappa(\omega,N)(z)$$

$$E'_\kappa(\omega,N)(\boldsymbol{\gamma}(z))=\omega(d_\gamma)\left(\frac{N}{d_\gamma}\right)j(\boldsymbol{\gamma},z)^\kappa E'_\kappa(\omega,N)(z) \qquad (1.2.32)$$

对任一 $\boldsymbol{\gamma}\in\Gamma_0(N)$ 都成立.

命题 1.17 设 v 为正整数,p 为奇素数,令

$$a_\kappa(2^v,n)=\sum_{d=1}^{2^v}\left(\frac{2^v}{d}\right)\varepsilon_d^\kappa e\left(\frac{nd}{2^v}\right)\quad (v\geqslant 2)$$

$$a_\kappa(p^v,n)=\varepsilon_{p^v}^{-\kappa}\sum_{d=1}^{p^v}\left(\frac{d}{p^v}\right)e\left(\frac{nd}{p^v}\right)$$

则

$$c_\kappa(n,s,id,N)=\prod_{p\mid N}\sum_{v=N(p)}^{\infty}p^{-\left(s+\frac{\kappa}{2}\right)v}a_\kappa(p^v,n)$$

这里 id 表示模 N 恒为 1 的特征,$N(p)$ 适合 $p^{N(v)}\parallel N$.

证明 由式(1.2.16),我们有

$$c_\kappa(n,s,id,N)=\sum_{N\mid M\mid N^\infty}\sum_{d=1}^{M}\left(\frac{M}{d}\right)\varepsilon_d^\kappa e\left(\frac{nd}{M}\right)M^{-s-\frac{\kappa}{2}}$$

设 $M=2^eM_1$,$e\geqslant 2$,M_1 为奇数,则

$$\sum_{d=1}^{M}\left(\frac{M}{d}\right)\varepsilon_d^\kappa e\left(\frac{nd}{M}\right)=$$

$$\sum_{d_1=1}^{M_1}\sum_{d_2=1}^{2^e}\left(\frac{2^eM_1}{2^ed_1+M_1d_2}\right)\varepsilon_{M_1d_2}^\kappa e\left(\frac{n(2^ed_1+M_1d_2)}{2^eM_1}\right)=$$

$$\sum_{d_2=1}^{2^e}\left(\frac{2^e}{M_1d_2}\right)\varepsilon_{M_1d_2}^\kappa e\left(\frac{nd_2}{2^e}\right)\sum_{d_1=1}^{M_1}\left(\frac{2^ed_1}{M_1}\right)\varepsilon_{d_2}^\kappa\varepsilon_{M_1}^{-\kappa}\varepsilon_{M_1d_2}^{-\kappa}e\left(\frac{nd_1}{M_1}\right)=$$

$$a_\kappa(2^e,n)\varepsilon_{M_1}^{-\kappa}\sum_{d_1=1}^{M_1}\left(\frac{d_1}{M_1}\right)e\left(\frac{nd_1}{M_1}\right)$$

这里利用了式(1.2.17).进一步,设 $M_1=M_2M_3$,M_2 与 M_3 互素,则

$$\varepsilon_{M_1}^{-\kappa}\sum_{d_1=1}^{M_1}\left(\frac{d_1}{M_1}\right)e\left(\frac{nd_1}{M_1}\right)=$$

$$\varepsilon_{M_1}^{-\kappa}\sum_{d_2=1}^{M_2}\sum_{d_3=1}^{M_3}\left(\frac{d_2M_3}{M_2}\right)\left(\frac{d_3M_2}{M_3}\right)e\left(\frac{n(d_2M_3+d_3M_2)}{M_2M_3}\right)=$$

$$\varepsilon_{M_2}^{-\kappa}\sum_{d_2=1}^{M_2}\left(\frac{d_2}{M_2}\right)e\left(\frac{nd_2}{M_2}\right)\varepsilon_{M_2}^{-\kappa}\sum_{d_3=1}^{M_3}\left(\frac{d_3}{M_3}\right)e\left(\frac{nd_3}{M_3}\right)$$

由此可证得命题 1.17.

引理 1.18 当 $v \geqslant 2$ 为正整数时,我们有

$$a_\kappa(2^v,n)=\begin{cases}2^{\frac{v-3}{2}}e^{\pi i\left(\frac{l}{2}+\frac{(-1)\lambda}{4}\right)}, & 若\ n=2^{v-2}l,2\mid l,2\mid v\\ 2^{\frac{v-3}{2}}e^{\pi i\left(\frac{l}{2}-\frac{(-1)\lambda}{4}\right)}, & 若\ n=2^{v-2}l,2\nmid l,2\mid v\\ 2^{v-1}\delta\left(\dfrac{u-(-1)^\lambda}{4}\right)e^{\frac{\pi i u}{4}}, & 若\ n=2^{v-3}u,2\nmid u,2\nmid v\\ 0, & 其他情况\end{cases}$$

其中

$$\delta(x)=\begin{cases}1, & 若\ x\ 为整数\\ 0, & 否则\end{cases}$$

证明 当 v 为偶数时

$$a_\kappa(2^v,n)=\left(e\left(\frac{n}{2^v}\right)+i^\kappa e\left(\frac{3n}{2^v}\right)\right)\sum_{d=0}^{2^{v-2}-1}e\left(\frac{nd}{2^{v-2}}\right)$$

当 $2^{v-2}\nmid n$ 时,上式中的和式为零;当 $2^{v-2}\mid n$ 时,该和式为 2^{v-2}. 设 $n=2^{v-2}l$,这时

$$e\left(\frac{n}{2^v}\right)+i^\kappa e\left(\frac{3n}{2^v}\right)=e\left(\frac{l}{4}\right)(1+i^\kappa e^{\pi i l})=\begin{cases}\sqrt{2}\,e^{\pi i\left(\frac{l}{2}+\frac{(-1)\lambda}{d}\right)}, & 若\ 2\mid l\\ \sqrt{2}\,e^{\pi i\left(\frac{l}{2}-\frac{(-1)\lambda}{d}\right)}, & 若\ 2\nmid l\end{cases}$$

当 v 为奇数时(这时 $v\geqslant 3$)

$$a_\kappa(2^v,n)=\left(e\left(\frac{n}{2^v}\right)-i^\kappa e\left(\frac{3n}{2^v}\right)-e\left(\frac{5n}{2^v}\right)+i^\kappa e\left(\frac{7n}{2^v}\right)\right)\sum_{d=0}^{2^{v-s}-1}e\left(\frac{nd}{2^{v-3}}\right)$$

当 $2^{v-3}\nmid n$ 时,上式中的和式为零;当 $2^{v-3}\mid n$ 时,该和式为 2^{v-3}. 设 $n=2^{v-3}u$,若 $2\mid u$,则

$$e\left(\frac{u}{8}\right)=e\left(\frac{5u}{8}\right),e\left(\frac{3u}{8}\right)=e\left(\frac{7u}{8}\right)$$

上式中第一个因子为零;若 $2\nmid u$,该因子为

$$2\left(e\left(\frac{u}{8}\right)-i^\kappa e\left(\frac{3u}{8}\right)\right)=2e\left(\frac{u}{8}\right)(1-i^{\kappa+u})=\begin{cases}0, & 若\ \kappa+u\equiv 0(4)\\ 4e\left(\dfrac{u}{8}\right), & 若\ \kappa+u\equiv 2(4)\end{cases}$$

易见 $\delta\left(\dfrac{u+\kappa+2}{4}\right)=\delta\left(\dfrac{u-(-1)^\lambda}{4}\right)$.

引理 1.19 设 v 为正整数,p 为奇素数,则

$$a_\kappa(p^v,n)=\begin{cases}p^{v-\frac{1}{2}}\left(\dfrac{(-1)^\lambda np^{1-v}}{p}\right), & 若\ p^{v-1}\mid n,p^v\nmid n,2\nmid v\\ -p^{v-1}, & 若\ p^{v-1}\mid n,p^v\nmid n,2\mid v\\ \varphi(p^v), & 若\ p^v\mid n,2\mid v\\ 0, & 其他情况\end{cases}$$

证明 由

$$a_\kappa(p^v,n)=\varepsilon_{p^v}^{-\kappa}\sum_{a=1}^{p-1}\sum_{b=1}^{p^{v}-1}\left(\frac{a+pb}{p^v}\right)e\left(\frac{na+nbp}{p^v}\right)=$$

$$\varepsilon_{p^v}^{-\kappa}\sum_{a=1}^{p-1}\left(\frac{a}{p^v}\right)e\left(\frac{na}{p^v}\right)\sum_{b=1}^{p^v-1}e\left(\frac{nb}{p^{v-1}}\right)$$

当 $p^{v-1}\nmid n$ 时，上式中内和为零；当 $p^{v-1}\mid n$ 时，内和为 p^{v-1}. 今设 $p^{v-1}\mid n$，若 v 为奇数，则

$$a_\kappa(p^v,n)=\varepsilon_p^{-\kappa}p^{v-1}\sum_{a=1}^{p-1}\left(\frac{a}{p}\right)e\left(\frac{anp^{1-v}}{p}\right)=\begin{cases}0, & 若\ p^v\mid n\\ p^{v-\frac{1}{2}}\varepsilon_p^{1-\kappa}\left(\frac{np^{1-v}}{p}\right), & 若\ p^v\nmid n\end{cases}$$

而 $\varepsilon_p^{1-\kappa}=\left(\frac{(-1)^\lambda}{p}\right)$. 若 v 为偶数，则

$$a_\kappa(p^v,n)=p^{v-1}\sum_{a=1}^{p-1}e\left(\frac{anp^{1-v}}{p}\right)=\begin{cases}-p^{v-1}, & 若\ p^v\nmid n\\ p^{v-1}(p-1), & 若\ p^v\mid n\end{cases}$$

定义

$$A_\kappa(2,n)=\sum_{v=2}^{\infty}2^{-\frac{v\kappa}{2}}a_\kappa(2^v,n)$$

$$A'_\kappa(2,n)=\sum_{v=3}^{\infty}2^{-\frac{v\kappa}{2}}a_\kappa(2^v,n)$$

$$A_\kappa(p,n)=\sum_{v=1}^{\infty}p^{-\frac{v\kappa}{2}}a_\kappa(p^v,n)$$

设 D 为平方因子的正奇数，利用命题 1.17，得到

$$c_\kappa(n,0,id,4D)=A_\kappa(2,n)\prod_{p\mid D}A_\kappa(p,n)$$

$$c_\kappa(n,0,id,8D)=A'_\kappa(2,n)\prod_{p\mid D}A_\kappa(p,n)$$

记

$$\lambda_\kappa(n,4D)=\frac{L_{4D}(\lambda,\chi_{(-1)^\lambda n})}{L_{4D}(2\lambda,id)}\beta_\kappa(n,0,\chi_D,4D)$$

当 $\kappa>3$ 时，由式(1.2.29) 和(1.2.30) 可得

$$E_\kappa(id,4D)(z)=1+\frac{(-2\pi i)^{\frac{\kappa}{2}}}{\Gamma\left(\frac{\kappa}{2}\right)}\sum_{n=1}^{\infty}\lambda_\kappa(n,4D)\prod_{p\mid 2D}A_\kappa(p,n)n^{\frac{\kappa}{2}-1}e(nz)\tag{1.2.33}$$

$$E'_\kappa(\chi_N,4D)(z)=\frac{(-2\pi i)^{\frac{\kappa}{2}}}{\Gamma\left(\frac{\kappa}{2}\right)}\sum_{n=1}^{\infty}\lambda_\kappa(n,4D)n^{\frac{\kappa}{2}-1}e(nz)\tag{1.2.34}$$

引理 1.20 以 $h(2,n)$ 表示适合 $2^{h(2,n)}\parallel n$ 的整数，则

$A_\kappa(2,n)=$

$$\begin{cases} 2^{-\kappa}(1+(-1)^{\lambda}\mathrm{i})\left\{\dfrac{1-2^{\frac{(2-\kappa)(h(2,n)-1)}{2}}}{1-2^{2-\kappa}}-2^{\frac{(2-\kappa)(h(2,n)-1)}{2}}\right\}, \\ \qquad 若\ 2\nmid h(2,n) \\ 2^{-\kappa}(1+(-1)^{\lambda}\mathrm{i})\left\{\dfrac{1-2^{\frac{(2-\kappa)h(2,n)}{2}}}{1-2^{2-\kappa}}-2^{\frac{(2-\kappa)h(2,n)}{2}}\right\}, \\ \qquad 若\ 2\mid h(2,n),\dfrac{(-1)^{\lambda}n}{2^{h(2,n)}}\equiv -1(4) \\ 2^{-\kappa}(1+(-1)^{\lambda}\mathrm{i})\left\{\dfrac{1-2^{\frac{(2-\kappa)h(2,n)}{2}}}{1-2^{2-\kappa}}+2^{\frac{(2-\kappa)h(2,n)}{2}}\left(1+2^{\frac{3-\kappa}{2}}\left(\dfrac{(-1)^{\lambda}n/2^{h(2,n)}}{2}\right)\right)\right\}, \\ \qquad 若\ 2\mid h(2,n),\dfrac{(-1)^{\lambda}n}{2^{h(2,n)}}\equiv 1(4) \end{cases}$$

及

$$A'_{\kappa}(2,n)=\begin{cases}0, & 若(-1)^{\lambda}n\equiv 2,3(4) \\ A_{\kappa}(2,n)-2^{-\kappa}(1+(-1)^{\lambda}\mathrm{i}), & 若(-1)^{\lambda}n\equiv 0,1(4)\end{cases}$$

证明 将 $h(2,n)$ 简记为 h. 设 $2\nmid h$,由引理 1.18,我们有

$$\begin{aligned}A_{\kappa}(2,n)=&\sum_{s=1}^{(h+1)/2}2^{(2-\kappa)s-\frac{3}{2}}\mathrm{e}^{\pi\mathrm{i}\left(\frac{n}{2^{2s-1}}+\frac{(-1)^{\lambda}}{4}\right)}=\\ &4^{-1}(1+(-1)^{\lambda}\mathrm{i})\left\{\sum_{s=1}^{(h-1)/2}2^{(2-\kappa)s}-2^{\frac{(2-\kappa)(h+1)}{2}}\right\}=\\ &2^{-\kappa}(1+(-1)^{\lambda}\mathrm{i})\left\{\frac{1-2^{\frac{(2-\kappa)(h-1)}{2}}}{1-2^{2-\kappa}}-2^{\frac{(2-\kappa)(h-1)}{2}}\right\}\end{aligned}$$

设 $2\mid h$,记 $n=2^{h}u$,则

$$\begin{aligned}A_{\kappa}(2,n)=&\sum_{s=1}^{h/2}2^{\frac{2-\kappa}{2}-\frac{3}{2}}\mathrm{e}^{\pi\mathrm{i}\left(\frac{n}{2^{2s-1}}+\frac{(-1)^{\lambda}}{4}\right)}+2^{-\kappa+\frac{(2-\kappa)h}{2}+\frac{1}{2}}\mathrm{e}^{\pi\mathrm{i}\left(\frac{u}{2}-\frac{(-1)^{\lambda}}{4}\right)}+\\ &2^{\frac{(2-\kappa)h}{2}-\frac{3\kappa}{2}+2}\delta\left(\frac{u-(-1)^{\lambda}}{4}\right)\mathrm{e}^{\frac{\pi\mathrm{i}u}{4}}=\\ &2^{-\kappa}(1+(-1)^{\lambda}\mathrm{i})\frac{1-2^{\frac{(2-\kappa)h}{2}}}{1-2^{2-\kappa}}+2^{-\kappa+\frac{(2-\kappa)h}{2}+\frac{1}{2}}\mathrm{e}^{\pi\mathrm{i}\left(\frac{u}{2}-\frac{(-1)^{\lambda}}{4}\right)}+\\ &2^{\frac{(2-\kappa)h}{2}-\frac{3\kappa}{2}+2}\delta\left(\frac{u-(-1)^{\lambda}}{4}\right)\mathrm{c}^{\frac{\pi\mathrm{i}u}{4}}\end{aligned}$$

通过直接验算,可见引理中关于 $A_{\kappa}(2,n)$ 的结论成立.

由引理 1.18 可知,当 $(-1)^{\lambda}n\equiv 2,3(4)$ 时,$a_{k}(2^{v},n)=0(v\geqslant 3)$;当 $(-1)^{\lambda}n\equiv 0,1(4)$ 时,$a_{\kappa}(2^{2},n)=1+(-1)^{\lambda}\mathrm{i}$,因而关于 $A'_{\kappa}(2,n)$ 的结论也成立.

由式(1.2.29)及引理 1.20,我们有

$$E_{\kappa}(id,8D)(z)=1+\frac{(-2\pi\mathrm{i})^{\frac{\kappa}{2}}}{\Gamma\left(\frac{\kappa}{2}\right)}\sum_{\substack{n\geqslant 1\\(-1)^{\lambda}n\equiv 0,1(4)}}\lambda_{\kappa}(n,4D)\cdot$$

$$(A_\kappa(2,n)-2^{-\kappa}(1+(-1)^\lambda \mathrm{i}))\cdot$$

$$\prod_{p|D} A_\kappa(p,n) n^{\frac{\kappa}{2}-1} e(nz) \qquad (1.2.35)$$

引理 1.21 设 p 为奇素数，$p^{h(p,n)} \parallel n$，则

$$A_\kappa(p,n)=\begin{cases}\dfrac{(p-1)(1-p^{\frac{(2-\kappa)(h(p,n)-1)}{2}})}{p(p^{\kappa-2}-1)}-p^{\frac{(2-\kappa)(h(p,n)+1)}{2}-1}, \\ \quad 若\ 2 \nmid h(p,n) \\ \dfrac{(p-1)(1-p^{\frac{(2-\kappa)h(p,n)}{2}})}{p(p^{\kappa-2}-1)}+\left(\dfrac{(-1)^\lambda n/p^{h(p,n)}}{p}\right)p^{\frac{(2-\kappa)(h(p,n)+1)}{2}-\frac{1}{2}}, \\ \quad 若\ 2 \mid h(p,n)\end{cases}$$

证明 仍记 $h=h(p,n)$. 若 $2\nmid h$，由引理 1.19，我们有

$$A_\kappa(p,n)=\sum_{s=1}^{(h-1)/2} p^{-\kappa s}\varphi(p^{2s})-p^{-\frac{\kappa(h+1)}{2}+h}=$$

$$\frac{(p-1)(1-p^{\frac{(2-\kappa)(h-1)}{2}})}{p(p^{\kappa-2}-1)}-p^{\frac{(2-\kappa)(h+1)}{2}-1}$$

若 $2\mid h$，则

$$A_\kappa(p,n)=\sum_{s=1}^{h/2} p^{-\kappa s}\varphi(p^{2s})+\left(\frac{(-1)^\lambda n/p^h}{p}\right)-p^{-\frac{\kappa(h+1)}{2}+h+\frac{1}{2}}=$$

$$\frac{(p-1)(1-p^{\frac{(2-\kappa)(h-1)}{2}})}{p(p^{\kappa-2}-1)}+\left(\frac{(-1)^\lambda n/p^h}{p}\right)p^{\frac{(2-\kappa)(h+1)}{2}-\frac{1}{2}}$$

现在考虑 $E_3(s,id.4D)(z)$ 和 $E_3'(s,id.4D)(z)$ 在 $s=0$ 的值. 这里 D 仍为无平方因子的正奇数. 设 $n=tm^2$，t 为无平方因子的整数，易见 $(\chi_{4D})_3^{(n)}=\left(\frac{-t}{\cdot}\right)$，当 n 为负数且不是负平方数时，由于 $t_n\left(y,\frac{3}{2},0\right)=0$，且 $L_{4D}\left(1,\left(\frac{-n}{\cdot}\right)\right)$ 为有限数，所以在 $E_3(0,id.4D)$ 和 $E_3'(0,id.4D)$ 的展开式中不出现 $e(nx)$ 项. 当 $n=-m^2$ 为负平方数时，$(\chi_{4D})_3^{(n)}$ 是平凡特征，由于

$$\zeta(1+s)\Gamma^{-1}\left(\frac{s}{2}\right)=\left(\frac{s}{2}\right)\zeta(1+s)\Gamma^{-1}\left(1+\frac{s}{2}\right)\to 2^{-1} \quad (s\to 0)$$

所以在 $E_3(0,id.4D)$ 和 $E_3'(0,id.4D)$ 的展开式中出现 $e(-m^2x)$ 项. 由命题 1.17 及引理 1.20 和 1.21，我们有

$$c_3(-m^2,0,id.4D)=A_3(2,-m^2)\prod_{p|D}A_3(p,-m^2)=$$

$$(4D)^{-1}(1-\mathrm{i})$$

利用式(1.2.5)和(1.2.9)及命题 1.13，我们得到

$$E_3(0,id.4D)(z)-(4D)^{-1}(1-\mathrm{i})E_3'(0,\chi_D,4D)(z)=$$

$$1-4\pi(1+\mathrm{i})\sum_{n=1}^{\infty}\lambda_3(n,4D)\cdot$$

$$(\prod_{p|D} A_3(p,n)-(4D)^{-1}(1-\mathrm{i}))n^{\frac{1}{2}}e(nz) \tag{1.2.36}$$

今后我们将此函数表为 $f_1(id,4D)(z)$.

设 $l \mid D$,类似地可有

$$E_3(0,\chi_l,4D)(z)-(4D)^{-1}(1-\mathrm{i})l^{\frac{1}{2}}E'(0,\chi_{D/l},4D)(z)=$$

$$1-4\pi(1+\mathrm{i})l^{\frac{1}{2}}\sum_{n=1}^{\infty}\lambda_3(ln,4D)\cdot$$

$$(\prod_{p|D} A_3(p,ln)-(4D)^{-1}(1-\mathrm{i}))n^{\frac{1}{2}}e(nz) \tag{1.2.37}$$

今后我们将此函数表为 $f_1(\chi_l,4D)$.

类似地有

$$c_3(-m^2,0,id.8D)=A_3'(2,-m^2)\prod_{p|D}A_3(p,-m^2)=$$

$$(8D)^{-1}(1-\mathrm{i})$$

当 $l \mid 2D$ 时,我们有

$$E_3(0,\chi_l,8D)(z)-(8D)^{-1}(1-\mathrm{i})l^{\frac{1}{2}}E_3'(0,\chi_{2D/l},8D)(z)=$$

$$1-4\pi(1+\mathrm{i})l^{\frac{1}{2}}\sum_{n=1}^{\infty}\lambda_3(ln,8D)\cdot$$

$$(A_3'(2,ln)\prod_{p|D}A_3(p,ln)-(8D)^{-1}(1-\mathrm{i}))n^{\frac{1}{2}}e(nz) \tag{1.2.38}$$

今后将此函数记为 $f_1(\chi_l,8D)(z)$.

考虑 $E_3(s,\omega,N)$ 和 $E_3'(s,\omega,N)$ 在 $s=-1$ 的值. 令

$$f_2(\omega,N)(z)=-\frac{E_3(s,\bar{\omega},N)L_N(2s+2,\bar{\omega}')}{2\pi(1+\mathrm{i})L_N(2s+1,\bar{\omega}')}\Bigg|_{s=-1} \tag{1.2.39}$$

$$f_2^*(\omega,N)(z)=-\frac{E_3'(s,\omega\chi_N,N)L_N(2s+2,\omega')}{2\pi(1+\mathrm{i})N^{\frac{1}{2}}L_N(2s+1,\bar{\omega}')}\Bigg|_{s=-1} \tag{1.2.40}$$

当 ω 为非平凡的偶特征时,$L(0,\omega)=0$(见引理 1.14). 因而

$$L_N(1+s,\omega)\big|_{s=-1}=L(1+s,\omega)\prod_{p|N}\left(1-\frac{\omega(p)}{p^{1+s}}\right)\Bigg|_{s=-1}=0$$

当 ω 恒为1时,上式中乘积为零,故也同样成立. 因而在 $f_2(\omega,N)$ 的展开式中不出现 $e(nz)(n<0)$ 的项. 当 $n>0$ 时,由引理 1.8,1.9,1.10,有

$$t_n\left(y,1,-\frac{1}{2}\right)=(2\pi)^{\frac{1}{2}}\mathrm{i}^{-\frac{3}{2}}\mathrm{e}^{-2\pi ny}n^{-\frac{1}{2}}W\left(4\pi ny,1,-\frac{1}{2}\right)=$$

$$-\pi^{\frac{1}{2}}(1+\mathrm{i})\mathrm{e}^{-2\pi ny}n^{-\frac{1}{2}}(4\pi ny)^{\frac{1}{2}}W\left(4\pi ny,\frac{3}{2},0\right)=$$

$$-2\pi(1+\mathrm{i})y^{\frac{1}{2}}\mathrm{e}^{-2\pi ny}$$

及

$$t_0\left(y,1,-\frac{1}{2}\right)=-2\pi(1+\mathrm{i})y^{\frac{1}{2}}$$

所以我们有

$$f_2(\omega,N)(z)=c_3(0,-1,\bar{\omega},N)+\sum_{n=1}^{\infty}\frac{L_N(0,(\bar{\omega}\chi_N)_3^{(n)})}{L_N(-1,\bar{\omega}')}\cdot$$
$$\beta_3(n,-1,\bar{\omega}\chi_N,N)c_3(n,-1,\bar{\omega},N)e(nz)\quad(1.2.41)$$

这里 $c_3(n,-1,\bar{\omega},N)$ 是式(1.2.16)中的级数对 s 解析延拓后在 $s=-1$ 的值.同样也可得

$$f_2^*(\omega,N)(z)=1+\sum_{n=1}^{\infty}\frac{L_N(0,(\omega\chi_N)_3^{(n)})}{L_N(-1,\omega')}\cdot$$
$$\beta_3(n,-1,\omega\chi_N,N)e(nz)\quad(1.2.42)$$

为了今后使用的方便,我们将引理 1.20 和 1.21 中的 $A_3(p,n)$ 的表达式重写如下

$$A_3(2,n)=\begin{cases}4^{-1}(1-\mathrm{i})(1-3\cdot 2^{-(1+h(2,n)/2)}), & \text{若 } 2\nmid h(2,n)\\ 4^{-1}(1-\mathrm{i})(1-3\cdot 2^{-(1+h(2,n)/2)}), & \text{若 } 2\mid h(2,n),\dfrac{n}{2^{h(2,n)}}\equiv 1(4)\\ 4^{-1}(1-\mathrm{i})(1-2^{-h(2,n)/2}), & \text{若 } 2\mid h(2,n),\dfrac{n}{2^{h(2,n)}}\equiv 3(8)\\ 4^{-1}(1-\mathrm{i}), & \text{若 } 2\mid h(2,n),\dfrac{n}{2^{h(2,n)}}\equiv 7(8)\end{cases}\quad(1.2.43)$$

当 $p\neq 2$ 时

$$A_3(p,n)=\begin{cases}p^{-1}-(1+p)p^{-(3+h(p,n))/2}, & \text{若 } 2\nmid h(p,n)\\ p^{-1}-2p^{-1-h(p,n)/2}, & \text{若 } 2\mid h(p,n),\left(\dfrac{-n/p^{h(p,n)}}{p}\right)=-1\\ p^{-1}, & \text{若 } 2\mid h(p,n),\left(\dfrac{-n/p^{h(p,n)}}{p}\right)=1\end{cases}\quad(1.2.44)$$

引理 1.22 设 m 为 D 的正因子,则

$$f_2^*(id.4m)(z)=$$
$$1-4\pi(1+\mathrm{i})\sum_{n=1}^{\infty}\lambda_3(n,4D)(A_3(2,n)-4^{-1}(1-\mathrm{i}))\cdot$$

$$\prod_{p\mid m}(A_3(p,n)-p^{-1})\prod_{p\mid D/m}(1+A_3(p,n)n^{\frac{1}{2}}e(nz)) \tag{1.2.45}$$

及

$$-2^{-1}(1+\mathrm{i})\mu(m)f_2(id.8m)(z)=$$

$$1-4\pi(1+\mathrm{i})\sum_{n\equiv 0,3(4)}^{\infty}\lambda_3(n,4D)(A_3(2,n)-4^{-1}(1-\mathrm{i}))\cdot$$

$$\prod_{p\mid m}(A_3(p,n)-p^{-1})\prod_{p\mid D/m}(1+A_3(p,n))n^{\frac{1}{2}}e(nz) \tag{1.2.46}$$

证明 设 $n=ab^2$，a 为无平方因子的正整数，这时 $(\chi_{4D})_3^{(n)}=\chi_{-a}$ 是一个奇特征. 由 $L(s,\chi_{-a})$ 及 $\zeta(s)$ 的函数方程（见引理 1.14 及其后的说明）我们有

$$L(0,\chi_{-a})=\left(\frac{r}{\pi}\right)^{\frac{1}{2}}\Gamma\left(\frac{1}{2}\right)^{-1}L(1,\chi_{-a})$$

及

$$\zeta(-1)=-\left(\pi^{\frac{3}{2}}\Gamma\left(\frac{1}{2}\right)\right)^{-1}\zeta(2)$$

这里利用了

$$\sum_{d=1}^{r}\chi_{-a}(d)e\left(\frac{d}{r}\right)=\mathrm{i}\sqrt{r}$$

r 是 χ_{-a} 的导子，由引理 1.5，当 $2\mid a$ 或 $a\equiv 1(4)$ 时，$r=4a$；当 $a\equiv 3(4)$ 时，$r=a$. 因而

$$L_{4m}(-1,id.)^{-1}L_{4m}(0,\chi_{-n})=$$

$$-L_{4D}(2,id.)^{-1}L_{4D}(1,\chi_{-n})\cdot$$

$$2\pi r^{\frac{1}{2}}\prod_{p\mid 2m}(1-\chi_{-a}(p))(1-p^{-1}\chi_{-a}(p))^{-1}(1-p)^{-1}\cdot$$

$$(1-p^{-2})\prod_{p\mid D/m}(1-p^{-1}\chi_{-a}(p))^{-1}(1-p^{-2}) \tag{1.2.47}$$

仍记 $h=h(p,n)$，由式(1.2.12)，我们有

$$\beta_3(ab^2,-1,\chi_m,4m)=\sum_{\substack{(uv,4m)=1\\ uv\mid b}}\mu(u)\chi_{-a}(u)v=$$

$$\prod_{p\mid a,p\nmid 2m}(\sum_{l=0}^{(h-1)/2}p^l)\prod_{p\mid b,p\nmid 2ma}(\sum_{l=0}^{h/2}p^l-\chi_{-a}(p)\sum_{l=0}^{h/2-1}p^l)=$$

$$\prod_{p\mid a,p\nmid 2D}p^{\frac{h-1}{2}}(\sum_{l=0}^{(h-1)/2}p^{-l})\prod_{p\mid b,p\nmid 2Da}p^{\frac{h}{2}}\cdot$$

$$(\sum_{l=0}^{h/2}p^{-l}-\chi_{-a}(p)\sum_{l=0}^{h/2-1}p^{-l})\cdot$$

$$\prod_{p\mid a,p\mid D/m}(\sum_{l=0}^{(h-1)/2}p^l)\prod_{p\nmid a,p\mid b,p\mid D/m}(\sum_{l=0}^{h/2}p^l-\chi_{-a}(p)\sum_{l=0}^{h/2-1}p^l)=$$

$$\prod_{p\mid a,p\nmid 2D} p^{\frac{h-1}{2}} \prod_{p\mid b,p\nmid 2Da} p^{\frac{h}{2}} \prod_{p\mid a,p\mid D/m} \left(\sum_{l=0}^{(h-1)/2} p^l\right) \cdot$$

$$\prod_{p\nmid a,p\mid b,p\mid D/m} \left(\sum_{l=0}^{h/2} p^l - \chi_{-a}(p) \sum_{l=0}^{h/2-1} p^l\right) \beta_3(ab^2,0,\chi_D,4D) \quad (1.2.48)$$

利用引理 1.18 和 1.19，通过直接验算，可得到式(1.2.45). 注意，当 $2\mid a$ 或 $a\equiv 1(4)$ 时，$\chi_{-a}(2)=0$；当 $a\equiv 3(8)$ 时，$\chi_{-a}(2)=-1$；当 $a\equiv 7(8)$ 时，$\chi_{-a}(2)=1$.

当 v 为奇数时，$a_3(2^v,0)=a_3(p^v,0)=0$；

当 v 为偶数时，$a_3(2^v,0)=2^{v-2}(1-\mathrm{i})$，$a_3(p^v,0)=\varphi(p^v)$.

由命题 1.13 我们有

$$\begin{aligned}
&c_3(0,-1,id.8m)=\\
&4^{-1}(1-\mathrm{i})\sum_{s=2}^{\infty}2^{-(2s+1)t}\prod_{p\mid m}\sum_{t=1}^{\infty}p^{-(2s+3)t}\varphi(p^{2t})\mid_{s=-1}=\\
&4^{-1}(1-\mathrm{i})\left.\frac{2^{-2(2s+1)}}{1-2^{-(2s+1)}}\right|_{s=-1}\prod_{p\mid m}\sum_{t=1}^{\infty}p^{-t}\varphi(p^{2t})=\\
&\mu(m)(\mathrm{i}-1)
\end{aligned} \quad (1.2.49)$$

设 $n=ab^2\neq 0$，a 无平方因子. 这时我们有

$$\begin{aligned}
&c_3(n,-1,id.8m)=\\
&\sum_{v=3}^{\infty}2^{-\frac{v}{2}}a_3(2^v,n)\prod_{p\mid m}\left(\sum_{v=1}^{\infty}p^{-\frac{v}{2}}a_3(p^v,n)\right)=\\
&\begin{cases}0, & \text{若 } n\equiv 1,2(4)\\ \mu(m)(\mathrm{i}-1), & \text{若} \prod_{p\mid m}(1-\chi_{-a}(p))\neq 0\end{cases}
\end{aligned} \quad (1.2.50)$$

现在我们来证明式(1.2.50).

若 $n\equiv 1,2(4)$，由引理 1.18 可知

$$\sum_{v=3}^{\infty}2^{-\frac{v}{2}}a_3(2^v,n)=0$$

今设 $\prod_{p\mid 2m}(1-\chi_{-a}(p))\neq 0$. 当 $p\neq 2$ 时，若 p 能整除 a，即 $2\nmid h$，则

$$\sum_{v=1}^{\infty}p^{-\frac{v}{2}}a_3(p^v,ab^2)=\sum_{t=1}^{(h-1)/2}p^{-t}\varphi(p^{2t})-p^{-\frac{h+1}{2}+h}=-1$$

若 p 不能整除 a(即 $2\mid h$)，由假设条件，这时 $\chi_{-a}(p)=-1$，因而

$$\sum_{v=1}^{\infty}p^{-\frac{v}{2}}a_3(p^v,ab^2)=\sum_{t=1}^{h/2}p^{-t}\varphi(p^{2t})-p^{-\frac{h+1}{2}+h+\frac{1}{2}}=-1$$

当 $p=2$ 时，若 2 能整除 a，即 $2\nmid h$，则

$$\sum_{v=3}^{\infty}2^{-\frac{v}{2}}a_3(2^v,n)=\sum_{t=2}^{(h-1)/2}2^{t-\frac{3}{2}}\mathrm{e}^{-\frac{\pi\mathrm{i}}{4}}-2^{\frac{h+1}{2}-\frac{3}{2}}\mathrm{e}^{-\frac{\pi\mathrm{i}}{4}}=\mathrm{i}-1$$

若 2 不能整除 a，即 $2\mid h$. 由假设条件，$\chi_{-a}(2)\neq 1$，故这时 $a\equiv 1(4)$ 或 $a\equiv 3(8)$.

若 $a \equiv 1$，则

$$\sum_{v=3}^{\infty} 2^{-\frac{r}{2}} a_3(2^v, n) = \sum_{t=2}^{h/2} 2^{t-\frac{3}{2}} \mathrm{e}^{-\frac{\pi \mathrm{i}}{4}} + 2^{\frac{h+2}{2}-\frac{3}{2}} \mathrm{e}^{\frac{3\pi \mathrm{i}}{4}} = \mathrm{i} - 1$$

若 $a \equiv 3(8)$，则

$$\sum_{v=3}^{\infty} 2^{-\frac{v}{2}} a_3(2^v, n) = \sum_{t=2}^{h/2} 2^{t-\frac{3}{2}} \mathrm{e}^{-\frac{\pi \mathrm{i}}{4}} + 2^{\frac{h+2}{2}-\frac{3}{2}} \mathrm{e}^{\frac{7\pi \mathrm{i}}{4}} + 2^{\frac{h+1}{2}} \mathrm{e}^{\frac{3\pi \mathrm{i}}{4}} = \mathrm{i} - 1$$

这完成了式(1.2.50)的证明.

当 $\prod_{p \mid 2m} (1 - \chi_{-a}(p)) = 0$ 时，我们有

$$(A(2, n) - 4^{-1}(1 - \mathrm{i})) \prod_{p \mid m} (A(p, n) - p^{-1}) = 0 \tag{1.2.51}$$

（注意，若 $\chi_{-a}(2) = 1$，则有 $\frac{n}{2^{h(2,n)}} \equiv 7(8)$）. 显然

$$\begin{aligned} &\frac{L_{8D}(0, \chi_{-n})}{L_{8D}(-1, id)} \beta_3(n, -1, \chi_{8D}, 8D) = \\ &\frac{L_{4D}(0, \chi_{-n})}{L_{4D}(-1, id)} \beta_3(n, -1, \chi_D, 4D) \end{aligned} \tag{1.2.52}$$

利用式(1.2.47) ~ (1.2.52)，可由式(1.2.41)得到式(1.2.46).

命题 1.12 和定理 1.16 取自 Shimura[24]，命题 1.13 取自 Sturm[25].

模形式空间的维数

第2章

2.1 模群及其同余子群

令 $SL_2(\boldsymbol{R})=\left\{\begin{pmatrix}a & b\\ c & d\end{pmatrix}\middle| a,b,c,d\in\boldsymbol{R},ad-bc=1\right\}$. 对任一 $\boldsymbol{\sigma}=\begin{pmatrix}a & b\\ c & d\end{pmatrix}\in SL_2(\boldsymbol{R})$,定义复平面上的变换

$$\boldsymbol{\sigma}(z)=\frac{az+b}{cz+d}$$

易见

$$\mathrm{Im}(\boldsymbol{\sigma}(z))=\frac{\mathrm{Im}(z)}{|cz+d|^2}$$

所以 $z\to\boldsymbol{\sigma}(z)$ 决定了上半平面 H 上的一个变换. 由于 $\pm\boldsymbol{\sigma}$ 对应 H 上的同一变换,所以我们得到的 H 上的变换群为 $SL_2(\boldsymbol{R})/\pm\boldsymbol{I}$.

变换 $z\mapsto\boldsymbol{\sigma}(z)$ 的固定点为

$$cz^2+(d-a)z-b=0$$

的根. 当 $c\neq0$ 时,它的两个根为

$$\frac{a-d\pm\sqrt{(a+d)^2-4}}{2c}$$

当 $c=0$ 时,我们有 $\boldsymbol{\sigma}(\infty)=\infty$. 上述方程乘 a 后化为

$$(1-a^2)z-ab=0$$

若 $a^2=1$，变换 $z\mapsto\boldsymbol{\sigma}(z)$ 有唯一的固定点 ∞；若 $a^2\neq1$，该变换有 ∞ 及 $\dfrac{ab}{1-a^2}$ 两个固定点.

定义 2.1 设 $\boldsymbol{\sigma}\in SL_2(\boldsymbol{R})$，$\boldsymbol{\sigma}\neq\pm\boldsymbol{I}$. 若变换 $z\mapsto\boldsymbol{\sigma}(z)$ 在 H 内有一个固定点，称 $\boldsymbol{\sigma}$ 为椭圆元；若变换 $z\mapsto\boldsymbol{\sigma}(z)$ 在 $\boldsymbol{R}\cup\{\infty\}$ 内有唯一的固定点，称 $\boldsymbol{\sigma}$ 为抛物元；若变换 $z\mapsto\boldsymbol{\sigma}(z)$ 在 $\boldsymbol{R}\cup\{\infty\}$ 内有两个固定点，称 $\boldsymbol{\sigma}$ 为双曲元.

记 $\mathrm{tr}(\boldsymbol{\sigma})=a+d$. 从上述讨论得到以下命题：

命题 2.2 设 $\boldsymbol{\sigma}\in SL_2(\boldsymbol{R})$，$\boldsymbol{\sigma}\neq\pm\boldsymbol{I}$，则当且仅当 $|\mathrm{tr}(\boldsymbol{\sigma})|<2$ 时，$\boldsymbol{\sigma}$ 为椭圆元；当且仅当 $|\mathrm{tr}(\boldsymbol{\sigma})|=2$ 时，$\boldsymbol{\sigma}$ 为抛物元；当且仅当 $|\mathrm{tr}(\boldsymbol{\sigma})|>2$ 时，$\boldsymbol{\sigma}$ 为双曲元.

由此可知道，当 $\boldsymbol{\sigma}$ 为椭圆元（抛物元，双曲元）时，对任一 $\boldsymbol{\tau}\in SL_2(\boldsymbol{R})$，$\boldsymbol{\tau\sigma\tau}^{-1}$ 仍为椭圆元（抛物元，双曲元）.

设 $\boldsymbol{\sigma}=\begin{pmatrix}a&b\\c&d\end{pmatrix}\in SL_2(\boldsymbol{R})$，若 $\boldsymbol{\sigma}(\mathrm{i})=\mathrm{i}$，则有 $a=d$，$c=-b$，从而 $a^2+b^2=1$，所以

$$\{\boldsymbol{\sigma}\in SL_2(\boldsymbol{R})\mid\boldsymbol{\sigma}(\mathrm{i})=\mathrm{i}\}=\left\{\begin{pmatrix}\cos\theta&\sin\theta\\-\sin\theta&\cos\theta\end{pmatrix}\middle|\,0\leqslant\theta<2\pi\right\}$$

记该群为 $SO(2)$. 设 $z=x+\mathrm{i}y\in H$，取

$$\boldsymbol{\tau}=\begin{pmatrix}y^{\frac{1}{2}}&xy^{\frac{1}{2}}\\0&y^{-\frac{1}{2}}\end{pmatrix}\in SL_2(\boldsymbol{R})$$

则有 $\boldsymbol{\tau}(\mathrm{i})=z$，故

$$\{\boldsymbol{\sigma}\in SL_2(\boldsymbol{R})\mid\boldsymbol{\sigma}(z)=z\}=\boldsymbol{\tau}\cdot SO(2)\cdot\boldsymbol{\tau}^{-1}$$

设 $s\in\boldsymbol{R}\cup\{\infty\}$，令

$$F(s)=\{\boldsymbol{\sigma}\in SL_2(\boldsymbol{R})\mid\boldsymbol{\sigma}(s)=s\}$$

$$P(s)=\{\boldsymbol{\sigma}\in F(s)\mid\boldsymbol{\sigma}\text{ 为抛物元或 }\pm\boldsymbol{I}\}$$

易见

$$F(\infty)=\left\{\begin{pmatrix}a&b\\0&a^{-1}\end{pmatrix}\middle|\,a,b\in\boldsymbol{R},a\neq0\right\}$$

$$P(\infty)=\left\{\pm\begin{pmatrix}1&h\\0&1\end{pmatrix}\middle|\,\boldsymbol{h}\in\boldsymbol{R}\right\}$$

对任一 $s\in\boldsymbol{R}$，取

$$\boldsymbol{\tau}=\begin{pmatrix}0&-1\\1&-s\end{pmatrix}\in SL_2(\boldsymbol{R})$$

由于 $\boldsymbol{\tau}(s)=\infty$，所以

$$F(s)=\boldsymbol{\tau}^{-1}F(\infty)\boldsymbol{\tau},P(s)=\boldsymbol{\tau}^{-1}P(\infty)\boldsymbol{\tau}$$

$\boldsymbol{R}$上的拓扑在$SL_2(\boldsymbol{R})$上诱导一个拓扑. 设Γ为$SL_2(\boldsymbol{R})$的离散子群,z为H中一点,若存在Γ的一个椭圆元$\boldsymbol{\sigma}$,使$\boldsymbol{\sigma}(z)=z$,则z称为Γ的椭圆点. 设$s\in\boldsymbol{R}\cup\{\infty\}$, 若存在$\Gamma$的一个抛物元$\boldsymbol{\sigma}$,使$\boldsymbol{\sigma}(s)=s$,则$s$称为$\Gamma$的尖点. 当$\omega$为$\Gamma$的椭圆点(尖点)时,对任一$\boldsymbol{\gamma}\in\Gamma$,$\boldsymbol{\gamma}(\omega)$仍是$\Gamma$的椭圆点(尖点).

模群$SL_2(\boldsymbol{Z})$是$SL_2(\boldsymbol{R})$的一个重要的离散子群. 设N为正整数,在1.1节中我们已遇见一它的子群$\Gamma_0(N)$. 又令

$$\Gamma(N)=\left\{\begin{pmatrix}a & b\\ c & d\end{pmatrix}\in SL_2(\boldsymbol{Z})\,\middle|\,a\equiv d\equiv 1,b\equiv c\equiv 0(N)\right\}$$

它们也都是$SL_2(\boldsymbol{R})$的离散子群.

设Γ为模群的一个子群,若存在某一正整数N,使$\Gamma(N)\subset\Gamma$,则称Γ为模群的同余子群. $\Gamma_0(N)$和$\Gamma(N)$为本书中主要讨论的同余子群.

将$\boldsymbol{R}$看作一个加法群,设A是$\boldsymbol{R}$的一个离散子群,令α是A中最小的正数,则$A=\{n\alpha\mid n\in\boldsymbol{Z}\}$,$A$与$\boldsymbol{Z}$同构.

命题 2.3 设Γ为$SL_2(\boldsymbol{R})$的离散子群,z为Γ的椭圆点,则

$$\Gamma_z=\{\boldsymbol{\sigma}\in\Gamma\mid\boldsymbol{\sigma}(z)=z\}$$

是有限循环群.

证明 由上述,已知存在$\boldsymbol{\tau}\in SL_2(\boldsymbol{R})$,使$\boldsymbol{\tau}(\mathrm{i})=z$,因而

$$\Gamma_z=\Gamma\cap\boldsymbol{\tau}\cdot SO(2)\cdot\boldsymbol{\tau}^{-1}$$

$SO(2)$与加法群$\boldsymbol{R}/\boldsymbol{Z}$同构,所以它是一个紧致群,$\boldsymbol{\tau}\cdot SO(2)\cdot\boldsymbol{\tau}^{-1}$也是一个紧致群. 由于$\Gamma$是离散群,故$\Gamma_z$是紧致群$\boldsymbol{\tau}\cdot SO(2)\cdot\boldsymbol{\tau}^{-1}$中的一个离散子群,它必定是有限群. $\boldsymbol{R}$的任一离散子群都与$\boldsymbol{Z}$同构,因而$\boldsymbol{R}/\boldsymbol{Z}$的任一离散子群都是有限循环群.

我们称$[\Gamma_z:\Gamma\cap\{\pm\boldsymbol{I}\}]$为椭圆点$z$的阶.

命题 2.4 设Γ为$SL_2(\boldsymbol{R})$的离散子群,s为Γ的尖点

$$\Gamma_s=\{\boldsymbol{\sigma}\in\Gamma\mid\boldsymbol{\sigma}(s)=s\}$$

则$\Gamma_s/\Gamma\cap\{\pm\boldsymbol{I}\}$与$\boldsymbol{Z}$同构,且$\Gamma_s$中任一元或为$\pm\boldsymbol{I}$,或为抛物元.

证明 已知存在$\boldsymbol{\tau}\in SL_2(\boldsymbol{R})$,使$\boldsymbol{\tau}(s)=\infty$,因而

$$\Gamma_s=\Gamma\cap\boldsymbol{\tau}^{-1}F(\infty)\boldsymbol{\tau}$$

我们有$\boldsymbol{\tau}\Gamma_s\boldsymbol{\tau}^{-1}=\boldsymbol{\tau}\Gamma\boldsymbol{\tau}^{-1}\cap F(\infty)=(\boldsymbol{\tau}\Gamma\boldsymbol{\tau}^{-1})_\infty$,$\boldsymbol{\tau}\Gamma\boldsymbol{\tau}^{-1}$也是$SL_2(\boldsymbol{R})$的离散子群,由此可见,不失普遍性,仅需对$s=\infty$证明本定理. $\Gamma\cap P(\infty)$是离散子群,$\Gamma\cap P(\infty)/\Gamma\cap\{\pm\boldsymbol{I}\}$与$\boldsymbol{R}$的一个离散子群同构,因而与$\boldsymbol{Z}$同构,$\Gamma\cap P(\infty)$中存在一个元素

$$\boldsymbol{\sigma}=\begin{pmatrix}1 & h_0\\ 0 & 1\end{pmatrix}\text{或}\begin{pmatrix}-1 & h_0\\ 0 & -1\end{pmatrix}$$

它具有最小的正数 h_0.

假设 $\Gamma \cap F(\infty)$ 中有一个双曲元

$$\boldsymbol{\mu}=\begin{pmatrix} a & b \\ 0 & a^{-1} \end{pmatrix} \quad (a \neq 0, \pm 1)$$

必要时以 $\boldsymbol{\mu}^{-1}$ 代替 $\boldsymbol{\mu}$,可设 $|a|<1$,这时

$$\boldsymbol{\mu\sigma\mu}^{-1}=\begin{pmatrix} \pm 1 & a^2 h_0 \\ 0 & \pm 1 \end{pmatrix} \in \Gamma \cap P(\infty)$$

这与 h_0 的定义矛盾.

定义 2.5 设 $w_1, w_2 \in H \cup \boldsymbol{R} \cup \{\infty\}$,若存在 $\boldsymbol{\tau} \in \Gamma$,使 $\boldsymbol{\tau}(w_1)=w_2$,则称 w_1 与 w_2 为 Γ 等价.

现在来讨论模群的尖点和椭圆点.

由于 ∞ 是 $\begin{pmatrix} 1 & 1 \\ 0 & 1 \end{pmatrix}$ 的固定点,故 ∞ 是模群的尖点. 设 $s \in \boldsymbol{R}$ 为模群的尖点,则存在模群的抛物元 $\boldsymbol{\sigma}=\begin{pmatrix} a & b \\ c & d \end{pmatrix}$,它以 s 为唯一的固定点. 这时 $c \neq 0$,否则,$\boldsymbol{\sigma}$ 以 ∞ 为固定点. s 是方程

$$cx^2+(d-a)x-b=0$$

的唯一的根,所以 s 一定是有理数. 反之,设 $\dfrac{p}{q}$ 为任一有理数,且 p 与 q 互素,则存在整数 u, t,使

$$\boldsymbol{\sigma}=\begin{pmatrix} p & u \\ q & t \end{pmatrix} \in SL_2(\boldsymbol{Z})$$

由于 $\boldsymbol{\sigma}(\infty)=\dfrac{p}{q}$,$\infty$ 为模群的尖点,因此 $\dfrac{p}{q}$ 也是模群的尖点. 总结上述,可知 $Q \cup \{\infty\}$ 为模群的所有尖点,且它们都与 ∞ 等价.

设 $\boldsymbol{\sigma}$ 为模群的椭圆元,由命题 2.2,可知 $|\operatorname{tr}(\boldsymbol{\sigma})|<2$. $\operatorname{tr}(\boldsymbol{\sigma})$ 是整数,故

$$\operatorname{tr}(\boldsymbol{\sigma})=0 \text{ 或 } \pm 1$$

$\boldsymbol{\sigma}$ 的特征多项式 $\det(\boldsymbol{\sigma}-x\boldsymbol{I})$ 为 x^2+1 或 $x^2 \pm x+1$,可见 $\boldsymbol{\sigma}^2=-\boldsymbol{I}$ 或 $\boldsymbol{\sigma}^3=\pm \boldsymbol{I}$. 若 $\boldsymbol{\sigma}^3=-\boldsymbol{I}$,则 $(-\boldsymbol{\sigma})^3=\boldsymbol{I}$,所以我们仅需考虑 $\boldsymbol{\sigma}^2=-\boldsymbol{I}$ 及 $\boldsymbol{\sigma}^3=\boldsymbol{I}$ 两个情况.

设 $\boldsymbol{\sigma}^2=-\boldsymbol{I}$,令 $\boldsymbol{Z}[\boldsymbol{\sigma}]=\{a+b\boldsymbol{\sigma} \mid a, b \in \boldsymbol{Z}\}$,它与 $\boldsymbol{Z}[\mathrm{i}]$ 同构,是一个欧氏环. 任一 $\boldsymbol{\tau} \in \boldsymbol{Z}[\boldsymbol{\sigma}]$,可以定义 $\boldsymbol{Z}^2$ 上的一个变换

$$\begin{pmatrix} x \\ y \end{pmatrix} \mapsto \boldsymbol{\tau}\begin{pmatrix} x \\ y \end{pmatrix} \quad \left(\begin{pmatrix} x \\ y \end{pmatrix} \in \boldsymbol{Z}^2\right)$$

因而 $\boldsymbol{Z}^2$ 可看作 $\boldsymbol{Z}[\boldsymbol{\sigma}]$ 上的模. $\boldsymbol{Z}^2$ 中任一非零元 $\begin{pmatrix} x \\ y \end{pmatrix}$,若有 $\boldsymbol{\tau}=a+b\boldsymbol{\sigma}$ 使 $\boldsymbol{\tau}\begin{pmatrix} x \\ y \end{pmatrix}=\boldsymbol{0}$,则

$$\mathbf{0}=(a-b\boldsymbol{\sigma})(a+b\boldsymbol{\sigma})\begin{pmatrix}x\\y\end{pmatrix}=(a^2+b^2)\begin{pmatrix}x\\y\end{pmatrix}$$

可见 $a=b=0$，即 $\boldsymbol{\tau}=\mathbf{0}$. 由欧氏环上有限生成模的基本定理，可知存在 $\boldsymbol{u}\in\boldsymbol{Z}^2$，使

$$\boldsymbol{Z}^2=\boldsymbol{Z}[\boldsymbol{\sigma}]\boldsymbol{u}=\boldsymbol{Z}\boldsymbol{u}+\boldsymbol{Z}\boldsymbol{\sigma}\boldsymbol{u}$$

记 $\boldsymbol{v}=\boldsymbol{\sigma}\boldsymbol{u}$，则 $\boldsymbol{\sigma}\boldsymbol{v}=-\boldsymbol{u}$，即

$$\boldsymbol{\sigma}(\boldsymbol{u},\boldsymbol{v})=(\boldsymbol{u},\boldsymbol{v})\begin{pmatrix}0&-1\\1&0\end{pmatrix}$$

$(\boldsymbol{u},\boldsymbol{v})$ 表示以 $\boldsymbol{u},\boldsymbol{v}$ 为例的二阶方阵，$\boldsymbol{u},\boldsymbol{v}$ 是 $\boldsymbol{Z}^2$ 的基. 所以

$$\det(\boldsymbol{u},\boldsymbol{v})=\pm 1$$

若 $\det(\boldsymbol{u},\boldsymbol{v})=1$，则 $(\boldsymbol{u},\boldsymbol{v})$ 为模群的元素，且

$$\boldsymbol{\sigma}=(\boldsymbol{u},\boldsymbol{v})\begin{pmatrix}0&-1\\1&0\end{pmatrix}(\boldsymbol{u},\boldsymbol{v})^{-1}$$

若 $\det(\boldsymbol{u},\boldsymbol{v})=-1$，则 $(\boldsymbol{v},\boldsymbol{u})$ 为模群的元素，且

$$\boldsymbol{\sigma}=(\boldsymbol{v},\boldsymbol{u})\begin{pmatrix}0&1\\-1&0\end{pmatrix}(\boldsymbol{v},\boldsymbol{u})^{-1}$$

可见 $\boldsymbol{\sigma}$ 在模群中与 $\begin{pmatrix}0&-1\\1&0\end{pmatrix}$ 或 $\begin{pmatrix}0&1\\-1&0\end{pmatrix}$ 共轭，这两个元素在 H 中的固定点是 i，所以 $\boldsymbol{\sigma}$ 的固定点与 i 等价，它们都是二阶椭圆点.

设 $\boldsymbol{\sigma}^3=\boldsymbol{I}$，这时 $\boldsymbol{Z}[\boldsymbol{\sigma}]$ 仍是欧氏环，$\boldsymbol{Z}^2$ 仍可看作 $\boldsymbol{Z}[\boldsymbol{\sigma}]$ 的模. 设 $\begin{pmatrix}x\\y\end{pmatrix}$ 是 $\boldsymbol{Z}^2$ 的非零元，若是 $\boldsymbol{\tau}=a+b\boldsymbol{\sigma}$ 使 $\boldsymbol{\tau}\begin{pmatrix}x\\y\end{pmatrix}=\mathbf{0}$，则

$$\mathbf{0}=(a-b-b\boldsymbol{\sigma})(a+b\boldsymbol{\sigma})\begin{pmatrix}x\\y\end{pmatrix}=(a^2-ab+b^2)\begin{pmatrix}x\\y\end{pmatrix}$$

因而 $a^2-ab+b^2=0$，由此可推出 $a=b=0$. 因此我们仍有

$$\boldsymbol{Z}^2=\boldsymbol{Z}[\boldsymbol{\sigma}]\boldsymbol{u}=\boldsymbol{Z}\boldsymbol{u}+\boldsymbol{Z}\boldsymbol{\sigma}\boldsymbol{u}\quad(\boldsymbol{u}\in\boldsymbol{Z}^2)$$

令 $\boldsymbol{v}=\boldsymbol{\sigma}\boldsymbol{u}$，则 $\boldsymbol{\sigma}\boldsymbol{v}=-\boldsymbol{\sigma}\boldsymbol{u}-\boldsymbol{u}=-\boldsymbol{v}-\boldsymbol{u}$，所以

$$\boldsymbol{\sigma}(\boldsymbol{u},\boldsymbol{v})=(\boldsymbol{u},\boldsymbol{v})\begin{pmatrix}0&-1\\1&-1\end{pmatrix}$$

若 $\det(\boldsymbol{u},\boldsymbol{v})=1$，则

$$\boldsymbol{\sigma}=(\boldsymbol{u},\boldsymbol{v})\begin{pmatrix}0&-1\\1&-1\end{pmatrix}(\boldsymbol{u},\boldsymbol{v})^{-1}$$

若 $\det(\boldsymbol{u},\boldsymbol{v})=-1$，则

$$\boldsymbol{\sigma}=(\boldsymbol{u},\boldsymbol{v})\begin{pmatrix}-1&1\\-1&0\end{pmatrix}(\boldsymbol{v},\boldsymbol{u})^{-1}$$

所以 $\boldsymbol{\sigma}$ 在模群中与

$$\boldsymbol{\tau}=\begin{pmatrix}0 & -1\\ 1 & -1\end{pmatrix} \text{或} \boldsymbol{\tau}^2=\begin{pmatrix}-1 & 1\\ -1 & 0\end{pmatrix}$$

共轭. $\boldsymbol{\tau}$ 在 H 中的固定点为 $z^2-z+1=0$ 的根,即为三次单位根 $\rho=\mathrm{e}^{\frac{2\pi \mathrm{i}}{3}}$,由此可见,$\boldsymbol{\sigma}$ 的固定点为三阶椭圆点,且与 ρ 等价.

综合上述,我们得到以下定理:

定理 2.6 模群的所有尖点为 $\boldsymbol{Q}\cup\{\infty\}$,每个尖点都与 ∞ 等价,模群的椭圆点或为二阶或为三阶,所有二阶椭圆点与 i 等价. 所有三阶椭圆点与 ρ 等价(这里所说的等价都是模群等价).

现在讨论同余子群 $\Gamma(N)$ 与 $\Gamma_0(N)$ 的椭圆点和尖点. 不妨设 $N>1$(易见 $\Gamma_0(1)=\Gamma(1)=SL_2(\boldsymbol{Z})$).

由上述,模群的椭圆元都与下列元素之一共轭

$$\pm\begin{pmatrix}0 & -1\\ 1 & 0\end{pmatrix},\pm\begin{pmatrix}0 & -1\\ 1 & -1\end{pmatrix},\pm\begin{pmatrix}-1 & 1\\ -1 & 0\end{pmatrix}$$

$\Gamma(N)$ 是模群的正规子群,当 $N>1$ 时,以上诸元素都不属于 $\Gamma(N)$,可见 $\Gamma(N)$ 没有椭圆点.

由定理 2.6,$\Gamma_0(N)$ 的椭圆点也仅可能是二阶或三阶.

定理 2.7 以 v_2 和 v_3 分别表示 $\Gamma_0(N)$ 的二阶和三阶椭圆点等价类的个数,则

$$v_2=\begin{cases}0, & \text{若 } 4\mid N\\ \prod\limits_{p\mid N}\left(1+\left(\dfrac{-1}{p}\right)\right), & \text{若 } 4\nmid N\end{cases}$$

$$v_3=\begin{cases}0, & \text{若 } 9\mid N\\ \prod\limits_{p\mid N}\left(1+\left(\dfrac{-3}{p}\right)\right), & \text{若 } 9\nmid N\end{cases}$$

其中

$$\left(\frac{-1}{p}\right)=\begin{cases}0, & \text{若 } p=2\\ 1, & \text{若 } p\equiv 1(4)\\ -1, & \text{若 } p\equiv 3(4)\end{cases}$$

$$\left(\frac{-3}{p}\right)=\begin{cases}0, & \text{若 } p=3\\ 1, & \text{若 } p\equiv 1(3)\\ -1, & \text{若 } p\equiv 2(3)\end{cases}$$

证明 首先考虑二阶椭圆点. 设 z_1 和 z_2 为 $\Gamma_0(N)$ 的两个二阶椭圆点,因而

$$\Gamma_{z_1}=\{\boldsymbol{\sigma}\in\Gamma_0(N)\mid\boldsymbol{\sigma}(z_1)=z_1\}=\{\pm\boldsymbol{I},\pm\boldsymbol{\sigma}_1\}$$

$$\Gamma_{z_2}=\{\boldsymbol{\sigma}\in\Gamma_0(N)\mid\boldsymbol{\sigma}(z_2)=z_2\}=\{\pm\boldsymbol{I},\pm\boldsymbol{\sigma}_2\}$$

其中 $\boldsymbol{\sigma}_1$ 和 $\boldsymbol{\sigma}_2$ 为 $\Gamma_0(N)$ 的椭圆元，可以假定它们在模群中都与 $\begin{pmatrix}0&-1\\1&0\end{pmatrix}$ 共轭. 若 z_1 与 z_2 是 $\Gamma_0(N)$ 等价，则有 $\boldsymbol{\tau}\in\Gamma_0(N)$，使 $\boldsymbol{\sigma}(z_1)=z_2$，这时 $\boldsymbol{\tau}^{-1}\boldsymbol{\sigma}_2\boldsymbol{\tau}$ 属于 Γ_{z_1}，不难证明 $\boldsymbol{\tau}^{-1}\boldsymbol{\sigma}_2\boldsymbol{\tau}$ 一定是 $\boldsymbol{\sigma}_1$，而不可能是 $-\boldsymbol{\sigma}_1$. 所以 z_1 与 z_2 为 $\Gamma_0(N)$ 等价的充要条件是 $\boldsymbol{\sigma}_1$ 与 $\boldsymbol{\sigma}_2$ 在 $\Gamma_0(N)$ 中共轭. v_2 为椭圆元集合

$$\Sigma=\left\{\boldsymbol{T}^{-1}\begin{pmatrix}0&-1\\1&0\end{pmatrix}\boldsymbol{T}\in\Gamma_0(N)\mid\boldsymbol{T}\in SL_2(\boldsymbol{Z})\right\}$$

在 $\Gamma_0(N)$ 中的共轭类个数.

设 $\boldsymbol{\sigma}=\boldsymbol{T}^{-1}\begin{pmatrix}0&-1\\1&0\end{pmatrix}\boldsymbol{T}\in\Sigma$，令

$$(\omega_1,\omega_2)=(1,\mathrm{i})\boldsymbol{T}$$

ω_1,ω_2 为 $\boldsymbol{Z}[\mathrm{i}]$ 在 $\boldsymbol{Z}$ 上的基，我们有

$$(\mathrm{i}\omega_1,\mathrm{i}\omega_2)=(1,\mathrm{i})\begin{pmatrix}0&-1\\1&0\end{pmatrix}\boldsymbol{T}=(\omega_1,\omega_2)\boldsymbol{\sigma}\tag{2.1.1}$$

又令

$$J=\{a\omega_1+bN\omega_2\mid a,b\in\boldsymbol{Z}\}\subset\boldsymbol{Z}[\mathrm{i}]$$

式(2.1.1) 表明 J 是 $\boldsymbol{Z}[\mathrm{i}]$ 的理想(因为 $\mathrm{i}\omega_1\in J$)，且该理想具有下述两个性质：

(1) 理想 J 的范数 $\mathbf{N}(J)=[\boldsymbol{Z}[\mathrm{i}]:J]=N$；

(2) 设 $q\neq\pm1$ 为任一整数，则 J 不包含在 q 生成的主理想 (q) 内(因为 $\omega_1\notin(q)=\{aq\omega_1+bq\omega_2\mid a,b\in\boldsymbol{Z}\}$).

反之，若 J 为 $\boldsymbol{Z}[\mathrm{i}]$ 的理想，且适合性质(1) 与(2)，由(1)，可以找到 $\boldsymbol{Z}[\mathrm{i}]$ 的基 ω_1,ω_2，使 $\varepsilon_1\omega_1,\varepsilon_2\omega_2(\varepsilon_1,\varepsilon_2\in\boldsymbol{Z})$ 为 J 的基，且 $\varepsilon_1\mid\varepsilon_2,\varepsilon_1\varepsilon_2=N$. 这时 $J\subset(\varepsilon_1)$，由(2) 可知 $\varepsilon_1=1,\varepsilon_2=N$. 必要时以 $-\omega_2$ 代替 ω_2，我们总可假设

$$(\omega_1,\omega_2)=(1,\mathrm{i})\boldsymbol{T}\quad(\boldsymbol{T}\in SL_2(\boldsymbol{Z}))$$

因而

$$(\mathrm{i}\omega_1,\mathrm{i}\omega_2)=(\omega_1,\omega_2)\boldsymbol{T}^{-1}\begin{pmatrix}0&-1\\1&0\end{pmatrix}\boldsymbol{T}$$

由于 $\mathrm{i}\omega_1\in J$，故

$$\boldsymbol{T}^{-1}\begin{pmatrix}0&-1\\1&0\end{pmatrix}\boldsymbol{T}\in\Sigma$$

现在来证明 Σ 中元素在 $\Gamma_0(N)$ 中的共轭类与 $\boldsymbol{Z}[\mathrm{i}]$ 中具有性质(1) 与(2) 的理想一一对应. 设

$$\boldsymbol{\sigma}=\boldsymbol{T}^{-1}\begin{pmatrix}0&-1\\1&0\end{pmatrix}\boldsymbol{T}\in\Sigma$$

$$\boldsymbol{\sigma}=\boldsymbol{T}_1^{-1}\begin{pmatrix}0 & -1\\ 1 & 0\end{pmatrix}\boldsymbol{T}_1\in\Sigma$$

相应地定义

$$(\omega_1,\omega_2)=(1,\mathrm{i})\boldsymbol{T},(\omega_1',\omega_2')=(1,\mathrm{i})\boldsymbol{T}_1$$

及

$$J=\{a\omega_1+bN\omega_2\mid a,b\in\boldsymbol{Z}\}$$
$$J_1=\{a\omega_1'+bN\omega_2'\mid a,b\in\boldsymbol{Z}\}$$

如果 $J=J_1$，由于$(\omega_1,\omega_2)=(\omega_1',\omega_2')\boldsymbol{T}_1^{-1}\boldsymbol{T}$ 及 $\omega_1\in J_1$，故

$$\boldsymbol{T}_1^{-1}\boldsymbol{T}=\boldsymbol{\tau}\in\Gamma_0(N)$$

从而 $\boldsymbol{\sigma}=\boldsymbol{\tau}^{-1}\boldsymbol{\sigma}_1\boldsymbol{\tau}$，即 $\boldsymbol{\sigma}$ 与 $\boldsymbol{\sigma}_1$ 在 $\Gamma_0(N)$ 中共轭. 反之，如果 $\boldsymbol{\sigma}$ 与 $\boldsymbol{\sigma}_1$ 在 $\Gamma_0(N)$ 中共轭，设 $\boldsymbol{\sigma}=\boldsymbol{\tau}^{-1}\boldsymbol{\sigma}_1\boldsymbol{\tau}$，其中 $\boldsymbol{\tau}\in\Gamma_0(N)$. 令

$$(\omega_1'',\omega_2'')=(\omega_1',\omega_2')\boldsymbol{\tau}$$

我们有

$$(\mathrm{i}\omega_1,\mathrm{i}\omega_2)=(\omega_1,\omega_2)\boldsymbol{\sigma},(\mathrm{i}\omega_1'',\mathrm{i}\omega_2'')=(\omega_1'',\omega_2'')\boldsymbol{\sigma}$$

(ω_1,ω_2) 与(ω_1'',ω_2'') 同为方程

$$\begin{cases}(\boldsymbol{\sigma}_{11}-\mathrm{i})x+\boldsymbol{\sigma}_{21}y=0\\ \boldsymbol{\sigma}_{12}x+(\boldsymbol{\sigma}_{22}-\mathrm{i})y=0\end{cases},\boldsymbol{\sigma}=\begin{bmatrix}\boldsymbol{\sigma}_{11} & \boldsymbol{\sigma}_{12}\\ \boldsymbol{\sigma}_{21} & \boldsymbol{\sigma}_{22}\end{bmatrix}$$

的解，因而存在 $\lambda\in\mathbf{Q}(\mathrm{i})$，使 $\omega_1=\lambda\omega_1''$，$\omega_2=\lambda\omega_2''$. 由于 ω_1''，ω_2''是 $\boldsymbol{Z}[\mathrm{i}]$ 的基，故存在整数 n,m，使 $n\omega_1''+m\omega_2''=1$，从而 $n\omega_1+m\omega_2=\lambda$，即 $\lambda\in\boldsymbol{Z}[\mathrm{i}]$. 由于 ω_1,ω_2 也是 $\boldsymbol{Z}[\mathrm{i}]$ 的基，类似地可证明 $\lambda^{-1}\in\boldsymbol{Z}[\mathrm{i}]$，即 λ 是 $\boldsymbol{Z}[\mathrm{i}]$ 的可逆元，因此

$$J=\{a\omega_1''+bN\omega_2''\mid a,b\in\boldsymbol{Z}\}=J_1$$

熟知 $\boldsymbol{Z}[\mathrm{i}]$ 是主理想环，理想 $J=(x,\mathrm{i}y)$ 若具有性质(1) 和(2)，则

$$x^2+y^2=N,(x,y)=1$$

这个关于 x 和 y 的不定方程的解数为

$$\begin{cases}4\prod\limits_{p\mid N}\left(1+\left(\dfrac{-1}{p}\right)\right), & 若\ 4\nmid N\\ 0, & 若\ 4\mid N\end{cases}$$

(参阅华罗庚:《数论导引》,第六章 §7). 由于$\pm(x+\mathrm{i}y)$，$\pm(-y+\mathrm{i}x)$ 生成同一理想，所以证得关于 v_2 的结果.

现在考虑 $\Gamma_0(N)$ 的三阶椭圆点. 设 z_1 与 z_2 为 $\Gamma_0(N)$ 的两个三阶椭圆点，$\Gamma_{z_1}=\{\pm\boldsymbol{I},\pm\boldsymbol{\sigma}_1,\pm\boldsymbol{\sigma}_1^2\}$ 及 $\Gamma_{z_2}=\{\pm\boldsymbol{I},\pm\boldsymbol{\sigma}_2,\pm\boldsymbol{\sigma}_2^2\}$. 可以假设 $\boldsymbol{\sigma}_1$ 与 $\boldsymbol{\sigma}_2$ 在模群中都与$\begin{pmatrix}0 & -1\\ 1 & -1\end{pmatrix}$共轭. 为此仅需证明

$$\begin{pmatrix}0 & -1\\ 1 & -1\end{pmatrix},\begin{pmatrix}-1 & 1\\ -1 & 0\end{pmatrix},\begin{pmatrix}0 & 1\\ -1 & 1\end{pmatrix},\begin{pmatrix}1 & -1\\ 1 & 0\end{pmatrix}$$

在模群中不能彼此共轭.它们的特征多项式分别为

$$\lambda(\lambda+1)+1,\lambda(\lambda+1)+1,\lambda(\lambda-1)+1,\lambda(\lambda-1)+1$$

所以仅可能有第一、第二个元共轭,第三、第四个元共轭.记

$$\boldsymbol{\alpha}=\begin{pmatrix}0 & -1\\ 1 & -1\end{pmatrix}$$

则

$$\boldsymbol{\alpha}^{-1}=\begin{pmatrix}-1 & 1\\ -1 & 0\end{pmatrix}$$

假设存在 $\boldsymbol{\gamma}\in SL_2(\mathbf{Z})$,使 $\boldsymbol{\gamma\alpha\gamma}^{-1}=\boldsymbol{\alpha}^{-1}$.已知存在 $\boldsymbol{\tau}\in SL_2(\mathbf{R})$,使

$$\boldsymbol{\tau\alpha\tau}^{-1}=\begin{pmatrix}p & q\\ -q & p\end{pmatrix}\in SO(2)\quad(q\neq 0)$$

令

$$\boldsymbol{\tau\gamma\tau}^{-1}=\begin{pmatrix}a & b\\ c & d\end{pmatrix}$$

由此我们得到

$$\begin{pmatrix}a & b\\ c & d\end{pmatrix}\begin{pmatrix}p & q\\ -q & p\end{pmatrix}=\begin{pmatrix}p & -q\\ q & p\end{pmatrix}\begin{pmatrix}a & b\\ c & d\end{pmatrix}$$

因而

$$\begin{pmatrix}ap-bq & bp+aq\\ cp-dq & dp+cq\end{pmatrix}=\begin{pmatrix}ap-cq & bp-dq\\ cp+aq & dp+bq\end{pmatrix}$$

可见 $a=-d,b=c$,这时

$$\det\boldsymbol{\gamma}=ad-bc=-a^2-b^2<0$$

这不可能,因此 $\boldsymbol{\alpha}$ 与 $\boldsymbol{\alpha}^{-1}$ 不能共轭,同样 $\begin{pmatrix}0 & 1\\ -1 & 1\end{pmatrix}$ 与 $\begin{pmatrix}1 & -1\\ 1 & 0\end{pmatrix}$ 也不能共轭.因而 z_1 与 z_2 为 $\Gamma_0(N)$ 等价的充要条件是 $\boldsymbol{\sigma}_1$ 与 $\boldsymbol{\sigma}_2$ 在 $\Gamma_0(N)$ 中共轭. v_3 为椭圆元集合

$$\left\{\boldsymbol{T}^{-1}\begin{pmatrix}0 & -1\\ 1 & -1\end{pmatrix}\boldsymbol{T}\in\Gamma_0(N)\mid \boldsymbol{T}\in SL_2(\mathbf{Z})\right\}$$

在 $\Gamma_0(N)$ 中共轭类的个数.利用讨论二阶椭圆点的类似方法,以 $\mathbf{Z}[\rho]$ 代替 $\mathbf{Z}[\mathrm{i}]$,可以证明 $6v_3$ 为不定方程

$$x^2-xy+y^2=N\quad((x,y)=1)$$

的解数.利用该不定方程解数的结果,即证得本定理.

引理 2.8 我们有

$$[SL_2(\mathbf{Z}):\Gamma(N)]=N^3\prod_{p\mid N}(1-p^{-2})$$

$$[SL_2(\mathbf{Z}):\Gamma_0(N)]=N\prod_{p\mid N}(1+p^{-1})$$

证明 记 $\Gamma=SL_2(\mathbf{Z})$. 定义同态映射

$$f:\Gamma\rightarrow SL_2(\mathbf{Z}/N\mathbf{Z})$$
$$\boldsymbol{\alpha}\rightarrow\boldsymbol{\alpha}\bmod N$$

矩阵 $\boldsymbol{\alpha}$ 模 N 即是对其每个元素模 N, f 的核为 $\Gamma(N)$. 今证 f 映上，即若任一二阶整数方阵 $\mathbf{A}$，若 $\det\mathbf{A}\equiv1(N)$，则存在 $\boldsymbol{B}\in\Gamma$，使 $\mathbf{A}\equiv\boldsymbol{B}(N)$. 熟知可以找到 $\boldsymbol{U}$，$\mathbf{V}\in\Gamma$，使

$$\mathbf{UAV}=\begin{pmatrix}a_1&0\\0&a_2\end{pmatrix}$$

我们有 $a_1a_2=1+rN$, r 为整数. 令

$$\boldsymbol{B}'=\begin{pmatrix}a_1+xN&yN\\N&a_2\end{pmatrix}$$

由于 a_2 与 N 互素，总可取整数 x,y，使 $r+a_2x-yN=0$，因而

$$\det\boldsymbol{B}'=a_1a_2+a_2xN-yN^2=1$$

即 $\boldsymbol{B}'\in\Gamma$. 易见 $\boldsymbol{UAV}\equiv\boldsymbol{B}'(N)$，取 $\boldsymbol{B}=\boldsymbol{U}^{-1}\boldsymbol{B}'\mathbf{V}^{-1}$ 即可.

因此我们有

$$[\Gamma:\Gamma(N)]=[SL_2(\mathbf{Z}/N\mathbf{Z}):1]$$

设 $N=\prod p^e$ 为标准因子分解，由孙子定理，我们有

$$[SL_2(\mathbf{Z}/N\mathbf{Z}):1]=\prod_{p\mid N}[SL_2(\mathbf{Z}/p^e\mathbf{Z}):1]\tag{2.1.2}$$

考虑映射

$$h:GL_2(\mathbf{Z}/p^e\mathbf{Z})\mapsto GL_2(\mathbf{Z}/p\mathbf{Z})$$
$$\boldsymbol{\alpha}\bmod p^e\mapsto\boldsymbol{\alpha}\bmod p$$

h 的核为

$$X=\left\{\begin{pmatrix}a&b\\c&d\end{pmatrix}\in GL_2(\mathbf{Z}/p^e\mathbf{Z})\;\middle|\;\begin{pmatrix}a&b\\c&d\end{pmatrix}\equiv\boldsymbol{I}(p)\right\}$$

易见 $[X:1]=p^{4(e-1)}$. 熟知

$$[GL_2(\mathbf{Z}/p\mathbf{Z}):1]=(p^2-1)(p^2-p)$$

所以

$$[GL_2(\mathbf{Z}/p^e\mathbf{Z}):1]=p^{4e}(1-p^{-1})(1-p^{-2})$$

考虑 $GL_2(\mathbf{Z}/p^e\mathbf{Z})$ 到 $(\mathbf{Z}/p^e\mathbf{Z})^*$ 的映射：$\boldsymbol{\alpha}\mapsto\det\boldsymbol{\alpha}$，其核为 $SL_2(\mathbf{Z}/p^e\mathbf{Z})$，且是映上的，故

$$[SL_2(\mathbf{Z}/p^e\mathbf{Z}):1]=\frac{[GL_2(\mathbf{Z}/p^e\mathbf{Z}):1]}{\varphi(p^e)}=p^{3e}(1-p^{-2})$$

由式(2.1.2)得到 $[\Gamma:\Gamma(N)]$.

在上述定义的同态映射 f 之下，$\Gamma_0(N)$ 的象为

$$\left\{\begin{pmatrix} a & b \\ 0 & d \end{pmatrix} \in SL_2(\mathbf{Z}/N\mathbf{Z}) \mid ad \equiv 1(N)\right\}$$

其中包含 $N\varphi(N)$ 个元，故

$$[\Gamma : \Gamma_0(N)] = \frac{[SL_2(\mathbf{Z}/N\mathbf{Z}) : 1]}{N\varphi(N)} = N\prod_{p\mid N}(1+p^{-1})$$

引理 2.9 设 Γ 为 $SL_2(\boldsymbol{R})$ 的离散子群，Γ' 为 Γ 的子群，且$[\Gamma : \Gamma'] < \infty$，则 Γ 与 Γ' 具有相同的尖点集合.

证明 显然，Γ' 的尖点一定是 Γ 的尖点. 反之，设 s 是 Γ 的尖点，则存在 Γ 的抛物元 $\boldsymbol{\sigma}$，使 $\boldsymbol{\sigma}(s)=s$. 由于$[\Gamma : \Gamma'] < \infty$，一定存在正整数 n，使 $\boldsymbol{\sigma}^n \in \Gamma'$. $\boldsymbol{\sigma}$ 在 $SL_2(\boldsymbol{R})$ 中一定与一个形如$\begin{pmatrix} 1 & h \\ 0 & 1 \end{pmatrix}$的元素共轭，因而 $\boldsymbol{\sigma}^n$ 与$\begin{pmatrix} 1 & nh \\ 0 & 1 \end{pmatrix}$共轭，即 $\boldsymbol{\sigma}^n$ 也是抛物元. 由于 $\boldsymbol{\sigma}^n(s)=s$，$s$ 也是 Γ' 的尖点.

由定理 2.6 及引理 2.8，2.9，可知 $\Gamma(N)$ 和 $\Gamma_0(N)$ 的尖点集合都是 $\boldsymbol{Q} \cup \{\infty\}$. 为了叙述方便，今后当我们说$\dfrac{d}{c}$是一个尖点时，总意味着 d 为整数，c 为非负整数，且$(c,d)=1$. 当 $c=0$ 时，有 $d=1$，$1/0$ 表示 ∞.

定理 2.10 尖点集

$$\left\{d/c \mid c \mid N, (c,d)=1, d \in \left(\frac{\mathbf{Z}}{\left(c,\frac{N}{c}\right)\mathbf{Z}}\right)^*\right\} \tag{2.1.3}$$

是 $\Gamma_0(N)$ 尖点等价类的代表系. 因而 $\Gamma_0(N)$ 尖点等价类个数为

$$v_\infty = \sum_{c\mid N}\varphi\left(c,\frac{N}{c}\right)$$

证明 若 d' 与$\left(c,\dfrac{N}{c}\right)$互素，令

$$d = d' + \left(c,\frac{N}{c}\right)\prod_{p\mid c,\, p\nmid d'} p$$

易见 d 与 c 互素，且 $d \equiv d'\left(c,\dfrac{N}{c}\right)$，所以式(2.1.3)中所含尖点的个数即为

$$\sum_{c\mid N}\varphi\left(c,\frac{N}{c}\right)$$

余下的则要证明 $\Gamma_0(N)$ 的任一尖点与式(2.1.3)中某一尖点 $\Gamma_0(N)$ 等价，式(2.1.3)中任意两个尖点 $\Gamma_0(N)$ 不等价.

设$\dfrac{d}{c}$和$\dfrac{d_1}{c}$为两个尖点，c 为 N 的因子，且 $d \equiv d'\left(c,\dfrac{N}{c}\right)$，这时可以证明$\dfrac{d}{c}$和$\dfrac{d_1}{c}$是 $\Gamma_0(N)$ 等价的. 事实上，可以找到模群中的元素$\begin{pmatrix} a & d \\ b & c \end{pmatrix}$和$\begin{pmatrix} a_1 & d_1 \\ b_1 & c \end{pmatrix}$，易

见

$$bd \equiv b_1 d_1 \equiv -1\left(c, \frac{N}{c}\right)$$

因而 $b \equiv b_1\left(c, \frac{N}{c}\right)$. 存在整数 m, n，使 $b = b_1 + mc + \frac{nN}{c}$，因此

$$\boldsymbol{\gamma} = \begin{pmatrix} a - md & d \\ b - mc & c \end{pmatrix}\begin{pmatrix} c & -d_1 \\ -b_1 & a_1 \end{pmatrix} \in \Gamma_0(N)$$

且 $\boldsymbol{\gamma}\left(\frac{d_1}{c}\right) = \frac{d}{c}$.

设 $\frac{n}{m}$ 为尖点，且 $(m, N) = c$. 存在整数 α 和 β，使

$$\alpha m + \beta n N = c$$

令

$$\alpha' = \alpha + \prod_{p \mid N, p \nmid \alpha} \frac{pnN}{c}, \beta' = \beta - \prod_{p \mid N, p \nmid \alpha} \frac{pm}{c}$$

易见 $\frac{\alpha' m}{c} + \frac{\beta' n N}{c} = 1$，且 α' 与 $\beta' N$ 互素，因而有

$$\boldsymbol{\sigma} = \begin{pmatrix} * & * \\ \beta' N & \alpha' \end{pmatrix} \in \Gamma_0(N)$$

使 $\boldsymbol{\sigma}\left(\frac{n}{m}\right) = \frac{d}{c}$，$c$ 与 d 亦互素. $\frac{d}{c}$ 与式(2.1.3)中某一尖点 $\Gamma_0(N)$ 等价，$\frac{n}{m}$ 亦然.

今证式(2.1.3)中任意两点都不 $\Gamma_0(N)$ 等价. 设 $\frac{d}{c}$ 和 $\frac{d_1}{c_1}$ 为式(2.1.3)中的两点，且 $\Gamma_0(N)$ 等价，于是有

$$\boldsymbol{\sigma} = \begin{pmatrix} \alpha & \beta \\ \gamma N & \delta \end{pmatrix} \in \Gamma_0(N)$$

使

$$\alpha d + \beta c = d_1, \gamma N d + \delta c = c_1 \tag{2.1.4}$$

由式(2.1.4)的第二式得到 $c \mid c_1$，由于对称性，类似地也可证明 $c_1 \mid c$，因而 $c = c_1$，进而有 $\delta \equiv 1\left(\frac{N}{c}\right)$. 因为 $\alpha\delta \equiv 1(N)$，所以 $\alpha \equiv 1\left(\frac{N}{c}\right)$. 由式(2.1.4)的第一式可知 $d \equiv d_1\left(c, \frac{N}{c}\right)$，所以 $\frac{d}{c}$ 与 $\frac{d_1}{c_1}$ 为式(2.1.4)中同一点.

引理 2.11 设 a, b, c, d 为整数，a 与 b 互素，c 与 d 互素，且 $a \equiv c, b \equiv d(N)$，则存在 $\Gamma(N)$ 中的元素 $\boldsymbol{\sigma}$，使

$$\begin{pmatrix} a \\ b \end{pmatrix} = \boldsymbol{\sigma}\begin{pmatrix} c \\ d \end{pmatrix}$$

证明 (ⅰ) 首先考虑 $c = 1, d = 0$ 的情形：这时 $a \equiv 1, b \equiv 0(N)$，存在整数

p 和 q，使 $ap-bq=\frac{1-a}{N}$，因而

$$\boldsymbol{\sigma}=\begin{pmatrix}a & Nq\\ b & 1+Np\end{pmatrix}\in\Gamma(N)\text{，且}\begin{pmatrix}a\\ b\end{pmatrix}=\boldsymbol{\sigma}\begin{pmatrix}1\\ 0\end{pmatrix}$$

（ⅱ）对于一般的情况，存在

$$\boldsymbol{\tau}=\begin{pmatrix}c & *\\ d & *\end{pmatrix}\in SL_2(\mathbf{Z})$$

使

$$\boldsymbol{\tau}\begin{pmatrix}1\\ 0\end{pmatrix}=\begin{pmatrix}c\\ d\end{pmatrix}\equiv\begin{pmatrix}a\\ b\end{pmatrix}(N)$$

因此

$$\boldsymbol{\tau}^{-1}\begin{pmatrix}a\\ b\end{pmatrix}\equiv\begin{pmatrix}1\\ 0\end{pmatrix}(N)$$

由（ⅰ）的讨论，存在 $\boldsymbol{\sigma}\in\Gamma(N)$，使

$$\boldsymbol{\tau}^{-1}\begin{pmatrix}a\\ b\end{pmatrix}=\boldsymbol{\sigma}\begin{pmatrix}1\\ 0\end{pmatrix}$$

从而

$$\begin{pmatrix}a\\ b\end{pmatrix}=\boldsymbol{\tau}\boldsymbol{\sigma}\boldsymbol{\tau}^{-1}\begin{pmatrix}c\\ d\end{pmatrix}$$

$\boldsymbol{\tau}\boldsymbol{\sigma}\boldsymbol{\tau}^{-1}$ 为 $\Gamma(N)$ 的元素.

定理 2.12 两个尖点 $s=\frac{a}{b}$ 和 $s'=\frac{c}{a}$ 为 $\Gamma(N)$ 等价的充要条件是 $\pm\begin{pmatrix}a\\ b\end{pmatrix}\equiv\begin{pmatrix}c\\ d\end{pmatrix}(N)$. $\Gamma(N)$ 的尖点等价类的个数

$$v_\infty=\begin{cases}\dfrac{N^2}{2}\prod\limits_{p\mid N}(1-p^{-2}), & \text{若 } N>2\\ 3, & \text{若 } N=2\end{cases}$$

证明 假设 $\pm\begin{pmatrix}a\\ b\end{pmatrix}\equiv\begin{pmatrix}c\\ d\end{pmatrix}(N)$，由引理 2.11，存在 $\Gamma(N)$ 的元素 $\boldsymbol{\sigma}$，使 $\boldsymbol{\sigma}(s)=s'$. 反之，若存在 $\Gamma(N)$ 的元素 $\boldsymbol{\sigma}$，使 $\boldsymbol{\sigma}(s)=s'$，则 $\boldsymbol{\sigma}\begin{pmatrix}a\\ b\end{pmatrix}=m\begin{pmatrix}c\\ d\end{pmatrix}$，$m$ 为整数. 由于 a 与 b 互素，c 与 d 互素，m 仅可能为 ±1. 因而 $\begin{pmatrix}a\\ b\end{pmatrix}\equiv\pm\begin{pmatrix}c\\ d\end{pmatrix}(N)$.

令

$$J=\{(a_1,a_2)\mid 1\leqslant a_1,a_2\leqslant N,(a_1,a_2,N)=1\}$$

设 $s=\frac{c}{d}$ 为 $\Gamma(N)$ 的尖点，令 $a_1\equiv c, a_2\equiv d(N)$，且 $1\leqslant a_1, a_2\leqslant N$. 由于 $(a_1, a_2, N)\mid(c,d)=1$，故 $(a_1,a_2)\in J$，尖点 s 按上述方式对应 J 中的一元. 若另一尖点 s' 对应 J 中的元素 (a_1', a_2')，由本定理已证的第一个结论可知，s 与 s' 为 $\Gamma(N)$ 等价的充要条件是 $a_1=a_1', a_2=a_2'$ 或 $a_1=N-a_1', a_2=N-a_2'$. 反之，设 (a_1,a_2) 为 J 中任一元，易见 a_2 与 $c=a_1+N\prod\limits_{p\mid a_2, p\nmid a_1}p$ 互素，因而尖点 $\frac{c}{a_2}$ 按上述定义与 (a_1,a_2) 对应. 故当 $N>2$ 时（设 $N=\prod\limits_{p}p^e$），有

$$v_\infty=\#\ \frac{J}{2}=\frac{1}{2}\sum_{a=1}^{N}\frac{\varphi((a,N))N}{(a,N)}=\frac{N}{2}\prod_{p\mid N}\sum_{a=1}^{p^e}\frac{\varphi((a,p^e))}{(a,p^e)}=$$

$$\frac{N}{2}\prod_{p\mid N}\sum_{i=1}^{e}\frac{\varphi(p^i)\varphi(p^{e-i})}{p^i}=\frac{N^2}{2}\prod_{p\mid N}(1-p^{-2})$$

而当 $N=2$ 时，$v_\infty=\#J=3$.

设 Γ 为 $SL_2(\mathbf{R})$ 的离散子群，H 中的一个区域 F 如果适合下述条件：

(1) F 是连通开集；

(2) F 内任意两点为 Γ 不等价；

(3) H 内任一点都与 F 的闭包 $\overline{F}$ 内的一点 Γ 等价.

则 F 称为 Γ 的基域.

下面证明

$$F=\left\{z\in H\,\middle|\,-\frac{1}{2}<\mathrm{Re}(z)<\frac{1}{2},\ |z|>1\right\}$$

是模群的一个基域.

F 显然适合条件(1). 设 $z_1, z_2\in F$，且存在

$$\boldsymbol{\sigma}=\begin{pmatrix}a & b\\ c & d\end{pmatrix}\in SL_2(\mathbf{Z})$$

使 $z_1=\boldsymbol{\sigma}(z_2)$. 不妨假设 $\mathrm{Im}(z_2)\leqslant\mathrm{Im}(z_1)=\frac{\mathrm{Im}(z_2)}{|cz_2+d|^2}$，因此

$$|c|\cdot\mathrm{Im}(z_2)\leqslant|cz_2+d|\leqslant 1$$

如果 $c=0$，则 $a=d=\pm1, z_1=z_2\pm b$，b 为整数，这不可能，所以 $c\neq0$. 因为 $z_2\in F$，可知 $\mathrm{Im}(z_2)\geqslant\frac{\sqrt{3}}{2}$，由式(2.1.5)可得 $|c|=1$ 及 $|z_2\pm d|\leqslant1$，这也是不可能的，故条件(2)成立.

设 z 为 H 的任一点，$\boldsymbol{\sigma}=\begin{pmatrix}a & b\\ c & d\end{pmatrix}\in SL_2(\mathbf{Z})$，由于

$$\mathrm{Im}(\boldsymbol{\sigma}(z))=\frac{\mathrm{Im}(z)}{|cz+d|^2}$$

当 $\boldsymbol{\sigma}$ 跑遍模群时，$\mathrm{Im}(\boldsymbol{\sigma}(z))$ 存在最大值. 若 $\mathrm{Im}(\boldsymbol{\sigma}_0(z))$ 为其最大值，令 $w = \boldsymbol{\sigma}_0(z) = x + \mathrm{i}y$，取 $\boldsymbol{\gamma} = \begin{pmatrix} 0 & -1 \\ 1 & 0 \end{pmatrix}$，则

$$\mathrm{Im}(\boldsymbol{\gamma}\boldsymbol{\sigma}_0(z)) = \mathrm{Im}\left(-\frac{1}{w}\right) = \frac{y}{|w|^2} \leqslant y$$

可见 $|w| \geqslant 1$. 又令 $\boldsymbol{\tau} = \begin{pmatrix} 1 & 1 \\ 0 & 1 \end{pmatrix}$，则

$$\boldsymbol{\tau}^h(\boldsymbol{\sigma}_0(z)) = x + h + \mathrm{i}y$$

h 为整数，由于 $\mathrm{Im}(\boldsymbol{\tau}^h\boldsymbol{\sigma}_0(z)) = \mathrm{Im}(\boldsymbol{\sigma}_0(z))$，同样也有 $|\boldsymbol{\tau}^h\boldsymbol{\sigma}_0(z)| \geqslant 1$. 选择适当的 h，可得 $\boldsymbol{\tau}^h\boldsymbol{\sigma}_0(z) \in \bar{F}$，因此条件(3) 也成立.

令

$$F' = F \cup \{z \in H \mid |z| \geqslant 1, \mathrm{Re}(z) = -\frac{1}{2}\} \cup$$

$$\{z \in H \mid |z| = 1, -\frac{1}{2} < \mathrm{Re}(z) \leqslant 0\}$$

F' 是 $SL_2(\boldsymbol{Z})\backslash H$ 的一个完全代表系. 我们可以直观地看到，$SL_2(\boldsymbol{Z})\backslash H$ 不是紧集，但如果添加一个 ∞ 点，就可以成为紧集了. 取

$$H^* = H \cup \boldsymbol{Q} \cup \{\infty\}$$

$\boldsymbol{Q} \cup \{\infty\}$ 是模群的所有尖点. 由定理 2.6，我们有

$$SL_2(\boldsymbol{Z})\backslash H^* = (SL_2(\boldsymbol{Z})\backslash H) \cup \{\infty\}$$

所以我们要以 H^* 代替 H. 下面我们给出严格的论证.

设 $\boldsymbol{R}$ 为一个连通的 Hausdorff 拓扑空间，$\boldsymbol{R}$ 上有一个复结构 S，即：

(1) S 是一组 $\{U_i, \varphi_i\}_{i\in I}$ 的集合，$\{U_i\}_{i\in I}$ 是 $\boldsymbol{R}$ 的一个开覆盖，φ_i 为 U_i 到复平面上一个开集的同胚映射；

(2) 如果 $U_i \cap U_j \neq \varnothing$，则

$$\varphi_j \cdot \varphi_i^{-1} : \varphi_i(U_i \cap U_j) \to \varphi_j(U_i \cap U_j)$$

是全纯变换.

这时我们称 $\boldsymbol{R}$ 为 Riemann 面. 上述每个 U_i 称为坐标邻域，φ_i 称为坐标映射，它给 U_i 每个点一个局部坐标. 当两个坐标邻域有公共部分时，在公共部分就有两套坐标，条件(2) 是说这两套坐标之间存在一个全纯变换.

记 $G = SL_2(\boldsymbol{R})$，$\boldsymbol{R}^4$ 的拓扑在 G 上诱导出一个拓扑，且使 G 成为一个拓扑群. Γ 表示 G 的一个离散子群，令

$$H^* = H \cup \{\Gamma \text{ 的所有尖点}\}$$

下面我们首先在商集 $\Gamma\backslash H^*$ 上引入一个拓扑，使其成为连通的 Hausdorff 空间，然后在 $\Gamma\backslash H^*$ 上引入一个复结构，使其成为一个 Riemann 面.

首先在 H^* 上引入拓扑. 若 $z \in H$，仍采用 z 在 H 中的开邻域基本系；若 ∞

为 Γ 的尖点，定义下述集合

$$\{\infty\} \cup \{z \in H \mid \mathrm{Im}(z) > c > 0\} \tag{2.1.6}$$

为 ∞ 处的开邻域基本系；若 $s \in \boldsymbol{R}$ 为 Γ 的尖点，定义

$$\{s\} \cup \{H\text{ 内与实轴在 } s \text{ 相切的圆内部}\}$$

为 s 的开邻域基本系. H^* 在上述定义下成为一个拓扑空间.

G 中任一元素 $\boldsymbol{\sigma}$ 在 H 上定义一个同胚变换 $z \mapsto \boldsymbol{\sigma}(z)$. 若 $\boldsymbol{\sigma}(s_1)=s_2$，$s_1$ 和 s_2 为实数，$\boldsymbol{\sigma}$ 将 H 中与实轴在 s_1 相切的圆变为 H 中与实轴在 s_2 相切的圆. 又若 $\boldsymbol{\sigma}(s)=\infty$，$s$ 为实数，则 $\boldsymbol{\sigma}$ 将 H 中与实轴在 s 相切的圆变为(2.1.6)中的集合. 所以 Γ 中每个元素定义 H^* 上的一个同胚变换.

令 φ 为 H^* 到 $\Gamma\backslash H^*$ 的自然映射，$\Gamma\backslash H^*$ 中的开集定义为

$$\{X \subset \Gamma\backslash H^* \mid \varphi^{-1}(X)\text{ 为 } H^* \text{ 的开集}\}$$

于是 $\Gamma\backslash H^*$ 成为拓扑空间. H^* 是连通的，因而 $\Gamma\backslash H^*$ 也是连通的. 可以证明 $\Gamma\backslash H^*$ 是 Hausdorff 空间(参阅文献[22]中第一章). 我们把 H^* 中的椭圆点(尖点)对应的 $\Gamma\backslash H^*$ 中的点也称为椭圆点(尖点).

现在我们在 $\Gamma\backslash H^*$ 上引入复结构. 我们需要下述引理，其证明参阅文献[22]中第一章.

引理 2.13 设 $v \in H^*$，则存在 v 的一个邻域 U，使

$$\{\boldsymbol{\sigma} \in \Gamma \mid \boldsymbol{\sigma}(U) \cap U \neq \varnothing\} = \{\boldsymbol{\sigma} \in \Gamma \mid \boldsymbol{\sigma}(v)=v\} = \Gamma_v$$

即 $\Gamma_v\backslash U$ 可以嵌入 $\Gamma\backslash H^*$.

设 $v \in H^*$，U 为引理 2.13 中所说的 v 的邻域. 仍以 φ 表示 $H^* \to \Gamma\backslash H^*$ 的自然映射. 若 $v \in H$，v 不是椭圆点，则 $\Gamma_v = \Gamma \cap \{\pm \boldsymbol{I}\}$，故 $\varphi: U \to \Gamma_v\backslash U$ 是一个同胚映射，令 $(\Gamma_v\backslash U, \varphi^{-1})$ 为 $\Gamma\backslash H^*$ 的复结构中的一个元素. 若 $v \in H$，v 是椭圆点，由命题 2.3，$\overline{\Gamma}_v = \Gamma_v/(\Gamma_v \cap [\pm \boldsymbol{I}])$ 是有限循环群，设其阶为 e. 设

$$\boldsymbol{\sigma} = \begin{pmatrix} a & b \\ c & d \end{pmatrix} \in \Gamma_v$$

对应 $\overline{\Gamma}_v$ 的生成元，取 λ 为分式线性变换

$$\lambda(z) = \frac{z-v}{z-\bar{v}}$$

同时也以 $\boldsymbol{\lambda}$ 表示矩阵 $\begin{pmatrix} 1 & v \\ 1 & -\bar{v} \end{pmatrix}$，我们有

$$\boldsymbol{\lambda\sigma\lambda}^{-1} = \begin{pmatrix} 1 & -v \\ 1 & -\bar{v} \end{pmatrix}\begin{pmatrix} a & b \\ c & d \end{pmatrix}\begin{pmatrix} -\bar{v} & v \\ -1 & 1 \end{pmatrix}(v-\bar{v})^{-1} = \begin{pmatrix} c\bar{v}+d & 0 \\ 0 & cv+d \end{pmatrix}$$

记 $\xi = cv+d$，易见 $\xi\bar{\xi}=1$. 设 e 为最小正整数，使 $\boldsymbol{\sigma}^e = \pm \boldsymbol{I}$，即能使 $\xi^e = \pm 1$. 当 e 为偶数时，一定有 $\xi^e = -1$，ξ 为 $2e$ 次本原单位根. 但不论 e 为偶数或奇数，ξ^2 总是 e 次本原单位根. 令 $\zeta = \xi^{-2}$，$\boldsymbol{\lambda}\overline{\Gamma}_v\boldsymbol{\lambda}^{-1}$ 由下述变换组成

$$z \mapsto \zeta^i z \quad (i=1,2,\cdots,e)$$

变换 $z \mapsto \boldsymbol{\lambda}(z)$ 将 U 中相对 Γ_v 等价的点映为 $\boldsymbol{\lambda}(U)$ 中相对 $\boldsymbol{\lambda}\Gamma_v\boldsymbol{\lambda}^{-1}$ 等价的点，即 $\boldsymbol{\lambda}$ 诱导一个 $\Gamma_v\backslash U$ 到 $\boldsymbol{\lambda}\Gamma_v\boldsymbol{\lambda}^{-1}\backslash\boldsymbol{\lambda}(U)$ 的一对一映射. $\boldsymbol{\lambda}(U)$ 中两个点 w_1 和 w_2 当且仅当适合 $w_1^e = w_2^e$ 时，相对 $\boldsymbol{\lambda}\Gamma_v\boldsymbol{\lambda}^{-1}$ 等价. 定义映射

$$p: \Gamma_v\backslash U \to \boldsymbol{C}, \varphi(z) \mapsto \lambda(z)^e \quad (z \in U)$$

将 $(\Gamma_v\backslash U, p)$ 作为 $\Gamma\backslash H^*$ 的复结构中的一个元素，它是 $\Gamma_v\backslash U$ 到 $\boldsymbol{C}$ 内的一个同胚映射.

若 v 是 Γ 的尖点，则存在 $\boldsymbol{\rho} \in G$，使 $\boldsymbol{\rho}(v) = \infty$，因而

$$\boldsymbol{\rho}\Gamma_v\boldsymbol{\rho}^{-1}\{\pm \boldsymbol{I}\} = \left\{ \pm \begin{pmatrix} 1 & h \\ 0 & 1 \end{pmatrix}^m \middle| m \in \boldsymbol{Z} \right\} \quad (h > 0)$$

定义 $\Gamma_v\backslash U$ 到 $\boldsymbol{C}$ 内的一个同胚映射：$p(\varphi(z)) = \mathrm{e}^{\frac{2\pi i \boldsymbol{\rho}(z)}{h}}$，将 $(\Gamma_v\backslash U, p)$ 作为 $\Gamma\backslash H^*$ 的复结构中的一个元素.

可以证明，在上述定义下，$\Gamma\backslash H^*$ 成为一个 Riemann 面. 一般地说，$\Gamma\backslash H^*$ 是局部紧的，但不一定是紧的. 当 $\Gamma\backslash H^*$ 为紧 Riemann 面时，称 Γ 为第一类 Fuchsian 群.

引理 2.14 $\Gamma\backslash H^*$ 是紧 Riemann 面的充要条件是存在 H^* 的一个紧子集 C，使 $H^* = \Gamma C$.

证明 假设存在 H^* 的紧子集 C 使 $H^* = \Gamma C$，则 $\varphi(C) = \Gamma\backslash H^*$. 设 $\Gamma\backslash H^* \subset \bigcup_i V_i$ 是 $\Gamma\backslash H^*$ 的开覆盖，V_i 是 $\Gamma\backslash H^*$ 的开集，则 $C \subset \bigcup_i \varphi^{-1}(V_i)$ 是一个开覆盖. 由于 C 是紧的，于是得到 C 的一个有限开覆盖 $C \subset \bigcup_{i=1}^n \varphi^{-1}(V_i)$，从而

$$\Gamma\backslash H^* = \varphi(C) \subset \bigcup_{i=1}^n V_i$$

所以 $\Gamma\backslash H^*$ 是紧的. 反之，设 $\Gamma\backslash H^*$ 是紧的. 因为 H^* 是局部紧的，可以找到 H^* 的一个开覆盖 $H^* \subset \bigcup_i V_i$，使得每个 $\overline{V}_i$ 是紧的. 我们有 $\Gamma\backslash H^* \subset \bigcup_i \varphi(V_i)$，由于 $\varphi^{-1}(\varphi(V_i)) = \bigcup_{g \in \Gamma} g(V_i)$，每个 $g(V_i)$ 都是 H^* 的开集，因而 $\varphi^{-1}(\varphi(V_i))$ 也是 H^* 的开集，根据 $\Gamma\backslash H^*$ 上拓扑的定义，可知 $\varphi(V_i)$ 是 $\Gamma\backslash H^*$ 的开集，由于 $\Gamma\backslash H^*$ 是紧的，存在一个有限开覆盖 $\Gamma\backslash H^* \subset \bigcup_{i=1}^n \varphi(V_i)$，于是

$$H^* = \Gamma(\bigcup_{i=1}^n \overline{V}_i)$$

$\bigcup_{i=1}^n \overline{V}_i$ 是一个紧集.

令

$$\overline{F} = \{\infty\} \cup \{z \in H \mid |z| \geqslant 1, -\frac{1}{2} \leqslant \mathrm{Re}(z) \leqslant \frac{1}{2}\}$$

$\overline{F}$ 是 H^* 的紧子集，根据前面的讨论，则有 $H^* = SL_2(\boldsymbol{Z}) \cdot \overline{F}$，利用上述引理，可

知 $SL_2(\mathbf{Z})\backslash H^*$ 是紧 Riemann 面,即模群是第一类 Fuchsian 群.

设 Γ 是第一类 Fuchsian 群,Γ' 是 Γ 的子群,且 $n=[\Gamma:\Gamma']<\infty$. Γ 可以分解为 Γ' 的 n 个右陪集之并:$\Gamma=\bigcup\limits_{i=1}^{n}\Gamma'\boldsymbol{\sigma}_i$. 由引理 2.14,存在 H^* 的紧子集 C,使 $H^*=\Gamma C$,从而

$$H^*=\Gamma'(\bigcup_{i=1}^{n}\boldsymbol{\sigma}_i C)$$

而 $\bigcup\limits_{i=1}^{n}\boldsymbol{\sigma}_i C$ 是 H^* 的紧子集,所以 Γ' 也是第一类 Fuchsian 群. 利用引理 2.8,可知 $\Gamma(N)$ 和 $\Gamma_0(N)$ 都是第一类 Fuchsian 群.

设 Γ 为 G 的离散子群,Γ' 为 Γ 的子群,且 $[\Gamma:\Gamma']<\infty$,由引理 2.9,Γ' 与 Γ 具有相同的尖点集合,因而定义同一个 H^*. 设 v 为 H^* 中任一点,H^* 中与 v 为 Γ 等价的点集,将分成有限个关于 Γ' 的等价类. 设它分成 h 个 Γ' 等价类,$\omega_i(1\leqslant i\leqslant h)$ 为其代表系. 仍以 φ 表示自然映射 $H^*\to\Gamma\backslash H^*$,以 φ' 表示自然映射 $H^*\to\Gamma'\backslash H^*$. 我们可以建立一个从 $\Gamma'\backslash H^*$ 到 $\Gamma\backslash H^*$ 的覆盖映射,f 将 $\varphi'(\omega_i)(1<i\leqslant h)$ 映为 $\varphi(v)$,记 $q_i=\varphi'(\omega_i)\in\Gamma'\backslash H^*$. f 是一个

$$\begin{array}{ccc}
H^* & \xrightarrow{\text{恒等映射}} & H^* \\
\varphi'\downarrow & & \downarrow\varphi \\
\Gamma'\backslash H^* & \xrightarrow{\ f\ } & \Gamma\backslash H^*
\end{array}$$

全纯映射,设 q_i 处的局部坐标为 u,$\varphi(v)$ 处的局部坐标为 t,若

$$t(f(q))=a_e u(q)^e+a_{e+1}u(q)^{e+1}+\cdots\quad(a_e\neq 0)$$

q 属于 q_i 的一个邻域,我们称 e 为 f 在 q_i 处的重数(或分歧指数). 在下述引理 2.15 中,我们将证明 f 在 $q_i(1\leqslant i\leqslant h)$ 的重数之和等于$[\bar{\Gamma}:\bar{\Gamma}']$,它不依赖 $\varphi(v)$.

由于 $\omega_i(1\leqslant i\leqslant h)$ 与 v 是 Γ 等价的,故存在 $\boldsymbol{\sigma}_i\in\Gamma$,使 $\omega_i=\boldsymbol{\sigma}_i(v)$. 以 $\bar{\Gamma}$ 表示 Γ 所对应的 H 的变换群,即 $\bar{\Gamma}=\Gamma/\Gamma\cap[\pm\boldsymbol{I}]$.

引理 2.15 利用上述定义的符号,则覆盖映射 f 在 q_i 处的重数为

$$e_i=[\bar{\Gamma}_{\omega_i}:\bar{\Gamma}'_{\omega_i}]=[\bar{\Gamma}_v:\boldsymbol{\sigma}_i^{-1}\bar{\Gamma}'\boldsymbol{\sigma}_i\cap\bar{\Gamma}_v]\quad(1\leqslant i\leqslant h)$$

且 $e_1+\cdots+e_h=[\bar{\Gamma}:\bar{\Gamma}']$,即 f 是次数为$[\bar{\Gamma}:\bar{\Gamma}']$ 的覆盖. 特别的,当 $\bar{\Gamma}'$ 是 $\bar{\Gamma}$ 的正规子群时,有 $e_1=\cdots=e_h$,$[\bar{\Gamma}:\bar{\Gamma}']=e_1h$.

证明 取变换 $\lambda_i(z)=\dfrac{z-\omega_i}{z-\bar{\omega}_i}$,在 $\Gamma'\backslash H^*$ 上 q_i 处有局部坐标 $\lambda_i(z)^{[\bar{\Gamma}'_{\omega_i}:1]}$,在 $\Gamma\backslash H^*$ 上,$\varphi(\omega_i)$ 处有局部坐标 $\lambda_i(z)^{[\bar{\Gamma}_{\omega_i}:1]}$,所以 f 在 q_i 的重数为

$$\frac{[\bar{\Gamma}_{\omega_i}:1]}{[\bar{\Gamma}'_{\omega_i}:1]}=[\bar{\Gamma}_{\omega_i}:\bar{\Gamma}'_{\omega_i}]=e_i$$

又因 $\bar{\Gamma}_{\omega_i}=\boldsymbol{\sigma}_i\bar{\Gamma}_v\boldsymbol{\sigma}_i^{-1}$,$\bar{\Gamma}'_{\omega_i}=\boldsymbol{\sigma}_i\bar{\Gamma}_v\boldsymbol{\sigma}_i^{-1}\cap\bar{\Gamma}'$,故

$$e_i=[\bar{\Gamma}_v:\bar{\Gamma}_v\cap\boldsymbol{\sigma}_i^{-1}\bar{\Gamma}'\boldsymbol{\sigma}_i]$$

今证 $\bar{\Gamma}$ 有一个双陪集分解

$$\bar{\Gamma}=\bigcup_{i=1}^{h}\bar{\Gamma}'\boldsymbol{\sigma}_i\bar{\Gamma}_v$$

首先,对任一 $\boldsymbol{\sigma}\in\bar{\Gamma}$,$\boldsymbol{\sigma}(v)$ 一定与某个 ω_i 为 Γ' 等价,即存在 $\boldsymbol{\sigma}_i$ 及 $\boldsymbol{\sigma}'\in\bar{\Gamma}'$,使 $\boldsymbol{\sigma}(v)=\boldsymbol{\sigma}'\boldsymbol{\sigma}_i(v)$,从而 $(\boldsymbol{\sigma}'\boldsymbol{\sigma}_i)^{-1}\boldsymbol{\sigma}\in\bar{\Gamma}_v$,即 $\boldsymbol{\sigma}\in\boldsymbol{\sigma}'\boldsymbol{\sigma}_i\bar{\Gamma}_v$. 当 $i\neq j$ 时,双陪集 $\bar{\Gamma}'\boldsymbol{\sigma}_i\bar{\Gamma}_v$ 与 $\bar{\Gamma}'\boldsymbol{\sigma}_j\bar{\Gamma}_v$ 没有公共元. 否则,若有

$$\boldsymbol{\gamma}_1\boldsymbol{\sigma}_i\delta_1=\boldsymbol{\gamma}_2\boldsymbol{\sigma}_j\delta_2$$

其中,$\boldsymbol{\gamma}_1,\boldsymbol{\gamma}_2\in\bar{\Gamma}'$,$\boldsymbol{\delta}_1,\boldsymbol{\delta}_2\in\bar{\Gamma}_v$,则

$$\boldsymbol{\gamma}_1(\omega_i)=\boldsymbol{\gamma}_1\boldsymbol{\sigma}_i\boldsymbol{\delta}_1(v)=\boldsymbol{\gamma}_2\boldsymbol{\sigma}_j\boldsymbol{\delta}_2(v)=\boldsymbol{\gamma}_2(\omega_j)$$

ω_i 与 ω_j 是 $\bar{\Gamma}'$ 不等价的,这不可能. 所以 $\bar{\Gamma}$ 有如上所述的双陪集分解. 考虑双陪集 $\bar{\Gamma}'\boldsymbol{\sigma}_i\bar{\Gamma}_v$ 中 $\bar{\Gamma}'$ 的右陪集个数,取 $\boldsymbol{\delta}_1,\boldsymbol{\delta}_2\in\bar{\Gamma}_v$,能够存在一个 $\boldsymbol{\gamma}\in\bar{\Gamma}'$,使 $\boldsymbol{\sigma}_i\boldsymbol{\delta}_1=\boldsymbol{\gamma}\boldsymbol{\sigma}_i\boldsymbol{\delta}_2$ 的充要条件为 $\boldsymbol{\delta}_1\boldsymbol{\delta}_2^{-1}\in\boldsymbol{\sigma}_i^{-1}\bar{\Gamma}'\boldsymbol{\sigma}_i\cap\bar{\Gamma}_v$,因此 $\bar{\Gamma}'\boldsymbol{\sigma}_i\bar{\Gamma}_v$ 中有 $[\bar{\Gamma}_v:\boldsymbol{\sigma}_i^{-1}\bar{\Gamma}'\boldsymbol{\sigma}_i\cap\bar{\Gamma}_v]$ 个 $\bar{\Gamma}'$ 的右陪集,从而证得 $[\bar{\Gamma}:\bar{\Gamma}']=e_1+\cdots+e_h$. 当 $\bar{\Gamma}'$ 为 $\bar{\Gamma}$ 的正规子群时,因为 $\boldsymbol{\sigma}_i^{-1}\bar{\Gamma}\boldsymbol{\sigma}_i=\bar{\Gamma}'$,所以有 $e_1=\cdots=e_h$ 及 $[\bar{\Gamma}:\bar{\Gamma}']=e_1h$.

下面我们需要利用 Riemann 面亏格的 Hurwitz 公式. 设 f 为紧 Riemann 面 R' 到紧 Riemann 面 R 的 n 次覆盖,g' 和 g 分别为 R' 和 R 的亏格,则

$$2g'-2=n(2g-2)+\sum_{z\in R'}(e_z-1)$$

其中 e_z 为 f 在 $z\in R'$ 处的重数.

定理 2.16 设 Γ 为模群的子群,且 $[L_2(\mathbf{Z}):\bar{\Gamma}]=\mu$,$\Gamma$ 的二阶、三阶椭圆点等价类个数分别记为 v_2 和 v_3,Γ 的尖点等价类个数记为 v_∞,则 $\Gamma\backslash H^*$ 的亏格为

$$g=1+\frac{\mu}{12}-\frac{v_2}{4}-\frac{v_3}{3}-\frac{v_\infty}{2}$$

证明 考虑引理2.15中所定义的 μ 次分歧覆盖 $f:\Gamma\backslash H^*\to SL_2(\mathbf{Z})\backslash H^*$,若 f 在 $\Gamma\backslash H^*$ 中映为 $\varphi(\mathrm{e}^{\frac{2\pi\mathrm{i}}{3}})(\in SL_2(\mathbf{Z})\backslash H^*)$ 的各点的重数分别为 $e_1,\cdots,e_t$,则 $e_1+\cdots+e_t=\mu$,每个 e_i 或为 1 或为 3,e_i 为 1 的个数恰为 v_3. 令 $v_3'=t-v_3$,由 $v_3+3v_3'=\mu$,得

$$\sum_{i=1}^{t}(e_i-1)=2v_3'=\frac{2(\mu-v_3)}{3}$$

同样,若 f 在 $\Gamma\backslash H^*$ 中映为 $\varphi(\mathrm{i})$ 的各点的重数分别为 $e'_1,\cdots,e'_h$,则 $e'_1+\cdots+e'_h=\mu$,且其中有 v_2 个为 1,其余为 2,故

$$\sum_{i=1}^{h}(e_i-1)=\frac{\mu-v_2}{2}$$

$\Gamma\backslash H^*$ 中在 f 作用之下映为 $\varphi(\infty)$ 的点数即为 v_∞,设其重数分别为 $e''_1,\cdots,e''_{e^\infty}$,则

$$\sum_{i=1}^{v_\infty}(e_i''-1)=\mu-v_\infty$$

$SL_2(\mathbf{Z})\backslash H^*$ 是一个球面，其亏格为零，利用 Hurwitz 公式，我们有

$$2g-2=-2\mu+\frac{2(\mu-v_3)}{3}+\frac{(\mu-v_3)}{2}+\mu-v_\infty$$

即证得所需结论.

$\Gamma(N)$ 无椭圆点，当 $N>2$ 时，$-\boldsymbol{I}$ 不属于 $\Gamma(N)$，故这时

$$[\overline{SL_2(\mathbf{Z})}:\bar{\Gamma}(N)]=\frac{[SL_2(\mathbf{Z}):\Gamma(N)]}{2}$$

由引理 2.8，我们有

$$\mu_N=[\overline{SL_2(\mathbf{Z})}:\bar{\Gamma}(N)]=\begin{cases}2^{-1}N^3\prod_{p\mid N}(1-p^{-2}), & 若 N>2\\ 6, & 若 N=2\end{cases}$$

由定理 2.12，可知 $v_\infty=\frac{\mu_N}{N}$，所以 $\Gamma(N)\backslash H^*$ 的亏格为

$$1+\frac{\mu_N(N-6)}{12N}\quad(N>1)\tag{2.1.7}$$

对于 $\Gamma_0(N)$，我们有

$$[\overline{SL_2(\mathbf{Z})}:\overline{\Gamma_0(N)}]=[SL_2(\mathbf{Z}):\Gamma_0(N)]=N\prod_{p\mid N}(1+p^{-1})$$

在定理 2.7 和 2.10 中，我们已算出它的 v_2，v_3 和 v_∞，因而可以计算 $\Gamma_0(N)\backslash H^*$ 的亏格.

2.2 权为整数和半整数的模形式

设 Γ 为第一类 Fuchsian 群，从而 $M=\Gamma\backslash H^*$ 是紧 Riemann 面. 以 K 表示 M 上全体亚纯函数组成的域，熟知 K 是 $\mathbf{C}$ 上的代数函数域. 仍以 φ 表示 $H^*\to\Gamma\backslash H^*$ 的自然映射. 设 $g\in K$，我们称 $f(z)=g(\varphi(z))$，为 H 上的自守函数，它是 H 上的亚纯函数. 显然，一一 $\boldsymbol{\gamma}\in\Gamma$，我们有 $f(\boldsymbol{\gamma}(z))=f(z)$. 下面我们引进更广泛的一类函数.

设

$$\boldsymbol{\sigma}=\begin{pmatrix}a & b\\ c & d\end{pmatrix}\in GL_2(\mathbf{R})$$

令 $J(\boldsymbol{\sigma},z)=cz+d(z\in H)$. 若 $\boldsymbol{\sigma}'\in GL_2(\mathbf{R})$，容易验证

$$J(\boldsymbol{\sigma\sigma}',z)=J(\boldsymbol{\sigma},\boldsymbol{\sigma}'(z))J(\boldsymbol{\sigma}',z)$$

设 k 为整数，$\boldsymbol{\sigma}\in GL_2^+(\mathbf{R})$，$f$ 为 H 上的函数，定义算子

$$f \mid [\boldsymbol{\sigma}]_k = \det(\boldsymbol{\sigma})^{\frac{k}{2}} J(\boldsymbol{\sigma}, z)^{-k} f(\boldsymbol{\sigma}(z))$$

易见

$$f \mid [\boldsymbol{\sigma}\boldsymbol{\sigma}']_k = (f \mid [\boldsymbol{\sigma}]_k) \mid [\boldsymbol{\sigma}']_k \quad (\boldsymbol{\sigma}' \in GL^+(\mathbf{R}))$$

定义 2.17 设 k 为整数，f 为 H 上的复值函数，若 f 适合下列三个条件：

(1) f 在 H 上是亚纯函数；

(2) 对任一 $\boldsymbol{\gamma} \in \Gamma$，有 $f(\boldsymbol{\gamma}(z)) = J(\boldsymbol{\gamma}, z)^k f(z)$，即

$$f \mid [\boldsymbol{\gamma}]_k = f$$

(3) f 在 Γ 的每个尖点上是亚纯的.

则称 f 为 Γ 上的权为 k 的自守形式. 以 $A_k(\Gamma)$ 表示 Γ 上权为 k 的全体自守形式，它是 $\mathbf{C}$ 上的向量空间.

关于条件(3)，需要作一些解释：设 s 为 Γ 的尖点，则存在 $\boldsymbol{\rho} \in SL_2(\mathbf{R})$，使 $\boldsymbol{\rho}(s) = \infty$. 因而

$$\boldsymbol{\rho}\Gamma_s\boldsymbol{\rho}^{-1}\{\pm \boldsymbol{I}\} = \left\{ \pm \begin{pmatrix} 1 & h \\ 0 & 1 \end{pmatrix}^m \mid m \in \mathbf{Z} \right\}$$

其中

$$\Gamma_s = \{\boldsymbol{\gamma} \in \Gamma \mid \boldsymbol{\gamma}(s) = s\}$$

h 为正整. 由条件(2)，可知 $f \mid [\boldsymbol{\rho}^{-1}]_k$ 在算子$[\boldsymbol{\sigma}]_k(\boldsymbol{\sigma} \in \boldsymbol{\rho}\Gamma_s\boldsymbol{\rho}^{-1})$ 作用下不变. 记为 $w = \boldsymbol{\rho}(z)$，$g(w) = (f \mid [\boldsymbol{\rho}^{-1}]_k)(w)$，则有

$$g \mid \left[\pm \begin{pmatrix} 1 & h \\ 0 & 1 \end{pmatrix} \right]_k = (\pm 1)^k g(w+h) = g(w) \tag{2.2.1}$$

① 若 k 为偶数：由式(2.2.1) 可知

$$g(w+h) = g(w)$$

这时条件(3) 是说存在零的一个邻域上的亚纯函数在 $\Phi(q)(q = \mathrm{e}^{\frac{2\pi i w}{h}})$，使 $g(w) = \Phi(q)$.

② 若 k 为奇数：如果 $-\boldsymbol{I} \in \Gamma$，在条件(2) 中取 $\boldsymbol{\gamma} = -\boldsymbol{I}$，可得到 $f = -f$，从而 $f = 0$，这时没有非零的权为 k 的自守形式. 所以当 k 为奇数时，我们总假定 Γ 不包含 $-\boldsymbol{I}$. 这时 $\begin{pmatrix} 1 & h \\ 0 & 1 \end{pmatrix}$ 与 $-\begin{pmatrix} 1 & h \\ 0 & 1 \end{pmatrix}$ 不能同时属于 $\boldsymbol{\rho}\Gamma_s\boldsymbol{\rho}^{-1}$. 当 $\boldsymbol{\rho}\Gamma_s\boldsymbol{\rho}^{-1}$ 是由 $\begin{pmatrix} 1 & h \\ 0 & 1 \end{pmatrix}$ 生成时，s 称为正则尖点；当 $\boldsymbol{\rho}\Gamma_s\boldsymbol{\rho}^{-1}$ 是由 $-\begin{pmatrix} 1 & h \\ 0 & 1 \end{pmatrix}$ 生成时，s 称为非正则尖点. 当 s 为正则尖点时，条件(3) 的含义与 k 为偶数时相同. 当 s 为非正则时，由式(2.2.1)，我们有

$$g(w+h) = -g(w)$$

因而

$$g(w+2h) = g(w)$$

这时条件(3)是说存在零的一个邻域中的亚纯函数 ψ,使

$$g(w)=\psi(\mathrm{e}^{\frac{\pi i w}{h}})$$

且 ψ 是一个奇函数.

容易证明,f 在 s 处所适合的条件不依赖于 $\boldsymbol{\rho}$ 的选择. 由上述可知,$f\mid[\boldsymbol{\rho}^{-1}]_k$ 可表成 $\mathrm{e}^{\frac{2\pi i w}{h}}$ 或 $\mathrm{e}^{\frac{\pi i w}{h}}$ 的幂级数

$$f\mid[\boldsymbol{\rho}^{-1}]_k=\sum_{n\geqslant n_0}c_n\mathrm{e}^{\frac{2\pi i n w}{h}}\text{ 或}\sum_{n\geqslant n_0}c_n\mathrm{e}^{\frac{\pi i n w}{h}}$$

这称为 f 在尖点 s 的 Fourier 展开式,c_n 称为它的 Fourier 系数. 当 $n_0=0$ 时,称 c_0 为 f 在尖点 s 的值,它也不依赖于 $\boldsymbol{\rho}$ 的选择.

$A_0(\Gamma)$ 即为 M 上的函数域 K. 自守形式 f 若在 H 上全纯,并且它在 Γ 的所有尖点的 Fourier 系数都适合 $c_n=0(n<0)$,则称 f 为整自守形式. 特别是,如果整自守形式 f 在 Γ 的所有尖点的 Fourier 系数适合 $c_n=0(n\leqslant 0)$,则 f 称为尖形式. 我们分别以 $G_k(\Gamma)$ 和 $S_k(\Gamma)$ 表示 $A_k(\Gamma)$ 中的整形式集合及尖形式集合,它们都是 $\boldsymbol{C}$ 上的向量空间.

当 Γ 为模群的同余子群时,Γ 上的自守形式称为模形式.

易见,若 $f\in A_m(\Gamma)$,$g\in A_n(\Gamma)$,则 $fg\in A_{m+n}(\Gamma)$. 对于 $G_n(\Gamma)$ 和 $S_m(\Gamma)$,类似的性质也成立. 因此,若 $f,g\in A_n(\Gamma)$,$g\neq 0$,则 $\frac{f}{g}\in A_0(\Gamma)=K$,所以 $A_n(\Gamma)\neq 0$ 时,它是 K 上的一维向量空间.

对于 Riemann 面 M 上的亚纯函数 $f\in K$,可以定义它所对应的除子

$$\operatorname{div}(f)=\sum_{p\in M}v_p(f)p$$

这里 $v_p(f)$ 是 f 在点 p 的阶(若 p 为 f 的零点(极点),$v_p(f)$ 为正(负),否则为零). 对于 Γ 上的自守形式,我们也可定义它所对应的一个除子.

设 $F\in A_k(\Gamma)$,我们以 $v_{z-z_0}(F)$ 表示 F 在 $z_0\in H$ 处关于 $z-z_0$ 的展开式中首项的次数. 记 $p=\varphi(z_0)$,当 p 不是椭圆点时,令 $v_p(F)=v_{z-z_0}(F)$. 当 p 是椭圆点时,设其阶为 e,取

$$\lambda(z)=\frac{z-z_0}{z-\bar{z}_0}$$

我们已知 $\lambda(z)^e$ 为 p 附近的一个局部坐标,故这时我们令

$$v_p(F)=\frac{v_{z-z_0}(F)}{e}$$

设 $p=\varphi(s)$ 为一尖点,F 在点 s 的 Fourier 展开式为

$$F\mid[\boldsymbol{\rho}^{-1}]_k=\begin{cases}\psi(q^{\frac{1}{2}}), & \text{若 } k \text{ 为奇数(} s \text{ 非正则)}\\ \Phi(q), & \text{其他情况}\end{cases}$$

其中 $q=\mathrm{e}^{\frac{2\pi i w}{h}}$,$w$ 和 h 如上所定义,它是点 p 附近的一个局部坐标. 令

$$v_p(F)=\begin{cases}\dfrac{v_t(\psi)}{2}, & \text{若 } k \text{ 为奇数(} s \text{ 非正则)}\\ v_q(\Phi), & \text{其他情况}\end{cases}$$

其中 $t=q^{\frac{1}{2}}$. 因为 Φ 是奇函数,所以 $v_t(\psi)$ 总是奇数.

设 D 为 M 上全体除子所成的群. 令 $D_Q=D\otimes_Z\boldsymbol{Q}$,即把除子中的系数从整数扩充为有理数. 对每个 $F\in A_k(\Gamma)$,定义它所对应的 D_Q 中的除子为

$$\operatorname{div}(F)=\sum_{p\in M}v_p(F)p$$

因 M 是紧的,F 的零点和极点都是孤立的,所以上述和是有限的.

设 $f\in A_0(\Gamma)=K$,且 f 不是常数. 对任一 $\boldsymbol{\gamma}\in\Gamma$,有

$$f(\boldsymbol{\gamma}(z))=f(z)$$

两端对 z 取微商,可得

$$\frac{\mathrm{d}f(z)}{\mathrm{d}z}=\frac{\mathrm{d}f}{\mathrm{d}z}(\boldsymbol{\gamma}(z))\frac{\mathrm{d}\boldsymbol{\gamma}(z)}{\mathrm{d}z}=J(\boldsymbol{\gamma},z)^{-2}\frac{\mathrm{d}f}{\mathrm{d}z}(\boldsymbol{\gamma}(z))$$

记

$$F(z)=\frac{\mathrm{d}f(z)}{\mathrm{d}z}$$

上式表示对任一 $\boldsymbol{\gamma}\in\Gamma$,有 $F\mid[\boldsymbol{\gamma}]_2=F$. 设 s 为 Γ 的尖点,如上述,定义 $\boldsymbol{\rho}$ 及 $q=\mathrm{e}^{\frac{2\pi i w}{h}}$,若 k 为偶数或奇数,但 s 为正则奇点,我们有在 $q=0$ 亚纯的函数 $\Phi(q)$ 使 $f(\boldsymbol{\rho}^{-1}(w))=\Phi(q)$. 该式两端对 w 取微商,得到

$$\Phi'(q)q\cdot\frac{2\pi\mathrm{i}}{h}=\frac{\mathrm{d}f}{\mathrm{d}z}(\boldsymbol{\rho}^{-1}(w))\frac{\mathrm{d}\boldsymbol{\rho}^{-1}(w)}{\mathrm{d}w}=F\mid[\boldsymbol{\rho}^{-1}]_2$$

当 k 为奇数,s 为非正则尖点时,也可类似地得到 $F\mid[\boldsymbol{\rho}^{-1}]_2$ 的表达式. 由此可见 $F\in A_2(\Gamma)$. $\mathrm{d}f$ 是 M 上的亚纯微分,我们可以将它形式地表为 $F(z)\mathrm{d}z$.

反之,任取 $F_1(z)\in A_2(\Gamma)$,我们可以将 $F_1(z)\mathrm{d}z$ 看作 M 上的一个亚纯微分,因为

$$F_1(z)\mathrm{d}z=F_1(z)\left(\frac{\mathrm{d}f}{\mathrm{d}z}\right)^{-1}\mathrm{d}f=\frac{F_1(z)}{F(z)}\mathrm{d}f$$

而 $\dfrac{F_1}{F}\in K$,$\mathrm{d}f$ 为亚纯微分. 以 $\mathrm{Dif}(M)$ 表示 M 上所有亚纯微分的集合,它是 K 上的一维向量空间. 设 $\omega\in\mathrm{Dif}(M)$,则存在 $g\in K$,使 $\omega=g\mathrm{d}f=gF(z)\mathrm{d}z$,这时 $gF\in A_2(\Gamma)$,所以 $F(z)\mapsto F(z)\mathrm{d}z$ 是 $A_2(\Gamma)$ 到 $\mathrm{Dif}(M)$ 的同构(作为 K 上的向量空间).

对任一亚纯微分 $\omega\in\mathrm{Dif}(M)$,我们定义它所对应的一个除子

$$\operatorname{div}(\omega)=\sum_{p\in M}v_p(\omega)p$$

其中 $v_p(\omega)=v_t\left(\dfrac{\omega}{\mathrm{d}t}\right)$,$t$ 为 p 处的一个局部坐标.

定义 K 上的一个分次结合代数

$$\mathscr{D}=\sum_{n=-\infty}^{+\infty}\mathrm{Dif}^n(M)$$

它适合下述条件：

(1) $\mathrm{Dif}^0(M)=K,\mathrm{Dif}^1(M)=\mathrm{Dif}(M)$；

(2) 对任一 $n\in\mathbf{Z}$，$\mathrm{Dif}^n(M)$ 是 K 上的一维向量空间；

(3) 若 $\alpha\in\mathrm{Dif}^n(M)$，$\beta\in\mathrm{Dif}^m(M)$，则 $\alpha\beta\in\mathrm{Dif}^{n+m}(M)$，当 $\alpha\neq0,\beta\neq0$ 时，亦有 $\alpha\beta\neq0$.

我们可以证明，上述条件唯一地决定了代数 $\mathscr{D}$. 取非零微分 $\omega\in\mathrm{Dif}(M)$，由条件(3)，有 $\omega^n\in\mathrm{Dif}^n(M)$，再由条件(2)，可知

$$\mathrm{Dif}^n(M)=K\omega^n$$

即 $\mathrm{Dif}^n(M)$ 中每个元素都可表为 $\xi=f\omega^n$，其中 $f\in K$. 当 $f\neq0$ 时，对任一 $p\in M$，定义

$$v_p(\xi)=v_p(f)+nv_p(\omega)=\!=v_p\left(\frac{\xi}{(\mathrm{d}t)^n}\right)$$

t 为 p 处的局部坐标. 因而对任一 $0\neq\xi\in\mathrm{Dif}^n(M)$，定义除子

$$\mathrm{div}(\xi)=\sum_{p\in M}v_p(\xi)p=\mathrm{div}(f)+n\mathrm{div}(\omega)$$

若 η 为 $\mathscr{D}$ 中另一非零元素，易见

$$\mathrm{div}(\xi\eta)=\mathrm{div}(\xi)+\mathrm{div}(\eta)$$

设 M 的亏格为 g，熟知

$$\deg(\mathrm{div}(\omega))=2g-2$$

$$\deg(\mathrm{div}(f))=0$$

从而

$$\deg(\mathrm{div}(\xi))=n(2g-2),0\neq\xi\in\mathrm{Dif}^n(M)$$

设 $f\in K$，f 不为常数. 若 $F(z)\in A_{2n}(\Gamma)$，由于 $\frac{F}{(f')^n}\in I$，所以

$$F(z)(\mathrm{d}z)^n=\left(\frac{F}{(f')^n}\right)(\mathrm{d}f)^n\in\mathrm{Dif}^n(M)$$

反之，若 $\eta\in\mathrm{Dif}^n(M)$，则存在 $g\in K$，使 $\eta=g\omega^n$，ω 可表为 $F_1(z)\mathrm{d}z$，这里 $F_1(z)\in A_2(\Gamma)$，所以

$$\eta=gF_1^n(z)(\mathrm{d}z)^n$$

而 $g_1F_1^n\in A_{2n}(\Gamma)$. 可见 $F(z)\to F(z)(\mathrm{d}z)^n$ 是 $A_{2n}(\Gamma)$ 到 $\mathrm{Dif}^n(M)$ 的一个同构.

设 F_1,F_2 为两个自守形式，我们有

$$\mathrm{div}(F_1F_2)=\mathrm{div}(F_1)+\mathrm{div}(F_2)$$

在引入了自守形式所对应的除子这一概念后，我们可以把整形式，尖形式

的定义表达为

$$G_k(\Gamma)=\{F\in A_k(\Gamma)\mid \operatorname{div}(F)\geqslant 0\}$$

$$S_k(\Gamma)=\begin{cases}\{F\in A_k(\Gamma)\mid \operatorname{div}(F)\geqslant \sum\limits_{j=1}^{u}Q_j+\sum\limits_{j=1}^{u'}Q'_j\}, & \text{若 } k \text{ 为偶数}\\ \{F\in A_k(\Gamma)\mid \operatorname{div}(F)\geqslant \sum\limits_{j=1}^{u}Q_j+2^{-1}\sum\limits_{j=1}^{u'}Q'_j\}, & \text{若 } k \text{ 为奇数}\end{cases}$$

这里 $Q_1,\cdots,Q_u$ 为 Γ 的正则尖点,$Q'_1,\cdots,Q'_{u'}$ 为 Γ 的非正则尖点. 设 $D_1=\sum\limits_p a_1(p)p$,$D_2=\sum\limits_p a_2(p)p$ 为 $\mathscr{D}_Q$ 中两个元素,关系 $D_1\geqslant D_2$ 是表示 $a_1(p)\geqslant a_2(p)$ 对每个 $p\in M$ 都成立. 类似的,我们定义 $\deg D_1=\sum\limits_p a_1(p)$. 这些都是 D 中相应概念的自然推广.

引理 2.18 设 $P_1,\cdots,P_r$ 为 $M=\Gamma\backslash H^*$ 上所有的椭圆点,它们的阶分别为 $e_1,\cdots,e_r$,$Q_1,\cdots,Q_u$ 为 M 的所有正则尖点,$Q'_1,\cdots,Q'_{u'}$ 为 M 的所有非正则尖点. 设 $0\neq F\in A_k(\Gamma)$(k 为偶数),令

$$\eta=F(z)(\mathrm{d}z)^{\frac{k}{2}}\in \operatorname{Dif}^{\frac{k}{2}}(M)$$

则

$$\operatorname{div}(F)=\operatorname{div}(\eta)+\left(\frac{k}{2}\right)\left\{\sum_{i=1}^{r}(1-e_i^{-1})p_i+\sum_{j=1}^{u}Q_j+\sum_{j=1}^{u'}Q'_j\right\}$$

及

$$\deg(\operatorname{div}(F))=\left(\frac{k}{2}\right)\left\{2g-2+\sum_{i=1}^{r}(1-e_i^{-1})+u+u'\right\}$$

上述第二式当 k 为奇数时也成立.

证明 首先设 k 为偶数. 设 P 为 M 上一点. 若 $P=\varphi(z_0)$,$z_0\in H$,当 z_0 不是 Γ 的椭圆点时,z 即为 P 处的局部坐标,所以

$$v_p(\eta)=v_{z-z_0}\left(F(z)\left(\frac{\mathrm{d}z}{\mathrm{d}t}\right)^{\frac{k}{2}}\right)=v_p(F)$$

当 z_0 为 Γ 的椭圆点时,若其阶为 e,则

$$t=\lambda(z)^e=\left(\frac{z-z_0}{z-\bar{z}_0}\right)^e$$

是 P 处的局部坐标,因而

$$v_p(\eta)=v_t\left(F(z)\left(\frac{\mathrm{d}z}{\mathrm{d}t}\right)^{\frac{k}{2}}\right)=v_t(F(z))-\left(\frac{k}{2}\right)v_t\left(\frac{\mathrm{d}t}{\mathrm{d}z}\right)=$$

$$v_p(F)-\left(\frac{k}{2}\right)v_t(e\lambda(z)^{e-1}(z-\bar{z}_0)(z-\bar{z}_0)^{-2})=$$

$$v_p(F)+\left(\frac{k}{2}\right)(e^{-1}-1)$$

若 $P=\varphi(s)$，s 为 Γ 的尖点，则 $q=\mathrm{e}^{\frac{2\pi i w}{h}}$ 是 p 处的局部坐标，其中 $w=\boldsymbol{\rho}(z)$，$\boldsymbol{\rho}(s)=\infty$，我们有

$$F(z)(\mathrm{d}z)^{\frac{k}{2}}=F(\boldsymbol{\rho}^{-1}(w))\left(\frac{\mathrm{d}z}{\mathrm{d}w}\right)^{\frac{k}{2}}\left(\frac{\mathrm{d}q}{\mathrm{d}w}\right)^{-\frac{k}{2}}(\mathrm{d}q)^{\frac{k}{2}}=$$

$$F\mid[\boldsymbol{\rho}^{-1}]_k\left(q\cdot\frac{2\pi i}{k}\right)^{-\frac{k}{2}}(\mathrm{d}q)^{\frac{k}{2}}=$$

$$\Phi(q)\left(\frac{2\pi iq}{k}\right)^{-\frac{k}{2}}(\mathrm{d}q)^{\frac{k}{2}}$$

所以

$$v_p(\eta)=v_q\left(F(z)\left(\frac{\mathrm{d}z}{\mathrm{d}q}\right)^{\frac{k}{2}}\right)=v_q(\Phi(q)q^{-\frac{k}{2}})=v_p(F)-\frac{k}{2}$$

从而引理中第一个结论得证. 当 k 为偶数时，利用

$$\deg(\mathrm{div}(\eta))=(2g-2)\cdot\frac{k}{2}$$

由第一式直接推出第二式. 当 k 为奇数时，由于

$$\mathrm{div}(F)=2^{-1}\mathrm{div}(F^2)$$

而 $F^2\in A_{2k}(\Gamma)$，所以第二式对 F^2 成立，从而也对 F 成立.

由上述引理，我们可以形式地认为

$$\mathrm{div}(\mathrm{d}z)=-\left\{\sum_{i=1}^{r}(1-e_i^{-1})P_i+\sum_{j=1}^{u}Q_j+\sum_{j=1}^{u'}Q'_j\right\}$$

在引理 2.18 中，我们假定了 $A_k(\Gamma)$ 中存在非零元. 当 k 为偶数时，取 K 中非常数的函数 f，则 $\left(\frac{\mathrm{d}f}{\mathrm{d}z}\right)^{\frac{k}{2}}$ 即为 $A_k(\Gamma)$ 中的非零元. 今证 k 为奇数时，$A_k(\Gamma)$ 中也一定存在非零元. 设 D 为 M 的除子群，令 $D_0=\{\Sigma n_i p_i\in D\mid \Sigma n_i=0\}$，$D_0$ 是 D 的子群. 又令 $P=\{(f)\mid f\in K\}$，P 是 D_0 的子群. 由 Abel-Jacobi 定理，可知 $\frac{D_0}{P}$ 同构于 $\frac{\boldsymbol{C}^g}{T}$，其中 g 为 M 的亏格，T 为 $\boldsymbol{C}^g$ 中秩为 $2g$ 的格. 取 ω 为 M 的一个非零亚纯微分，R_0 为 M 上一点，由于

$$\deg[\mathrm{div}(\omega)-(2g-2)R_0]=0$$

由 Abel-Jacobi 定理，可知存在除子 B 及 K 中非零函数 f，使

$$2B-\mathrm{div}(\omega)+(2g-2)R_0=(f)$$

令 $B'=B+(g-1)R_0$. 存在 $0\neq F(z)\in A_2(\Gamma)$，使

$$F(z)\mathrm{d}z=f\omega$$

利用 $k=2$ 时引理 2.18 的结论，我们有

$$\mathrm{div}(F)=2B'+\sum_{i=1}^{r}(1-e_i^{-1})P_i+\sum_{j=1}^{u}Q_j+\sum_{j=1}^{u'}Q'_j$$

当 k 为奇数时，$-\boldsymbol{I}\notin\Gamma$，所以 e_i 都是奇数（设 $P_i=\varphi(z_i)$，由于 $\bar{\Gamma}_{z_i}=\Gamma_{z_e}$，$\Gamma_{z_i}$ 的生成元 $\boldsymbol{\sigma}$ 作为矩阵的阶也是 e_i，若 e_i 为偶数，则 $\boldsymbol{\sigma}^{\frac{e_i}{2}}=-\boldsymbol{I}\in\Gamma$，矛盾），由上式及 $v_{p_i}(F)$ 的定义，可知 $v_{z-z_0}(F)$ 对任一 $z_0\in H$ 都是偶数，从而 $F(z)$ 在每点附近都可以开平方，利用解析延拓，可以找到 H 上的亚纯函数 $G(z)$，使 $F(z)=G^2(z)$. 因为 $F\in A_2(\Gamma)$，对任一 $\boldsymbol{\gamma}\in\Gamma$ 有 $F(\boldsymbol{\gamma}(z))J(\boldsymbol{\gamma},z)^{-2}=F(z)$，因而

$$G^2(z)=(G(\boldsymbol{\gamma}(z))J(\boldsymbol{\gamma},z)^{-1})^2$$

即对任一 $\boldsymbol{\gamma}\in\Gamma$，有 $G\mid[\boldsymbol{\gamma}]_1=\chi(\boldsymbol{\gamma})G$，其中 $\chi(\boldsymbol{\gamma})=\pm1$，令

$$\Gamma'=\{\boldsymbol{\gamma}\in\Gamma\mid\chi(\boldsymbol{\gamma})=1\}$$

若 $\Gamma=\Gamma'$，则 $G\in A_1(\Gamma)$（易证 G 在 Γ 的每个尖点是亚纯的），因而 $G^k\in A_k(\Gamma)$，且 G^k 是非零元.

若 $\Gamma'\neq\Gamma$. Γ' 是 Γ 的正规子群，且 $[\Gamma:\Gamma']=2$. 设 $\Gamma=\Gamma'\cup\varepsilon\Gamma'$，因为 $\chi(\varepsilon^2)=1$，故 $\varepsilon^2\in\Gamma'$. $A_0(\Gamma)$ 是 $A_0(\Gamma')$ 的子域. 对任一 $f(z)\in A_0(\Gamma')$，考虑变换 $f\mapsto f\mid[\varepsilon]_0=f(\varepsilon(z))$，由于 Γ' 是 Γ 的正规子群，易见 $f\mid[\varepsilon]_0\in A_0(\Gamma')$. 当且仅当 $f\in A_0(\Gamma)$ 时，有

$$f=f\mid[\varepsilon]_0$$

$[\varepsilon^2]_0$ 是恒等变换，所以 $([\varepsilon]_0,[\varepsilon^2]_0)$ 是 $A_0[\Gamma']$ 的自同构群，它以 $A_0(\Gamma)$ 为固定子域. $A_0(\Gamma')$ 是 $A_0(\Gamma)$ 的二次扩张. 在 $A_0(\Gamma')$ 中一定存在一个非零函数 $h(z)$ 适合 $h\mid[\varepsilon]_0=-h$. 易见 $hG\in A_1(\Gamma')$，又因 $(hG)\mid[\varepsilon]_1=h\mid[\varepsilon]_0\cdot G\mid[\varepsilon]_1=hG$，故 $(hG)\mid[\boldsymbol{\gamma}]_1=hG$ 对任一 $\boldsymbol{\gamma}\in\Gamma$ 成立，即 hG 是 $A_1(\Gamma)$ 中的非零元，从而 $(hG)^k$ 是 $A^k(\Gamma)$ 中的非零元.

下面引进权为半整数的模形式的概念. 首先引进群 $GL_2^+(\boldsymbol{R})$ 的一个扩张. 设

$$\boldsymbol{\alpha}=\begin{pmatrix}a&b\\c&d\end{pmatrix}\in GL_2^+(\boldsymbol{R})$$

取 H 上的任一全纯函数 $\varphi(z)$，使其适合

$$\varphi^2(z)=t\det(\boldsymbol{\alpha})^{-\frac{1}{2}}(cz+d)$$

这里 t 为适合 $|t|=1$ 的任一复数. 考虑所有形如 $\{\boldsymbol{\alpha},\varphi(z)\}$ 的二元组，在这些二元组之间定义一个乘法

$$\{\boldsymbol{\alpha}_1,\varphi_1(z)\}\{\boldsymbol{\alpha}_2,\varphi_2(z)\}=\{\boldsymbol{\alpha}_1\boldsymbol{\alpha}_2,\varphi_1(\boldsymbol{\alpha}_2(z))\varphi_2(z)\}\qquad(2.2.2)$$

可以验证它们形成一个乘法群，记它为 $\hat{G}$. 定义 $\hat{G}$ 到 $GL_2^+(\boldsymbol{R})$ 的投影算子 P

$$P:\{\boldsymbol{\alpha},\varphi(z)\}\mapsto\boldsymbol{\alpha}$$

易见 $\operatorname{Ker}P=\{(\boldsymbol{I},t)\mid|t|=1\}$. 设 κ 为奇数，对 H 上的任一函数 $f(z)$ 及任一 $\boldsymbol{\xi}=(\boldsymbol{\alpha},\varphi(z))\in\hat{G}$，定义算子

$$f\mid[\boldsymbol{\xi}]_\kappa=f(\boldsymbol{\alpha}(z))\varphi(z)^{-\kappa}$$

若 $\boldsymbol{\eta}$ 为 $\hat{G}$ 中任一元素，由式(2.2.2)，容易验证

$$f \mid [\boldsymbol{\xi\eta}]_\kappa = (f \mid [\boldsymbol{\xi}]_\kappa) \mid [\boldsymbol{\eta}]_\kappa \tag{2.2.3}$$

记 $\det \boldsymbol{\xi} = \det \boldsymbol{\alpha}$，定义 $\hat{G}$ 的子群 $\hat{G}_1$

$$\hat{G}_1 = \{\boldsymbol{\xi} \in G \mid \det \boldsymbol{\xi} = 1\}$$

$\hat{G}_1$ 的子群 Δ 若适合下述条件：

(1)$P(\Delta)$ 是 $SL_2(\boldsymbol{R})$ 的离散子群，$P(\Delta)\backslash H^*$ 为紧 Riemann 面.

(2)P 给出 Δ 与 $P(\Delta)$ 的一一对应，即除了元素(1,1) 之外，Δ 中不含形如 $(\boldsymbol{I},t)(\mid t \mid = 1)$ 的元素.

(3) 若 $-\boldsymbol{I} \in P(\Delta)$，则$(-\boldsymbol{I},1) \in \Delta$.

我们称 Δ 为第一类 Fuchsian 子群.

设 Δ 为第一类 Fuchsian 子群，H 上的亚(全)纯函数 $f(z)$ 若适合下列条件：

(1) 对任一 $\boldsymbol{\xi} \in \Delta$，有 $f \mid [\boldsymbol{\xi}]_\kappa = f$；

(2)f 在 $P(\Delta)$ 的尖点处亚(全)纯.

则 $f(z)$ 称为群 Δ 上权为$\frac{\kappa}{2}$ 的自守(整)形式，全体这种自守(整)形式组成的空间记为 $A_{\frac{\kappa}{2}}(\Delta)(G_{\frac{\kappa}{2}}(\Delta))$.

以上条件(2) 的确切含义解释如下：设 $\boldsymbol{\xi} = (s,\varphi) \in \Delta$，$s$ 为 $P(\Delta)$ 的一个尖点，记 $\boldsymbol{\xi}(s) = \boldsymbol{\alpha}(s)$，令

$$\Delta_s = \{\boldsymbol{\xi} \in \Delta \mid \boldsymbol{\xi}(s) = s\}$$

根据命题 2.4，Δ_s 或为无限循环群，或为一无限循环群与由$\{-\boldsymbol{I},\boldsymbol{I}\}$ 生成的二阶循环群之积. 设 $\boldsymbol{\eta}$ 为该无限循环群的生成元，取 $\boldsymbol{\rho} \in \hat{G}_1$，使 $\boldsymbol{\rho}(s) = \infty$. 由于 $P(\boldsymbol{\rho\gamma}_i\boldsymbol{\rho}^{-1})$ 为抛物元，所以我们有

$$\boldsymbol{\rho\eta\rho}^{-1} = \left\{ \pm\begin{pmatrix}1 & h\\ 0 & 1\end{pmatrix}, t\right\},\ \mid t \mid = 1$$

必要时以 $\boldsymbol{\eta}^{-1}$ 代替 $\boldsymbol{\eta}$，可以假定 $h > 0$. 不难验证 t 与 $\boldsymbol{\rho}$ 的选取无关. 若 s_1 与 s 为 $P(\Delta)$ 等价，设 $\boldsymbol{s} = \boldsymbol{\gamma}(s_1)(\boldsymbol{\gamma} \in P(\Delta))$，则以 s_1 代替 s 时，$\boldsymbol{\gamma}^{-1}\boldsymbol{\eta\gamma}$ 为Δ_{s_1} 的无限循环群的生成元，且 $\boldsymbol{\rho\gamma}(s_1) = s_1$. 由于 $\boldsymbol{\rho\gamma} \cdot \boldsymbol{\gamma}^{-1}\boldsymbol{\eta\gamma} \cdot (\boldsymbol{\rho\gamma})^{-1} = \boldsymbol{\rho\eta\rho}^{-1}$. 可见上述 t 与尖点等价类的代表元的选取亦无关. 利用式(2.2.3)，我们有

$$(f \mid [\boldsymbol{\rho}^{-1}]_\kappa) \mid \left[\left\{\pm\begin{pmatrix}1 & h\\ 0 & 1\end{pmatrix}, t\right\}\right]_\kappa = f \mid [\boldsymbol{\rho}^{-1}]_\kappa$$

即 $f \mid [\boldsymbol{\rho}^{-1}]_\kappa(z+h) = t^\kappa f \mid [\boldsymbol{\rho}^{-1}]_\kappa$，所以 $f \mid [\boldsymbol{\rho}^{-1}]$ 有展开式

$$f \mid [\boldsymbol{\rho}^{-1}]_\kappa = \sum_n c_n e\left(\frac{(n+r)z}{h}\right)$$

其中 $e(r) = t^\kappa(0 \leqslant r < 1)$. 条件(2) 是说：若 f 在 s 亚纯，则当 $n < 0$ 时，仅有有限个 $c_n \neq 0$；若 f 在 s 全纯，则当 $n < 0$ 时，c_n 均为零. 以 $v_s(f)$ 表示上述展开式的首项所对应的指数 $n + r$，类似于整权的情况，对于权为半整数的自守形式，

我们也可以定义它所对应的除子.

设 N 为正整数,且 $4 \mid N$. 定义 $\Gamma_0(N)$ 到 $\hat{G}_1$ 的映射

$$L:\boldsymbol{\gamma} \mapsto \{\boldsymbol{\gamma}, j(\boldsymbol{\gamma}, z)\}$$

这里 $j(\boldsymbol{\gamma}, z)$ 为在 1.1 节中所定义. L 是 $\Gamma_0(N)$ 到 $\hat{G}_1$ 的嵌入,易见 $j(-\boldsymbol{I}, z)=1$,所以 $L(\Gamma_0(N))$ 为 $\hat{G}_1$ 的第一类 Fuchsian 子群,记它为 $\Delta_0(N)$. 定义

$$\Gamma_1(N)=\left\{\begin{pmatrix} a & b \\ c & d \end{pmatrix} \in \Gamma_0(N) \mid a \equiv d \equiv 1(N)\right\}$$

易见 $\Delta_1(N)=L(\Gamma_1(N)), \Delta(N)=L(\Gamma(N))$ 都是第一类 Fuchsian 群.

2.3 $G(N,k,\omega)$ 和 $S(N,k,\omega)$ 的维数

设 k 为整数,ω 为模 N 的特征,且 $\omega(-1)=(-1)^k$. 我们以 $A(N,k,\omega)$ 表示 H 上适合下述条件的函数 f 的集合:

(1) f 在 H 上是亚纯函数;

(2) 对任一 $\boldsymbol{\gamma}=\begin{pmatrix} a & b \\ c & d \end{pmatrix} \in \Gamma_0(N)$,有 $f \mid [\boldsymbol{\gamma}]_k=\omega(d) f$;

(3) f 在 $\Gamma_0(N)$ 的每个尖点是亚纯的.

称这样的函数 f 为 $\Gamma_0(N)$ 上权为 k 具有特征 ω 的模形式. 以 $G(N,k,\omega)$ 和 $S(N,k,\omega)$ 分别表示 $A(N,k,\omega)$ 中的整模形式和尖模形式的集合. 本节的主要内容是利用 Riemann-Roch 定理计算 $G(N,k,\omega)$ 和 $S(N,k,\omega)$ 的维数.

设 A 是紧 Riemann 面 M 上的一个除子,K 是 M 上的亚纯函数域,定义

$$L(A)=\{f \in K \mid f=0 \text{ 或 } \operatorname{div}(f) \geqslant -A\}$$

$L(A)$ 是 $\mathbf{C}$ 上的向量空间,以 $l(A)$ 表示其维数.

Riemann-Roch 定理 设 M 为紧 Riemann 面,M 的亏格为 g,ω 为 M 的一个非零微分,则对 M 的任一除子 A,有

$$l(A)=\deg(A)-g+1+l(\operatorname{div}(\omega)-A)$$

设 $f(z) \in G(N,k,\omega)$,则易证 $\overline{f(-\bar{z})} \in G(N,k,\bar{\omega})$,所以 $G(N,k,\omega)$ 与 $G(N,k,\bar{\omega})$ 具有相同的维数. 同样,$S(N,k,\omega)$ 与 $S(N,k,\bar{\omega})$ 也有相同的维数.

设 $f \in A(N,k,\omega), g \in A(N,2-k,\bar{\omega})$,则 $fg \in A_2(\Gamma_0(N))$,所以 $\omega=fgdz$ 是 $\Gamma_0(N)\backslash H^*$ 上的一个微分. 利用引理 2.18,我们有

$$\operatorname{div}(\omega)=\operatorname{div}(f)+\operatorname{div}(g)-\sum_p(1-e_p^{-1}) p \tag{2.3.1}$$

求和号中的 p 跑遍 $\Gamma_0(N)\backslash H^*$ 上所有的点,但仅当 p 为椭圆点或尖点时,出现非零项. 当 p 为尖点时,我们约定 $e_p=\infty$.

任一 $g' \in A(N, 2-k, \bar{\omega})$，由于 $\frac{g}{g'} \in A(\Gamma_0(N))$，所以 $v_p(g) - v_p(g')$ 对任意点 p 都是整数，因而存在 μ'，使

$$0 \leqslant \mu'_p < 1, v_p(g') \equiv \mu'_p \bmod \mathbf{Z}$$

当 p 为椭圆点时，$e_p \mu'_p$ 为整数，所以 $\mu'_p \leqslant 1 - e_p^{-1}$. 令 $\mu_p = 1 - e_p^{-1} - \mu'_p$，由式(2.3.1) 可见

$$0 \leqslant \mu_p \leqslant 1, v_p(f) \equiv \mu_p \bmod \mathbf{Z}$$

对任一 $f \in A(N, k, \omega)$ 都成立.

设 p 为尖点，当 $\mu'_p = 0$ 时，称 p 为正则尖点，这时 $\mu_p = 1$. 否则，称 p 为非正则尖点. 这个定义是相以权 k 来说的，它是 2.2 节中所引进的正则尖点概念的推广.

定义 D_Q 中两个除子

$$\mathfrak{A} = -\sum_p \mu_p p, \mathfrak{B} = -\sum_p \mu'_p p$$

由式(2.3.1) 得到

$$\mathfrak{A} + \mathrm{div}(f) + \mathfrak{B} + \mathrm{div}(g) = \mathrm{div}(\omega) \tag{2.3.2}$$

$\mathfrak{A} + \mathrm{div}(f)$ 与 $\mathfrak{B} + \mathrm{div}(g)$ 都是 D 中的除子. 由整形式和尖形式的定义，我们有

$$\dim G(N, 2-k, \omega) = l(\mathfrak{B} + \mathrm{div}(g))$$

$$\dim S(N, k, \omega) = l(\mathfrak{A} + \mathrm{div}(f))$$

利用 Riemann-Roch 定理及式(2.3.2) 得到

$$\begin{aligned}
&\dim S(N, k, \omega) - \dim G(N, 2-k, \omega) = \\
&\deg(\mathfrak{A} + \mathrm{div}(f)) - g + 1 = \\
&\frac{k-1}{2}\left(2g - 2 + \sum_p (1 - e_p^{-1})\right) + \sum_p \left(\frac{1 - e_p^{-1}}{2} - \mu_p\right) = \\
&\frac{k-1}{2}\mu(\Gamma_0(N)\backslash H^*) + \sum_p \left(\frac{1 - e_p^{-1}}{2} - \mu_p\right)
\end{aligned} \tag{2.3.3}$$

这里我们利用了引理 2.18 及

$$\mu(\Gamma_0(N)\backslash H^*) = \iint_{\Gamma_0(N)\backslash H^*} y^{-2} \mathrm{d}x \mathrm{d}y = 2g - 2 + \sum_p (1 - e_p^{-1})$$

(其证明可参阅[22]，§ 2.5).

定理 2.19 设 ω 为模 N 的特征，且 $\omega(-1) = (-1)^k$. ω 的导子为 F，N 和 F 的标准因子分解为 $N = \prod p^{r_p}$ 及 $F = \prod p^{s_p}$，则

$$\begin{aligned}
&\dim S(N, k, \omega) - \dim G(N, 2-k, \omega) = \\
&12^{-1}(k-1)N\sum_{p \mid N}(1 + p^{-1}) - 2^{-1}\sum_{p \mid N}\lambda(r_p, s_p, p) + \\
&v_k \sum_{\substack{x \bmod N \\ x^2 \equiv -1(N)}} \omega(x) + \mu_k \sum_{\substack{x \bmod N \\ x^2 + x + 1 \equiv 0(N)}} \omega(x)
\end{aligned}$$

其中

$$\lambda(r_p,s_p,p)=\begin{cases}p^{r'}+p^{r'-1}, & 若\ 2s_p\leqslant r_p=2r'(r'\in\mathbf{Z})\\ 2p^{r'}, & 若\ 2s_p\leqslant r_p=2r'+1(r'\in\mathbf{Z})\\ 2p^{r_p-s_p}, & 若\ 2s_p>r_p\end{cases}$$

$$v_k=\begin{cases}0, & 若\ 2\nmid k\\ -\dfrac{1}{4}, & 若\ k\equiv 2(4)\\ \dfrac{1}{4}, & 若\ k\equiv 0(4)\end{cases}$$

$$\mu_k=\begin{cases}0, & 若\ k\equiv 1(3)\\ -\dfrac{1}{3}, & 若\ k\equiv 2(3)\\ \dfrac{1}{3}, & 若\ k\equiv 0(3)\end{cases}$$

证明 利用式(2.3.3).我们已知 $\Gamma_0(1)\backslash H^*$ 的亏格为零,它有一个尖点,一个二阶椭圆点,一个三阶椭圆点,故

$$\mu(\Gamma_0(1)\backslash H^*)=-2+1+\left(1-\frac{1}{2}\right)+\left(1-\frac{1}{3}\right)=\frac{1}{6}$$

因此

$$\mu(\Gamma_0(N)\backslash H^*)=[\Gamma_0(1):\Gamma_0(N)]\mu(\Gamma_0(1)\backslash H^*)=\frac{N}{6}\sum_{p\mid N}(1+p^{-1})$$

这里利用了引理 2.8,$\Gamma_0(N)$ 的基域是由$[\Gamma_0(1):\Gamma_0(N)]$块 $\Gamma_0(1)$ 的基域并成的.(也可由定理 2.7,2.10 和 2.16 直接计算)

考虑式(2.3.3)右端的第二个和式,首先考虑 p 为尖点的情况.以下记 $\Gamma=\Gamma_0(N)$.设尖点 $s=\dfrac{d}{c}$,$\varphi(s)=p$,这里 φ 仍表示 $H^*\to\Gamma\backslash H^*$ 的自然映射.由定理 2.10,可设 s 的分母 c 为 N 的因子,d 与$\left(c,\dfrac{N}{c}\right)$互素,设 c 的标准因子的分解为 $c=\prod p^{c_p}$.存在

$$\boldsymbol{\rho}=\begin{pmatrix}a & b\\ c & -d\end{pmatrix}\in SL_2(\mathbf{Z})$$

使 $\boldsymbol{\rho}(s)=\infty$.取 $\boldsymbol{\delta}\in\Gamma_s$ 对应 $\overline{\Gamma}_s$ 的生成元,由于 $-\boldsymbol{I}\in\Gamma$,可设

$$\boldsymbol{\rho\delta\rho}^{-1}=\begin{pmatrix}1 & h\\ 0 & 1\end{pmatrix}\quad(h>0)$$

这是 $\boldsymbol{\rho}\overline{\Gamma}_s\boldsymbol{\rho}^{-1}$ 的生成元,因此

$$\boldsymbol{\delta}=\boldsymbol{\rho}^{-1}\begin{pmatrix}1 & h\\ 0 & 1\end{pmatrix}\boldsymbol{\rho}=\begin{pmatrix}1-hcd & hd^2\\ -hc^2 & 1+hcd\end{pmatrix}\in\Gamma$$

h 应是最小正整数，它使 hc^2 为 N 的倍数，可见

$$h=\frac{N}{c\left(c,\dfrac{N}{c}\right)}$$

由于

$$(f\mid[\boldsymbol{\rho}^{-1}]_k)\mid\left[\begin{pmatrix}1 & h\\ 0 & 1\end{pmatrix}\right]_k=(f\mid[\boldsymbol{\delta}]_k)[\boldsymbol{\rho}^{-1}]_k=\omega(1+hcd)f\mid[\boldsymbol{\rho}^{-1}]_k$$

记 $\omega(1+hcd)=\mathrm{e}^{2\pi\mathrm{i}r}(0<r\leqslant 1)$，则

$$f\mid[\boldsymbol{\rho}^{-1}]_k=c_n\mathrm{e}^{\frac{2\pi\mathrm{i}(i+r)z}{h}}+\cdots\quad(c_n\neq 0)$$

所以 $\mu_p=r$.

对 N 的任一因子 c，令

$$f_c=\sum_{s=d/c}\left(\frac{1}{2}-\mu_{\varphi(s)}\right)$$

求和号中的 d 跑遍 $\left(\dfrac{\mathbf{Z}}{\left(c,\dfrac{N}{c}\right)\mathbf{Z}}\right)^*$，且 d 与 c 互素.

若 $F\mid\dfrac{N}{\left(c,\dfrac{N}{c}\right)}$，则

$$\omega(1+hcd)=\omega\left(1+\frac{dN}{\left(c,\dfrac{N}{c}\right)}\right)=1$$

所以

$$\mu_{\varphi\left(\frac{d}{c}\right)}=1,f_c=-2^{-1}\varphi\left(\left(c,\frac{N}{c}\right)\right)$$

若 $F\nmid\dfrac{N}{\left(c,\dfrac{N}{c}\right)}$. 这时当 d 与 $\left(c,\dfrac{N}{c}\right)$ 互素时，总有

$$\omega\left(1+\frac{dN}{\left(c,\dfrac{N}{c}\right)}\right)\neq 1$$

否则，若存在 d_0，它与 $\left(c,\dfrac{N}{c}\right)$ 互素，且

$$\omega\left(1+\frac{d_0N}{\left(c,\dfrac{N}{c}\right)}\right)=1$$

由于 $\left(c,\dfrac{N}{c}\right)^2\mid N$，所以对任意整数 m，有

$$\left(1+\frac{d_0N}{\left(c,\dfrac{N}{c}\right)}\right)^m\equiv 1+\frac{md_0N}{\left(c,\dfrac{N}{c}\right)}(N)$$

因而

$$\omega\left(1+\frac{md_0N}{\left(c,\frac{N}{c}\right)}\right)=1$$

由于 d_0 与 $\left(c,\frac{N}{c}\right)$ 互素，存在整数 m_0，使

$$m_0d_0\equiv 1\quad\left(\left(c,\frac{N}{c}\right)\right)$$

可见对任意整数 m，都有

$$\omega\left(1+\frac{mN}{\left(c,\frac{N}{c}\right)}\right)=1$$

由此可推得 $F\left|\frac{N}{\left(c,\frac{N}{c}\right)}\right.$，导致矛盾. 取 d'，使 d' 与 c 互素，且 $d'\equiv -d\left(\left(c,\frac{N}{c}\right)\right)$.

记 $p'=\varphi\left(\frac{d'}{c}\right)$，因而

$$\omega\left(1+\frac{d'N}{\left(c,\frac{N}{c}\right)}\right)=\bar{\omega}\left(1+\frac{dN}{\left(c,\frac{N}{c}\right)}\right)$$

且都不等于 1. 当 $\left(c,\frac{N}{c}\right)\neq 2$ 时，p 与 p' 为 $\Gamma\backslash H^*$ 上两个不同的尖点，这时我们有 $\mu_p+\mu_{p'}=1$，因而 $f_c=0$；当 $\left(c,\frac{N}{c}\right)=2$ 时，我们有 $\omega\left(1+\frac{N}{2}\right)=-1$，因而 $\mu_p=\frac{1}{2}$，这时仍有 $f_c=0$. 即当 $F\nmid\frac{N}{\left(c,\frac{N}{c}\right)}$ 时，总有 $f_c=0$. 于是当 p 跑遍所有尖点时

$$\sum_{p:\text{尖点}}\left(\frac{1}{2}-\mu_p\right)=-\frac{1}{2}\sum_{\left(c,\frac{N}{c}\right)\,\left|\,\frac{N}{F}\right.}\varphi\left(c,\frac{N}{c}\right)=$$

$$-\frac{1}{2}\prod_{p\mid N}\Big[\sum_{\substack{c_p=0\\ \min(c_p,r_p-c_p)\leqslant r_p-s_p}}^{r_p}\varphi(p^{c_p},p^{r_p-c_p})\Big]\qquad(2.3.4)$$

当 $s_p\leqslant\frac{r_p}{2}$ 时，式(2.3.4)乘积中的和式为

$$\sum_{c_p=0}^{r_p}\varphi(p^{c_p},p^{r_p-c_p})=\begin{cases}p^{r'}+p^{r'-1}, & \text{若 } r_p=2r'\\ 2p^{r'}, & \text{若 } r_p=2r'+1\end{cases}$$

其中 r' 为整数. 当 $s_p>\frac{r_p}{2}$ 时，式(2.3.4)乘积中的和式为

$$\sum_{c_p=0}^{r_p-s_p}\varphi(p^{c_p})+\sum_{c_p=s_p}^{r_p}\varphi(p^{r_p-c_p})=2\sum_{c_p=0}^{r_p-s_p}\varphi(p^{c_p})=2p^{r_p-s_p}$$

现在考虑 p 为椭圆点的情况. 设 $z_0\in H$, $p=\varphi(z_0)$, p 的阶为 e. 存在

$$\boldsymbol{\beta}=\begin{pmatrix}a & b\\ c & d\end{pmatrix}\in\Gamma$$

使 $\boldsymbol{\beta}(z_0)=z_0$, 且 $\boldsymbol{\beta}$ 对应 $\overline{\Gamma}_{z_0}$ 的生成元, 取

$$\boldsymbol{\lambda}=\begin{bmatrix}1 & -z_0\\ 1 & -\bar{z}_0\end{bmatrix}$$

易见 $\boldsymbol{\lambda}(z_0)=0$, 且

$$\boldsymbol{\lambda\beta\lambda}^{-1}=(z-\bar{z}_0)^{-1}\begin{bmatrix}1 & -z_0\\ 1 & -z_0\end{bmatrix}\begin{pmatrix}a & b\\ c & d\end{pmatrix}\begin{pmatrix}-\bar{z}_0 & z_0\\ -1 & 1\end{pmatrix}=$$

$$\begin{bmatrix}c\bar{z}_0+d & 0\\ 0 & cz_0+d\end{bmatrix}\tag{2.3.5}$$

由于 e 是最小正整数, 使 $\boldsymbol{\beta}^e=\pm\boldsymbol{I}$, 可见 $(cz_0+d)^2$ 是 e 次本原单位根.

设 $f(z)\in A(N,k,\omega)$ 在 $z=z_0$ 的展开式为

$$f(z)=c_n(z-z_0)^n+\cdots\quad(c_n\neq 0)$$

利用

$$\boldsymbol{\beta}(z)-z_0=\boldsymbol{\beta}(z)-\boldsymbol{\beta}(z_0)=\frac{z-z_0}{(cz+d)(cz_0+d)}$$

及

$$f(\boldsymbol{\beta}(z))=\omega(d)(cz+d)^k f(z)$$

得

$$c_n(cz+d)^{-n}(cz_0+d)^{-n}(z-z_0)^n+\cdots=$$
$$\omega(d)(cz+d)^k c_n(z-z_0)^n+\cdots$$

所以

$$\omega(d)(cz_0+d)^k=(cz_0+d)^{-2n}=(cz_0+d)^{-2e\mu_p}\tag{2.3.6}$$

这里利用了 $v_p(f)=\dfrac{n}{e}\equiv\mu_p\bmod\boldsymbol{Z}$ 及 $(cz_0+d)^2$ 是 e 次单位根.

$\Gamma_0(N)$ 仅有二阶和三阶椭圆点. 今设 $e=2$. 假设 $\boldsymbol{\beta}$ 在模群中与 $\begin{pmatrix}0 & -1\\ 1 & 0\end{pmatrix}$ 共轭, 即存在 $\boldsymbol{\gamma}\in SL_2(\boldsymbol{Z})$, 使

$$\boldsymbol{\beta}=\boldsymbol{\gamma}\begin{pmatrix}0 & -1\\ 1 & 0\end{pmatrix}\boldsymbol{\gamma}^{-1}$$

易见 $\boldsymbol{\gamma}(\mathrm{i})=z_0$——$\boldsymbol{\beta}$ 在 H 中的固定点, 因而 $\boldsymbol{\lambda\gamma}(\mathrm{i})=0$, $\boldsymbol{\lambda\gamma}(-\mathrm{i})=\infty$, 所以

$$\boldsymbol{\lambda\gamma}=\begin{pmatrix}u & \\ & v\end{pmatrix}\begin{pmatrix}1 & -\mathrm{i}\\ 1 & \mathrm{i}\end{pmatrix}\quad(u,v\in\boldsymbol{C})$$

我们有

$$\boldsymbol{\lambda\beta\lambda}^{-1}=\begin{pmatrix}u & \\ & v\end{pmatrix}\begin{pmatrix}1 & -\mathrm{i}\\ 1 & \mathrm{i}\end{pmatrix}\begin{pmatrix}0 & -1\\ 1 & 0\end{pmatrix}\begin{pmatrix}1 & -\mathrm{i}\\ 1 & \mathrm{i}\end{pmatrix}^{-1}\begin{pmatrix}u & \\ & v\end{pmatrix}^{-1}=\begin{pmatrix}-\mathrm{i} & \\ & \mathrm{i}\end{pmatrix}$$

由式(2.3.5)，可见 $cz_0+d=\mathrm{i}$.

由

$$-\boldsymbol{I}=\boldsymbol{\beta}^2=\begin{bmatrix}a^2+bc & ab+cd\\ ac+dc & bc+d^2\end{bmatrix}$$

可知 $d^2+1\equiv 0(N)$，从而

$$\omega(d)^2=\omega(-1)=(-1)^k \tag{2.3.7}$$

设 z_0' 为 Γ 的另一个 2 阶椭圆点

$$p'=\varphi(z_0'),\boldsymbol{\beta}'=\begin{pmatrix}a' & b'\\ c' & d'\end{pmatrix}$$

对应 $\overline{\Gamma}_{z_0'}$ 的生成元，且 $\boldsymbol{\beta}'$ 与 $\begin{pmatrix}0 & -1\\ 1 & 0\end{pmatrix}$ 在模群中共轭. 同样我们有 $(d')^2+1\equiv 0(N)$ 及 $c'z_0'+d'=\mathrm{i}$. 假如 z_0' 与 z_0 为 Γ 等价，由定理 2.7 的证明. 可知 $\boldsymbol{\beta}$ 与 $\boldsymbol{\beta}'$ 在 Γ 中共轭，由此可推出 $d\equiv d'(N)$，即 d 与 d' 对应同余方程

$$x^2+1\equiv 0(N) \tag{2.3.8}$$

的同一个解. $\Gamma\backslash H^*$ 上二阶椭圆点的个数 v_2 正是同余方程(2.3.8) 的解数，所以 $\Gamma\backslash H^*$ 的二阶椭圆点与方程(2.3.8) 的解一一对应.

首先考虑 k 为奇数的情况：若 $N\leqslant 2$，方程(2.3.8) 仅有 $d\equiv 1(N)$ 一个解，由式(2.3.7) 可知这时 k 不能是奇数，所以我们有 $N>2$. 设 d 为方程(2.3.8) 的解，取 $d'\equiv -d(N)$，d' 也是方程(2.3.8) 的解，d 与 d' 对应两个不同的椭圆点 p 与 p'. 由式(2.3.7)，不妨设 $\omega(d)=\mathrm{i}$，$\omega(d')=-\mathrm{i}$，由式(2.3.6) 得到

$$\mathrm{i}^{k+1}=(-1)^{2\mu_p},\ -\mathrm{i}^{k+1}=(-1)^{2\mu_{p'}}$$

这时 $\mu_p=0,\mu_{p'}=\dfrac{1}{2}$ 或 $\mu_p=\dfrac{1}{2},\mu_{p'}=0$. p 与 p' 两点在式(2.3.3) 的第二个和式中对应的两项互相抵消.

当 k 为偶数时，由式(2.3.7)，可知 $\omega(d)=\pm 1$. 由式(2.3.6)，当 $\omega(d)=1$ 时

$$\mu_p=\begin{cases}0, & 若\ k\equiv 0(4)\\ \dfrac{1}{2}, & 若\ k\equiv 2(4)\end{cases}$$

当 $\omega(d)=-1$ 时

$$\mu_p=\begin{cases}\dfrac{1}{2}, & 若\ k\equiv 0(4)\\ 0, & 若\ k\equiv 2(4)\end{cases}$$

所以 $\dfrac{1}{4}-\mu_p=v_k\omega(d)$.

今设 $e=3$，由定理 2.7，这时 $9\nmid N$. 设 $\boldsymbol{\beta}$ 在模群中与 $\begin{pmatrix}0 & -1\\1 & -1\end{pmatrix}$ 共轭，即存在 $\boldsymbol{\gamma}\in SL_2(\boldsymbol{Z})$ 使 $\boldsymbol{\beta}=\boldsymbol{\gamma}\begin{pmatrix}0 & -1\\1 & -1\end{pmatrix}\boldsymbol{\gamma}^{-1}$，记 $\rho=\mathrm{e}^{\frac{2\pi\mathrm{i}}{3}}$，易见 $\boldsymbol{\gamma}(-\rho)=z_0$，从而 $\boldsymbol{\lambda\gamma}(-\rho)=0,\boldsymbol{\lambda\gamma}(-\bar{\rho})=\infty$，所以

$$\boldsymbol{\lambda\gamma}=\begin{pmatrix}u & \\ & v\end{pmatrix}\begin{pmatrix}1 & \rho\\1 & \bar{\rho}\end{pmatrix}\quad(u,v\in\boldsymbol{C})$$

我们有

$$\boldsymbol{\lambda\beta\lambda}^{-1}=\begin{pmatrix}u & \\ & v\end{pmatrix}\begin{pmatrix}1 & \rho\\1 & \bar{\rho}\end{pmatrix}\begin{pmatrix}0 & -1\\1 & -1\end{pmatrix}\begin{pmatrix}1 & \rho\\1 & \bar{\rho}\end{pmatrix}^{-1}\begin{pmatrix}u & \\ & v\end{pmatrix}^{-1}=\begin{bmatrix}\bar{\rho}^2 & 0\\0 & \rho^2\end{bmatrix}$$

由式(2.3.5)，有 $cz_0+d=\rho^2$. 从 $\boldsymbol{\beta}^3=\boldsymbol{I}$，可得 $d^3\equiv1(N)$. 现在证明，这时 d 一定适合同余方程

$$x^2+x+1\equiv0(N)\tag{2.3.9}$$

若 q 为$(d-1,N)$的一个素因子，由于 $ad\equiv1(q)$，$\mathrm{tr}(\boldsymbol{\beta})=a+d=\pm1$，从而 $a+d\equiv2\equiv\pm1(q)$，q 仅可能为 3，显然 $d^2+d+1\equiv0(3)$ 对一切与 3 互素的 d 都成立. 由于 $9\nmid N$，可见 d 是(2.3.9)的解. $\Gamma\backslash H^*$ 的三阶椭圆点个数 v_3 就是(2.3.9)的解数. 类似于二阶椭圆点的情况，可知 $\Gamma\backslash H^*$ 的三阶椭圆点与(2.3.9)的解一一对应.

设 d 为(2.3.9)的解，取 $d'\equiv d^{-1}(N)$，若 $d'\equiv d(N)$，由

$$d^3\equiv d^2\equiv1(N)$$

可知 $d\equiv1(N)$，这时 N 只可能为 1 或 3，显然 $\omega(d)=1$. 由(2.3.6)得到 $\rho^{2k}=\rho^{6\mu_p}$，p 为 $\Gamma\backslash H^*$ 上唯一的三阶椭圆点. 因而

$$\mu_p=\begin{cases}0, & 若\ k\equiv0(3)\\ \dfrac{1}{3}, & 若\ k\equiv1(3)\\ \dfrac{2}{3}, & 若\ k\equiv2(3)\end{cases}$$

于是 $\dfrac{1}{3}-\mu_p=\mu_k$.

设 $N\neq1$ 或 3，这时 $d'\not\equiv d(N)$. 记 d 与 d' 对应的两个三阶椭圆点分别为 p 与 p'，不妨设 $\omega(d)=\rho$，从而 $\omega(d')=\rho^2$. 由式(2.3.6)，得

$$\rho^{2k+1}=\rho^{6\mu_p},\rho^{2k+2}=\rho^{6\mu_{p'}}$$

所以

$$\mu_p=\begin{cases}\dfrac{2}{3}, & 若\ k\equiv0(3)\\ 0, & 若\ k\equiv1(3)\\ \dfrac{1}{3}, & 若\ k\equiv2(3)\end{cases}$$

$$\mu_{p'} = \begin{cases} \dfrac{1}{3}, & 若 k \equiv 0(3) \\ \dfrac{2}{3}, & 若 k \equiv 1(3) \\ 0, & 若 k \equiv 2(3) \end{cases}$$

于是

$$\left(\frac{1}{3} - \mu_p\right) + \left(\frac{1}{3} - \mu_{p'}\right) = -\mu_k = \mu_k(\omega(d) + \omega(d'))$$

到此,完成了定理 2.19 的证明.

命题 2.20 设 k 为负整数,Γ 为第一类 Fuchsian 群,则

$$\dim G_k(\Gamma) = 0$$

证明 取 F_0 为 $A_k(\Gamma)$ 的非零元,则

$$G_k(\Gamma) = \{fF_0 \mid f \in A_0(\Gamma), \operatorname{div}(fF_0) \geqslant 0\}$$

若 $\operatorname{div} F_0 = \sum v_p p (\in D_Q)$,定义除了$[\operatorname{div} F_0] = \sum [v_p] p$,可见

$$\dim G_k(\Gamma) = l([\operatorname{div} F_0])$$

利用引理 2.18 及关系式

$$\mu(\Gamma\backslash H^*) = 2g - 2 + \sum_p (1 - e_p^{-1})$$

我们有

$$\deg([\operatorname{div} F_0]) \leqslant \deg \operatorname{div} F_0 = \mu(\Gamma\backslash H^*) \cdot \frac{k}{2} < 0$$

故 $\dim G_k(\Gamma) = 0$.

分别以 k 和 $2-k$ 代入定理 2.19 的恒等式,然后将两式相加,可得

$$\begin{aligned} &\dim S(N,k,\omega) - \dim G(N,2-k,\omega) + \\ &\dim S(N,2-k,\omega) - \dim G(N,k,\omega) = \\ &-\prod_{p|N} \lambda(r_p, s_p, p) = -\sum_{\substack{c|N \\ (c,N/c)|N/F}} \varphi\left(\left(c, \frac{N}{c}\right)\right) \end{aligned} \tag{2.3.10}$$

这里F为ω的导子.因$G(N,k,\omega) \subset G_k(\Gamma(N))$,所以当$k<0$时,由命题2.20,$G(N,k,\omega)$ 和 $S(N,k,\omega)$ 的维数都为零.$G_0(\Gamma(N))$ 为紧 Riemann 面 $\Gamma(N)\backslash H^*$ 上的全纯函数集合,它们都是常数函数,所以 $G_0(\Gamma(N))$ 的维数为 1.同样

$$G(N,0,id.) = G_0(\Gamma_0(N))$$

的维数也为 1($id.$ 表示恒为 1 的特征).由于 $\Gamma_0(N)$ 有尖点,所以 $S(N,0,id.)$ 的维数零.当 $\omega \neq id.$ 时,由于

$$G(N,0,\omega) \subset G_0(\Gamma(N))$$

可见 $G(N,0,\omega)$ 和 $S(N,0,\omega)$ 的维数都为零.利用上述结果,由式(2.3.10)我

们得到

当 $k \geqslant 3$ 或 $k = 2, \omega \neq id.$ 时

$$\dim G(N,k,\omega) - \dim S(N,k,\omega) = \sum_{(c,N/c)\mid N/F} \varphi\left(\left(c,\frac{N}{c}\right)\right) \quad (2.3.11)$$

当 $k = 2, \omega \neq id.$ 时

$$\dim G(N,2,id.) - \dim S(N,2,id.) = \sum_{(c,N/c)\mid N/F} \varphi\left(\left(c,\frac{N}{c}\right)\right) - 1 \quad (2.3.12)$$

当 $k = 1$ 时

$$\dim G(N,1,\omega) - \dim S(N,1,\omega) = \frac{1}{2} \sum_{(c,N/c)\mid N/F} \varphi\left(\left(c,\frac{N}{c}\right)\right) \quad (2.3.13)$$

我们在第 5 章中将利用这些结果.

当 $k \geqslant 2$ 时,由定理 2.19 亦可以得到 $G(N,k,\omega)$ 和 $S(N,k,\omega)$ 的维数.

2.4 $G(N,\kappa/2,\omega)$ 和 $S(N,\kappa/2,\omega)$ 的维数

设 κ 为奇数,N 为正整数,且 $4 \mid N$,ω 为模 N 的偶特征,H 上的全纯函数 $f(z)$ 如适合下列条件:

(1) 对任一 $\boldsymbol{\xi} = (\boldsymbol{\gamma}, j(\boldsymbol{\gamma},z)) \in \Delta_0(N)$,有

$$f \mid [\boldsymbol{\xi}]_\kappa = \omega(d_\gamma) f, \boldsymbol{\gamma} = \begin{pmatrix} * & * \\ * & d_\gamma \end{pmatrix} \in \Gamma_0(N)$$

(2) $f(z)$ 在 $\Gamma_0(N)$ 的尖点全纯.

称 $f(z)$ 为群 $\Gamma_0(N)$ 上权为 $\frac{\kappa}{2}$ 具有特征 ω 的整模形式. 全体这样的模形式组成的空间记为 $G\left(N,\frac{\kappa}{2},\omega\right)$. f 在尖点的 Fourier 展开式的常数项称为 f 在该尖点的值. 空间 $G\left(N,\frac{\kappa}{2},\omega\right)$ 中任一模形式 $f(z)$,如果在 $\Gamma_0(N)$ 的任一尖点 s 都有 $v_s(f) > 0$,则 $f(z)$ 称为尖形式. $G\left(N,\frac{\kappa}{2},\omega\right)$ 中全体尖形式组成的空间记为 $S\left(N,\frac{\kappa}{2},\omega\right)$. 本节将计算 $G\left(N,\frac{\kappa}{2},\omega\right)$ 和 $S\left(N,\frac{\kappa}{2},\omega\right)$ 的维数.

由于 $(-\boldsymbol{I},1) \in \Delta_0(N)$,当 ω 为模 N 的奇特征且有

$$f \mid [(-\boldsymbol{I},1)]_\kappa = \omega(-1) f$$

时,f 只能为零,所以我们必须取 ω 为偶特征.

从式(2.3.3)的推导过程可以看出,当以半整权 $\frac{\kappa}{2}$ 代替整权 k 时,该式仍成

立. 当 $4 \mid N$ 时, $\Gamma_0(N)$ 没有椭圆点(定理 2.7), 所以我们有

$$\dim S\left(N,\frac{\kappa}{2},\omega\right)-\dim G\left(N,\frac{2-\kappa}{2},\omega\right)=$$

$$\frac{\kappa-2}{4}\mu(\Gamma_0(N)\backslash H^*)+\sum_p\left(\frac{1}{2}-\mu_p\right) \tag{2.4.1}$$

其中 p 跑遍 $\Gamma_0(N)\backslash H^*$ 的所有尖点, 对任一 $f\in G\left(N,\frac{\kappa}{2},\omega\right)$, 我们有 $v_p(f)\equiv \mu_p(\mathrm{mod}\ Z)$, 且 $0<\mu_p\leqslant 1$.

设 F 为 ω 的导子, N 和 F 的标准因子分解为 $N=\prod p^{r_p}$ 和 $F=\prod p^{s_p}$. 我们定义条件:

存在 N 的一个素因子 p, $p\equiv 3(4)$, r_p 为奇数或 $0<r_p<2s_p$. (*)

当条件(*)不成立时, 若 p 为 N 的素因子, 且 $p\equiv 3(4)$, 则 r_p 一定是偶数且 $r_p\geqslant 2s_p$.

引理 2.21 设 n,p,q 为正整数, $n>1$, $p<q$, 则

$$\sum_{\substack{r=0\\(r,n)=1}}^{n-1}\left\{\frac{p}{q}+\frac{r}{n}\right\}=\frac{\varphi(n)}{2}-\sum_{d\mid n}\mu(d)\left\{\frac{(q-p)n}{qd}\right\}$$

证明 上式左端等于

$$\sum_{r=0}^{n-1}\left\{\frac{p}{q}+\frac{r}{n}\right\}\sum_{d\mid(r,n)}\mu(d)=$$

$$\sum_{d\mid n}\mu(d)\sum_{r=0}^{n/d-1}\left\{\frac{p}{q}+\frac{rd}{n}\right\}=$$

$$\sum_{d\mid n}\mu(d)\left[\sum_{r=0}^{n/d-1}\left(\frac{p}{q}+\frac{rd}{n}\right)-\left(\frac{n}{d}-1-\frac{(q-p)n}{qd}+\left\{\frac{(q-p)n}{qd}\right\}\right)\right]=$$

$$\sum_{d\mid n}\mu(d)\left[\frac{1}{2}\left(\frac{n}{d}+1\right)-\left\{\frac{(q-p)n}{qd}\right\}\right]=$$

$$\frac{\varphi(n)}{2}-\sum_{d\mid n}\mu(d)\left\{\frac{(q-p)n}{qd}\right\}$$

当 n 为奇数时, 定义 $\chi_2(n)=\left(\frac{-1}{n}\right)$.

引理 2.22 设 n 和 k 都为正奇数, n 共有 v 个素因子, 都是模 4 余 3, 则

$$\sum_{d\mid n}\mu(d)\left\{\frac{kn}{4d}\right\}=-2^{v-2}\chi_2(kn)$$

证明 以 $k\equiv n\equiv 1(4)$ 这一情况为例, 这时

$$\sum_{d\mid n}\mu(d)\left\{\frac{kn}{4d}\right\}=\frac{1}{4}-\frac{3}{4}\binom{v}{1}+\frac{1}{4}\binom{v}{2}-\frac{3}{4}\binom{v}{3}+\cdots=$$

$$-\frac{1}{2}\left[1+\binom{v}{2}+\binom{v}{4}+\cdots\right]=-2^{v-2}$$

其他情况可类似地证明.

定理 2.23 我们有

$$\dim S\left(N,\frac{\kappa}{2},\omega\right)-\dim G\left(N,\frac{\kappa}{2},\omega\right)=$$

$$\frac{\kappa-2}{24}N\sum_{p\mid N}(1+p^{-1})-\frac{\zeta}{2}\sum_{p\mid N,p\neq 2}\lambda(r_p,s_p,p)$$

其中 $\lambda(r_p,s_p,p)$ 为定理 2.19 中所定义. ζ 的值定义如下:

若 $r_2\geqslant 4,\zeta=\lambda(r_2,s_2,2)$;若 $r_2=3,\zeta=3$;若 $r_2=2$

$$(*)\text{ 成立},\zeta=2$$

$$(*)\text{ 不成立}\begin{cases}\text{若 } k\equiv 1(4)\begin{cases}\text{若 } s_2=0, & \zeta=\dfrac{3}{2}\\ \text{若 } s_2=2, & \zeta=\dfrac{5}{2}\end{cases}\\ \text{若 } k\equiv 3(4)\begin{cases}\text{若 } s_2=0, & \zeta=\dfrac{5}{2}\\ \text{若 } s_2=2, & \zeta=\dfrac{3}{2}\end{cases}\end{cases}$$

证明 我们需计算式(2.4.1)右端的和式,以 M 表示该和式. 设 $s=\dfrac{d}{c}$ 为 $\Gamma_0(\quad)$ 的一个尖点,c 为 N 的正因子,令

$$f_c=\sum_{s=\frac{d}{c}}\left(\frac{1}{2}-\mu_{\varphi(s)}\right)$$

求和号中 d 跑遍 $\left[\dfrac{\mathbf{Z}}{\left(c,\frac{N}{c}\right)\mathbf{Z}}\right]^*$,且与 c 互素,这里 φ 为 $H^*\to\Gamma_0(N)\backslash H^*$ 的自然映射. 因而

$$M=\sum_{c\mid N}f_c$$

取

$$\boldsymbol{\rho}=\begin{pmatrix}a & b\\ c & -d\end{pmatrix}\in SL_2(\mathbf{Z})$$

显然 $\boldsymbol{\rho}\left(\dfrac{d}{c}\right)=\infty$. 设 $\boldsymbol{\delta}$ 为 $\bar{\Gamma}_s$ 的生成元,这里

$$s=\frac{d}{c},\Gamma_s=\{\boldsymbol{\gamma}\in\Gamma_0(N)\mid\boldsymbol{\gamma}(s)=s\}$$

由于 $-\boldsymbol{I}\in\Gamma_0(N)$,我们可以假设

$$\boldsymbol{\rho\delta\rho}^{-1}=\begin{pmatrix}1 & h\\ 0 & 1\end{pmatrix}\quad(h>0)$$

因此

$$\boldsymbol{\delta}=\boldsymbol{\rho}^{-1}\begin{pmatrix}1 & h\\ 0 & 1\end{pmatrix}\boldsymbol{\rho}=\begin{bmatrix}1-hcd & hd^{2}\\ -hc^{2} & 1+hcd\end{bmatrix}\in\Gamma_0(N)$$

由此可见

$$h=\frac{N}{\left[c\left(c,\frac{N}{c}\right)\right]}$$

令

$$\boldsymbol{\rho}^{*}=(\boldsymbol{\rho},(cz-d)^{\frac{1}{2}})\in\hat{G}_1$$

则

$$\begin{aligned}&\boldsymbol{\rho}^{*}L(\boldsymbol{\delta})(\boldsymbol{\rho}^{*})^{-1}=\\&\boldsymbol{\rho}^{*}\left\{\boldsymbol{\delta},\varepsilon_{1+hcd}^{-1}\left(\frac{-h}{1+hcd}\right)(-hc^{2}z+1+hcd)^{\frac{1}{2}}\right\}(\boldsymbol{\rho}^{*})^{-1}=\\&\left\{\begin{pmatrix}1 & h\\ 0 & 1\end{pmatrix},\varepsilon_{1+hcd}^{-1}\left(\frac{-h}{1+hcd}\right)\right\}\end{aligned}$$

设 $f\in G\left(N,\frac{\kappa}{2},\omega\right)$，因为

$$(f\mid[(\boldsymbol{\rho}^{*})^{-1}]_{\kappa})\mid[\boldsymbol{\rho}^{*}L(\boldsymbol{\delta})(\boldsymbol{\rho}^{*})^{-1}]_{\kappa}=\omega(1+hcd)f\mid[(\boldsymbol{\rho}^{*})^{-1}]_{\kappa}$$

可知 $v_p(f)=\mu_p \bmod \mathbf{Z}(0<\mu_p\leqslant 1)$，其中 $p=\varphi(s)$，且 μ_p 由下式决定

$$e(\mu_p)=\omega(1+hcd)\varepsilon_{1+hcd}^{-\kappa}\left(\frac{-h}{1+hcd}\right)$$

我们把上式右端记为 $\psi\left(\frac{d}{c}\right)$. 记 c 的标准因子分解为 $c=\prod p^{c_p}$. 经直接计算可以得到

$$\varepsilon_{1+hcd}^{-\kappa}=\begin{cases}\mathrm{i}^{-\kappa}, & 若\ r_2=2,c_2=1\\ 1, & 其他情况\end{cases}$$

及

$$\left(\frac{-h}{1+hcd}\right)=\begin{cases}1, & 若\ r_2\geqslant 4\\ 1, & 若\ r_2=3,c_2=0,2,3\\ -1, & 若\ r_2=3,c_2=1\\ 1, & 若\ r_2=2,c_2=0,2\\ -1, & 若\ r_2=2,c_2=1,h\equiv 1(4)\\ 1, & 若\ r_2=2,c_2=1,h\equiv 3(4)\end{cases}$$

在计算中需利用引理 1.5. 例如，当 $r_2=2,c_2=1$ 时，这时 h 为奇数，我们有

$$\left(\frac{-h}{1+hcd}\right)=\left(\frac{-h}{1+2h}\right)=\left(\frac{2}{1+2h}\right)\left(\frac{-2h}{1+2h}\right)=\left(\frac{2}{1+2h}\right)$$

可得上述结果.

(1) 设 $r_2 \geqslant 4$，这时 $\psi\left(\frac{d}{c}\right)=\omega(1+hcd)$，与定理 2.19 中式(2.3.4) 的证明类似，可以得到

$$f_c=\begin{cases}0, & 若\left(c,\frac{N}{c}\right)\nmid\frac{N}{F}\\ -\frac{1}{2}\varphi\left(\left(c,\frac{N}{c}\right)\right), & 若\left(c,\frac{N}{c}\right)\mid\frac{N}{F}\end{cases}\tag{2.4.2}$$

从而

$$M=-\frac{1}{2}\sum_{\substack{c\mid N\\(c,N/c)\mid N/F}}\varphi\left(\left(c,\frac{N}{c}\right)\right)=-\frac{1}{2}\sum_{p\mid N}\lambda(r_p,s_p,p)$$

(2) 设 $r_2=3$，当 $c_2=0,2,3$ 时，仍有

$$\psi(d/c)=\omega(1+hcd)$$

若 $F\mid N/(c,N/c)$，这时 $\psi(d/c)=-1$，因而 $f_c=0$. 今设 $F\nmid N/(c,N/c)$，考虑何时能有 $\psi(d/c)=1$(对某一 d)，即

$$\omega(1+dN/(c,N/c))=-1$$

这时

$$\omega(1+2dN/(c,N/c))=1$$

因 d 与$(c,N/c)$ 互素，由此可推出 $F\mid 2N/(c,N/c)$，即$(c,N/c)\mid 2N/F$. 但$(c,N/c)\nmid N/F$，故这时必有 $2\nmid N/F$. 当 $2\nmid N/F$，$2^{-1}(c,N/c)\mid N/F$ 时，对任一 d/c 都有 $\psi(d/c)=1$，所以这时

$$f_c=-2^{-1}\varphi((c,N/c))$$

若 $2\mid N/F$，取 d'，使 $d'\equiv -d((c,N/c))$，且 d' 与 c 互素，这时

$$\psi(d/c)=\bar{\psi}(d'/c)$$

且都不为 1. 由于 $2\mid N/F$，$(c,N/c)\nmid N/F$，故$(c,N/c)\neq 2$，$\varphi(d/c)$ 与 $\varphi(d'/c)$ 为 $\Gamma_0(N)\backslash H^*$ 上两个不同的尖点，所以这时有 $f_c=0$. 总结上述，当 $2\nmid N/F$ 时

$$M=\sum_{\substack{(c,N/c)\mid N/F\\c_3=0,3}}f_c+\sum_{\substack{2^{-1}(c,N/c)\mid N/F\\c_2=1}}f_c=-\frac{3}{2}\prod_{p\mid N,p\neq 2}\lambda(r_p,s_p,p)$$

当 $2\mid N/F$ 时

$$M=\sum_{\substack{(c,N/c)\mid N/F\\c_2=0,2,3}}f_c=-\frac{3}{2}\prod_{p\mid N,p\neq 2}\lambda(r_p,s_p,p)$$

(3) 设 $r_2=2$，当 $c_2=0,2$ 时

$$\psi(d/c)=\omega(1+hcd)$$

这时式(2.4.2) 成立，故

$$\sum_{\substack{c\mid N\\c_2=0,2}}f_c=\sum_{\substack{(c,N/c)\mid N/F\\c_2=0,2}}f_c=-\prod_{p\mid N,p\neq 2}\lambda(r_p,s_p,p)\tag{2.4.3}$$

当 $c_2=1$ 时,分别讨论以下三种情况:

①N 有一个素因子 p 为模 4 余 3,其对应的 r_p 为奇数. 对任一给定的 $c\mid N$,令 $c'=cp^{r_p-2c_p}$,c' 也是 N 的因子,且

$$\frac{N}{c(c,N/c)}=-\frac{N}{c'(c',N/c')}\quad(4)$$

所以我们有

$$\psi(d/c)=\bar{\psi}\left(\frac{(c',N/c')-d}{c'}\right)$$

从而 $f_c+f_{c'}=0$. 由式(2.4.3)可得

$$M=\sum_{\substack{c\mid N\\ c_2=0,2}}f_c+\sum_{\substack{c\mid N\\ c_2=1}}f_c=-\prod_{p\mid N,p\neq 2}\lambda(r_p,s_p,p)$$

以下假设 N 的任一模 4 余 3 的素因子 p,其对应的 r_p 都是偶数. 这时对任意 c,其对应的 $h=N/[c(c,N/c)]$ 都是模 4 余 1. 从而

$$\psi(d/c)=\mathrm{e}^{\kappa\pi\mathrm{i}/2}\omega(1+dN/(c,N/c))$$

令

$$n_c=\prod_p p^{s_p-r_p+\min(r_p-c_p,c_p)}$$

其中 p 跑遍适合 $r_p-\min(r_p-c_p,c_p)<s_p$ 的 N 的所有奇素因子. 当且仅当 $n_0=1$ 时,有 $2^{-1}(c,N/c)\mid N/F$.

设 $s_2=0$,若 $n_c=1$,这时 $\psi(d/c)=\mathrm{e}^{\kappa\pi\mathrm{i}/2}$,故

$$\sum_{\substack{(c,N/c)\mid N/F\\ c_2=1}}f_c=\left(\frac{1}{2}-\left\{\frac{\kappa}{4}\right\}\right)\sum_{\substack{(c,N/c)\mid N/F\\ c_2=1}}\varphi((c,N/c))=$$

$$\frac{\chi_2(\kappa)}{4}\prod_{p\mid N,p\neq 2}\lambda(r_p,s_p,p)\qquad(2.4.4)$$

若 $n_c\neq 1$,这时 $\omega(1+dN/(c,N/c))$ 为 n_c 次本原单位根.

由于

$$\omega(1+d_1N/(c,N/c))\cdot\omega(1+d_2N/(c,N/c))=$$
$$\omega(1+(d_1+d_2)N/(c,N/c))$$

(利用 $(c,N/c)^2\mid N$). 不妨设 $\omega(1+N/(c,N/c))=\mathrm{e}^{2\pi\mathrm{i}/n_c}$,因而

$$\psi(d/c)=\mathrm{e}^{2\pi\mathrm{i}(\kappa/4+d/n_c)}$$

n_c 为 $(c,N/c)$ 的因子. 当 d 跑遍 $(\mathbf{Z}/(c,N/c)\mathbf{Z})^*$ 时,它跑遍 $(\mathbf{Z}/n_c\mathbf{Z})^*$ 共 $\varphi((c,N/c))/\varphi(n_c)$ 次. 利用引理 2.21,我们有

$$f_c=\frac{1}{2}\varphi((c,N/c))-\sum_{\substack{d=0\\ (d,n_c)=1}}^{n_c-1}\left\{\frac{\kappa}{4}+\frac{d}{n_c}\right\}\frac{\varphi((c,N/c))}{\varphi(n_c)}=$$

$$\frac{\varphi((c,N/c))}{\varphi(n_c)}\sum_{d\mid n_c}\mu(d)\left\{\frac{(4-\kappa)n_c}{4d}\right\}\qquad(2.4.5)$$

设 $s_2=2$，这时 $\omega(1+dN/(c,N/c))$ 为 $2n_c$ 次本原单位根. 若 $n_c=1$，则

$$\psi(d/c)=\mathrm{e}^{2\pi\mathrm{i}(2+\kappa)/4}$$

因而

$$\sum_{\substack{2^{-2}(c,N/c)\mid N/F\\ c_2=1}} f_c=\left(\frac{1}{2}-\left\{\frac{2+\kappa}{4}\right\}\right)\sum_{\substack{2^{-2}(c,N/c)\mid N/F\\ c_2=1}}\varphi((c,N/c))=$$

$$-\frac{\chi_2(\kappa)}{4}\prod_{p\mid N,p\neq 2}\lambda(r_p,s_p,p) \tag{2.4.6}$$

若 $n_c\neq 1$，不妨假设

$$\omega(1+dN/(c,N/c))=\mathrm{e}^{2\pi\mathrm{i}d/2n_c}=-\mathrm{e}^{2\pi\mathrm{i}d'/n_c}$$

其中 $2d'\equiv d(n_c)$（注意：d 为奇数），这时

$$\psi(d/c)=\mathrm{e}^{2\pi\mathrm{i}\left(\frac{2+\kappa}{4}+\frac{d'}{n_c}\right)}$$

因而

$$f_c=\frac{1}{2}\varphi((c,N/c))-\frac{\varphi((c,N/c))}{\varphi(n_c)}\sum_{\substack{d=0\\(d,n_c)=1}}^{n_c-1}\left\{\frac{2+\kappa}{4}+\frac{d'}{n_c}\right\}=$$

$$\frac{\varphi((c,N/c))}{\varphi(n_c)}\sum_{d\mid n_c}\mu(d)\left\{\frac{\kappa n_c}{4d}\right\} \tag{2.4.7}$$

②N 的任一模 4 余 3 的素因子 p，其 r_p 都是偶数，且 $r_p\geqslant 2s_p$（即条件（$*$）不成立）. 由于

$$r_p-\min(r_p-c_p,c_p)\geqslant r_p/2\geqslant s_p$$

所以这时 n_c 中不含模 4 余 3 的素因子. 当 $n_c\neq 1$ 时

$$\sum_{d\mid n_c}\mu(d)\left\{\frac{\kappa n_c}{4d}\right\}=\left\{\frac{\kappa}{4}\right\}\sum_{d\mid n_c}\mu(d)=0$$

由式(2.4.3)(2.4.4)(2.4.5)(2.4.6)(2.4.7) 即证得所需结论.

③N 的任一模 4 余 3 的素因子 p，其 r_p 都为偶数，但其中至少有一个 p 适合 $0<r_p<2s_p$. 令

$$R=\{p\mid p\mid N,p\equiv 3(4),0<r_p<2s_p\}$$

若 n_c 含有模 4 余 1 的素因子，令 $n_c=n_c'n_c''$，其中 n_c'的素因子均为模 4 余 1，n_c''的素因子均为模 4 余 3. 由于 $n_c'\neq 1$，因而

$$\sum_{d\mid n_c}\mu(d)\left\{\frac{\kappa n_c}{4d}\right\}=\sum_{d'\mid n_c'}\mu(d')\sum_{d''\mid n_c''}\mu(d'')\left\{\frac{\kappa n_c''}{4d''}\right\}=0$$

所以对应的 f_c 一定是零. 仅当 n_c 的素因子均为模 4 余 3 时，f_c 才可能非零，这时 n_c 的素因子一定属于 R. 对于 R 的任一子集 R'. 令

$$c(R')=\{c\mid c\mid N,c_2=1,n_c\text{ 的素因子集合为 }R'\}$$

设 $s_2=0$，由式(2.4.5) 及引理 2.22，可得

$$
\sum_{\substack{n_c \neq 1 \\ c_2 = 1}} f_c = \sum_{R' \subset R} \sum_{c \in c(R')} \prod_{p \mid N, p \nmid n_c} \varphi(p^{\min(r_p - c_p, c_p)}) \prod_{p \mid n_c} 2 p^{r_p - s_p} \frac{\chi_2(\kappa n_c)}{4} =
$$

$$
\frac{\chi_2(\kappa)}{4} \sum_{R' \subset R} \prod_{p \in R'} \sum_{c_p = r_p - s_p + 1}^{s_p - 1} \chi_2(p^{s_p - r_p + \min(r_p - c_p, c_p)}) \prod_{p \mid N, p \neq 2} \lambda(r_p, s_p, p) =
$$

$$
\frac{\chi_2(\kappa)}{4} \sum_{R' \subset R} (-1)^{|R'|} \prod_{p \mid N, p \neq 2} \lambda(r_p, s_p, p) =
$$

$$
-\frac{\chi_2(\kappa)}{4} \prod_{p \mid N, p \neq 2} \lambda(r_p, s_p, p) \qquad (2.4.8)
$$

由式(2.4.3)(2.4.4)及(2.4.8)即得到所需结论.当 $s_2 = 2$ 时,由式(2.4.3)(2.4.6)(2.4.7)及引理 2.22 亦可类似地证得所需结论.

利用命题 2.20,当 $\kappa < 0$ 时,易见

$$
\dim G(N, \kappa/2, \omega) = 0
$$

在定理 2.23 中,取 $\kappa \geqslant 5$,可得到 $\dim S(N, \kappa/2, \omega)$ 的表达式.同样亦可得到 $\dim G(N, \kappa/2, \omega)(\kappa \geqslant 5)$ 的表达式.取 $\kappa = 1$ 或 3 时,则得到

$$
\dim S(N, 1/2, \omega) - \dim G(N, 3/2, \omega)
$$

及

$$
\dim S(N, 3/2, \omega) - \dim G(N, 1/2, \omega)
$$

如果知道了 $G(N, 1/2, \omega)$ 及 $S(N, 1/2, \omega)$ 的维数,就可得到 $G(N, 3/2, \omega)$ 及 $S(N, 3/2, \omega)$ 的维数.在 5.3 节中,将给出 $G(N, 1/2, \omega)$ 和 $S(N, 1/2, \omega)$ 的维数的计算方法.

定理 2.19 和定理 2.23 所给出的维数公式,可在 H. Cohen 和 J. Oesterlé[2] 中找到,但没有给出证明.为了读者的方便,我们在这里给出了详细的推导,这在文献上很难找到.

模形式空间的算子

第3章

3.1 Hecke 算 子

Hecke 算子是模形式空间的一类重要的线性算子. 我们首先讨论一个群的双陪集所组成的 Hecke 环.

设 G 为一个乘法群, Γ 与 Γ' 为 G 的子群. 如果指数 $[\Gamma : \Gamma \cap \Gamma']$ 及 $[\Gamma' : \Gamma \cap \Gamma']$ 都有限, 则称 Γ 与 Γ' 为可公度的, 记为 $\Gamma \sim \Gamma'$.

引理 3.1 设 Γ_1, Γ_2 和 Γ_3 为 G 的子群, 若 $\Gamma_1 \sim \Gamma_2$, $\Gamma_2 \sim \Gamma_3$, 则 $\Gamma_1 \sim \Gamma_3$.

证明 由 $[\Gamma_2 : \Gamma_2 \cap \Gamma_3]$ 为有限, 可推出 $[\Gamma_1 \cap \Gamma_2 : \Gamma_1 \cap \Gamma_2 \cap \Gamma_3]$ 为有限, 又由 $[\Gamma_1 : \Gamma_1 \cap \Gamma_2]$ 为有限, 可推出 $[\Gamma_1 : \Gamma_1 \cap \Gamma_2 \cap \Gamma_3]$ 为有限, 从而 $[\Gamma_1 : \Gamma_1 \cap \Gamma_3]$ 为有限. 同样可证 $[\Gamma_3 : \Gamma_1 \cap \Gamma_3]$ 有限, 因而 $\Gamma_1 \sim \Gamma_3$.

设 Γ 为 G 的子群, 定义

$$\widetilde{\Gamma} = \{\alpha \in G \mid \alpha\Gamma\alpha^{-1} \sim \Gamma\}$$

易见 $\widetilde{\Gamma}$ 成一个群, 称为 Γ 的可公度化子.

引理 3.2 设 Γ_1 和 Γ_2 为 G 的子群, α 为 G 中一元素, 若

$$d = [\Gamma_2 : \Gamma_2 \cap \alpha^{-1}\Gamma_1\alpha]$$

则

$$\Gamma_1\alpha\Gamma_2=\bigcup_{i=1}^{d}\Gamma_1\alpha_i$$

为 d 个互不相交的 Γ_1 的右陪集之并(在下面，$\bigcup_i\Gamma\alpha_i$ 总表示是互不相交的右陪集之并,不再另作说明).

证明 我们有 $\Gamma_2=\bigcup_{i=1}^{d}(\alpha^{-1}\Gamma_1\alpha\cap\Gamma_2)\delta_i$,为互不相交的 d 个右陪集之并,其中 δ_i 为 Γ_2 中的元素,因而

$$\Gamma_1\alpha\Gamma_2=\bigcup_{i=1}^{d}\Gamma_1\alpha\delta_i$$

若存在 i,j,使 $\Gamma_1\alpha\delta_i=\Gamma_1\alpha\delta_j$,则有 $\gamma\in\Gamma_1$,使 $\alpha\delta_i=\gamma\alpha\delta_j$,从而

$$\delta_i\delta_j^{-1}\in\Gamma_2\cap\alpha^{-1}\Gamma_1\alpha$$

必有 $i=j$.

设 Γ 为 G 的子群,Δ 为一个半群,且 $\Gamma\subset\Delta\subset G$,我们定义一个环 $R(\Gamma,\Delta)$,称为 Hecke 环,它由形如

$$\sum_{i=1}^{m}c_i\Gamma\alpha_i\Gamma\quad(\alpha_i\in\Delta,c_i\in Z)$$

的元素组成,其中的加法即为形式地相加. 两个双陪集的乘法按下述方法定义(利用乘法分配律，就可以得到两个双陪集形式和的乘积). 设 $\Gamma\alpha\Gamma=\bigcup_i\Gamma\alpha_i$，$\Gamma\beta\Gamma=\bigcup_j\Gamma\beta_j(\alpha,\beta\in\Delta)$,且

$$\Gamma\alpha\Gamma\beta\Gamma=\bigcup_\xi\Gamma\xi\Gamma$$

为互不相交的双陪集之并. 定义 $\Gamma\alpha\Gamma$ 和 $\Gamma\beta\Gamma$ 的乘积为

$$\sum_\xi c_\xi\Gamma\xi\Gamma\in R(\Gamma,\Delta)$$

其中

$$c_\xi=\#\{(i,j)\mid\Gamma\alpha_i\beta_j=\Gamma\xi\}$$

我们必须证明这个定义不依赖于右陪集代表元 α_i,β_j 及双陪集代表元 ξ 的选取. 当 j 固定后,若 $\Gamma\alpha_{i_1}\beta_j=\Gamma\alpha_{i_2}\beta_j$,则 $\Gamma\alpha_{i_1}=\Gamma\alpha_{i_2}$,从而 $i_1=i_2$. 即当 j 固定后,最多只有一个 i,使 $\Gamma\alpha_i\beta_j=\Gamma\xi$. 故

$$c_\xi=\#\{j\mid\beta_j\in\Gamma\alpha^{-1}\Gamma\xi\}=\#\{j\mid\Gamma\beta_j\subset\Gamma\alpha^{-1}\Gamma\xi\}=$$
$$\Gamma\beta\Gamma\cap\Gamma\alpha^{-1}\Gamma\xi$$

中含有 Γ 的右陪集的个数. 可见 c_ξ 不依赖于 α_i 与 β_j 的选取. 又若 $\Gamma\xi\Gamma=\Gamma\eta\Gamma$,则

$$\xi=\delta_1\eta\delta_2\quad(\delta_1,\delta_2\in\Gamma)$$

因而

$$\Gamma\beta\Gamma\cap\Gamma\alpha^{-1}\Gamma\xi=(\Gamma\beta\Gamma\cap\Gamma\alpha^{-1}\Gamma\eta)\delta_2$$

所以 c_ξ 不依赖于 ξ 的选取.

定义 3.3 $\deg\Gamma\alpha\Gamma$ 为 $\Gamma\alpha\Gamma$ 中所含 Γ 的右陪集的个数

$$\deg(\sum c_\xi\Gamma\xi\Gamma)=\sum c_\xi\deg(\Gamma\xi\Gamma)$$

引理 3.4 若 $\Gamma\alpha\Gamma \cdot \Gamma\beta\Gamma = \sum_{\xi} c_{\xi}\Gamma\xi\Gamma$，则

$$c_{\xi} \cdot \deg(\Gamma\xi\Gamma) = \#\{(i,j) \mid \Gamma\alpha_i\beta_j\Gamma = \Gamma\xi\Gamma\}$$

证明 $\Gamma\xi\Gamma = \bigcup_{k=1}^{f} \Gamma\xi_k$，当且仅当存在一个 k，使

$$\Gamma\alpha_i\beta_j = \Gamma\xi_k$$

成立时，有

$$\Gamma\alpha_i\beta_j\Gamma = \Gamma\xi\Gamma$$

故

$$\#\{(i,j) \mid \Gamma\alpha_i\beta_j\Gamma = \Gamma\xi\Gamma\} = \sum_{k=1}^{f} \#\{(i,j) \mid \Gamma\alpha_i\beta_j = \Gamma\xi_k\} = c_{\xi} \cdot f = c_{\xi} \cdot \deg(\Gamma\xi\Gamma)$$

这里利用 c_{ξ} 不依赖双陪集 $\Gamma\xi\Gamma$ 的代表元 ξ 的选取这一事实.

引理 3.5 设 $x, y \in R(\Gamma,\Delta)$，则

$$\deg x \cdot \deg y = \deg(xy)$$

证明 仅需考虑 x 和 y 都是一个双陪集. 设

$$x = \Gamma\alpha\Gamma = \bigcup_i \Gamma\alpha_i,\ y = \Gamma\beta\Gamma = \bigcup_j \Gamma\beta_j,\ x \cdot y = \sum c_{\xi}\Gamma\xi\Gamma$$

则由引理 3.4，有

$$\deg(xy) = \sum c_{\xi}\deg(\Gamma\xi\Gamma) = \sum \#\{(i,j) \mid \Gamma\alpha_i\beta_j\Gamma = \Gamma\xi\Gamma\} = \#\{(i,j)\} = \deg x \cdot \deg y$$

今证 $R(\Gamma,\Delta)$ 的乘法满足结合律. 令

$$M = \{\sum c_i\Gamma\eta_i \mid c_i \in Z, \eta_i \in \widetilde{\Gamma}\}$$

M 中每个元素为右陪集的有限形式和. 对任一

$$u = \Gamma\alpha\Gamma = \bigcup_j \Gamma\alpha_j \quad (\alpha \in G)$$

定义 M 的一个同态

$$u \cdot \sum c_i\Gamma\eta_i = \sum_{i,j} c_i\Gamma\alpha_j\eta_i$$

因而我们可以使 $R(\Gamma,\Delta)$ 中任一元素对应 $\mathrm{Hom}(M)$ 的一个元素，这个对应是单射. 设

$$\Gamma\alpha\Gamma = \bigcup_i \Gamma\alpha_i,\ \Gamma\beta\Gamma = \bigcup_j \Gamma\beta_j$$

$$\Gamma\alpha\Gamma \cdot \Gamma\beta\Gamma = \sum_t c_{\xi_t}\Gamma\xi_t\Gamma \text{ 及 } \Gamma\xi_t\Gamma = \bigcup_k \Gamma\xi_{t,k}$$

我们有

$$\Gamma\alpha\Gamma(\Gamma\beta\Gamma \cdot \Gamma\eta) = \Gamma\alpha\Gamma\sum_j \Gamma\beta_j\eta = \sum \Gamma\alpha_i\beta_j\eta = \sum_{t,\kappa} c_{\xi_t}\Gamma\xi_{t,\kappa}\eta = (\Gamma\alpha\Gamma \cdot \Gamma\beta\Gamma) \cdot \Gamma\eta$$

所以，若 $y,z\in R(\Gamma,\Delta)$，$a\in M$，则$(y\cdot z)a=y(za)$. 今设 $x,y,z\in R(\Gamma,\Delta)$，则

$$((xy)z)a=(xy)(za)=x(y(za))=x((yz)a)=(x(yz))a$$

因为 $R(\Gamma,\Delta)\to \mathrm{Hom}(M)$ 是单射，故$(xy)z=x(yz)$.

引理 3.6 设 $\alpha\in\widetilde{\Gamma}$，若

$$\Gamma\alpha\Gamma=\bigcup_{i=1}^{d}\Gamma\alpha'_i=\bigcup_{i=1}^{d}\alpha''_i\Gamma$$

则可找到$\{\alpha_i\}$，使

$$\Gamma\alpha\Gamma=\bigcup_{i=1}^{d}\Gamma\alpha_i=\bigcup_{i=1}^{d}\alpha_i\Gamma$$

证明 由于 $\alpha'_1\in\Gamma\alpha\Gamma=\Gamma\alpha''_1\Gamma$，所以存在 $\delta,\varepsilon\in\Gamma$，使

$$\alpha'_1=\delta\alpha''_1\varepsilon$$

令

$$\alpha'_1=\delta^{-1}\alpha'_1=\alpha''_1\varepsilon$$

则有

$$\Gamma\alpha_1=\Gamma\alpha'_1,\alpha_1\Gamma=\alpha''_1\Gamma$$

若群G有一个反自同构$\alpha\mapsto\alpha^*$ $((\alpha\beta)^*=\beta^*\alpha^*)$，且$\Gamma^*=\Gamma$，对任一$\alpha\in G$有$(\Gamma\alpha\Gamma)^*=\Gamma\alpha\Gamma$，这时 $R(\Gamma,\Delta)$ 的乘法是可交换的. 设 $\Gamma\alpha\Gamma=\bigcup_i\Gamma\alpha_i$，则 $\Gamma\alpha\Gamma=(\Gamma\alpha\Gamma)^*=\bigcup_i\alpha_i^*\Gamma$，由引理 3.6，存在$\{\alpha_i\}$，使

$$\Gamma\alpha\Gamma=\bigcup_i\Gamma\alpha_i=\bigcup_i\alpha_i\Gamma$$

同样可设

$$\Gamma\beta\Gamma=\bigcup_j\Gamma\beta_j=\bigcup_j\beta_j\Gamma$$

我们有

$$\Gamma\alpha\Gamma=(\Gamma\alpha\Gamma)^*=\bigcup_i\Gamma\alpha_i^*$$

同样有

$$\Gamma\beta\Gamma=\bigcup_j\Gamma\beta_j^*$$

若

$$\Gamma\alpha\Gamma\beta\Gamma=\bigcup_\xi\Gamma\xi\Gamma$$

则

$$\Gamma\beta\Gamma\alpha\Gamma=\Gamma\beta^*\Gamma\alpha^*\Gamma=(\Gamma\alpha\Gamma\beta\Gamma)^*=\bigcup_\xi\Gamma\xi\Gamma=\Gamma\alpha\Gamma\beta\Gamma$$

因此

$$\Gamma\alpha\Gamma\cdot\Gamma\beta\Gamma=\sum c_\xi\Gamma\xi\Gamma,\Gamma\beta\Gamma\cdot\Gamma\alpha\Gamma=\sum c'_\xi\Gamma\xi\Gamma$$

是对同样一组 ξ 求和. 由引理 3.4，得

$$\begin{aligned}c_\xi\cdot\deg\Gamma\xi\Gamma=\#\{(i,j)\mid\Gamma\alpha_i\beta_j\Gamma=\Gamma\xi\Gamma\}=\\ \#\{(i,j)\mid\Gamma\beta_j^*\alpha_i^*\Gamma=\Gamma\xi I\}=\\ c'_\xi\cdot\deg\Gamma\xi\Gamma\end{aligned}$$

因此 $c_\xi=c'_\xi$，$R(\Gamma,\Delta)$ 是交换环.

取 $G=GL_2^+(Q)$，$\Gamma=SL_2(\boldsymbol{Z})$.

引理 3.7 Γ 在 G 中的可公度化子 $\widetilde{\Gamma}=G$.

证明 对任一 $\boldsymbol{\alpha}\in G$，存在 $c\in\boldsymbol{Q}$，$\boldsymbol{\beta}\in M_2(\boldsymbol{Z})$，使 $\boldsymbol{\alpha}=c\boldsymbol{\beta}$，这时 $\boldsymbol{\alpha}\Gamma\boldsymbol{\alpha}^{-1}=\boldsymbol{\beta}\Gamma\boldsymbol{\beta}^{-1}$. 设 $b=\det\boldsymbol{\beta}$，令 $\Gamma_b=\Gamma(b)$，因为

$$b\boldsymbol{\beta}^{-1}\Gamma_b\boldsymbol{\beta}\equiv 0(b)$$

故 $\boldsymbol{\beta}^{-1}\Gamma_b\boldsymbol{\beta}\in\Gamma$，因而 $\Gamma_b\subset\Gamma\cap\boldsymbol{\beta}\Gamma\boldsymbol{\beta}^{-1}$，所以

$$[\Gamma:\Gamma\cap\boldsymbol{\beta}\Gamma\boldsymbol{\beta}^{-1}]<[\Gamma:\Gamma_b]<+\infty$$

由于

$$[\boldsymbol{\beta}^{-1}\Gamma\boldsymbol{\beta}:\boldsymbol{\beta}^{-1}\Gamma\boldsymbol{\beta}\cap\Gamma]=[\Gamma:\Gamma\cap\boldsymbol{\beta}\Gamma\boldsymbol{\beta}^{-1}]$$

以 $\boldsymbol{\beta}$ 代替 $\boldsymbol{\beta}^{-1}$，可得

$$[\boldsymbol{\beta}\Gamma\boldsymbol{\beta}^{-1}:\Gamma\cap\boldsymbol{\beta}\Gamma\boldsymbol{\beta}^{-1}]<+\infty$$

即 $\boldsymbol{\alpha}=c\boldsymbol{\beta}\in\widetilde{\Gamma}$.

令

$$\Delta=\{\boldsymbol{\alpha}\in M_2(\boldsymbol{Z})\mid\det\boldsymbol{\alpha}>0\}$$

考虑 Hecke 环 $R(\Gamma,\Delta)$ 的结构. 对任一 $\boldsymbol{\alpha}\in\Delta$，双陪集 $\Gamma\boldsymbol{\alpha}\Gamma$ 都可唯一地表为

$$\Gamma\begin{pmatrix}a & 0\\ 0 & d\end{pmatrix}\Gamma,a>0,d>0,a\mid d$$

将上述陪集记为 $T(a,d)$. 方阵的转置是 G 上的一个反自同构 $\boldsymbol{\alpha}\mapsto\boldsymbol{\alpha}^{\mathrm{T}}$，显然 $\Gamma^{\mathrm{T}}=\Gamma$，$T(a,d)^{\mathrm{T}}=T(a,d)$，故 $R(\Gamma,\Delta)$ 是一个交换环.

引理 3.8 设 a_2 与 b_2 互素，则

$$T(a_1,a_2)\cdot T(b_1,b_2)=T(a_1b_1,a_2b_2)$$

证明 记

$$\boldsymbol{\alpha}=\begin{pmatrix}a_1 & 0\\ 0 & a_2\end{pmatrix},\boldsymbol{\beta}=\begin{pmatrix}b_1 & 0\\ 0 & b_2\end{pmatrix}$$

显然 $\Gamma\boldsymbol{\alpha}\boldsymbol{\beta}\Gamma\subset\Gamma\boldsymbol{\alpha}\Gamma\boldsymbol{\beta}\Gamma$. 任取 $\gamma\in\Gamma$，考虑 $\boldsymbol{\alpha}\gamma\boldsymbol{\beta}$ 的初等因子，$\boldsymbol{\alpha}$ 的任一元素能被 a_1 整除，$\gamma\boldsymbol{\beta}$ 的任一元素能被 b_1 整除，所以 $\boldsymbol{\alpha}\gamma\boldsymbol{\beta}$ 的任一元素能被 a_1b_1 整除，且 a_1b_1 是具有此性质的最大正整数，因此 $\boldsymbol{\alpha}\gamma\boldsymbol{\beta}\in\Gamma\boldsymbol{\alpha}\boldsymbol{\beta}\Gamma$，从而可见 $\Gamma\boldsymbol{\alpha}\boldsymbol{\beta}\Gamma=\Gamma\boldsymbol{\alpha}\Gamma\boldsymbol{\beta}\Gamma$. 我们有

$$\Gamma\boldsymbol{\alpha}\Gamma=\bigcup_{s_1,s_2,u}\Gamma\begin{pmatrix}s_1 & u\\ 0 & s_2\end{pmatrix}a_1$$

$$\Gamma\boldsymbol{\beta}\Gamma=\bigcup_{t_1,t_2,v}\Gamma\begin{pmatrix}t_1 & v\\ 0 & t_2\end{pmatrix}b_1$$

其中

$$s_1s_2=\frac{a_2}{a_1},0\leqslant u<s_2,(s_1,s_2,u)=1$$

及

$$t_1 t_2=\frac{b_2}{b_1},0\leqslant v<t_2,(t_1,t_2,v)=1$$

若

$$\Gamma\begin{pmatrix}s_1 & u\\ 0 & s_2\end{pmatrix}\begin{pmatrix}t_1 & v\\ 0 & t_2\end{pmatrix}a_1a_2=\Gamma\begin{pmatrix}a_1b_1 & 0\\ 0 & a_2b_2\end{pmatrix}$$

不难证明这时

$$s_1=t_1=1,s_2=\frac{a_2}{a_1},t_2=\frac{b_2}{b_1},u=v=0$$

故

$$\boldsymbol{\Gamma\alpha\Gamma}\cdot\boldsymbol{\Gamma\beta\Gamma}=\boldsymbol{\Gamma\alpha\beta\Gamma}$$

容易验证

$$T(c,c)\cdot T(a,d)=T(ca,cd)$$

由引理 3.8,任一 $T(a,d)$ 可表成形如 $T(p^{e_1},p^{e_2})$(p 为素数,$e_1\leqslant e_2$)的元素之积. 对每个素数 p,以 R_p 表示 $R(\Gamma,\Delta)$ 中由形如 $T(p^{e_1},p^{e_2})$ 的元素生成的子环. 易见 $T(p^e,p^e)=T(p,p)^e$. 当 $e_1<e_2$ 时

$$T(p^{e_1},p^{e_2})=T(p,p)^{e_1}T(1,p^{e_2-e_1})$$

可见 R_p 由 $T(p,p)$ 及 $T(1,p^k)(k\geqslant 1)$ 生成.

设 m 为正整数,定义

$$T(m)=\sum_{ad=m}T(a,d)$$

即 $T(m)$ 为所有双陪集 $\boldsymbol{\Gamma\alpha\Gamma}(\det\boldsymbol{\alpha}=m,\boldsymbol{\alpha}\in\Delta)$ 之和. 当 $k\geqslant 2$ 时,易见

$$T(p^k)=T(1,p^k)+T(p,p)T(p^{k-2})\tag{3.1.1}$$

引理 3.9 设 $k\geqslant 1$,则

$$T(p)T(p^k)=T(p^{k+1})+pT(p,p)T(p^{k-1})$$

证明 我们有

$$T(p^k)=\bigcup_{\substack{a_1+a_2=k\\ 0\leqslant b_1<p^{a_2}}}\Gamma\begin{pmatrix}p^{a_1} & b_1\\ & p^{a_2}\end{pmatrix}$$

$$T(p)=\Gamma\begin{pmatrix}p & \\ & 1\end{pmatrix}\bigcup_{0\leqslant b_2<p}\Gamma\begin{pmatrix}1 & b_2\\ & p\end{pmatrix}$$

设

$$T(p)T(p^k)=\sum_{\substack{d_1+d_2=k+1\\ 0\leqslant d_1\leqslant d_2}}c_{d_1d_2}\Gamma\begin{pmatrix}p^{d_1} & \\ & p^{d_2}\end{pmatrix}\Gamma$$

当 $d=0$ 时,由

$$\Gamma\begin{pmatrix}1 & b_2\\ & p\end{pmatrix}\begin{bmatrix}p^{a_1} & b_1\\ & p^{a_2}\end{bmatrix}=\Gamma\begin{pmatrix}1 & \\ & p^{k+1}\end{pmatrix}$$

可推得 $a_1=0,a_2=k,b_1=b_2=0$，因而 $c_{0,k+1}=1$. 当 $d_1>0$ 时，可以类似地证明 $c_{d_1d_2}=p+1$. 因此

$$T(p)T(p^k)=I\begin{pmatrix}1 & \\ & p^{k+1}\end{pmatrix}\Gamma+(p+1)\sum_{\substack{d_1+d_2=k+1\\ 1\leqslant d_1\leqslant d_2}}\Gamma\begin{bmatrix}p^{d_1} & \\ & p^{d_2}\end{bmatrix}\Gamma=$$

$$T(1,p^{k+1})+(p+1)T(p,p)T(p^{k-1})=$$

$$T(p^{k+1})+pT(p,p)T(p^{k-1})$$

这里利用了式(3.1.1).

由式(3.1.1) 及引理 3.9，我们有

$$T(1,p^2)=T(p^2)-T(p,p)=T(p^2)-(1+p)T(p,p)=$$

$$T(1,p)^2-(1+p)T(p,p)$$

当 $k\geqslant 2$ 时

$$T(p)T(1,p^k)=T(p)(T(p^k)-T(p,p)T(p^{k-2}))=$$

$$T(p^{k+1})+T(p,p)(pT(p^{k-1})-T(p)T(p^{k-2}))=$$

$$T(1,p^{k+1})+T(p,p)((1+p)T(p^{k-1})-T(p)T(p^{k-2}))=$$

$$T(1,p^{k+1})+pT(p,p)T(1,p^{k-1})$$

所以

$$T(1,p^{k+1})=T(1,p)T(1,p^k)-pT(p,p)T(1,p^{k-1})$$

可见 R_p 是由 $T(p,p)$ 及 $T(1,p)$ 生成的.

考虑一个形式级数

$$D(s)=\sum_{m=1}^{\infty}T(m)m^{-s}\quad (s\in \mathbf{C})$$

由引理 3.8，当 m_1 与 m_2 互素时，有

$$T(m_1m_2)=T(m_1)T(m_2)$$

所以

$$D(s)=\prod_p\left(\sum_{k=0}^{\infty}T(p^k)p^{-ks}\right)$$

由引理 3.9，我们有

$$(1-T(p)p^{-s}+T(p,p)p^{1-2s})\cdot\sum_{k=0}^{\infty}T(p^k)p^{-ks}=1$$

因而

$$D(s)=\prod_p(1-T(1,p)p^{-s}+T(p,p)p^{1-2s})^{-1}\tag{3.1.2}$$

这称为 $D(s)$ 的 Euler 乘积. 当我们有 $R(\Gamma,\Delta)$ 的一个表示时，就可以由 $D(s)$ 得

到这个表示的乘积性质. 例如,$\Gamma\boldsymbol{\alpha}\Gamma \mapsto \deg \Gamma\boldsymbol{\alpha}\Gamma$ 为 $R(\Gamma,\Delta)$ 的一个表示(引理3.5),所以

$$\sum_{m=1}^{\infty}\deg(T(m))m^{-s}=\prod_{p}(1-(1+p)p^{-s}+p^{1-2s})^{-1}=$$
$$\prod_{p}(1-p^{-s})^{-1}(1-p^{1-s})^{-1}=$$
$$\zeta(s)\zeta(s-1)$$

这里我们利用了 $\deg T(1,p)=1+p$ 及 $\deg T(p,p)=1$. 由此可得

$$\det T(m)=\sum_{d\mid m}d \tag{3.1.3}$$

取 $G=GL_2^+(\boldsymbol{R})$,Γ 为 $SL_2(\boldsymbol{R})$ 的第一类 Fuchsian 群. 设 $\boldsymbol{\alpha}\in\widetilde{\Gamma}$, $\Gamma\boldsymbol{\alpha}\Gamma=\bigcup_i\Gamma\alpha_i$,我们在空间 $A_k(\Gamma)$(k 为整数)上定义一个线性算子

$$f\mid[\Gamma\boldsymbol{\alpha}\Gamma]_k=\det(\boldsymbol{\alpha})^{k/2-1}\sum_i f\mid[\alpha_i]_k\quad(f\in A_k(\Gamma))$$

该定义与 α_i 的选取无关. 我们称这算子为 Hecke 算子.

引理 3.10 $[\Gamma\boldsymbol{\alpha}\Gamma]_k$ 是将 $A_k(\Gamma)$,$G_k(\Gamma)$ 和 $S_k(\Gamma)$ 映到自身的映射.

证明 设 $f\in A_k(\Gamma)$,则 $f\mid[\alpha_i]_k\in A_k(\alpha_i^{-1}\Gamma\alpha_i)$. 令

$$\Gamma_1=\bigcap_i(\alpha_i^{-1}\Gamma\alpha_i\cap\Gamma)$$

易见 $f\mid[\Gamma\boldsymbol{\alpha}\Gamma]_k\in A_k(\Gamma_1)$. 由于 $[\Gamma:\alpha_i^{-1}\Gamma\alpha_i\cap\Gamma]<+\infty$,可以证明 $[\Gamma:\Gamma_1]<+\infty$,$\Gamma$ 与 Γ_1 具有相同的尖点集合. 任取 $\delta\in\Gamma$,集合 $\{\Gamma\alpha_i\delta\}$ 是集合 $\{\Gamma\alpha_i\}$ 的一个置换,故

$$f\mid[\Gamma\boldsymbol{\alpha}\Gamma]_k\cdot[\delta]_k=\det(\boldsymbol{\alpha})^{k/2-1}\sum_i f\mid[\alpha_i\delta]_k=$$
$$\det(\boldsymbol{\alpha})^{k/2-1}\sum_i f\mid[\alpha_i]_k=f\mid[\Gamma\boldsymbol{\alpha}\Gamma]_k$$

所以 $f\mid[\Gamma\boldsymbol{\alpha}\Gamma]_k\in A_k(\Gamma)$. 由上述证明也易见,若 $f\in G_k(\Gamma)$ 或 $S_k(\Gamma)$,则 $f\mid[\Gamma\boldsymbol{\alpha}\Gamma]_k\in G_k(\Gamma)$ 或 $S_k(\Gamma)$.

对于 $X=\sum c_\xi\Gamma\boldsymbol{\xi}\Gamma\in R(\Gamma,\widetilde{\Gamma})$,定义

$$f\mid[X]_k=\sum c_\xi f\mid[\Gamma\boldsymbol{\xi}\Gamma]_k\quad(f\in A_k(\Gamma))$$

引理 3.11 设 $X,Y\in R(\Gamma,\widetilde{\Gamma})$,则

$$[X\cdot Y]_k=[X]_k\cdot[Y]_k$$

证明 仅需证明

$$[\Gamma\boldsymbol{\alpha}\Gamma]_k\cdot[\Gamma\boldsymbol{\beta}\Gamma]_k=[\Gamma\boldsymbol{\alpha}\Gamma\cdot\Gamma\boldsymbol{\beta}\Gamma]_k\quad(\boldsymbol{\alpha},\boldsymbol{\beta}\in\widetilde{\Gamma})$$

设 $\Gamma\boldsymbol{\alpha}\Gamma=\bigcup\Gamma\alpha_i$,$\Gamma\boldsymbol{\beta}\Gamma=\bigcup\Gamma\beta_j$ 及

$$\Gamma\boldsymbol{\alpha}\Gamma\cdot\Gamma\boldsymbol{\beta}\Gamma=\sum c_\xi\Gamma\boldsymbol{\xi}\Gamma,\Gamma\boldsymbol{\xi}\Gamma=\bigcup\Gamma\xi_h$$

任取 $f\in A_k(\Gamma)$,我们有

$$(f \mid [\Gamma\boldsymbol{\alpha}\Gamma]_k) \mid [\Gamma\boldsymbol{\beta}\Gamma]_k = \det(\boldsymbol{\alpha\beta})^{k/2-1}\sum_{i,j} f \mid [\alpha_i\beta_j]_k =$$
$$\det(\boldsymbol{\alpha\beta})^{k/2-1}\sum_{\xi,h} c_\xi f \mid [\xi_h]_k =$$
$$\sum_{\xi} c_\xi f \mid [\Gamma\boldsymbol{\xi}\Gamma]_k = f \mid [\Gamma\boldsymbol{\alpha}\Gamma \cdot \Gamma\boldsymbol{\beta}\Gamma]_k$$

设 $f,g \in G_k(\Gamma)$,则 $f(z)\overline{g(z)}y^k$ 可看作是 $\Gamma\backslash H^*$ 上的函数($y=\mathrm{Im}(z)$).因对任一 $\sigma \in \Gamma$,我们有

$$f(\sigma(z))\overline{g}(\sigma(z))\mathrm{Im}^k\sigma(z) =$$
$$f(z)\overline{g}(z)J^k(\sigma,z)\overline{J}^k(\sigma,z)\mathrm{Im}^k(z) \mid J(\sigma,z) \mid^{-2k} =$$
$$f(z)\overline{g}(z)y^k$$

定义积分

$$\iint_{\Gamma\backslash H} f(z)\overline{g}(z)y^{k-2}\,\mathrm{d}x\,\mathrm{d}y \tag{3.1.4}$$

由上述,该积分不依赖于基域 $\Gamma\backslash H$ 的选取.考虑该积分的收敛性,由于 $f(z)$,$g(z)$ 在 H 上是全纯的,故仅需考虑它在尖点的收敛性.设 s 为 Γ 的尖点,取 $\rho \in SL_2(\mathbf{R})$,使 $\rho(s)=\infty$,令 $w=\rho(z)$,$q=\mathrm{e}^{\pi i w/h}$($h>0$,其定义见 2.1 节).我们有

$$f \mid [\rho^{-1}]_k = \phi(q),\ g \mid [\rho^{-1}]_k = \psi(q)$$

且 ϕ 和 ψ 在 $q=0$ 处是全纯的,而

$$f(z)\overline{g}(z)\mathrm{Im}^k(z) = f(\rho^{-1}(w))\overline{g}(\rho^{-1}(w))\mathrm{Im}^k(w) \mid J(\rho^{-1},w) \mid^{-2k} =$$
$$\phi(q)\overline{\psi}(q)\mathrm{Im}^k(w)$$

如果 f 和 g 至少有一个在 $S_k(\Gamma)$ 内,则 $\phi(0)\overline{\psi}(0)=0$,积分(3.1.4)在 $w=\infty$ 处收敛,即在 $z=s$ 处收敛.记

$$\langle f,g\rangle = \frac{1}{\mu(D)}\iint_D f(z)\overline{g}(z)y^{k-2}\,\mathrm{d}x\,\mathrm{d}y$$

其中 D 为 Γ 的基域

$$\mu(D) = \iint_D y^{-2}\,\mathrm{d}x\,\mathrm{d}y$$

称 $\langle f,g\rangle$ 为 f 与 g 的 Petersson 内积.$S_k(\Gamma)$ 在 Petersson 内积下成为一个 Hilbert 空间.若 Γ' 是 Γ 的子群,且 $[\Gamma:\Gamma']<\infty$,由定义可知在 Γ 和 Γ' 上 f 与 g 的内积是一样的.

设 $\boldsymbol{\alpha} \in GL_2^+(\mathbf{R})$,则 $f \mid [\boldsymbol{\alpha}]_k, g \mid [\boldsymbol{\alpha}]_k \in A_k(\boldsymbol{\alpha}^{-1}\Gamma\boldsymbol{\alpha})$,以 A 表示 $\boldsymbol{\alpha}^{-1}\Gamma\boldsymbol{\alpha}$ 的一个基域,这时 $\boldsymbol{\alpha}(A)$ 就是 Γ 的一个基域,所以

$$\langle f \mid [\boldsymbol{\alpha}]_k, g \mid [\boldsymbol{\alpha}]_k\rangle =$$
$$\det(\boldsymbol{\alpha})^k(\mu(A))^{-1}\iint_A f(\boldsymbol{\alpha}(z))\overline{g}(\boldsymbol{\alpha}(z)) \mid J(\boldsymbol{\alpha},z) \mid^{-2k} y^{k-2}\,\mathrm{d}x\,\mathrm{d}y =$$
$$(\mu(A))^{-1}\iint_{\boldsymbol{\alpha}(A)} f(z)\overline{g}(z)y^{k-2}\,\mathrm{d}x\,\mathrm{d}y = \langle f,g\rangle \tag{3.1.5}$$

引理 3.12 设 $f,g\in S_k(\Gamma)$，$\boldsymbol{\alpha}\in\widetilde{\Gamma}$，$\boldsymbol{\alpha}^{\tau}=\det(\boldsymbol{\alpha})\cdot\boldsymbol{\alpha}^{-1}$，则

$$\langle f\mid[\Gamma\boldsymbol{\alpha}\Gamma]_k,g\rangle=\langle f,g\mid[\Gamma\boldsymbol{\alpha}^{\tau}\Gamma]_k\rangle$$

证明 设 A 为 Γ 的基域及 $\Gamma=\bigcup_i(\Gamma\cap\boldsymbol{\alpha}^{-1}\Gamma\boldsymbol{\alpha})\varepsilon_i(\varepsilon_i\in\Gamma)$，于是 $\Gamma\boldsymbol{\alpha}\Gamma=\bigcup_i\Gamma\boldsymbol{\alpha}\varepsilon_i$，而 $P=\bigcup_i\varepsilon_i(A)$ 是 $\Gamma\cap\boldsymbol{\alpha}^{-1}\Gamma\boldsymbol{\alpha}$ 的基域. 由式(3.1.5)

$$\begin{aligned}\mu(A)\langle f\mid[\Gamma\boldsymbol{\alpha}\Gamma]_k,g\rangle=&\det(\boldsymbol{\alpha})^{k/2-1}\sum_i\iint_A f\mid[\boldsymbol{\alpha}\varepsilon_i]_k\overline{g\mid[\varepsilon_i]_k}y^{k-2}\mathrm{d}x\mathrm{d}y=\\&\det(\boldsymbol{\alpha})^{k/2-1}\sum_i\iint_{\varepsilon_i(A)}f\mid[\boldsymbol{\alpha}]_k\overline{g}y^{k-2}\mathrm{d}x\mathrm{d}y=\\&\det(\boldsymbol{\alpha})^{k/2-1}\iint_P f\mid[\boldsymbol{\alpha}]_k\overline{g}y^{k-2}\mathrm{d}x\mathrm{d}y=\\&\det(\boldsymbol{\alpha})^{k/2-1}\iint_{\boldsymbol{\alpha}(P)}f\cdot\overline{g\mid[\boldsymbol{\alpha}^{-1}]_k}y^{k-2}\mathrm{d}x\mathrm{d}y\end{aligned}$$

注意 $g\mid[\boldsymbol{\alpha}^{-1}]_k=g\mid[\boldsymbol{\alpha}^{\tau}]_k$，$\boldsymbol{\alpha}(P)$ 是 $\boldsymbol{\alpha}(\Gamma\cap\boldsymbol{\alpha}^{-1}\Gamma\boldsymbol{\alpha})\boldsymbol{\alpha}^{-1}=\Gamma\cap\boldsymbol{\alpha}\Gamma\boldsymbol{\alpha}^{-1}$ 的基域. 设 $\Gamma=\bigcup_j(\Gamma\cap(\boldsymbol{\alpha}^{\tau})^{-1}\Gamma\boldsymbol{\alpha}^{\tau})\varepsilon_j'$，因而 $\Gamma\boldsymbol{\alpha}^{\tau}\Gamma=\bigcup_j\Gamma\boldsymbol{\alpha}^{\tau}\varepsilon_j'$，由于

$$(\boldsymbol{\alpha}^{\tau})^{-1}\Gamma\boldsymbol{\alpha}^{\tau}=\boldsymbol{\alpha}\Gamma\boldsymbol{\alpha}^{-1}$$

所以 $\bigcup_j\varepsilon_j'$ 是 $\Gamma\cap\boldsymbol{\alpha}\Gamma\boldsymbol{\alpha}^{-1}$ 的基域. 我们有

$$\begin{aligned}\mu(A)\langle f,g\mid[\Gamma\boldsymbol{\alpha}^{\tau}\Gamma]_k\rangle=&\det(\boldsymbol{\alpha})^{k/2-1}\sum_j\iint_A f\overline{g\mid[\boldsymbol{\alpha}^{\tau}\varepsilon_j]_k}y^{k-2}\mathrm{d}x\mathrm{d}y=\\&\det(\boldsymbol{\alpha})^{k/2-1}\sum_j\iint_{\varepsilon_j'(A)}f\overline{g\mid[\boldsymbol{\alpha}^{\tau}]_k}y^{k-2}\mathrm{d}x\mathrm{d}y=\\&\det(\boldsymbol{\alpha})^{k/2-1}\iint_{\boldsymbol{\alpha}(P)}f\overline{g\mid[\boldsymbol{\alpha}^{\tau}]_k}y^{k-2}\mathrm{d}x\mathrm{d}y\end{aligned}$$

当 f 与 g 中仅有一个属于 $S_k(\Gamma)$ 时，引理 3.12 也同样成立.

回到 $\Gamma=SL_2(\boldsymbol{Z})$ 的情况. 设 $\boldsymbol{\alpha}\in\Delta=M_2^+(\boldsymbol{Z})$，由于 $\boldsymbol{\alpha}$ 与 $\boldsymbol{\alpha}^{\tau}$ 有相同的初等因子，故 $\Gamma\boldsymbol{\alpha}\Gamma=\Gamma\boldsymbol{\alpha}^{\tau}\Gamma$，于是

$$\langle f\mid[\Gamma\boldsymbol{\alpha}\Gamma]_k,g\rangle=\langle f,g\mid[\Gamma\boldsymbol{\alpha}\Gamma]_k\rangle\quad(f,g\in S_k(\Gamma))$$

算子集 $\{[\Gamma\boldsymbol{\alpha}\Gamma]_k\}_{\boldsymbol{\alpha}\in\Delta}$ 为一组可交换的自伴算子. 因此 $S_k(\Gamma)$ 中存在 $\boldsymbol{C}$ 上的一组基，其中每个函数都是这组算子的公共本征函数，而且本征值都是实数. 对任一 $f\in S_k(\Gamma)$，我们有

$$f\mid[T(p,p)]_k=p^{k-2}f$$

由于 R_p 是由 $T(p,p)$ 及 $T(p)$ 生成，所以 f 是所有算子

$$\{[\Gamma\boldsymbol{\alpha}\Gamma]_k\}_{\boldsymbol{\alpha}\in\Delta}$$

的公共本征函数的充要条件是对任一素数 p，f 是 $[T(p)]_k$ 的本征函数.

定理 3.13 设 $f(z)=\sum\limits_{n=0}^{\infty}c(n)e(nz)$ 为 $G_k(\Gamma)$ 中的一个非常数的函数，且对一切正整数 n，f 是 $[T(n)]_k$ 的本征函数. 设

$$f \mid [T(n)]_k = \lambda_n f \quad (\lambda_n \in \mathbf{R})$$

则 $c(1) \neq 0, c(n) = \lambda_n c(1)$，且

$$\sum_{n=1}^{\infty} \lambda_n n^{-s} = \prod_p (1 - \lambda_p p^{-s} + p^{k-1-s})^{-1} \tag{3.1.6}$$

(不考虑收敛性). 反之，如果形式地有

$$\sum_{n=1}^{\infty} c(n) n^{-s} = \prod_p (1 - c(p) p^{-s} + p^{k-1-s})^{-1} \tag{3.1.7}$$

则 $f \mid [T(n)]_k = c(n) f$ 对一切 n 都成立.

证明 有

$$\begin{aligned} f \mid [T(n)]_k = {} & n^{k/2-1} \sum_{\substack{ad=n \\ a>0}} \sum_{b=0}^{d-1} f \left| \begin{pmatrix} a & b \\ 0 & d \end{pmatrix}_k \right. = \\ & n^{k-1} \sum_{ad=n} \sum_{b=0}^{d-1} \sum_{m=0}^{\infty} c(m) e(m(az+b)/d) d^{-k} = \\ & \sum_{ad=n} a^{k-1} d^{-1} \sum_{m=0}^{\infty} c(m) e(maz/d) \sum_{b=0}^{d-1} e(mb/d) = \\ & \sum_{l=1}^{\infty} \sum_{a \mid n} a^{k-1} c(nt/a) e(taz) = \\ & \sum_{m=0}^{\infty} \sum_{a \mid (n,m)} a^{k-1} c(mn/a^2) e(mz) \end{aligned} \tag{3.1.8}$$

因 $f \mid [T(n)]_k = \lambda_n f$，比较上式两端 $e(z)$ 项的系数，得到

$$\lambda_n c(1) = c(n)$$

由于 f 不是常数，可见 $c(1) \neq 0$，由式(3.1.2) 可得到式(3.1.6).

反之，若设式(3.1.7) 成立. 令

$$\begin{aligned} \sum_{r=0}^{\infty} b(p^r) p^{-rs} = {} & (1 - c(p) p^{-s} + p^{k-1-s})^{-1} = \\ & (1 - Ap^{-s})^{-1} (1 - Bp^{-s})^{-1} = \\ & \sum_{r=1}^{\infty} \frac{A^{r+1} - B^{r+1}}{A - B} p^{-rs} \end{aligned}$$

其中 A 和 B 适合 $A + B = c(p), AB = p^{k-1}$. 故

$$b(p^r) = \frac{A^{r+1} - B^{r+1}}{A - B} = \sum_{i=0}^{r} A^{r-i} B^i$$

设 $r \leqslant l$，则

$$\begin{aligned} b(p^l) b(p^r) = {} & (A^{l+1} b(p^r) - B^{l+1} b(p^r))(A - B)^{-1} = \\ & (A^{l+1} \sum_{t=0}^{r} A^{r-t} B^t - B^{l+1} \sum_{t=0}^{r} A^t B^{r-t})(A - B)^{-1} = \\ & \sum_{t=0}^{r} A^t B^t (A^{l+r+1-2t} - B^{l+r+1-2t})(A - B)^{-1} = \end{aligned}$$

$$\sum_{t=0}^{r} p^{t(k-1)} b(p^{l+r-2t}) =$$
$$\sum_{a \mid (p^l, p^r)} a^{k-1} b(p^{l+r}/a^2)$$

设 $n \neq 0, n = \prod p^{n_p}$ 为标准因子分解，由式(3.1.7)得到

$$c(n) = \prod_{p \mid n} b(p^{n_p})$$

设 $m = \prod p^{m_p}$，我们有

$$c(n)(cm) = \prod_p b(p^{n_p}) b(p^{m_p}) = \prod_p \sum_{a \mid (p^{n_p}, p^{m_p})} a^{k-1} b(p^{n_p+m_p}/a^2) =$$
$$\sum_{a \mid (m,n)} a^{k-1} c(mn/a^2)$$

由式(3.1.8)，得到 $f \mid [T(n)]_k = c(n) f$.

以下讨论模群 Γ 的同余子群的 Hecke 环.

设 N 为正整数，为了简便，我们以 Γ_N 代表群 $\Gamma(N)$，设 Γ' 是 Γ 的同余子群，且 $\Gamma_N \subset \Gamma' \subset \Gamma$.

引理 3.14 设 a, b 为正整数，$c = (a, b)$，则 $\Gamma_c = \Gamma_a \Gamma_b$.

证明 显然 $\Gamma_a \Gamma_b \subset \Gamma_c$. 今设 $\boldsymbol{\alpha} \in \Gamma_c$，由孙子定理，可找到 $\boldsymbol{\beta} \in M_2(\mathbf{Z})$，使

$$\boldsymbol{\beta} \equiv 1(a), \boldsymbol{\beta} \equiv \boldsymbol{\alpha}(b)$$

因而 $\det(\boldsymbol{\beta}) \equiv 1(ab/c)$. 由定理 2.8 的证明，可知存在 $\gamma \in \Gamma$，使 $\gamma \equiv \boldsymbol{\beta}(ab/c)$. 因而 $\gamma \equiv 1(a), \gamma^{-1} a \equiv 1(b)$，即 $\gamma \in \Gamma_a, \gamma^{-1}\boldsymbol{\alpha} \in \Gamma_b$，所以 $\boldsymbol{\alpha} = \gamma \cdot \gamma^{-1}\boldsymbol{\alpha} \in \Gamma_a \Gamma_b$.

设 $\boldsymbol{\alpha} \in M_2(\mathbf{Z})$，定义 $\lambda_N(\boldsymbol{\alpha}) = \boldsymbol{\alpha} (\mathrm{mod}\ N) \in M_2(\mathbf{Z}/N\mathbf{Z})$. 令

$$\Delta_N = \{\boldsymbol{\alpha} \in M_2(\mathbf{Z}) \mid \det \boldsymbol{\alpha} > 0, (\det \boldsymbol{\alpha}, N) = 1\}$$

及

$$\Phi = \{\boldsymbol{\alpha} \in \Delta_N \mid \lambda_N(\Gamma'\boldsymbol{\alpha}) = \lambda_N(\boldsymbol{\alpha}\Gamma')\}$$

当 $\boldsymbol{\alpha} \in \Delta_N$ 时，$\lambda_N(\boldsymbol{\alpha})$ 属于 $GL_2(\mathbf{Z}/N\mathbf{Z})$.

引理 3.15 设 $\boldsymbol{\alpha}, \boldsymbol{\beta} \in \Delta_N$，则：

(1) $\Gamma\boldsymbol{\alpha}\Gamma = \Gamma\boldsymbol{\alpha}\Gamma_N = \Gamma_N\boldsymbol{\alpha}\Gamma$.

(2) 若 $\boldsymbol{\alpha} \in \Phi$，则 $\Gamma'\boldsymbol{\alpha}\Gamma' = \{\xi \in \Gamma\boldsymbol{\alpha}\Gamma \mid \lambda_N(\xi) \in \lambda_N(\Gamma'\boldsymbol{\alpha})\}$.

(3) 当且仅当 $\Gamma\boldsymbol{\alpha}\Gamma = \Gamma\boldsymbol{\beta}\Gamma, \boldsymbol{\alpha} \equiv \boldsymbol{\beta}(N)$ 时，$\Gamma_N\boldsymbol{\alpha}\Gamma_N = \Gamma_N\boldsymbol{\beta}\Gamma_N$.

(4) 若 $\boldsymbol{\alpha} \in \Phi$，则 $\Gamma'\boldsymbol{\alpha}\Gamma' = \Gamma'\boldsymbol{\alpha}\Gamma_N = \Gamma_N\boldsymbol{\alpha}\Gamma'$.

(5) 若 $\boldsymbol{\alpha} \in \Phi, \Gamma'\boldsymbol{\alpha}\Gamma' = \bigcup \Gamma'\alpha_i$，则 $\Gamma\boldsymbol{\alpha}\Gamma = \bigcup \Gamma\alpha_i$.

证明 记 $a = \det \boldsymbol{\alpha}$. 因 $(a, N) = 1$，由引理 3.14，可知 $\Gamma = \Gamma_a \Gamma_N$. 利用 $\boldsymbol{\alpha}\Gamma_a\boldsymbol{\alpha}^{-1} \subset \Gamma$，可见 $\Gamma\boldsymbol{\alpha}\Gamma \subset \Gamma\boldsymbol{\alpha}\Gamma_N$，而 $\Gamma\boldsymbol{\alpha}\Gamma_N \subset \Gamma\boldsymbol{\alpha}\Gamma$ 是显然的，故证得(1). 易见 $\Gamma'\boldsymbol{\alpha}\Gamma' \subset \Gamma\boldsymbol{\alpha}\Gamma$. 设 $\xi = \delta\boldsymbol{\alpha}\gamma$，其中 $\delta, \gamma \in \Gamma'$. 由于 $\boldsymbol{\alpha} \in \Phi$，这时 $\lambda_N(\xi) \in \lambda_N(\Gamma'\boldsymbol{\alpha})$. 反之，设

$$\xi \in \Gamma\boldsymbol{\alpha}\Gamma = \Gamma\boldsymbol{\alpha}\Gamma_N$$

这时 $\xi = \delta\boldsymbol{\alpha}\gamma$，其中 $\delta \in \Gamma, \gamma \in \Gamma_N$. 若 $\lambda_N(\xi) \in \lambda_N(\Gamma'\boldsymbol{\alpha})$，则有 $\xi \equiv \varepsilon\boldsymbol{\alpha}(N)$，其中 $\varepsilon \in \Gamma'$，因而

$$\delta \equiv \varepsilon(N) \quad (\text{注意 } \boldsymbol{\alpha} \bmod N \in GL_z(\mathbf{Z}/N\mathbf{Z}))$$

即 $\delta\varepsilon^{-1} \in \Gamma_N$. 所以 $\delta = \delta\varepsilon^{-1} \cdot \varepsilon \in \Gamma'$，证得(2). (3) 和(4) 都可由(2) 推出. 现在来证明(5)，设 $\boldsymbol{\alpha} \in \Phi, \Gamma'\boldsymbol{\alpha}\Gamma' = \bigcup \Gamma'\alpha_i$，由(1) 可得 $\Gamma\boldsymbol{\alpha}\Gamma = \Gamma\boldsymbol{\alpha}\Gamma' = \bigcup \Gamma\alpha_i$. 若 $\Gamma\alpha_i = \Gamma\alpha_j$，则有 $\alpha_i = \gamma\alpha_j, \gamma \in \Gamma$. 因为 $\alpha_i, \alpha_j \in \Gamma'\boldsymbol{\alpha}\Gamma'$，由(2)，存在 $\delta \in \Gamma'$，使 $\alpha_i \equiv \delta\alpha_j(N)$. 故 $\Gamma \equiv \delta(N)$，则有 $\gamma \in \Gamma'$，所以 $i = j$.

引理 3.16 对应 $\Gamma'\boldsymbol{\alpha}\Gamma' \to \Gamma\boldsymbol{\alpha}\Gamma$ 是 $R(\Gamma', \Phi)$ 到 $R(\Gamma, \Delta)$ 的同态.

证明 仅需证明上述映射保持乘法关系. 设 $\boldsymbol{\alpha}, \boldsymbol{\beta} \in \Phi$

$$\Gamma'\boldsymbol{\alpha}\Gamma' = \bigcup \Gamma'\alpha_i, \Gamma'\boldsymbol{\beta}\Gamma' = \bigcup \Gamma'\beta_j$$

由引理 3.15 的(5)，我们有

$$\Gamma\boldsymbol{\alpha}\Gamma = \bigcup \Gamma\alpha_i, \Gamma\boldsymbol{\beta}\Gamma = \bigcup \Gamma\beta_j$$

设

$$\Gamma'\boldsymbol{\alpha}\Gamma' \cdot \Gamma'\boldsymbol{\beta}\Gamma' = \sum_{\xi} c'_{\xi}\Gamma'\xi\Gamma'$$

其中

$$c'_{\xi} = \#\{(i,j) \mid \Gamma'\alpha_i\beta_j = \Gamma'\xi\}$$

由引理 3.15 的(1)，我们有

$$\Gamma\boldsymbol{\alpha}\Gamma\boldsymbol{\beta}\Gamma = \Gamma\boldsymbol{\alpha}\Gamma'\boldsymbol{\beta}\Gamma' = \bigcup_{\xi}\Gamma\xi\Gamma' = \bigcup_{\xi}\Gamma\xi\Gamma$$

而且不同的 ξ 对应不同的双陪集. 不然，若有 $\Gamma\xi\Gamma = \Gamma\xi'\Gamma$，由于

$$\lambda_N(\xi) \in \lambda_N(\Gamma'\boldsymbol{\alpha\beta}), \lambda_N(\xi') \in \lambda_N(\Gamma'\boldsymbol{\alpha\beta})$$

可得 $\Gamma'\xi\Gamma' = \Gamma'\xi'\Gamma'$. 设

$$\Gamma\boldsymbol{a}\Gamma \cdot \Gamma\boldsymbol{\beta}\Gamma = \sum_{\xi} c_{\xi}\Gamma\xi\Gamma$$

其中

$$c_{\xi} = \#\{(i,j) \mid \Gamma\alpha_i\beta_j = \Gamma\xi\}$$

今证 $c_{\xi} = c'_{\xi}$. 若 $\Gamma'\alpha_i\beta_j = \Gamma'\xi$，则显然有 $\Gamma\alpha_i\beta_j = \Gamma\xi$. 反之，若 $\Gamma\alpha_i\beta_j = \Gamma\xi$，则有 $\xi = \gamma\alpha_i\beta_j, \gamma \in \Gamma$. 因为 $\xi \in \Gamma'\boldsymbol{\alpha}\Gamma'\boldsymbol{\beta}\Gamma'$，故

$$\lambda_N(\xi) \in \lambda_N(\Gamma'\alpha_i\beta_j)$$

由此可推出 $\gamma \in \Gamma'$，即 $\Gamma'\alpha_i\beta_j = \Gamma'\xi$，所以

$$\Gamma'\boldsymbol{\alpha}\Gamma' \cdot \Gamma'\boldsymbol{\beta}\Gamma' \to \Gamma\boldsymbol{\alpha}\Gamma \cdot \Gamma\boldsymbol{\beta}\Gamma$$

设 $\mathfrak{b}$ 为$(\mathbf{Z}/N\mathbf{Z})^*$ 的一个子群，t 为 N 的正因子，定义

$$\Gamma' = \left\{\begin{pmatrix} a & b \\ c & d \end{pmatrix} \in SL_2(\mathbf{Z}) \mid a \in \mathfrak{b}, t \mid b, N \mid c\right\}$$

$$\Delta' = \left\{\begin{pmatrix} a & b \\ c & d \end{pmatrix} \in M_2^+(\mathbf{Z}) \mid a \in \mathfrak{b}, t \mid b, N \mid c\right\}$$

易见，当 $\mathfrak{b}=1, t=N$ 时，Γ' 就是 Γ_N；当 $\mathfrak{b}=(\mathbf{Z}/N\mathbf{Z})^*, t=1$ 时，Γ' 就是 $\Gamma_0(N)$. 显然有 $\Gamma_N \subset \Gamma' \subset \Gamma$. 类似于引理 3.7，可以证明 $\Delta' \subset \widetilde{\Gamma}'$. 现在我们来讨论 Hecke 环 $R(\Gamma', \Delta')$ 的结构. 首先考虑 Δ' 中行列式与 N 互素的矩阵，定义

$$\Delta'_N = \left\{ \begin{pmatrix} a & b \\ c & d \end{pmatrix} \in \Delta' \mid (d, N) = 1 \right\}$$

$$\Delta_N^* = \left\{ \boldsymbol{\alpha} \in M_2^+(Z) \mid \lambda_N(\boldsymbol{\alpha}) = \begin{pmatrix} 1 & 0 \\ 0 & d \end{pmatrix}, (d, N) = 1 \right\}$$

易见 $\Delta_N^* \subset \Delta'_N \subset \Delta'$.

若 $\boldsymbol{\alpha} \in \Delta'_N, d = \det \boldsymbol{\alpha}$，则

$$\det\left[\begin{pmatrix} 1 & \\ & e \end{pmatrix} \boldsymbol{\alpha}\right] \equiv 1(N)$$

这里取 e 使 $ed \equiv 1(N)$. 利用定理 2.8 的证明，可以找到 $\boldsymbol{\gamma} \in \Gamma$，使

$$\boldsymbol{\gamma} \equiv \begin{pmatrix} 1 & \\ & e \end{pmatrix} \boldsymbol{\alpha}\,(N)$$

这时 $\boldsymbol{\gamma} \in \Gamma'$，且

$$\boldsymbol{\alpha}\boldsymbol{\gamma}^{-1} \equiv \begin{pmatrix} 1 & \\ & d \end{pmatrix}(N)$$

所以

$$\boldsymbol{\alpha} = \boldsymbol{\alpha}\boldsymbol{\gamma}^{-1} \cdot \boldsymbol{\gamma} \in \Delta_N^* \Gamma'$$

即证得 $\Delta'_N = \Delta_N^* \Gamma'$，同理可证 $\Delta'_N = \Gamma' \Delta_N^*$. 所以对任一 $\boldsymbol{\alpha} \in \Delta'_N$，可找到 $\boldsymbol{\alpha}' \in \Delta_N^*$，使 $\Gamma' \boldsymbol{\alpha} \Gamma' = \Gamma' \boldsymbol{\alpha} \Gamma'$，因而

$$R(\Gamma', \Delta'_N) = R(\Gamma', \Delta_N^*)$$

对任一 $\boldsymbol{\alpha} \in \Delta'_N$，若 $\boldsymbol{\alpha} \in \Gamma' \boldsymbol{\alpha}', \lambda_N(\boldsymbol{\alpha}') = \begin{pmatrix} 1 & \\ & x \end{pmatrix}$，则

$$\Gamma' \boldsymbol{\alpha} \equiv \Gamma' \begin{pmatrix} 1 & \\ & x \end{pmatrix} \equiv \begin{pmatrix} 1 & \\ & x \end{pmatrix} \Gamma' \equiv \boldsymbol{\alpha} \Gamma'(N)$$

所以 $\Delta'_N \subset \Phi$.

引理 3.17 在引理 3.16 中引入的映射

$$\Gamma' \boldsymbol{\alpha} \Gamma' \to \Gamma \boldsymbol{\alpha} \Gamma \quad (\boldsymbol{\alpha} \in \Delta'_N)$$

定义了 $R(\Gamma', \Delta'_N)$ 到 $R(\Gamma, \Delta_N)$ 之上的同构.

证明 我们仅需证明上述映射是映上的且是单射. 设 $\boldsymbol{\eta}$ 为 Δ_N 中任一元素，$d = \det \boldsymbol{\eta}$，类似上面的讨论，可以找到 $\boldsymbol{\gamma} \in \Gamma$，使

$$\boldsymbol{\eta}\boldsymbol{\gamma}^{-1} \equiv \begin{pmatrix} 1 & \\ & d \end{pmatrix}(N)$$

即 $\boldsymbol{\eta}\boldsymbol{\gamma}^{-1} \in \Delta_N^*$，从而

$$\Gamma'\boldsymbol{\eta}\boldsymbol{\gamma}^{-1}\Gamma' \rightarrow \Gamma\boldsymbol{\eta}\boldsymbol{\gamma}^{-1}\Gamma = \Gamma\boldsymbol{\eta}\Gamma$$

这证明了上述映射是映上的. 设 $\boldsymbol{\alpha},\boldsymbol{\beta} \in \Delta_N^*$

$$\lambda_N(\boldsymbol{\alpha}) = \begin{pmatrix} 1 & \\ & c \end{pmatrix}, \lambda_N(\boldsymbol{\beta}) = \begin{pmatrix} 1 & \\ & d \end{pmatrix}$$

若 $\Gamma\boldsymbol{\alpha}\Gamma = \Gamma\boldsymbol{\beta}\Gamma$,则 $d \equiv \det \boldsymbol{\alpha} = \det \boldsymbol{\beta} \equiv d(N)$,由引理 3.15 的(3),有 $\Gamma_N\boldsymbol{\alpha}\Gamma_N = \Gamma_N\boldsymbol{\beta}\Gamma_N$,更有 $\Gamma'\boldsymbol{\alpha}\Gamma' = \Gamma'\boldsymbol{\beta}\Gamma'$,即上述映射是单射.

设 p 为素数,令 $E_p = GL_2(\boldsymbol{Z}_p)$. 设 $\boldsymbol{\alpha},\boldsymbol{\beta} \in \Delta$,当且仅当 $\boldsymbol{\alpha}$ 与 $\boldsymbol{\beta}$ 的初等因子有相同的 p 支量时,有 $E_p\boldsymbol{\alpha}E_p = E_p\boldsymbol{\beta}E_p$.

引理 3.18 设 $\boldsymbol{\alpha} \in \Delta'$,$\det \boldsymbol{\alpha} = mq$,其中 q 与 N 互素,$m \mid N^\infty$,则:

(1) $\Gamma'\boldsymbol{\alpha}\Gamma' = \{\boldsymbol{\beta} \in \Delta' \mid \det \boldsymbol{\alpha} = mq$,对任一 $p \mid q$ 有 $E_p\boldsymbol{\alpha}E_p = E_p\boldsymbol{\beta}E_p\}$.

(2) 存在 $\boldsymbol{\xi} \in \Delta_N^*$,使 $\det \boldsymbol{\xi} = q$,且对任一 $p \mid q$,有

$$E_p\boldsymbol{\alpha}E_p = E_p\boldsymbol{\xi}E_p$$

(3) 令 $\boldsymbol{\eta} = \begin{pmatrix} 1 & \\ & m \end{pmatrix}$,则

$$\Gamma'\boldsymbol{\alpha}\Gamma' = \Gamma'\boldsymbol{\xi}\Gamma' \cdot \Gamma'\boldsymbol{\eta}\Gamma' = \Gamma'\boldsymbol{\eta}\Gamma' \cdot \Gamma'\boldsymbol{\xi}\Gamma'$$

证明 记(1)中右端的集合为 $X(\boldsymbol{\alpha})$,故 $\boldsymbol{\beta} \in \Gamma'\boldsymbol{\alpha}\Gamma'$,则

$$\det \boldsymbol{\beta} = \det \boldsymbol{\alpha} = mq$$

$\boldsymbol{\beta}$ 与 $\boldsymbol{\alpha}$ 具有相同的初等因子,因而 $\boldsymbol{\beta} \in X(\boldsymbol{\alpha})$,故 $\Gamma'\boldsymbol{\alpha}\Gamma' \subset X(\boldsymbol{\alpha})$. 下面我们将证明 $X(\boldsymbol{\alpha})$ 包含在 Γ' 的一个双陪集内,由此即可证得(1).

设 $\boldsymbol{\beta} = \begin{pmatrix} a & * \\ * & * \end{pmatrix}$ 为 $X(\boldsymbol{\alpha})$ 中任一元素,可以找到 $\boldsymbol{\gamma} \in \Gamma$,使

$$\boldsymbol{\gamma} \equiv \begin{pmatrix} a^{-1} & \\ & a \end{pmatrix} (mN)$$

易见这时 $\boldsymbol{\gamma} \in \Gamma'$. 我们有

$$\boldsymbol{\gamma}\boldsymbol{\beta} \equiv \begin{pmatrix} 1 & tb \\ fN & * \end{pmatrix} (mN)$$

令

$$\boldsymbol{\delta} = \begin{pmatrix} 1 & 0 \\ -fN & 1 \end{pmatrix}, \boldsymbol{\varepsilon} = \begin{pmatrix} 1 & tb \\ 0 & 1 \end{pmatrix}$$

则

$$\boldsymbol{\delta}\boldsymbol{\gamma}\boldsymbol{\beta}\boldsymbol{\varepsilon}^{-1} \equiv \begin{pmatrix} 1 & \\ & mq \end{pmatrix} (mN)$$

记 $\boldsymbol{\xi} = \boldsymbol{\delta}\boldsymbol{\gamma}\boldsymbol{\beta}\boldsymbol{\varepsilon}^{-1}\boldsymbol{\eta}^{-1}$,易见 $\det \boldsymbol{\xi} = q$,且

$$\boldsymbol{\xi} \equiv \begin{pmatrix} 1 & \\ & q \end{pmatrix} (N)$$

即 $\boldsymbol{\xi} \in \Delta_N^*$. 对 q 的任一素因子 p,因 $\boldsymbol{\delta},\boldsymbol{\gamma},\boldsymbol{\varepsilon},\boldsymbol{\eta} \in E_p$,故

$$E_p\boldsymbol{\xi}E_p = E_p\boldsymbol{\beta}E_p = E_p\boldsymbol{\alpha}E_p$$

这证明了(2).

由上述证明可见 $\boldsymbol{\beta} \in \Gamma'\boldsymbol{\xi\eta}\Gamma'$. 今证双陪集 $\Gamma'\boldsymbol{\xi\eta}\Gamma'$ 并不依赖于 $\boldsymbol{\beta}$ 的选取,如果证明了这一点,我们就有 $X(\boldsymbol{\alpha}) \subset \Gamma'\boldsymbol{\xi\eta}\Gamma'$,即证明了(1). 设 β_1 为 $X(\boldsymbol{\alpha})$ 中另一元素,利用同样方法找到 $\boldsymbol{\xi}_1 \in \Delta_N^*$, $\det \boldsymbol{\xi}_1 = q$,且对 q 的任一素因子 p 有

$$E_p\boldsymbol{\xi}_1E_p = E_p\boldsymbol{\alpha}E_p$$

$\boldsymbol{\xi}$ 与 $\boldsymbol{\xi}_1$ 具有相同的初等因子. 又由于 $\boldsymbol{\xi} = \boldsymbol{\xi}_1(N)$,由引理 3.16 的(3),有 $\boldsymbol{\xi}_1 = \varphi\boldsymbol{\xi}\psi$, $\varphi,\psi \in \Gamma_N$. 我们欲证明了 $\Gamma'\boldsymbol{\xi\eta}\Gamma' = \Gamma'\boldsymbol{\xi}_1\boldsymbol{\eta}\Gamma'$,即希望能找到 $\boldsymbol{\omega},\boldsymbol{\theta} \in \Gamma'$,使 $\boldsymbol{\xi}\psi\boldsymbol{\eta} = \boldsymbol{\omega\xi\eta\theta}^{-1}$,这时 $\boldsymbol{\omega} = \boldsymbol{\xi}\psi\boldsymbol{\eta\theta\eta}^{-1}\boldsymbol{\xi}^{-1}$. 利用孙子定理可以找到 $\boldsymbol{\theta}$,使

$$\boldsymbol{\theta} \equiv \boldsymbol{I}(mN), \boldsymbol{\theta} = \boldsymbol{\eta}^{-1}\psi^{-1}\boldsymbol{\eta}(q)$$

由于 $\det \boldsymbol{\theta} \equiv 1(qmN)$,故可设 $\boldsymbol{\theta} \in \Gamma$. 由第一个同余式可知 $\boldsymbol{\theta} \in \Gamma_{mN}$,由第二个同余式可知 $\psi\boldsymbol{\eta}\theta\boldsymbol{\eta}^{-1} \in \Gamma_q$,因为 $\det \boldsymbol{\xi} = q$,故 $\boldsymbol{\omega} \in \Gamma$,又由于 $\boldsymbol{\theta} \in \Gamma_{mN}$, $\psi \in \Gamma_N$,可见 $\boldsymbol{\omega} \in \Gamma_N$.

今证(3). 由(1) 的证明,我们已知

$$X(\boldsymbol{\alpha}) = \Gamma'\boldsymbol{\alpha}\Gamma' = \Gamma'\boldsymbol{\xi}\Gamma'\boldsymbol{\eta}\Gamma' = \Gamma'\boldsymbol{\eta}\Gamma'\boldsymbol{\xi}\Gamma'$$

设 $\Gamma'\boldsymbol{\xi}\Gamma' = \bigcup \Gamma'\xi_i$,因为 $\boldsymbol{\xi} \in \Delta_N^* \subset \Phi$,由引理 3.16 的(5),有 $\Gamma\xi\Gamma = \bigcup \Gamma\xi_i$,在下面的引理 3.19 中,我们将证明

$$\Gamma'\boldsymbol{\eta}\Gamma' = \bigcup_{r=0}^{m-1} \Gamma'\begin{pmatrix}1 & tr\\0 & m\end{pmatrix} = \bigcup_{r=0}^{m-1} \Gamma'\eta_r$$

不难验证

$$\Gamma\begin{pmatrix}1 & tr\\0 & m\end{pmatrix} \quad (r = 0,\cdots,m-1)$$

为 $\Gamma\boldsymbol{\eta}\Gamma$ 中 m 个不同的右陪集. 因为 $\det \boldsymbol{\xi} = q$ 与 $\det \boldsymbol{\eta} = m$ 是互素的,由引理3.8,我们有

$$\Gamma\boldsymbol{\xi}\Gamma \cdot \Gamma\boldsymbol{\eta}\Gamma = \Gamma\boldsymbol{\xi\eta}\Gamma = \Gamma\boldsymbol{\alpha}\Gamma$$

所以最多有一对(i,r) 使 $\Gamma\xi_i\eta_r = \Gamma\boldsymbol{\alpha}$,因而也最多只有一对$(i,r)$,使 $\Gamma'\xi_i\eta_r = \Gamma'\boldsymbol{\alpha}$,这就证明了 $\Gamma'\boldsymbol{\alpha}\Gamma' = \Gamma'\boldsymbol{\xi}\Gamma' \cdot \Gamma'\boldsymbol{\eta}\Gamma'$,同样也可证明 $\Gamma'\boldsymbol{\alpha}\Gamma' = \Gamma'\boldsymbol{\eta}\Gamma' \cdot \Gamma'\boldsymbol{\xi}\Gamma'$.

引理 3.19　设 $\boldsymbol{\alpha} \in \Delta'$, $\det \boldsymbol{\alpha} = m$, $m \mid N^\infty$,则

$$\Gamma'\boldsymbol{\alpha}\Gamma' = \{\boldsymbol{\beta} \in \Delta' \mid \det \boldsymbol{\beta} = m\} = \bigcup_{r=0}^{m-1} \Gamma'\begin{pmatrix}1 & tr\\0 & m\end{pmatrix}$$

证明　第一个等号是引理 3.18 的特例. 今证第二个等号. 设 $\boldsymbol{\beta} \in \Delta'$, $\det \boldsymbol{\beta} = m$,由引理 3.18 的证明,可知存在 $\boldsymbol{\delta},\boldsymbol{\gamma} \in \Gamma'$, $\boldsymbol{\xi} \in \Gamma_N$,使

$$\boldsymbol{\delta\gamma\beta} = \boldsymbol{\xi}\begin{pmatrix}1 & tb\\0 & m\end{pmatrix}$$

若 $b=r+mh(0\leqslant r\leqslant m-1)$，则

$$\begin{pmatrix}1 & tb\\0 & m\end{pmatrix}=\begin{pmatrix}1 & th\\0 & 1\end{pmatrix}\begin{pmatrix}1 & tr\\0 & m\end{pmatrix}$$

即

$$\boldsymbol{\beta}\in\Gamma'\begin{pmatrix}1 & tr\\0 & m\end{pmatrix}$$

不难证明

$$\Gamma'\begin{pmatrix}1 & tr\\0 & m\end{pmatrix}\quad(0\leqslant r\leqslant m-1)$$

为 m 个不同的右陪集.

以 $T'(n)$ 表示 $R(\Gamma',\Delta')$ 中适合条件 $\boldsymbol{\alpha}\in\Delta'$，$\det\boldsymbol{\alpha}=n$ 的所有陪集 $\Gamma'\boldsymbol{\alpha}\Gamma'$ 之和. 当 $m\mid N^{\infty}$ 时，由引理 3.19，有 $\deg T(m)=m$. 设 $a,d>0$，$a\mid d$，$(d,N)=1$，以 $T'(a,d)$ 表示在引理 3.17 所定义的 $R(\Gamma',\Delta'_N)$ 与 $R(\Gamma,\Delta_N)$ 同构之下，$T(a,d)$ 在 $R(\Gamma',\Delta'_N)$ 中所对应的元素，我们有

$$T'(a,b)=\Gamma'\boldsymbol{\sigma}_a\begin{pmatrix}a & \\ & d\end{pmatrix}\Gamma'$$

其中 $\boldsymbol{\sigma}_a\in\Gamma$，$\boldsymbol{\sigma}_a\equiv\begin{pmatrix}a & \\ & a^{-1}\end{pmatrix}(N)$，因而 $\boldsymbol{\sigma}_a\begin{pmatrix}a & \\ & d\end{pmatrix}\in\Delta_N^*$.

定理 3.20 (1)$R(\Gamma',\Delta')$ 是由下列元素生成的 $\mathbf{Z}$ 上的多项式环

$$T'(p)\text{，任一 } p\mid N$$

$$T'(1,p),T'(p,p)\text{，任一 } p\nmid N$$

(2) 每个双陪集 $\Gamma'\alpha\Gamma'(\alpha\in\Delta')$ 都可表为

$$\Gamma'\alpha\Gamma'=T'(m)T'(a,d)=T'(a,d)T'(m),\ m\mid N^{\infty},(d,N)=1$$

(3) 若 $m\mid N^{\infty}$，$n\mid N^{\infty}$，则

$$T'(m)T'(n)=T'(mn)$$

(4) 若 $(n_1,n_2)=1$，则

$$T'(n_1n_2)=T'(n_1)T'(n_2)$$

证明 由引理 3.18，3.19 可得(2). 由引理 3.19，有

$$T'(m)T'(n)=cT'(mn)$$

c 为正整数，但由

$$\deg T'(m)\deg T'(n)=\deg T'(mn)$$

可见 $c=1$，因而证得(3). 由(2)，(3) 及引理 3.17 证得(1). (4) 可由(3) 及引理 3.8 得到.

定义形式幂级数

$$D'(s)=\sum_{n=1}^{\infty}T'(n)n^{-s}$$

由定理 3.20 及引理 3.9，我们有

$$
\begin{aligned}
D'(s) = & \prod_p \left(\sum_{k=0}^{\infty} T'(p^k) p^{-ks} \right) = \\
& \prod_{p \mid N} (1 - T'(p) p^{-s})^{-1} \cdot \\
& \prod_{p \nmid N} (1 - T'(p) p^{-s} + T'(p, p) p^{1-2s})^{-1}
\end{aligned} \tag{3.1.9}
$$

引理 3.21 $\boldsymbol{\sigma}_a$ 定义如上，n 为任一正整数，我们有

$$
T'(n) = \{\boldsymbol{\alpha} \in \Delta' \mid \det \boldsymbol{\alpha} = n\} = \bigcup_{\substack{ad=n \\ (d,N)=1}} \bigcup_{b=0}^{d-1} T' \boldsymbol{\sigma}_a \begin{pmatrix} a & tb \\ 0 & d \end{pmatrix}
$$

证明 等式最右端的集合包含在 $T'(n)$ 内，易证其中的右陪集互不相同. 设 $n = mq, m \mid N^{\infty}, (q, N) = 1$，则

$$
\deg T'(n) = \deg T'(m) \deg T'(g) = m \cdot \sum_{d \mid q} d
$$

它恰为最右端右陪集的个数.

任一 $\boldsymbol{\alpha} \in \widetilde{\Gamma}'$，我们已经定义了 $A_k(\Gamma')$ 上的一个线性算子 $[\Gamma' \boldsymbol{\alpha} \Gamma']_k$. $R(\Gamma', \Delta')$ 是一个交换环，所以 $R(\Gamma', \Delta')$ 对应 $A_k(\Gamma')$ 上的一组可交换的线性算子. 设 $\boldsymbol{\alpha} \in \Delta_N^*$, $\det \boldsymbol{\alpha} = q$. 取 $\boldsymbol{\sigma}_q \in \Gamma$

$$
\boldsymbol{\sigma}_q = \begin{pmatrix} q^{-1} & \\ & q \end{pmatrix} (N)
$$

则

$$
\boldsymbol{\alpha} \equiv \boldsymbol{\sigma}_q \boldsymbol{\alpha}^{\tau} \equiv \boldsymbol{\alpha}^{\tau} \boldsymbol{\sigma}_q (N)
$$

$\boldsymbol{\alpha}$ 与 $\boldsymbol{\alpha}^{\tau}$ 有相同的初等因子，由引理 3.15 的(3)，我们有

$$
\Gamma' \boldsymbol{\alpha} \Gamma' = \Gamma' \boldsymbol{\sigma}_q \boldsymbol{\alpha}^{\tau} \Gamma' = \Gamma' \boldsymbol{\alpha}^{\tau} \boldsymbol{\sigma}_q \Gamma'
$$

易证 $\Gamma' \boldsymbol{\sigma}_q = \boldsymbol{\sigma}_q \Gamma'$，即 $\Gamma' \boldsymbol{\sigma}_q \Gamma' = \Gamma' \boldsymbol{\sigma}_q$. 设 $\Gamma' \boldsymbol{\alpha}^{\tau} \Gamma' = \bigcup \Gamma' \alpha_i$. 若

$$
\Gamma' \boldsymbol{\sigma}_q \alpha_i = \Gamma' \boldsymbol{\sigma}_q \alpha_j
$$

由于 $\Gamma' \boldsymbol{\sigma}_q = \boldsymbol{\sigma}_q \Gamma'$，可见 $i = j$. 因此

$$
\Gamma' \boldsymbol{\alpha} \Gamma' = \Gamma' \boldsymbol{\sigma}_q \Gamma' \cdot \Gamma' \boldsymbol{\alpha}^{\tau} \Gamma' = \Gamma' \boldsymbol{\alpha}^{\tau} \Gamma' \cdot \Gamma' \boldsymbol{\sigma}_q \Gamma'
$$

由此可得

$$
\Gamma' \boldsymbol{\alpha} \Gamma' \cdot \Gamma' \boldsymbol{\alpha}^{\tau} \Gamma' = \Gamma' \boldsymbol{\alpha}^{\tau} \Gamma' \cdot \Gamma' \boldsymbol{\alpha} \Gamma'
$$

所以 $[\Gamma' \boldsymbol{\alpha} \Gamma']_k (\boldsymbol{\alpha} \in \Delta_N')$ 是 $A_k(\Gamma')$ 上的正规算子.

若 $\boldsymbol{\alpha} \in \Delta'$, $\det \boldsymbol{\alpha} = m \mid N^{\infty}$，由于 $\Gamma' \boldsymbol{\alpha} \Gamma' = \Gamma' \boldsymbol{\alpha}^{\tau} \Gamma'$（引理 3.19），可见这时 $[\Gamma' \boldsymbol{\alpha} \Gamma']_k$ 是 $A_k(\Gamma')$ 上的自伴算子.

在有限向量空间 $S_k(\Gamma')$ 上，一组可交换的正规算子一定有一组公共本征矢，构成一组基. 所以 $S_k(\Gamma')$ 中存在一组基，其中每个函数都是算子 $[\Gamma' \boldsymbol{\alpha} \Gamma']_k$ $(\boldsymbol{\alpha} \in \Delta')$ 的本征函数.

取一固定的 $t (t > 0, t \mid N)$，考虑 $\mathfrak{b} = 1$ 和 $(\mathbf{Z}/N\mathbf{Z})^*$ 两个情况. 定义

$$\Gamma_0'=\left\{\boldsymbol{\gamma}\in SL_2(\mathbf{Z})\mid \lambda_N(\boldsymbol{\gamma})=\begin{pmatrix}a & tb\\ 0 & a^{-1}\end{pmatrix},a\in(\mathbf{Z}/N\mathbf{Z})^*,b\in\mathbf{Z}/N\mathbf{Z}\right\}$$

$$\Gamma''=\left\{\boldsymbol{\gamma}\in\Gamma_0'\mid \lambda_N(\boldsymbol{\gamma})=\begin{pmatrix}1 & tb\\ 0 & 1\end{pmatrix},b\in\mathbf{Z}/N\mathbf{Z}\right\}$$

$$\Delta_0'=\left\{\boldsymbol{\alpha}\in\Delta\mid \lambda_N(\boldsymbol{\alpha})=\begin{pmatrix}a & tb\\ 0 & d\end{pmatrix},a\in(\mathbf{Z}/N\mathbf{Z})^*,b,d\in\mathbf{Z}/N\mathbf{Z}\right\}$$

$$\Delta''=\left\{\boldsymbol{\alpha}\in\Delta\mid \lambda_N(\boldsymbol{\alpha})=\begin{pmatrix}1 & tb\\ 0 & d\end{pmatrix},b,d\in\mathbf{Z}/N\mathbf{Z}\right\}$$

当 $t=1$ 时，Γ_0' 即为 $\Gamma_0(N)$，而当 $t=N$ 时，Γ'' 也记为 $\Gamma_1(N)$.

Γ'' 是 Γ_0' 的正规子群，且 $\Gamma_0'/\Gamma''\cong(\mathbf{Z}/N\mathbf{Z})^*$ 是一个交换群. 设 $f\in G_k(\Gamma'')$，$\boldsymbol{\gamma}\in\Gamma_0'$，可见 $f\mid[\boldsymbol{\gamma}]_k\in G_k(\Gamma'')$. 我们得到了 Γ_0' 在 $G_k(\Gamma'')$ 上的一个表示 $t\mapsto f\mid[\boldsymbol{\gamma}]_k$. 当 $\boldsymbol{\gamma}\in\Gamma''$ 时，$f\mid[\boldsymbol{\gamma}]_k=f$，所以该表示实际上也是商群 Γ_0'/Γ'' 的表示，空间 $G_k(\Gamma'')$ 可以分解为形如 $G_k(\Gamma_0',\psi)$ 的子空间的直和，这里 ψ 是模 N 的特征，且 $\psi(-1)=(-1)^k$. $G_k(\Gamma_0',\psi)$ 是由适合

$$f\mid[\boldsymbol{\gamma}]_k=\psi(d_\gamma)f$$

的函数 f 组成.

设 $\boldsymbol{\alpha}\in\Delta_0'$，若 $\Gamma_0'\boldsymbol{\alpha}\Gamma_0'=\bigcup_v\Gamma_0'\boldsymbol{\alpha}_v$，$f\in G_k(\Gamma_0',\psi)$，令

$$f\mid[\Gamma_0'\boldsymbol{\alpha}\Gamma_0']_{k,\psi}=(\det\boldsymbol{\alpha})^{k/2-1}\sum_v\psi^{-1}(d(\boldsymbol{\alpha}_v))f\mid[\boldsymbol{\alpha}_v]_k$$

其中 $d(\boldsymbol{a}_v)$ 是 $\boldsymbol{a}_v$ 的右下角元素，易证 $[\Gamma_0'\boldsymbol{\alpha}\Gamma_0']_{k,\psi}$ 是 $G_k(\Gamma_0',\psi)$ 上的一个线性算子. 从而我们得到 $R(\Gamma_0',\Delta_0')$ 在 $G_k(\Gamma_0',\psi)$ 上的表示，以 $T'(a,d)_{k,\psi}$ 和 $T'(m)_{k,\psi}$ 分别表示 $T'(a,d)$ 和 $T'(m)$ 在 $G_k(\Gamma_0',\psi)$ 上的作用.

Γ_0' 中使 $\mathrm{i}\infty$ 固定的子群由 $\begin{pmatrix}1 & t\\ 0 & 1\end{pmatrix}$ 生成. 若

$$f(z)\in G_k(\Gamma_0')$$

则 $f(z)$ 在 $\mathrm{i}\infty$ 的展开式为

$$f(z)=\sum_{n=0}^{\infty}c(n)e(nz/t)$$

设 m 为正整数，若

$$g(z)=f\mid T'(m)_{k,\psi}=\sum_{n=0}^{\infty}c'(n)e(nz/t)$$

利用引理 3.21，因为 $\sigma_a\in\Gamma_0'$，我们有

$$g(z)=\sum_{\substack{ad=m\\ a>0}}\sum_{b=0}^{d-1}\psi(a)f\left(\frac{az+bt}{d}\right)d^{-k}=$$

$$\sum_{n=0}^{\infty}c(n)\sum_{\substack{ad=m\\ a>0}}a^{k-1}\psi(a)e(naz/dt)d^{-1}\sum_{b=0}^{d-1}e(nb/d)=$$

$$\sum_{n=0}^{\infty}\sum_{a|m}a^{k-1}\psi(a)c(nm/a)e(anz/t)=$$

$$\sum_{n=0}^{\infty}\sum_{a|(n,m)}a^{k-1}\psi(a)c(nm/a^2)e(nz/t)=$$

故

$$c'(n)=\sum_{a|(n,m)}a^{k-1}\psi(a)c(nm/a^2)$$

当 q 与 N 互素时,由于

$$f\mid T'(q,q)_{k,\psi}=q^{k-2}\psi(q)f\quad (f\in G_k(\Gamma_0',\psi))$$

由式(3.1.9),我们有

$$\sum_{n=0}^{\infty}T'(n)_{k,\psi}n^{-s}=\prod_p(1-T'(p)_{k,\psi}p^{-s}+\psi(p)p^{k-1-2s})^{-1}$$

(当 $p\mid N$ 时,$\psi(p)=0$). 类似定理 3.13,有以下定理:

定理 3.22 设 $f(z)=\sum_{n=0}^{\infty}c(n)e(nz/t)$ 为 $G_k(\Gamma_0',\psi)$ 中所有算子 $T'(n)_{k,\psi}$ 的非零公共本征矢:$f\mid T'(n)_{k,\psi}=\lambda_n f$,则 $c(1)\neq 0$,$c(n)=\lambda_n c(1)$,且

$$\sum_{n=0}^{\infty}\lambda_n n^{-s}=\prod_p(1-\lambda_p p^{-s}+\psi(p)p^{k-1-2s})^{-1}$$

(不考虑收敛性). 反之,如果形式地有

$$\sum_{n=0}^{\infty}c(n)n^{-s}=\prod_p(1-c(p)p^{-s}+\psi(p)p^{k-1-2s})^{-1}$$

则 $f\mid T'(n)_{k,\psi}=c(n)f$.

3.2 半整权模形式空间的算子

设 N 为正整数,$4\mid N$,令

$$L:\gamma\mapsto(\gamma,j(\gamma,z))$$

为 $\Gamma_0(N)$ 到 $\hat{G}$ 中的映射,以 $\Delta_0(N)$,$\Delta_1(N)$,$\Delta(N)$ 分别表示 $\Gamma_0(N)$,$\Gamma_1(N)$,$\Gamma(N)$ 在映射 L 作用下的象,$G(\Delta_0(N),\kappa/2)$,$G(\Delta_1(N),\kappa/2)$,$G(\Delta(N),\kappa/2)$ 分别表示 $\Delta_0(N)$,$\Delta_1(N)$ 和 $\Delta(N)$ 上权为 $\kappa/2$ 的整模形式空间,κ 为奇数,$S(\Delta_0(N),\kappa/2)$,$S(\Delta_1(N),\kappa/2)$,$S(\Delta(N),\kappa/2)$ 分别表示对应的尖形式子空间. 设 Δ 为 $\hat{G}$ 中任一第一类 Funchsian 子群,$f,g\in G(\Delta,\kappa/2)$ 且其中至少有一个属于 $S(\Delta,\kappa/2)$,与整权模形式类似,可以定义 f 与 g 的 Petersson 内积

$$\langle f,g\rangle=\langle f,g\rangle_{\Delta}=\frac{1}{\mu(D)}\iint_D f(z)\bar{g}(z)y^{\kappa/2-2}\mathrm{d}x\mathrm{d}y$$

其中 D 为 Δ 的基域

$$\mu(D)=\iint_D y^{-2}\,\mathrm{d}x\,\mathrm{d}y$$

若 $\Delta'\subset\Delta$，且$[\Delta:\Delta']<\infty$，则显然有$\langle f,g\rangle_{\Delta'}=\langle f,g\rangle_{\Delta}$.

$\Delta_1(N)$ 为 $\Delta_0(N)$ 的正规子群. 任一 $\xi\in\Delta_0(N)$，可以对应 $G(\Delta_1(N),\kappa/2)$ 上的一个线性算子

$$\xi: f\mapsto f\mid[\xi]_\kappa \quad (f\in G(\Delta_1(N),\kappa/2))$$

由此得到商群

$$\frac{\Delta_0(N)}{\Delta_1(N)}\cong(\mathbf{Z}/N\mathbf{Z})^*$$

在 $G(\Delta_1(N),\kappa/2)$ 上的一个表示. $(\mathbf{Z}/N\mathbf{Z})^*$ 是交换群，所以空间 $G(\Delta_1(N),\kappa/2)$ 可以分解为它的一维表示空间的直和，因而我们得到

$$G(\Delta_1(N),\kappa/2)=\bigcup\nolimits_\omega G(N,\kappa/2,\omega) \tag{3.2.1}$$

这里 ω 跑遍模 N 的偶特征. 类似地有

$$S(\Delta_1(N),\kappa/2)=\bigcup\nolimits_\omega S(N,\kappa/2,\omega) \tag{3.2.2}$$

以 $\varepsilon(\Delta_1(N),\kappa/2)$，$\varepsilon(\Delta(N),\kappa/2)$ 分别表示 $S(\Delta_1(N),\kappa/2)$ 和 $S(\Delta(N),\kappa/2)$ 在 $G(\Delta_1(N),\kappa/2)$ 和 $G(\Delta(N),\kappa/2)$ 中的正交补空间，$\varepsilon(N,\kappa/2,\omega)$ 表示 $S(N,\kappa/2,\omega)$ 在 $G(N,\kappa/2,\omega)$ 中的正交补空间. 设 $f\in\varepsilon(N,\kappa/2,\omega)$，$g\in S(N,\kappa/2,\omega')$，且 $\omega\neq\omega'$. 若 $\xi\in\Delta_0(N)$，则

$$\omega(d_\xi)\langle f,g\rangle=\langle f\mid[\xi]_\kappa,g\rangle=\langle f,g\mid[\xi^{-1}]_\kappa\rangle=\omega'(d_\xi)\langle f,g\rangle$$

d_ξ 可以为$(\mathbf{Z}/N\mathbf{Z})^*$ 中任一元，可见$\langle f,g\rangle=0$，即 $f\in\varepsilon(\Delta_1(N),\kappa/2)$，所以

$$\varepsilon(\Delta_1(N),\kappa/2)=\bigcup\nolimits_\omega\varepsilon(N,\kappa/2,\omega) \tag{3.2.3}$$

引理 3.23 设 $N\mid M$，则

$$\varepsilon(\Delta_1(N),\kappa/2)=G(\Delta_1(N),\kappa/2)\cap\varepsilon(\Delta(M),\kappa/2)$$

证明 由于 $S(\Delta_1(N),\kappa/2)\subset S(\Delta(M),\kappa/2)$，显然有

$$G(\Delta_1(N),\kappa/2)\cap\varepsilon(\Delta(M),\kappa/2)\subset\varepsilon(\Delta_1(N),\kappa/2)$$

由于

$$\mu=[\Gamma_1(N):\Gamma(M)]=[\Delta_1(N):\Delta(M)]<\infty$$

设

$$\Delta_1(N)=\bigcup_{j=1}^{\mu}\Delta(M)\xi_j$$

是 $\Delta_1(N)$ 关于$\Delta(N)$ 的右陪集分解. 任取 $f\in\varepsilon(\Delta_1(N),\kappa/2)$ 及 $g\in S(\Delta(M),\kappa/2)$，易见

$$g'=\sum_{j=1}^{\mu}g\mid[\xi_j]_\kappa\in S(\Delta_1(N),\kappa/2)$$

因而

$$0=\langle f,g'\rangle_{\Delta_1(N)}=\sum_{j=1}^{\mu}\langle f,g\mid[\xi_j]_\kappa\rangle_{\Delta(M)}=$$

$$\sum_{j=1}^{\mu}\langle f \mid [\xi_j^{-1}]_\kappa, g\rangle_{\Delta(M)} = \mu\langle f, g\rangle_{\Delta(M)}$$

(在式(3.1.5)中以 κ 代替 $\kappa/2$)可见 $f \in \varepsilon(\Delta(M), \kappa/2)$,即

$$\varepsilon(\Delta_1(N), \kappa/2) \subset \varepsilon(\Delta(M), \kappa/2)$$

引理 3.24 设 $N \mid M$,ω 为模 N 的偶特征,则

$$\varepsilon(N, \kappa/2, \omega) = G(N, \kappa/2, \omega) \cap \varepsilon(\Delta(M), \kappa/2)$$

证明 由式(3.2.1)(3.2.3)及引理 3.23,易证本引理.

引理 3.25 设 $f \in \varepsilon(\Delta_1(N), \kappa/2)$,$\boldsymbol{\alpha} \in GL_2^+(\mathbf{Z})$,$\boldsymbol{\xi} = (\boldsymbol{\alpha}, \varphi(z)) \in \hat{G}$,则 $f \mid [\boldsymbol{\xi}]_\kappa \in \varepsilon(\Delta(N\det \boldsymbol{\alpha}), \kappa/2)$.

证明 由引理 3.23,可知 $f \in \varepsilon(\Delta(N\det \boldsymbol{\alpha}), \kappa/2)$. 任取

$$g \in S(\Delta(N\det \boldsymbol{\alpha}), \kappa/2)$$

则

$$g \mid [\boldsymbol{\xi}^{-1}]_\kappa \in S(\Delta(N\det^2 \boldsymbol{\alpha}), \kappa/2)$$

我们有

$$\langle f \mid [\boldsymbol{\xi}]_\kappa, g\rangle_{\Delta(N\det \boldsymbol{\alpha})} = \langle f, g \mid [\boldsymbol{\xi}^{-1}]_\kappa\rangle_{\Delta(N\det^2 \boldsymbol{\alpha})} = 0$$

下面讨论半整权模形式空间上的几个算子.

1. Hecke 算子

设 Δ 为 $\hat{G}$ 的第一类 Fuchsian 子群,$\boldsymbol{\xi} \in \hat{G}$,$\Delta$ 与 $\boldsymbol{\xi}^{-1}\Delta\boldsymbol{\xi}$ 为可公度,于是

$$\Delta\boldsymbol{\xi}\Delta = \bigcup_{v=1}^{d} \Delta\xi_v$$

设 $f \in G(\Delta, \kappa/2)$,定义

$$f \mid [\Delta\boldsymbol{\xi}\Delta]_\kappa = (\det \boldsymbol{\xi})^{\kappa/4-1}\sum_{v=1}^{d} f \mid [\xi_v]_\kappa$$

易见 $f \mid [\Delta\boldsymbol{\xi}\Delta]_\kappa \in G(\Delta, \kappa/2)$.

记 $\Gamma = P(\Delta)$. 设 $\boldsymbol{\alpha} \in GL_2^+(\mathbf{R})$,$\Gamma$ 与 $\boldsymbol{\alpha}^{-1}\Gamma\boldsymbol{\alpha}$ 为可公度. P 是 Δ 到 Γ 的 1-1 映射,记 $L: \Gamma \to \Delta$ 表示 P 的逆映射. 取 $\boldsymbol{\xi} \in \hat{G}$,使 $P(\boldsymbol{\xi}) = \boldsymbol{\alpha}$. 任一 $\gamma \in \Gamma \cap \boldsymbol{\alpha}^{-1}\Gamma\boldsymbol{\alpha}$,由于 $P(\boldsymbol{\xi}L(\gamma)\boldsymbol{\xi}^{-1}) = \boldsymbol{\alpha}\gamma\boldsymbol{\alpha}^{-1} \in \Gamma$,故存在 $t(\gamma)$,使

$$L(\boldsymbol{\alpha}\gamma\boldsymbol{\alpha}^{-1}) = \boldsymbol{\xi}L(\gamma)\boldsymbol{\xi}^{-1}\{1, t(\gamma)\} \quad (\gamma \in \Gamma \cap \boldsymbol{\alpha}^{-1}\Gamma\boldsymbol{\alpha})$$

映射 $t: \gamma \mapsto t(\gamma)$ 是 $\Gamma \cap \boldsymbol{\alpha}^{-1}\Gamma\boldsymbol{\alpha}$ 到 $T = \{z = \mathbf{C} \mid |z| = 1\}$ 的同态映射,这个同态不依赖于 $\boldsymbol{\xi}$ 的选取.

在不会引起混乱的情况下,我们以 $f \mid [\Delta\boldsymbol{\xi}\Delta]$ 代替

$$f \mid [\Delta\boldsymbol{\xi}\Delta]_\kappa$$

引理 3.26 映射 t 的定义如上,则 $L(\mathrm{Ker}(t)) = \Delta \cap \boldsymbol{\xi}^{-1}\Delta\boldsymbol{\xi}$. 如果 $[\Gamma : \mathrm{Ker}(t)] < \infty$,则 Δ 与 $\boldsymbol{\xi}^{-1}\Delta\boldsymbol{\xi}$ 为可公度. 当

$$t^\kappa(\gamma) \quad (\gamma \in \Gamma \cap \boldsymbol{\alpha}^{-1}\Gamma\boldsymbol{\alpha})$$

不恒为 1 时,对任一 $f \in G(\Delta, \kappa/2)$,有 $f \mid [\Delta\boldsymbol{\xi}\Delta] = 0$.

证明　若 $\gamma \in \mathrm{Ker}(t)$，则

$$L(\gamma)=\boldsymbol{\xi}^{-1}L(\boldsymbol{\alpha}\gamma\boldsymbol{\alpha}^{-1})\boldsymbol{\xi} \in \Delta \cap \boldsymbol{\xi}^{-1}\Delta\boldsymbol{\xi}$$

反之，若 $L(\gamma) \in \Delta \cap \boldsymbol{\xi}^{-1}\Delta\boldsymbol{\xi}$，则 $\boldsymbol{\xi}L(\gamma)\boldsymbol{\xi}^{-1} \in \Delta$，由于

$$P(\boldsymbol{\xi}L(\gamma)\boldsymbol{\xi}^{-1})=\boldsymbol{\alpha}\gamma\boldsymbol{\alpha}^{-1}$$

故

$$L(\boldsymbol{\alpha}\gamma\boldsymbol{\alpha}^{-1})=\boldsymbol{\xi}L(\gamma)\boldsymbol{\xi}^{-1}$$

即 $t(\gamma)=1$，所以证得 $L(\mathrm{Ker}(t))=\Delta \cap \boldsymbol{\xi}^{-1}\Delta\boldsymbol{\xi}$.

由上述，我们得到 $[\Delta : \Delta \cap \boldsymbol{\xi}^{-1}\Delta\boldsymbol{\xi}]=[\Gamma : \mathrm{Ker}(t)]$. 由于 P 是 $\boldsymbol{\xi}^{-1}\Delta\boldsymbol{\xi}$ 到 $\boldsymbol{\alpha}^{-1}\Gamma\boldsymbol{\alpha}$ 的同构，同样有

$$[\boldsymbol{\xi}^{-1}\Delta\boldsymbol{\xi} : \Delta \cap \boldsymbol{\xi}^{-1}\Delta\boldsymbol{\xi}]=[\boldsymbol{\alpha}^{-1}\Gamma\boldsymbol{\alpha} : \mathrm{Ker}(t)]$$

当 $[\Gamma : \mathrm{Ker}(t)]<\infty$ 时，由于 Γ 与 $\boldsymbol{\alpha}^{-1}\Gamma\boldsymbol{\alpha}$ 可公度，可见 Δ 与 $\boldsymbol{\xi}^{-1}\Delta\boldsymbol{\xi}$ 为可公度.

设 $\Gamma \cap \boldsymbol{\alpha}^{-1}\Gamma\boldsymbol{\alpha}=\bigcup_\mu \mathrm{Ker}(t)\boldsymbol{\delta}_\kappa$，$\Gamma=\bigcup_v(\Gamma \cap \boldsymbol{\alpha}^{-1}\Gamma\boldsymbol{\alpha})\gamma_v$ 为右陪集分解，则

$$\Delta=\bigcup_v(\Gamma \cap \boldsymbol{\alpha}^{-1}\Gamma\boldsymbol{\alpha})L(\gamma_v)=\bigcup_{\mu,v}(\Delta \cap \boldsymbol{\xi}^{-1}\Delta\boldsymbol{\xi})L(\delta_\mu\gamma_v)$$

因而

$$\Delta\boldsymbol{\xi}\Delta=\bigcup_{\mu,v}\Delta\boldsymbol{\xi}\cdot L(\delta_\mu\gamma_v) \tag{3.2.4}$$

由于 $\delta_\mu \in \Gamma \cap \boldsymbol{\alpha}^{-1}\Gamma\boldsymbol{\alpha}$，所以

$$\boldsymbol{\xi}L(\delta_\mu)=L(\boldsymbol{\alpha}\delta_\mu\boldsymbol{\alpha}^{-1})\boldsymbol{\xi}\{1,t(\delta_\mu)^{-1}\}$$

取 $f \in G(\Delta,\kappa/2)$，我们有

$$f \mid [\Delta\boldsymbol{\xi}\Delta]=(\det \boldsymbol{\xi})^{\kappa/4-1}\sum_{\mu,v} f \mid [\boldsymbol{\xi}L(\delta_\mu\gamma_v)]=$$
$$(\det \boldsymbol{\xi})^{\kappa/4-1}\sum_{\mu} t(\delta_\mu)^\kappa \sum_v f \mid [\boldsymbol{\xi}L(\gamma_v)]=0$$

引理 3.27　下列三条件互相等价：

(1)$L(\Gamma \cap \boldsymbol{\alpha}^{-1}\Gamma\boldsymbol{\alpha})=\Delta \cap \boldsymbol{\xi}^{-1}\Delta\boldsymbol{\xi}$.

(2) 对任一 $\Gamma \in \Gamma \cap \boldsymbol{\alpha}^{-1}\Gamma\boldsymbol{\alpha}$，有 $L(\boldsymbol{\alpha}\gamma\boldsymbol{\alpha}^{-1})=\boldsymbol{\xi}L(\lambda)\boldsymbol{\xi}^{-1}$.

(3)P 是 $\Delta\boldsymbol{\xi}\Delta$ 到 $\Gamma\boldsymbol{\alpha}\Gamma$ 的 $1-1$ 映射.

当上述条件成立时，$\Delta\boldsymbol{\xi}\Delta=\bigcup \Delta\xi_v$ 成立的充要条件是

$$\Gamma\boldsymbol{\alpha}\Gamma=\bigcup \Gamma\cdot P(\xi_v)$$

证明　条件(1) 与(2) 都等价于 $\mathrm{Ker}(t)=\Gamma \cap \boldsymbol{\alpha}^{-1}\Gamma\boldsymbol{\alpha}$. 利用引理 3.26 的证明中的符号，因为 $\boldsymbol{\alpha}\delta_\mu\boldsymbol{\alpha}^{-1} \in \Gamma$，所以 P 将式(3.2.4) 的右陪集 $\Delta\boldsymbol{\xi}L(\delta_\mu\gamma_v)1-1$ 地映射为右陪集 $\Gamma\boldsymbol{\alpha}\gamma_v$，由于

$$\Gamma\boldsymbol{\alpha}\Gamma=\bigcup_v\Gamma\boldsymbol{\alpha}\gamma_v$$

及式(3.2.4)，P 是 $\Delta\boldsymbol{\xi}\Delta$ 到 $\Gamma\boldsymbol{\alpha}\Gamma$ 的 $1-1$ 映射的充要条件是

$$\mathrm{Ker}(t)=\Gamma \cap \boldsymbol{\alpha}^{-1}\Gamma\boldsymbol{\alpha}$$

即条件(3) 与条件(1) 和(2) 等价. 当条件(3) 成立时，易见

$$\Delta\boldsymbol{\xi}\Delta=\bigcup \Delta\xi_v$$

成立的充要条件是 $\Gamma\boldsymbol{\alpha}\Gamma=\bigcup\Gamma P(\xi_v)$.

令 $\Delta=\Delta_0(N)(4\mid N)$, $\Gamma=\Gamma_0(N)$. 又令

$$\boldsymbol{\alpha}=\begin{pmatrix}m & \\ & n\end{pmatrix}$$

m,n 为正整数. 取 $\boldsymbol{\xi}=(\boldsymbol{\alpha},t(n/m)^{1/4})\in\hat{G}$. 当 $\Gamma\in\Gamma_0(4)$ 时, 令

$$\boldsymbol{\gamma}^*=(\boldsymbol{\gamma},j(\boldsymbol{\gamma},z))$$

若

$$\boldsymbol{\gamma}=\begin{pmatrix}a & b\\ c & d\end{pmatrix}\in\Gamma\cap\boldsymbol{\alpha}^{-1}\Gamma\boldsymbol{\alpha}$$

由于

$$\boldsymbol{\alpha\gamma\alpha}^{-1}=\begin{pmatrix}m & \\ & n\end{pmatrix}\begin{pmatrix}a & b\\ c & d\end{pmatrix}\begin{bmatrix}m^{-1} & \\ & n^{-1}\end{bmatrix}=\begin{bmatrix}b & bmn^{-1}\\ cnm^{-1} & d\end{bmatrix}\in\Gamma$$

故

$$(\boldsymbol{\alpha\gamma\alpha}^{-1})^*=\left\{\boldsymbol{\alpha\gamma\alpha}^{-1},\boldsymbol{\varepsilon}_d^{-1}\left(\frac{cmn}{d}\right)\left(\frac{cnz}{m}+d\right)^{1/2}\right\}=$$

$$\boldsymbol{\xi\gamma}^*\boldsymbol{\xi}^{-1}\left\{1,\left(\frac{mn}{d}\right)\right\}$$

因而 $\gamma\mapsto\left(\frac{mn}{d}\right)$ 就是上面所讨论的映射 t. 当 $\left(\frac{mn}{d}\right)$ 不恒为 1 时, 对任一 $f\in G(\Delta,\kappa/2)$, 有 $f\mid[\Delta\boldsymbol{\xi}\Delta]=0$.

以 χ_m 表示特征 $\left(\frac{m}{\cdot}\right)$.

引理 3.28 设 m 为正整数, $m\mid N^\infty$, 特征 $\left(\frac{m}{\cdot}\right)$ 的导子是 N 的因子. 令 $\Delta_1=\Delta_1(N)$, $\boldsymbol{\alpha}=\begin{pmatrix}1 & \\ & m\end{pmatrix}$ 及 $\boldsymbol{\xi}=\{\boldsymbol{\alpha},m^{1/4}\}\in\hat{G}$, 则 $[\Delta_1\boldsymbol{\xi}\Delta_1]$ 将 $G(N,\kappa/2,\omega)$ 映入 $G(N,\kappa/2,\omega')$, 其中 $\omega'=\omega\chi_m$, 也将 $S(N,\kappa/2,\omega)$ 和 $\boldsymbol{\varepsilon}(N,\kappa/2,\omega)$ 分别映入 $S(N,\kappa/2,\omega')$ 和 $\boldsymbol{\varepsilon}(N,\kappa/2,\omega')$. 又若

$$f(z)=\sum_{n=0}^{\infty}a(n)e(nz)\in G(N,\kappa/2,\omega)$$

则

$$f\mid[\Delta_1\boldsymbol{\xi}\Delta_1]=\sum_{n=0}^{\infty}a(mn)e(nz)$$

证明 设 $f\in G(N,\kappa/2,\omega)$, 易见

$$g=f\mid[\Delta_1\boldsymbol{\xi}\Delta_1]\in G(\Delta_1,\kappa/2)$$

任取

$$\boldsymbol{\gamma}=\begin{pmatrix}a & b\\ c & d\end{pmatrix}\in\Gamma_0(mN)$$

且设 $mN\mid b$. 记 $\boldsymbol{\delta}=\boldsymbol{\gamma}^*$, $\boldsymbol{\varepsilon}=\boldsymbol{\xi\delta\xi}^{-1}$. 由于

$$\boldsymbol{\alpha\gamma\alpha}^{-1}=\begin{pmatrix}a & bm^{-1}\\ cm & b\end{pmatrix}\in\Gamma_0(N)$$

可见

$$\boldsymbol{\varepsilon}=(\boldsymbol{\alpha\gamma\alpha}^{-1})^*\left\{1,\left(\frac{m}{d}\right)\right\}$$

由于

$$\boldsymbol{\delta}\Delta_1\boldsymbol{\delta}^{-1}=\boldsymbol{\varepsilon}\Delta_1\boldsymbol{\varepsilon}^{-1}=\Delta_1$$

故

$$\Delta_1\boldsymbol{\xi}\Delta_1\cdot\Delta_1\boldsymbol{\delta}\Delta_1=\Delta_1\boldsymbol{\xi\delta}\Delta_1=\Delta_1\boldsymbol{\varepsilon\xi}\Delta_1=\Delta_1\boldsymbol{\varepsilon}\Delta_1\cdot\Delta_1\boldsymbol{\xi}\Delta_1$$

我们有

$$g\mid[\boldsymbol{\delta}]=f\mid[\Delta_1\boldsymbol{\xi}\Delta_1]\cdot[\boldsymbol{\delta}]=f\mid[\boldsymbol{\varepsilon}]\cdot[\Delta_1\boldsymbol{\xi}\Delta_1]=\omega(d)\left(\frac{m}{d}\right)g$$

对 $\Gamma_0(N)$ 中任一元素 $\boldsymbol{\gamma}'$，总可找到 $\Gamma_1(N)$ 中的元素 $\boldsymbol{\beta}$，使 $\boldsymbol{\beta\gamma}'\in\Gamma_0(mN)$，且其右上角元素为 mN 的陪数. 因而我们证明了

$$g\in G(N,\kappa/2,\omega')$$

g 在尖点的值是 f 在尖点的值的线性组合(见 4.2 节)，所以$[\Delta_1\boldsymbol{\xi}\Delta_1]$ 将 $S(N,\kappa/2,\omega)$ 映入 $S(N,\kappa/2,\omega')$. 设 $f\in\boldsymbol{\varepsilon}(N,\kappa/2,\omega)$，由引理 3.24，可知道 $f\in\boldsymbol{\varepsilon}(\Delta(mN),\kappa/2)$. 任取 $g'\in S(\Delta(N),\kappa/2)$，利用引理 3.12(在半整权情况下也成立)，有

$$\langle g,g'\rangle=\langle f,g'\mid[\Delta_1\boldsymbol{\xi}\Delta_1]\rangle=0$$

因为

$$g'\mid[\Delta_1\boldsymbol{\xi}\Delta_1]\in S(\Delta(mN),\kappa/2)$$

故 $g\in\boldsymbol{\varepsilon}(\Delta(N),\kappa/2)$，所以$[\Delta_1\boldsymbol{\xi}\Delta_1]$ 将 $\boldsymbol{\varepsilon}(N,\kappa/2,\omega)$ 映入 $\boldsymbol{\varepsilon}(N,\kappa/2,\omega')$.

记 $\Gamma_1=\Gamma_1(N)$. 由引理 3.19，有

$$\Gamma_1\boldsymbol{\alpha}\Gamma_1=\bigcup_{b=1}^{m}\Gamma_1\begin{pmatrix}1 & b\\ 0 & m\end{pmatrix}=\bigcup_{b=1}^{m}\Gamma_1\boldsymbol{\alpha}\begin{pmatrix}1 & b\\ 0 & 1\end{pmatrix}$$

若

$$\boldsymbol{\gamma}=\begin{pmatrix}a & b\\ c & d\end{pmatrix}\in\Gamma_1\cap\boldsymbol{\alpha}^{-1}\Gamma_1\boldsymbol{\alpha}$$

则

$$\boldsymbol{\alpha\gamma\alpha}^{-1}=\begin{pmatrix}a & bm^{-1}\\ cm & d\end{pmatrix}\in\Gamma_1$$

由于 $d\equiv 1(N)$，所以$(\boldsymbol{\alpha\gamma\alpha}^{-1})^*=\boldsymbol{\xi}\gamma^*\boldsymbol{\xi}^{-1}$. 由引理 3.27 可得

$$\Delta_1\boldsymbol{\xi}\Delta_1=\bigcup_{b=1}^{m}\Delta_1\boldsymbol{\xi}\begin{pmatrix}1&b\\0&1\end{pmatrix}^*$$

若 $f(z)=\sum_{n=0}^{\infty}a(n)e(nz)\in G(N,\kappa/2,\omega)$，则

$$f\mid[\Delta_1\xi\Delta_1]=m^{\kappa/4-1}\sum_{b=1}^{m}f\left|\left[\xi\begin{pmatrix}1&b\\0&1\end{pmatrix}^*\right]\right.=m^{-1}\sum_{b=1}^{m}f\left(\frac{z+b}{m}\right)=$$

$$m^{-1}\sum_{n=0}^{\infty}a(n)e\left(\frac{nz}{m}\right)\sum_{b=1}^{m}e\left(\frac{nb}{m}\right)=$$

$$\sum_{n=0}^{m}a(nm)e(nz)$$

引理 3.29 设 m,n 为平方整数

$$\boldsymbol{\alpha}=\begin{pmatrix}1&\\&m\end{pmatrix},\boldsymbol{\beta}=\begin{pmatrix}1&\\&n\end{pmatrix}$$

$$\boldsymbol{\xi}=\{\boldsymbol{\alpha},m^{1/4}\},\boldsymbol{\eta}=\{\boldsymbol{\beta},n^{1/4}\}$$

设 $(m,n)=1$ 或 $m\mid N^{\infty}$，Δ 为 $\Delta_0(N)$，$\Delta_1(N)$ 和 $\Delta(N)$ 中任一个，则

$$\Delta\boldsymbol{\xi}\Delta\cdot\Delta\boldsymbol{\eta}\Delta=\Delta\boldsymbol{\xi}\boldsymbol{\eta}\Delta=\Delta\boldsymbol{\eta}\Delta\cdot\Delta\boldsymbol{\xi}\Delta$$

证明 记 $\Gamma=P(\Delta)$. 由定理 3.20 及引理 3.8 和 3.17，可得

$$\Gamma\boldsymbol{\alpha}\Gamma\cdot\Gamma\boldsymbol{\beta}\Gamma=\Gamma\boldsymbol{\alpha}\boldsymbol{\beta}\Gamma=\Gamma\boldsymbol{\beta}\Gamma\cdot\Gamma\boldsymbol{\alpha}\Gamma$$

设 $\Gamma\boldsymbol{\alpha}\Gamma=\bigcup\Gamma\alpha_i$，$\Gamma\boldsymbol{\beta}\Gamma=\bigcup\Gamma\beta_j$，$\Gamma\boldsymbol{\alpha}\boldsymbol{\beta}\Gamma=\bigcup\Gamma\varepsilon_k$，$mn$ 是平方整数，由引理 3.27 及其后的说明，我们有

$$\Delta\boldsymbol{\xi}\Delta=\bigcup\Delta P(\alpha_i),\Delta\boldsymbol{\eta}\Delta=\bigcup\Delta P(\beta_j),\Delta\boldsymbol{\xi}\boldsymbol{\eta}\Delta=\bigcup\Delta P(\varepsilon_k)$$

存在唯一的 (i,j) 使 $\Gamma\alpha_i\beta_j=\Gamma\boldsymbol{\alpha}\boldsymbol{\beta}$，因而也就存在唯一的 (i,j)，使 $\Delta P(\alpha_i\beta_j)=\Delta\boldsymbol{\xi}\boldsymbol{\eta}$，证得所需结论.

令 m 为平方整数，$\boldsymbol{\alpha}=\begin{pmatrix}1&\\&m\end{pmatrix}$ 及 $\boldsymbol{\xi}=\{\boldsymbol{\alpha},m^{1/4}\}$. 记

$$\Gamma_0=\Gamma_0(N),\Delta_0=\Delta_0(N),\Delta_1=\Delta_1(N)$$

设 $\Gamma_0\boldsymbol{\alpha}\Gamma_0=\bigcup\Gamma_0\boldsymbol{\alpha}_v$，因而 $\Delta_0\boldsymbol{\xi}\Delta_0=\bigcup\Delta_0\xi_v$，这里 $\xi_v=P(\boldsymbol{\alpha}_v)$. 在 $G(N,\kappa/2,\omega)$ 上定义线性算子 $T_{\kappa,\omega}^N(m)$

$$f\mid T_{\kappa,\omega}^N(m)=m^{\kappa/4-1}\sum_v\omega(a_v)f\mid[\xi_v]$$

其中 $\boldsymbol{\alpha}_v=\begin{pmatrix}a_v&*\\ *&*\end{pmatrix}$. 不难验证，$T_{\kappa,\omega}^N(m)$ 和 $[\Delta_1\boldsymbol{\xi}\Delta_1]$ 在 $G(N,\kappa/2,\omega)$ 上的作用是一致的，$T_{\kappa,\omega}^N(m)$ 将 $S(N,\kappa/2,\omega)$ 和 $\varepsilon(N,\kappa/2,\omega)$ 映入自身.

定理 3.30 设 p 为素数

$$f=\sum_{n=0}^{\infty}a(n)e(nz)\in G(N,\kappa/2,\omega)$$

令

$$f \mid T_{\kappa,\omega}^{N}(p^2)=\sum_{n=0}^{\infty}b(n)e(nz)$$

则

$$b(n)=a(p^2n)+\omega_1(p)\left(\frac{n}{p}\right)p^{\lambda-1}a(n)+$$
$$\omega(p^2)p^{\kappa-2}a\left(\frac{n}{p^2}\right) \qquad (3.2.5)$$

其中 $\lambda=\frac{\kappa-1}{2}$，$\omega_1=\omega\left(\frac{-1}{\cdot}\right)^{\lambda}$ 为模 N 的特征. 当 $p^2 \nmid a$ 时，$a\left(\frac{n}{p^2}\right)$ 理解为零.

证明 当 $p \mid N$ 时，由引理 3.28 即得 $b(n)=a(p^2n)$. 设 $p \nmid N$. 令 $\boldsymbol{\alpha}=\begin{pmatrix}1 & \\ & p^2\end{pmatrix}$ 及 $\boldsymbol{\xi}=\{\boldsymbol{\alpha},p^{1/2}\}$. 下列 p^2+p 个元素可作为 $\Gamma_0\boldsymbol{\alpha}\Gamma_0$ 关于 Γ_0 的右陪集分解的代表系

$$\boldsymbol{\alpha}_b=\begin{pmatrix}1 & b\\ 0 & p^2\end{pmatrix}=\begin{pmatrix}1 & \\ & p^2\end{pmatrix}\begin{pmatrix}1 & b\\ & 1\end{pmatrix} \quad (0\leqslant b<p^2)$$

$$\boldsymbol{\beta}_h=\begin{pmatrix}p & h\\ 0 & p\end{pmatrix}=\begin{pmatrix}1 & 0\\ psN & 1\end{pmatrix}\begin{pmatrix}1 & \\ & p^2\end{pmatrix}\begin{pmatrix}p & h\\ -sN & r\end{pmatrix} \quad (0<h<p)$$

$$\boldsymbol{\sigma}=\begin{pmatrix}p^2 & \\ & 1\end{pmatrix}=\begin{pmatrix}p^2 & -t\\ N & d\end{pmatrix}\begin{pmatrix}1 & \\ & p^2\end{pmatrix}\begin{pmatrix}p^2d & t\\ -N & 1\end{pmatrix}$$

其中，对每个 h，选择 r,s，使 $pr+shN=1$. 在 $\boldsymbol{\sigma}$ 中选取 t,d，使 $p^2d+tN=1$. 设 $\boldsymbol{\gamma},\boldsymbol{\delta}\in\Gamma_0$，定义 $L(\boldsymbol{\gamma\alpha\delta})=\boldsymbol{\gamma}^*\boldsymbol{\xi\delta}^*$. 由引理 3.27，这是 $\Gamma_0\boldsymbol{\alpha}\Gamma_0$ 到 $\Delta_0\boldsymbol{\xi}\Delta_0$ 的 1－1 映射，且 $L(\boldsymbol{\alpha}_b)(0\leqslant b<p^2)$，$L(\boldsymbol{\beta}_h)(0<h<p)$ 和 $L(\boldsymbol{\sigma})$ 为 $\Delta_0\boldsymbol{\xi}\Delta_0$ 关于 Δ_0 的右陪集分解的代表系. 通过计算得到

$$L(\boldsymbol{\alpha}_b)=\{\boldsymbol{\alpha}_b,p^{1/2}\}$$

$$L(\boldsymbol{\beta}_h)=\left\{\boldsymbol{\beta}_h,\varepsilon_p^{-1}\left(\frac{-h}{p}\right)\right\}$$

$$L(\boldsymbol{\sigma})=\{\boldsymbol{\sigma},p^{-1/2}\}$$

所以

$$f \mid T_{\kappa,\omega}^{N}(p^2)=p^{\kappa/2-2}\Big(\sum_b f \mid [L(\boldsymbol{\alpha}_b)]+\omega(p)\sum_h f \mid [L(\boldsymbol{\beta}_h)]+$$
$$\omega(p^2)f \mid [L(\boldsymbol{\sigma})]\Big) \qquad (3.2.6)$$

代入 f 的展开式得到

$$p^{\kappa/2-2}\sum_b f \mid [L(\boldsymbol{\alpha}_b)]=p^{\kappa/2-2}\sum_b f((z+b)/p^2)p^{-\kappa/2}=$$
$$p^{-2}\sum_{n=0}^{\infty}a(n)e\left(\frac{nz}{p^2}\right)\sum_{b=0}^{p^2-1}e\left(\frac{bn}{p^2}\right)=$$

$$\sum_{n=0}^{\infty} a(p^2 n)e(nz) \tag{3.2.7}$$

以及

$$\begin{aligned} p^{\kappa/2-2}\sum_h f \mid [L(\boldsymbol{\beta}_h)] &= p^{\kappa/2-2}\boldsymbol{\varepsilon}_p^{\kappa}\sum_h \left(\frac{-h}{p}\right) f\left(z+\frac{h}{p}\right) = \\ & p^{\kappa/2-2}\varepsilon_p^{\kappa}\left(\frac{-1}{p}\right)\sum_{n=0}^{\infty} a(n)e(nz)\sum_{h=1}^{p-1}\left(\frac{h}{p}\right)e\left(\frac{nh}{p}\right) = \\ & p^{\lambda-1}\left(\frac{-1}{p}\right)^{\lambda}\sum_{n=0}^{\infty}\left(\frac{n}{p}\right)a(n)e(nz) \end{aligned} \tag{3.2.8}$$

这里利用了

$$\sum_{h=1}^{p-1}\left(\frac{h}{p}\right)e\left(\frac{h}{p}\right) = \boldsymbol{\varepsilon}_p p^{1/2}$$

最后

$$p^{\kappa/2-2} f \mid [L(\boldsymbol{\sigma})] = p^{\kappa-2}\sum_{n=0}^{\infty} a(n)e(np^2 z) \tag{3.2.9}$$

将(3.2.7)(3.2.8)(3.2.9)代入(3.2.6),即证得结论.

2.平移算子

设 m 为正整数,$f \in G(N,\kappa/2,\omega)$,定义平移算子 $V(m)$

$$f \mid V(m) = f(mz)$$

命题 3.31 设 $f \in G(N,\kappa/2,\omega)$,则

$$f \mid V(m) \in G(mN,\kappa/2,\omega\chi_m)$$

当 $f \in S(N,\kappa/2,\omega)$ 或 $f \in \varepsilon(N,\kappa/2,\omega)$ 时,则相应地有

$$f \mid V(m) \in S(mN,\kappa/2,\omega\chi_m)$$

或

$$f \mid V(m) \in \varepsilon(mN,\kappa/2,\omega\chi_m)$$

证明 令 $\boldsymbol{\xi} = \left\{\begin{pmatrix} m & \\ & 1\end{pmatrix}, m^{-1/4}\right\}$,易见

$$f \mid V(m) = m^{-\kappa/4} f \mid [\boldsymbol{\xi}]$$

任取

$$\boldsymbol{\gamma} = \begin{pmatrix} a & b \\ c & d\end{pmatrix} \in \Gamma_0(mN)$$

由于

$$\begin{pmatrix} m & \\ & 1\end{pmatrix}\boldsymbol{\gamma}\begin{pmatrix} m^{-1} & \\ & 1\end{pmatrix} = \begin{pmatrix} a & bm \\ cm^{-1} & d\end{pmatrix} \in \Gamma_0(N)$$

所以

$$\boldsymbol{\gamma}^* = \boldsymbol{\xi}^{-1}\begin{pmatrix} a & bm \\ cm^{-1} & d \end{pmatrix}^* \boldsymbol{\xi}\left\{1, \left(\frac{m}{d}\right)\right\}$$

因而

$$f \mid [\boldsymbol{\xi}][\boldsymbol{\gamma}^*] = \omega(d)\left(\frac{m}{d}\right) f \mid [\boldsymbol{\xi}]$$

可见 $f \mid V(m) \in G(mN, \kappa/2, \omega\chi_m)$（$f \mid V(m)$ 在 $\Gamma_0(mN)$ 的尖点全纯是容易证明的）. 若 $f \in S(N, \kappa/2, \omega)$，因为 $f \mid V(m)$ 在一个尖点的值是 f 在某一尖点的值，故

$$f \mid V(m) \in S(mN, \kappa/2, \omega\chi_m)$$

又若 $f \in \varepsilon(N, \kappa/2, \omega)$，则 $f \in \varepsilon(\Delta(m^2 N), \kappa/2)$. 任取一 $g \in S(\Delta(m^2 N), \kappa/2)$，则因 $g \mid [\boldsymbol{\xi}^{-1}] \in S(\Delta(m^2 N), \kappa/2)$，故

$$\langle f \mid V(m), g \rangle_{\Delta(mN)} = m^{-\kappa/4} \langle f, g \mid [\boldsymbol{\xi}^{-1}] \rangle_{\Delta(n,N)} = 0$$

即 $f \mid V(m) \in \varepsilon(\Delta(mN), \kappa/2)$，由引理 3.24，可知

$$f \mid V(m) \in \varepsilon(mN, \kappa/2, \omega\chi_m)$$

3. 对称算子

设正整数 Q 为 N 的因子，Q 与 N/Q 互素，取整数 u, v，使

$$vQ + uN/Q = 1$$

则 $\begin{pmatrix} Q & -1 \\ uN & vQ \end{pmatrix}$ 属于 $\Gamma_0(N)$ 的正规化子，即

$$\begin{pmatrix} Q & -1 \\ uN & vQ \end{pmatrix} \Gamma_0(N) \begin{pmatrix} Q & -1 \\ uN & vQ \end{pmatrix}^{-1} = \Gamma_0(N)$$

当 $2 \nmid Q$ 时，令

$$W(Q) = \left\{\begin{pmatrix} 1 & \\ & Q \end{pmatrix}, Q^{1/4}\right\} \cdot \begin{pmatrix} Q & -1 \\ uN/Q & v \end{pmatrix}^* =$$

$$\left\{\begin{pmatrix} Q & -1 \\ uN & vQ \end{pmatrix}, \varepsilon_Q^{-1} Q^{1/4} (uNQ^{-1} z + v)^{1/2}\right\}$$

（注意：$\varepsilon_v = \varepsilon_Q$，$\left(\frac{uNQ^{-1}}{v}\right) = 1$）. 当 $4 \mid Q$ 时，令

$$W(Q) = \left\{\begin{pmatrix} & -1 \\ Q & \end{pmatrix}, Q^{1/4}(-\mathrm{i}z)^{1/2}\right\} \cdot \begin{pmatrix} uN/Q & v \\ -Q & 1 \end{pmatrix}^* =$$

$$\left\{\begin{pmatrix} Q & -1 \\ uN & vQ \end{pmatrix}, \mathrm{e}^{-\pi\mathrm{i}/4} Q^{1/4} (uNQ^{-1} z + v)^{1/2}\right\}$$

$W(Q)$ 是 $\hat{G}$ 的元素，它的定义与 $\boldsymbol{u}, \boldsymbol{v}$ 的选取有关. 我们有下述命题：

命题 3.32 Q 的定义如上. 设

$$f \in G(N, \kappa/2, \omega), \omega = \omega_1 \omega_2$$

其中 ω_1,ω_2 分别为模 Q 和 N/Q 的特征,则 $g=f\mid[W(Q)]$ 不依赖于 $\boldsymbol{u},\boldsymbol{v}$ 的选取,且 $g\in G(N,\kappa/2,\bar{\omega}_1\omega_2\chi_Q)$. 同样,算子$[W(Q)]$ 将 $S(N,\kappa/2,\omega)$ 和 $\varepsilon(N,\kappa/2,\omega)$ 映入 $G(N,\kappa/2,\bar{\omega}_1\omega_2\chi_Q)$ 和 $\varepsilon(N,\kappa/2,\bar{\omega}_1\omega_2\chi_Q)$.

证明 仅考虑 Q 为奇数的情况,当 $4\mid Q$ 时,证明是类似的. 设 u_1,v_1 也适合 $v_1Q+u_1N/Q=1$,则

$$\left\{\begin{pmatrix}1 & \\ & Q\end{pmatrix},Q^{1/4}\right\}\begin{pmatrix}Q & -1\\ uN/Q & v\end{pmatrix}^*\begin{bmatrix}v_1 & 1\\ -u_1N/Q & Q\end{bmatrix}^*\left\{\begin{pmatrix}1 & \\ & Q^{-1}\end{pmatrix},Q^{1/4}\right\}=$$

$$\begin{pmatrix}1 & 0\\ (uv_1-vu_1) & 1\end{pmatrix}^*$$

可见 g 不依赖 u,v 的选取.

令 $\boldsymbol{\gamma}=\begin{pmatrix}a & b\\ c & d\end{pmatrix}\in\Gamma_0(N)$ 及 $\boldsymbol{\alpha}=\begin{pmatrix}Q & -1\\ uN/Q & v\end{pmatrix}$,则

$$\boldsymbol{\gamma}_0=\begin{bmatrix}a_0 & b_0\\ c_0 & d_0\end{bmatrix}\begin{pmatrix}Q & -1\\ uN & vQ\end{pmatrix}\boldsymbol{\gamma}\begin{pmatrix}Q & -1\\ uN & vQ\end{pmatrix}^{-1}\in\Gamma_0(N)$$

通过计算可知

$$d_0=\frac{auN}{Q}+buN+cv+dvQ$$

利用$\frac{uN}{Q}+vQ=1$ 及 $ad\equiv1(N)$,可得

$$d_0\equiv a(4Q)\text{ 及 }d_0\equiv d(N/Q)$$

注意

$$\boldsymbol{\alpha\gamma\alpha}^{-1}=\begin{bmatrix}a_0 & b_0Q\\ c_0/Q & d_0\end{bmatrix}$$

所以

$$W(Q)\boldsymbol{\gamma}^*W(Q)^{-1}=$$

$$\left\{\begin{pmatrix}1 & \\ & Q\end{pmatrix},Q^{1/4}\right\}(\boldsymbol{\alpha\gamma\alpha}^{-1})^*\left\{\begin{pmatrix}1 & \\ & Q^{-1}\end{pmatrix},Q^{-1/4}\right\}=$$

$$\left\{\begin{pmatrix}1 & \\ & Q\end{pmatrix},Q^{1/4}\right\}\left\{\begin{pmatrix}1 & \\ & Q^{-1}\end{pmatrix}\gamma_0,\varepsilon_{d_0}^{-1}\left(\frac{c_0Q}{d_0}\right)(c_0z+d_0)^{1/2}Q^{-1/4}\right\}=$$

$$\boldsymbol{\gamma}_0^*\left\{1,\left(\frac{Q}{d_0}\right)\right\}$$

因为$\left(\frac{Q}{d_0}\right)=\left(\frac{Q}{a}\right)=\left(\frac{Q}{d}\right)$,由此可知

$$g\mid\boldsymbol{\gamma}^*=f\mid[W(Q)\boldsymbol{\gamma}^*]=\omega\chi_Q(d_0)g=\bar{\omega}_1\omega_2\chi_Q(d)g$$

因而 $g\in G(N,\kappa/2,\bar{\omega}_1\omega_2\chi_Q)$. 易见算子$[W(Q)]$ 将 $S(N,\kappa/2,\omega)$ 映入 $S(N,$

$\kappa/2,\bar{\omega}_1\omega_2\chi_Q)$. 利用引理 3.24 和 3.25 可证$[W(Q)]$将 $\varepsilon(N,\kappa/2,\omega)$ 映入 $\varepsilon(N,\kappa/2,\bar{\omega}_1\omega_2\chi_Q)$.

当 $N=Q$ 时,由于

$$\begin{pmatrix} u & -1 \\ vN & 1 \end{pmatrix}^* \left\{\begin{pmatrix} N & -1 \\ uN & vN \end{pmatrix}, \mathrm{e}^{-\pi\mathrm{i}/4}N^{1/4}(uz+v)^{1/2}\right\} =$$

$$\left\{\begin{pmatrix} & -1 \\ N & \end{pmatrix}, N^{1/4}(-\mathrm{i}z)^{1/2}\right\}$$

通常我们取 $W(N)=\left\{\begin{pmatrix} & -1 \\ N & \end{pmatrix}, N^{1/4}(-\mathrm{i}z)^{1/2}\right\}$,容易验证$[W(Q)]^2$ 是恒等算子.

4. 扭转算子

设 $f(z)=\sum\limits_{n=0}^{\infty}a(n)e(nz)\in G(N,\kappa/2,\omega)$,特征 ψ 为模 m 的原特征,定义

$$h(z)=\sum_{n=1}^{\infty}\bar{\psi}(u)f(z+u/m)=\sum_{u=1}^{m}\bar{\psi}(u)e(u/m)\sum_{n=0}^{\infty}\psi(n)a(n)e(nz)$$

命题 3.33 设 s 为 ω 的导子,则 $h\in(N^*,\kappa/2,\omega\psi^2)$,其中 N^* 是 N,sm,$4m$ 和 m^2 的最小公倍数. 当 $f\in S(N,\kappa/2,\omega)$ 或 $f\in\varepsilon(N,\kappa/2,\omega)$ 时,相应地有 $\boldsymbol{h}\in S(N^*,\kappa/2,\omega\psi^2)$ 或 $\boldsymbol{h}\in\varepsilon(N^*,\kappa/2,\omega\psi^2)$.

证明 令 $\boldsymbol{\gamma}=\begin{pmatrix} a & b \\ cN^* & d \end{pmatrix}\in\Gamma_0(N^*)$ 及

$$a'=a+\frac{cuN^*}{m}$$

$$b'=b+\frac{du(1-ad)}{m}-\frac{cd^2u^2N^*}{m^2}$$

$$d'=d-\frac{cd^2uN^*}{m}$$

a',b',d' 都是整数. 容易验证

$$\left\{\begin{vmatrix} 1 & \frac{u}{m} \\ 0 & 1 \end{vmatrix}, 1\right\}\boldsymbol{\gamma}^* = \begin{pmatrix} a' & b' \\ cN^* & d' \end{pmatrix}^* \left\{\begin{vmatrix} 1 & \frac{d^2u}{m} \\ 0 & 1 \end{vmatrix}, 1\right\}$$

这里利用了

$$d\equiv d'(4)\ \text{及}\left(\frac{cN^*}{d'}\right)=\left(\frac{cN^*}{d}\right)$$

后一式是因为 $m^2\mid N^*$,$4m\mid N^*$,因此

$$h\mid\boldsymbol{\gamma}^*=\sum_{n=1}^{m}\bar{\psi}(u)f\left|\left\{\left[\begin{pmatrix} 1 & u/m \\ 0 & 1 \end{pmatrix}, 1\right]\boldsymbol{\gamma}^*\right\}\right.=$$

$$\omega(d')\sum_{n=1}^{m}\bar{\psi}(n)f\left|\left\{\left[\begin{pmatrix}1 & d^2u/m\\0 & 1\end{pmatrix},1\right]\right\}\right.=$$

$$\omega\psi^2(d)g$$

这里利用了 $sm \mid N^*$. 命题最后的结论类似于命题 3.32 得证.

5. 共轭算子

设 $f(z)=\sum_{n=0}^{\infty}a(n)e(nz)\in G(N,\kappa/2,\omega)$. 定义共轭算子 H

$$(f\mid H)(z)=\overline{f(-\bar{z})}=\sum_{n=0}^{\infty}\overline{a(n)}e(nz)$$

若 $\boldsymbol{\gamma}=\begin{pmatrix}a & b\\c & d\end{pmatrix}\in\Gamma_0(N)$, 由于

$$(f\mid H)(\boldsymbol{\gamma}(z))=\overline{f\left(\frac{a(-\bar{z})-b}{-c(-\bar{z})+d}\right)}=\bar{\omega}(d)\varepsilon_d^{\kappa}\left(\frac{-c}{d}\right)(cz+d)^{\kappa/2}\,\overline{f(-\bar{z})}$$

可见 $f\mid H\in(N,\kappa/2,\bar{\omega})$. 当 $f\in S(N,\kappa/2,\omega)$ 时, 易见

$$f\mid H\in S(N,\kappa/2,\bar{\omega})$$

又若 $f\in S(N,\kappa/2,\omega)$, 任取一 $g\in S(N,\kappa/2,\bar{\omega})$, 由于 $g\mid H\in S(N,\kappa/2,\omega)$, 故

$$\langle f\mid H,g\rangle=\overline{\langle f,g\mid H\rangle}=0$$

即 $f\mid H\in\varepsilon(N,\kappa/2,\bar{\omega})$. 这里利用了变换 $z\mapsto-\bar{z}$ 将 $\Gamma_0(N)$ 的基域变为 $\Gamma_0(N)$ 的基域.

命题 3.34 设 $f\in G(N,\kappa/2,\omega)$, 我们有

$$(f\mid V(m))\mid T_{\kappa,\omega\chi_m}^{mN}(p^2)=(f\mid T_{\kappa,\omega}^{N}(p^2))\mid V(m), \text{若 } p\nmid m$$

$$(f\mid H)\mid T_{\kappa,\bar{\omega}}^{N}(p^2)=(f\mid T_{\kappa,\omega}^{N}(p^2))\mid H$$

$$(f\mid W[(N)])\mid T_{\kappa,\bar{\omega}\chi_N}^{N}(p^2)=\bar{\omega}(p^2)(f\mid T_{\kappa,\omega}^{N}(p^2))\mid[W(N)], \text{若 } p\nmid N$$

证明 前两个关系式由算子 $V(m)$ 和 H 的定义以及式(3.2.5)即可得到. 由式(3.2.6)我们有

$$\begin{aligned}&(f\mid[W(N)])\mid T_{\kappa,\bar{\omega}\chi_N}^{N}(p^2)\mid[W(N)]^{-1}=\\&p^{\kappa/2-2}\{\sum_{b=0}^{p^2-1}f\mid[W(N)L(\alpha_b)W(N)^{-1}]+\\&\bar{\omega}(p)\left(\frac{N}{p}\right)\sum_{h=0}^{p-1}f\mid[W(N)L(\beta_h)W(N)^{-1}]+\\&\bar{\omega}(p^2)f\mid[W(N)L(\boldsymbol{\sigma})W(N)^{-1}]\}\end{aligned}\tag{3.2.10}$$

记 $\boldsymbol{\alpha}=\begin{pmatrix}1 & 0\\0 & p^2\end{pmatrix}$, $\boldsymbol{\beta}=\begin{pmatrix}0 & -1\\N & 0\end{pmatrix}$, 则有 $\boldsymbol{\beta\alpha\beta}^{-1}=\boldsymbol{\sigma}$. 易见

$$W(N)L(\boldsymbol{\alpha})W(N)^{-1}=L(\boldsymbol{\sigma})$$

设 $\boldsymbol{\gamma}=\begin{pmatrix}a & b\\ c & d\end{pmatrix}\in\Gamma_0(N)$,容易验证

$$W(N)L(\boldsymbol{\gamma})W(N)^{-1}=L(\boldsymbol{\beta\gamma\beta}^{-1})\left\{1,\left(\frac{N}{d}\right)\right\}$$

所以若

$$\boldsymbol{\delta}=\boldsymbol{\gamma}_1\boldsymbol{\alpha\gamma}_2=\begin{pmatrix}* & *\\ * & d\end{pmatrix}\quad(\boldsymbol{\gamma}_1,\boldsymbol{\gamma}_2\in\Gamma_0(N))$$

则

$$\begin{aligned}W(N)L(\boldsymbol{\sigma})W(N)^{-1}=&W(N)L(\boldsymbol{\gamma}_1)W(N)^{-1}W(N)L(\boldsymbol{\alpha})W(N)^{-1}\cdot\\&W(N)L(\boldsymbol{\gamma}_2)W(N)^{-1}=\\&L(\boldsymbol{\beta\delta\beta}^{-1})\left\{1,\left(\frac{N}{d}\right)\right\}\end{aligned}\tag{3.2.11}$$

当 $p\nmid b$ 时,取整数 s,t,使 $sp^2+tbN=1$,这时

$$\boldsymbol{\beta\alpha}_b\boldsymbol{\beta}^{-1}=\begin{pmatrix}p^2 & 0\\ -bN & 1\end{pmatrix}=\begin{pmatrix}p^2 & t\\ -bN & s\end{pmatrix}\begin{pmatrix}1 & -t\\ 0 & p^2\end{pmatrix}$$

当 $b\neq 0,p\mid b$ 时,取整数 s',t',使 $s'p^2+t'bN=p(b<p^2)$,这时

$$\boldsymbol{\beta\alpha}_b\boldsymbol{\beta}^{-1}=\begin{pmatrix}p^2 & 0\\ -bN & 1\end{pmatrix}=\begin{pmatrix}p & t'\\ -bN/p & s\end{pmatrix}\begin{pmatrix}p & -t'\\ 0 & p\end{pmatrix}$$

对每一个 $h(0<h<p)$,取整数 s'',t'',使 $s''p+t''hN=1$. 这时

$$\boldsymbol{\beta\beta}_h\boldsymbol{\beta}^{-1}=\begin{pmatrix}p & 0\\ -hN & p\end{pmatrix}=\begin{pmatrix}p & t''\\ -hN & s''\end{pmatrix}\begin{pmatrix}1 & -t''p\\ 0 & p^2\end{pmatrix}$$

利用式(3.2.11),式(3.2.10)右端化为

$$\begin{aligned}&p^{\kappa/2-1}\{f\mid[L(\boldsymbol{\sigma})]+\bar{\omega}(p^2)\sum_{\substack{0<b<p^2\\ p\nmid b}}f\mid[L(\boldsymbol{\alpha}_t)]+\\&\bar{\omega}(p)\sum_{0<h<p}f\mid[L(\boldsymbol{\beta}_h)]+\bar{\omega}(p^2)\sum_{\substack{0<b<p^2\\ b\mid p}}f\mid[L(\boldsymbol{\alpha}_b)]+\\&\bar{\omega}(p^2)f\mid[L(\boldsymbol{\alpha}_0)]\}=\bar{\omega}(p^2)f\mid T_{\kappa,\omega}^{N}(p^2)\end{aligned}$$

6. 迹算子

设素数 p_0 除尽 $N/4$,这时 $\Gamma_0(N)$ 为 $\Gamma_0(N/p_0)$ 的子群,记其指数为 μ. 设

$$\Gamma_0(N/p_0)=\bigcup_{j=1}^{\mu}\Gamma_0(N)\boldsymbol{A}_j$$

其中

$$\boldsymbol{A}_j=\begin{pmatrix}a_j & b_j\\ c_j & d_j\end{pmatrix}\in\Gamma_0(N/p_0)$$

为 $\Gamma_0(N/p_0)$ 关于 $\Gamma_0(N)$ 的右陪集分解. 设 $f\in G(N,\kappa/2,\omega)$,定义迹算子 $S'(\omega)$

$$f \mid S'(\omega) = \sum_{j=1}^{\mu} \omega(\boldsymbol{a}_j) f \mid [\mathbf{A}_j^*]$$

它与代表系$\{\mathbf{A}_j\}$的选取无关.若ω为模N/p_0可定义的(即ω也是模N/p_0的特征),则$f \mid S'(\omega) \in G(N/p_0, \kappa/2, \omega)$.又若

$$f \in G(N/p_0, \kappa/2, \omega)$$

则$f \mid S'(\omega) = \mu f$.

命题 3.35 设$f \in G(N, \kappa/2, \omega)$,$\omega$是模$N/p_0$可定义的,素数$p$与$N$互素,则

$$(f \mid S'(\omega)) \mid T_{\kappa,\omega}^{N/p_0}(p^2) = (f \mid T_{\kappa,\omega}^{N}(p^2)) \mid S'(\omega)$$

证明 必要时在$\mathbf{A}_j$的右边乘一个$\Gamma_0(N)$的元,可假设$p^2 \mid c_j$($1 \leqslant j \leqslant \mu$,对任意两个整数$a, c$,都可找到两个互素的整数$s, t$,使$p^2 \mid sa + tc$,且$N \mid s$).令

$$\boldsymbol{\xi} = \left\{ \begin{pmatrix} 1 & \\ & p^2 \end{pmatrix}, p^{1/2} \right\}$$

设

$$\Gamma_0(N)\xi\Gamma_0(N) = \bigcup_i \Gamma_0(N)\xi\boldsymbol{\alpha}_i^* \quad (\boldsymbol{\alpha}_i \in \Gamma_0(N))$$

对任一i,我们有

$$\sum_{j=1}^{\mu} \omega(a_j)\mathbf{A}_j^* \xi \boldsymbol{\alpha}_i^* = \xi(\boldsymbol{\alpha}_i)^* \sum_{j=1}^{\mu} \omega(a_j)(\boldsymbol{\alpha}_i^{-1})^* \begin{bmatrix} a_j & b_j p^2 \\ c_j p^{-2} & d_j \end{bmatrix} \boldsymbol{\alpha}_i^* \tag{3.2.12}$$

任两个正整数j与j'($1 \leqslant j \leqslant j' \leqslant \mu$),若存在$\boldsymbol{\gamma} \in \Gamma_0(N)$,使

$$\begin{pmatrix} 1 & \\ & p^2 \end{pmatrix}^{-1} \mathbf{A}_j \begin{pmatrix} 1 & \\ & p^2 \end{pmatrix} = \boldsymbol{\gamma} \begin{pmatrix} 1 & \\ & p^2 \end{pmatrix}^{-1} \mathbf{A}_{j'} \begin{pmatrix} 1 & \\ & p^2 \end{pmatrix}$$

则

$$\mathbf{A}_j = \begin{pmatrix} 1 & \\ & p^2 \end{pmatrix} \boldsymbol{\gamma} \begin{pmatrix} 1 & \\ & p^2 \end{pmatrix}^{-1} \mathbf{A}_{j'}$$

因而

$$\begin{pmatrix} 1 & \\ & p^2 \end{pmatrix} \boldsymbol{\gamma} \begin{pmatrix} 1 & \\ & p^2 \end{pmatrix}^{-1} = \mathbf{A}_j \mathbf{A}_{j'}^{-1} \in \Gamma_0(N/p_0)$$

又由于$\boldsymbol{\gamma} \in \Gamma_0(N)$,所以

$$\begin{pmatrix} 1 & \\ & p^2 \end{pmatrix} \boldsymbol{\gamma} \begin{pmatrix} 1 & \\ & p^2 \end{pmatrix}^{-1} \in \Gamma_0(N)$$

这与$\mathbf{A}_j$与$\mathbf{A}_{j'}$属于不同的$\Gamma_0(N)$右陪集矛盾.所以

$$\left\{ \begin{pmatrix} 1 & \\ & p^2 \end{pmatrix}^{-1} \mathbf{A}_j \begin{pmatrix} 1 & \\ & p^2 \end{pmatrix}, 1 \leqslant j \leqslant \mu \right\}$$

是$\Gamma_0(N/p_0)$关于$\Gamma_0(N)$的右陪集分解的代表系,因此

$$\left\{\boldsymbol{\alpha}_i^{-1}\begin{pmatrix} a_j & b_j p^2 \\ c_j p^{-2} & d_j \end{pmatrix}\boldsymbol{\alpha}_i, 1 \leqslant j \leqslant \mu\right\}$$

也是$\Gamma_0(N/p_0)$关于$\Gamma_0(N)$的右陪集分解的代表系，由式(3.2.12)即可证得本命题.

在$G(N,\kappa/2,\omega)$上定义算子$S(\omega)=S(\omega,N,p_0)$

$$S(\omega)=p_0^{\kappa/4}\mu^{-1}[W(N)]S'(\bar{\omega}\chi_N)[W(N/p_0)]$$

算子$S(\omega)$可以抵消平移算子$V(p_0)$的作用，具体地说，我们有：

命题 3.36 设$\omega\chi_{p_0}$是模N/p_0可定义的，则：

(1) 算子$S(\omega)$将$G(N,\kappa/2,\omega)$映入$G(N/p_0,\kappa/2,\omega\chi_{p_0})$.

(2) 设m与p_0互素，$f\in G(N,\kappa/2,\omega)$，则

$$f \mid S(\omega,N,p_0)=f \mid S(\omega,mN,p_0)$$

(3) 当$p\nmid N$时，若$f\in G(N,\kappa/2,\omega)$，则

$$(f \mid S(\omega)) \mid T^{N/p_0}_{\kappa,\omega\chi_{p_0}}(p^2)=(f \mid T^N_{\kappa,\omega}(p^2)) \mid S(\omega)$$

(4) 设$g\in G(N/p_0,\kappa/2,\omega\chi_{p_0})$，$g \mid V(p_0)\in G(N,\kappa/2,\omega)$，且

$$(g \mid V(p_0)) \mid S(\omega,N,p_0)=g$$

(5) 设p为素数，$4p\mid N$，$p\neq p_0$，$\omega\chi_p$是模N/p可定义的. 若$g\in(N/p,\kappa/2,\omega\chi_p)$，则

$$(g \mid V(p_0)) \mid S(\omega,N,p_0)=(g \mid S(\omega\chi_p,N/p,p_0)) \mid V(p)$$

证明 当$\omega\chi_{p_0}$是模N/p_0可定义时，$\bar{\omega}\chi_N=\bar{\omega}\chi_{p_0}\bar{\omega}\chi_{N/p_0}$也是模$N/p_0$可定义的，由命题3.32即证得(1). 设

$$\begin{pmatrix} a & b \\ c & d \end{pmatrix}\in\Gamma_0\left(\frac{mN}{p_0}\right)$$

且$p_0\nmid m$，由于

$$W(mN)\begin{pmatrix} a & b \\ c & d \end{pmatrix}^* W\left(\frac{mN}{p_0}\right)=$$

$$\{m\boldsymbol{I},1\}W(N)\begin{pmatrix} a & bm \\ c/m & d \end{pmatrix}^* W\left(\frac{N}{p_0}\right)$$

可见(2)成立. 当$p\nmid N$时，由命题3.34及3.35证得(3). 今证(4)，由于

$$\left\{\begin{pmatrix} p_0 & \\ & 1 \end{pmatrix}, p_0^{-1/4}\right\}W(N)=\{p_0\boldsymbol{I},1\}W(N/p_0)$$

所以

$$(g \mid V(p_0)) \mid [W(N)]=p_0^{-\kappa/1}g \mid [W(N/p_0)]$$

因为$g \mid [W(N/p_0)]\in G(N/p_0,\kappa/2,\bar{\omega}\chi_N)$，它在$\mu^{-1}S'(\bar{\omega}\chi_N)$作用下不变，又由于$[W(N/p_0)]^2$是恒等变换，所以式(4)成立. 考虑(5)，我们有$4pp_0\mid N$，

$\omega\chi_{pp_0}$ 是模 N/pp_0 可定义的，由于

$$\left\{\begin{pmatrix} p & \\ & 1\end{pmatrix}, p^{-1/4}\right\} W(N) = \{p\boldsymbol{I}, 1\} W(N/p)$$

$$W(N/p_0) = W(N/pp_0)\left\{\begin{pmatrix} p & \\ & 1\end{pmatrix}, p^{-1/4}\right\}$$

及 $\bar{\omega}\chi_N = \overline{\omega\chi_p} \cdot \chi_{N/p}$，所以(5) 成立.

3.3 模形式的 Zeta 函数及其函数方程

设 $f(z) = \sum_{n=0}^{\infty} c(n) q^n (q = e(z))$ 属于 $G(N, \kappa/2, \omega)$，定义它的 Zeta 函数

$$L(s, f) = \sum_{n=1}^{\infty} c(n) n^{-s} \quad (s \in \boldsymbol{C})$$

本节讨论 $L(s, f)$ 的收敛性、解析延拓及其函数方程.

命题 3.37 设 $f(z) = \sum_{n=0}^{\infty} c(n) q^n \in G(N, \kappa/2, \omega)$，则存在常数 A，使 $|f(z)| \leqslant A \mathrm{Im}(z)^{-\kappa/2} (z \in H)$ 且 $c(n) = O(n^{\kappa/2})$.

证明 设 $s = d/c$ 为 $\Gamma_0(N)$ 的任一尖点，取

$$\boldsymbol{\rho} = \begin{pmatrix} a & b \\ -c & d \end{pmatrix} \in SL_2(\boldsymbol{Z})$$

使 $\boldsymbol{\rho}(s) = \mathrm{i}\infty$. 由整模形式的定义，$f(\rho^{-1}(z))(cz + a)^{-\kappa/2}$ 在 $z = \mathrm{i}\infty$ 全纯，因而

$$\lim_{z \to \mathrm{i}\infty} f\left(\frac{dz - b}{cz + a}\right)(cz + a)^{-\kappa/2} = \lim_{\tau \to 0} -(c\tau)^{\kappa/2} f(\tau + s)$$

是一个常数. 在 s 附近存在常数 A'，使

$$|f(z)| \leqslant A' |z - s|^{-\kappa/2} \leqslant A' \mathrm{Im}(z)^{-\kappa/2}$$

由于 $\Gamma_0(N) \backslash H^*$ 是紧 Riemann 面，所以存在常数 A，使

$$|f(z)| \leqslant A \mathrm{Im}(z)^{-\kappa/2}$$

对任一 $z \in H$ 成立. 我们有

$$c(n) = \frac{1}{2\pi \mathrm{i}} \int f(q) q^{-n-1} \mathrm{d}q$$

其中积分围道取为 $|q| = r$. 取 $\mathrm{Im}(z) = 1/(2\pi n)$，即取 $\gamma = \mathrm{e}^{-1/n}$，因而

$$|c(n)| \leqslant \frac{1}{2\pi} \int |f(q)| \mathrm{e}^{1+1/n} \mathrm{d}q \leqslant A(2\pi n)^{\kappa/2}$$

命题 3.38 设 $f(z) = \sum_{n=0}^{\infty} c(n) q^n \in S(N, \kappa/2, \omega)$，则存在常数 A，使

$$|f(z)|\leqslant A\mathrm{Im}(z)^{-\kappa/4}\quad (z\in H)$$

且 $c(n)=O(n^{\kappa/4})$.

证明 令 $h(z)=f(z)\mathrm{Im}(z)^{\kappa/4}$,对任一 $\gamma\in\Gamma_0(N)$,有

$$h(\gamma(z))=h(z)$$

设 s 为 $\Gamma_0(N)$ 的尖点,取 $\boldsymbol{\rho}\in SL_2(\boldsymbol{Z})$,使 $\boldsymbol{\rho}(s)=\mathrm{i}\infty$. 由尖形式的定义,我们有 $h(\boldsymbol{\rho}^{-1}(z))\to 0(\mathrm{Im}\ z\to\infty)$,所以 $h(z)$ 是紧 Riemann 面 $\Gamma_0(N)\backslash H^*$ 上的连续函数,它是有界函数. 其余部分的证明类似于命题 3.37.

对于权为整数 k 的模形式,命题 3.37 和 3.38 显然也成立,只要以 k 代替 $\kappa/2$. 以任一第一类 Fuchsian 群代替 $\Gamma_0(N)$,上述两命题也成立. 这里给出的估计是较粗的,不过已经可以满足我们的要求. 当 f 为尖形式,n 无平方因子时,有 $c(n)\ll n^{\frac{k-1}{2}+\varepsilon}$,$\varepsilon$ 为任意小的正数,这就是著名的 Ramanujan 猜想,后来为 Deligne[3] 所证明. 关于半整权的情况,H. Iwanice[7] 证明了当 $\kappa\geqslant 5$,n 无平方因子时,有 $c(n)\ll n^{\kappa/4-2/7+\varepsilon}$. 相应 Ramanujan 猜想应有 $c(n)\ll n^{\kappa/4-1/2+\varepsilon}$.

设 $f(z)=\sum\limits_{n=0}^{\infty}c(n)q^n\in G(N,\kappa/2,\omega)$,形式地计算,我们有

$$\int_0^{\infty}(f(\mathrm{i}y)-c(0))ys^{-1}\mathrm{d}s=\sum_{n=1}^{\infty}c(n)\int_0^{\infty}y^{s-1}\mathrm{e}^{-2\pi\mathrm{i}y}\mathrm{d}y=(2\pi)^{-s}\Gamma(s)L(s,f)\tag{3.3.1}$$

可以证明上述计算是成立的. 实际上,我们有下述定理:

定理 3.39 设 $f(z)=\sum\limits_{n=0}^{\infty}c(n)q^n\in G(N,\kappa/2,\omega)$,令

$$L(s,f)=\sum_{n=0}^{\infty}c(n)n^{-s}$$

$$R(s,f)=(2\pi)^{-s}N^{\frac{s}{2}}\Gamma(s)L(s,f)$$

则当 $\mathrm{Re}(s)>1+\kappa/2$ 时,$L(s,f)$ 绝对收敛. $R(s,f)$ 可以延拓为整个 s—平面上的亚纯函数,以 $s=0$ 和 $s=\kappa/2$ 为可能的一阶极点,留数分别为 $c(0)$ 和 $b(0)N^{-\kappa/4}$,其中 $b(0)$ 为 $f|[W(N)]$ 在 $\mathrm{i}\infty$ 的展开式的常数项. $R(s,f)$ 有函数方程

$$R(s,f)=R(\kappa/2-s,f|[W(N)])$$

证明 当 $\mathrm{Re}(s)>1+\kappa/2$ 时,由命题 3.37 可知 $L(s,f)$ 绝对收敛. 取 ε 与 E 为两个正数,我们有

$$\left|\int_E^{\infty}(f(\mathrm{i}y)-c(0))y^{s-1}\mathrm{d}y\right|\leqslant A\int_E^{\infty}\mathrm{e}^{-2\pi y}y^{\mathrm{Re}(s)-1}\mathrm{d}y\to 0\quad (E\to\infty)$$

其中 A 为一个常数. 令

$$g=f|[W(N)]=N^{-\kappa/4}(-\mathrm{i}z)^{-\kappa/2}f(-1/(nz))=\sum_{n=0}^{\infty}b(n)q^n$$

当 $\mathrm{Re}(s) > 1 + \kappa/2$ 时

$$\left|\int_E^\varepsilon (f(\mathrm{i}y) - c(0)) y^{s-1} \mathrm{d}y\right| =$$

$$\left|\int_0^\varepsilon (N^{\kappa/4} y^{-\kappa/2} g(\mathrm{i}/(yN)) - c(0)) y^{s-1} \mathrm{d}y\right| \to 0 \quad (\varepsilon \to 0)$$

由于

$$c(n) = O(n^{\kappa/2})$$

当 $y \geqslant \varepsilon$ 时

$$\sum_{n=1}^{\infty} c(n) \mathrm{e}^{-2\pi n y}$$

绝对收敛，故

$$\int_e^E (f(y) - c(0)) y^{s-1} \mathrm{d}y = \sum_{n=1}^{\infty} c(n) \int_\varepsilon^R \mathrm{e}^{-2\pi n y} y^{s-1} \mathrm{d}y$$

给定任意小的 $\varepsilon > 0, \eta > 0$，存在充分大的 M，使

$$\left|\sum_{n>M} c(n) \int_\varepsilon^E \mathrm{e}^{-2\pi n y} y^{s-1} \mathrm{d}y\right| \leqslant \sum_{n>M} | c(n) | \int_0^\infty \mathrm{e}^{-2\pi n y} y^{\sigma-1} \mathrm{d}y =$$

$$(2\pi)^{-\sigma} \Gamma(\sigma) \sum_{n>M} | c(n) | n^{-\sigma} <$$

$$\eta \quad (\mathrm{Re}(s) = \sigma)$$

因而

$$\left|\int_0^\infty (f(\mathrm{i}y) - c(0)) y^{s-1} \mathrm{d}y - \sum_{n=1}^{M} c(n) \int_0^\infty \mathrm{e}^{-2\pi n y} y^{s-1} \mathrm{d}y\right| =$$

$$\lim_{\varepsilon \to 0, E \to \infty} \left|\int_\varepsilon^E (f(\mathrm{i}y) - c(0)) y^{s-1} \mathrm{d}y - \sum_{n=1}^{M} c(n) \int_\varepsilon^E \mathrm{e}^{-2\pi n y} y^{s-1} \mathrm{d}y\right| < \eta$$

这证明了式(3.3.1)是成立的.

令 $A = N^{-1/2}$. 我们有

$$\int_0^\infty (f(\mathrm{i}y) - c(0)) y^{s-1} \mathrm{d}y = \int_0^A (f(\mathrm{i}y) - c(0)) y^{s-1} \mathrm{d}y +$$

$$\int_A^\infty (f(\mathrm{i}y) - c(0)) y^{s-1} \mathrm{d}y \qquad (3.3.2)$$

第一个积分在 $\mathrm{Re}(s) 1 + \kappa/2$ 时绝对收敛，第二个积分对任意的 s 都收敛. 在第一个积分中取变数变换 $y \to 1/(yN)$，得

$$\int_0^A (f(\mathrm{i}y) - c(0)) y^{s-1} \mathrm{d}y = \int_A^\infty (N^{\kappa/2} y^{\kappa-2} g(\mathrm{i}y) - c(0)) N^{-s} y^{-s-1} \mathrm{d}y =$$

$$N^{\kappa/4-s} \int_A^\infty (g(\mathrm{i}y) - b(0)) y^{\kappa/2-s-1} \mathrm{d}y =$$

$$-\frac{c(0)}{sN^{\frac{s}{2}}} - \frac{b(0)}{(\kappa/2 - s) N^{\frac{s}{2}}} \qquad (3.3.3)$$

式(3.3.3)中的积分对任意的 s 都收敛. 将式(3.3.3)代入式(3.3.2)得到

$$R(s,f)=N^{\frac{s}{2}}\int_A^{\infty}(f(\mathrm{i}y)-c(0))y^{s-1}\mathrm{d}y+$$
$$N^{\kappa/4-\frac{s}{2}}\int_A^{\infty}(g(\mathrm{i}y)-b(0))y^{\kappa/2-s-1}\mathrm{d}y-$$
$$\frac{c(0)}{s}-\frac{b(0)}{\kappa/2-s}\tag{3.3.4}$$

可见 $R(s,f)$ 可延拓为 s 平面上的亚纯函数，以 $s=0$ 和 $s=\kappa/2$ 为两个可能的一阶极点，留数分别为 $c(0)$ 和 $b(0)$. 由于

$$f=g\mid[W(N)]$$

在式(3.3.4)中交换 f 与 g 的位置，可得

$$R(\kappa/2-s,g)=N^{\kappa/4-\frac{s}{2}}\int_A^{\infty}(g(\mathrm{i}y)-b(0))y^{s-1}\mathrm{d}y+$$
$$N^{\frac{s}{2}}\int_A^{\infty}(f(\mathrm{i}y)-c(0))y^{s-1}\mathrm{d}y-$$
$$\frac{b(0)}{\kappa/2-s}-\frac{c(0)}{s}=R(s,f)$$

从定理3.39可知，$L(s,f)$ 仅可能以 $s=\kappa/2$ 为一阶极点，留数为 $(2\pi)^{\kappa/2}N^{-\kappa/4}L(\kappa/2)^{-1}b(0)$. 由于 $\Gamma(s)$ 以 $s=0$ 为一阶极点，留数1，所以 $L(0,f)=-c(0)$.

设 $f(z)=\sum\limits_{n=0}^{\infty}c(n)q^n\in G(N,k,\psi)$（$k$ 为整数），若对任一素数 p，$f(z)$ 是 Hecke 算子 $T^N_{\kappa,\psi}(p)$ 的本征函数，且 $c(1)=1$，由定理3.22，有

$$L(s,f)=\prod_p(1-c(p)p^{-s}+\psi(p)p^{k-1-2s})^{-1}\tag{3.3.5}$$

这称为 $L(s,f)$ 的欧拉乘积. 对于半整权模形式，也有类似的结果.

引理 3.40 设 t 为正整数，p 为素数

$$f(z)=\sum_{n=0}^{\infty}c(n)q^n\in G(N,\kappa/2,\omega)$$

它是 $T^N_{\kappa,\psi}(p^2)$ 的本征函数，对应的本征值为 λ_p. 设 $p\mid N$ 或 $p^2\nmid t$，则：

(1)$\lambda_p c(t)=c(p^2t)+\omega_1(p)\left(\frac{t}{p}\right)p^{\lambda-1}c(t)$；

(2)$\lambda_p c(p^{2m}t)=c(p^{2m+2}t)+\omega_1(p^2)p^{\kappa-2}c(p^{2m-2}t)(m>0)$.

且

$$\sum_{n=1}^{\infty}c(tn^2)n^{-s}=(\sum_{(p,n)=1}c(tn^2)n^{-s})\left(1-\omega(p)\left(\frac{t}{p}\right)p^{\lambda-1-s}\right)\cdot$$
$$(1-\lambda_p p^{-s}+w(p^2)p^{\kappa-2-2s})^{-1}$$

其中

$$\lambda=\frac{\kappa-1}{2},\omega=\omega\chi_{-1}^{\lambda}$$

证明 由定理 3.30 及 $f \mid T_{\kappa,\omega}^{N}(p^2)=\lambda_p f$，若 n 与 p 互素，可得

$$\lambda_p c(tn^2)=c(tp^2n^2)+\omega_1(p)\left(\frac{t}{p}\right)p^{\lambda-1}c(tn^2) \qquad (*)$$

$$\lambda_p c(tp^{2m}n^2)=c(tp^{2m+2}n^2)+\omega(p^2)p^{\kappa-2}c(tp^{2m-2}n^2) \quad (m>0) \qquad (**)$$

可见(1) 和(2) 成立. 令

$$H_n(x)=\sum_{m=0}^{\infty}c(tn^2p^{2m})x^m$$

将式(*) 两端乘 x，式(* *) 两端乘 x^{m+1}，然后相加，得到

$$\lambda_p xH_n(x)=H_n(x)-c(tn^2)+\omega_1(p)\left(\frac{t}{p}\right)p^{\lambda-1}c(tn^2)x+\omega(p^2)p^{\kappa-2}x^2H_n(x)$$

故

$$H_n(x)=c(tn^2)\left(1-\omega_1(p)\left(\frac{t}{p}\right)p^{\lambda-1}x\right)\cdot(1-\lambda_p x+\omega(p^2)p^{\kappa-2}x^2)^{-1}$$

因为 $\sum_{n=0}^{\infty}c(tn^2)n^{-s}=\sum_{(p,n)=1}H_n(p^{-s})n^{-s}$，故引理 3.40 成立.

由引理 3.40 即可证得下述定理：

定理 3.41 设 $f(z)=\sum_{n=0}^{\infty}c(n)q^n\in G(N,\kappa/2,\omega)$，且对任一素数 p 有 $f(z)\mid T_{\kappa,\omega}^{N}(p^2)=\lambda_p f(z)$. 设 t 为一正整数，无平方因子，且与 N 互素，则

$$\sum_{n=1}^{\infty}c(tn^2)n^{-s}=c(t)\prod_p\left(1-\omega_1(p)\left(\frac{t}{p}\right)p^{\lambda-1-s}\right)\cdot(1-\lambda_p p^{-s}+\omega(p^2)p^{\kappa-2-2s})^{-1} \qquad (3.3.6)$$

式(3.3.6) 的分母部分恰与式(3.3.5) 类似(取 $k=\kappa-1,\psi=\omega^2$). 令

$$\sum_{n=1}^{\infty}A(n)n^{-s}=\prod_p(1-\lambda_p p^{-s}+\omega(p^2)p^{\kappa-2-2s})^{-1}$$

及

$$F(z)=\sum_{n=1}^{\infty}A(n)q^n$$

Shimura[23] 证明了当 $f(z)\in S(N,\kappa/2,\omega)$，$\kappa\geqslant 3$ 时，$F(z)$ 加上适当的常数项后属于 $G(N',\kappa-1,\omega^2)$，这里 N' 可取为 $N/2$(见 S. Niwa[10] 和 H. Kojima[9]). 而当 $\kappa\geqslant 5$ 时，$F(z)$ 属于 $S(N',\kappa-1,\omega^2)$. 从 $f(z)$ 到 $F(z)$，称为 Shimura 提升. 这是权为半整数的模形式理论的一个重要结果.

权为半整数的 Eisenstein 级数

第4章

4.1 老形式和新形式

今后在不会引起混乱的情况下，我们将 $G(N,\kappa/2,\omega)$ 上的 Hecke 算子 $T^N_{\kappa,\omega}(p^2)$ 简写为 $T(p^2)$. 设 $f\in(N,\kappa/2,\omega)$，对几乎所有的互数 p，f 是算子 $T(p^2)$ 的本征函数. 若存在 $N/4$ 的一个素因子 p，使 ω 是模 N/p 可定义的，且 $f\in G(N/p,\kappa/2,\omega)$ 或 $\omega\chi_p$ 是模 N/p 可定义的，且存在 $g\in G(N/p,\kappa/2,\omega\chi_p)$，使 $f=g\mid V(p)$，这时称 f 为老形式. $G(N,\kappa/2,\omega)$ 中由老形式张成的子空间记为 $G^{\mathrm{old}}(N,\kappa/2,\omega)$. 又若 $f\in G(N,\kappa/2,\omega)$，$f$ 是几乎所有的算子 $T(p^2)$ 的本征函数，且 f 不属于 $G^{\mathrm{old}}(N,\kappa/2,\omega)$，这时称 f 为新形式.

引理 4.1 对称算子 $W(N)$（今后以 $W(N)$ 代替 $[W(N)]$）$G(N,\kappa/2,\omega)\to G(N,\kappa/2,\omega\chi_N)$ 和共轭算子 H: $G(N,\kappa/2,\omega)\to G(N,\kappa/2,\bar{\omega})$ 将老形式变为老形式，新形式变为新形式.

证明 命题 3.33 表示 $W(N)$ 和 H 将 $T(p^2)$ 的本征函数映为本征函数. 如果 f 是上面定义的第一类老形式，即 $f\in G(N/p,\kappa/2,\omega)$，则

$$f\mid W(N)=p^{x/k}(f\mid W(N/p))\mid V(p)$$

$f\mid W(N)$ 是第二类老形式；若 f 是第二类老形式，即 $f=g\mid V(p)$，$g\in G(N/p,\kappa/2,\omega\chi_p)$，则

$$f\mid W(N)=p^{-\kappa/1}g\mid W(N/p)\in G(N/p,\kappa/2,\omega\chi_N)$$

是第一类老形式，所以 $W(N)$ 将老形式映为老形式. 易见 H 将老形式映为老形式. 由于 $W(N)^2$ 和 H^2 都是恒等变换，所以它们亦将新形式映为新形式.

引理 4.2 设 $h\in G^{\text{old}}(N,\kappa/2,\omega)$ 是几乎所有的 Hecke 算子 $T(p^2)$ 的非零本征函数，则一定存在 N 的一个因子 $N_1<N$，一个模 N_1 的特征 ψ 及 $G(N_1,\kappa/2,\psi)$ 中的一个新形式 g，使 h 与 g 对几乎所有的 Hecke 算子 $T(p^2)$ 有相同的本征值.

证明 对 N 用归纳法：$G^{\text{old}}(N,\kappa/2,\omega)$ 有一组基 $\{f_i\}$，其中每个 f_i 是几乎所有的 Hecke 算子 $T(p^2)$ 的本征函数，且具有形式 g 或 $g\mid V(p)$，其中 g 对应较小的 N. h 是某些 f_i 的线性组合，在这个线性组合中出现的 f_i 若与 h 都是算子 $T(p^2)$ 的本征函数，它们一定具有相同的本征值. 由对 N 的归纳法即得证.

引理 4.3 设 p 为素数

$$f=\sum_{n=0}^{\infty}a(n)e(nz)$$

为 $G(N,\kappa/2,\omega)$ 中的非零元，且当 n 不是 p 的倍数时都有 $a(n)=0$，则 p 能除尽 $N/4$，$\omega\chi_p$ 是模 N/p 可定义的，且 $f=g\mid V(p)$，其中 $g\in G(N/p,\kappa/2,\omega\chi_p)$.

证明 令

$$g(z)=f\left(\frac{z}{p}\right)=\sum_{n=0}^{\infty}a(np)e(nz)=p^{\kappa/4}f\left|\left\{\left[\begin{pmatrix}1&\\&p\end{pmatrix},p^{1/4}\right]\right\}\right. \quad (4.1.1)$$

若 $p\mid N/4$，则记 $N'=N/p$，否则，记 $N'=N$. 令

$$\Gamma_0(N',p)=\left\{\begin{pmatrix}a&b\\c&d\end{pmatrix}\in T_0(N')\,\middle|\,p\mid b\right\}$$

若 $\mathbf{A}=\begin{pmatrix}a&b\\c&d\end{pmatrix}\in\Gamma_0(N',p)$，则 $\mathbf{A}_1=\begin{pmatrix}a&b/p\\cp&d\end{pmatrix}\in\Gamma_0(N)$，我们有

$$\left\{\begin{pmatrix}1&\\&p\end{pmatrix},p^{1/4}\right\}\mathbf{A}^*=\{1,\chi_p(d)\}\mathbf{A}_1^*\left\{\begin{pmatrix}1&\\&p\end{pmatrix},p^{1/4}\right\}$$

因而

$$g\mid\mathbf{A}^*=\omega(d)\chi_p(d)g \quad (4.1.2)$$

由式(4.1.1)有 $g\left|\left\{\left[\begin{pmatrix}1&1\\0&1\end{pmatrix},1\right]\right\}\right.=g$，$\Gamma_0(N')$ 可由 $\Gamma_0(N',p)$ 及 $\begin{pmatrix}1&1\\0&1\end{pmatrix}$ 生成，故式(4.1.2)对任一 $\mathbf{A}\in\Gamma_0(N')$ 都成立. $\omega\chi_p$ 一定是模 N' 可定义，否则，一定存在整数 a 与 d，使 $ad\equiv1(N')$，而 $\omega\chi_p(a)\cdot\omega\chi_p(d)\neq1$. 取

$$\boldsymbol{B}=\begin{pmatrix} a & b \\ N' & d \end{pmatrix} \in \Gamma_0(N')$$

我们有 $g=g\mid[\boldsymbol{B}^*(\boldsymbol{B}^{-1})^*]=\omega\chi_p(a)\omega\chi_p(d)g$，$g$ 为非零，这不可能. 当 $\omega\chi_p$ 模 N' 可定义时，一定有 $p\mid N/4$，所以 $N'=N/p$，且可见 $g\in G(N/p,\kappa/2,\omega\chi_p)$.

引理 4.3 刻画了第二类老形式的特征，当 f 为尖形式时，对应的 g 亦为尖形式.

命题 4.4 设 m 为正整数

$$f=\sum_{n=0}^{\infty}a(n)e(nz)\in G(N,\kappa/2,\omega)$$

且当 n 与 m 互素时，都有 $a(n)=0$，则

$$f=\sum f_p\mid V(p)\quad (f_p\in G(N/p,\kappa/2,\omega\chi_p))$$

这里素数 p 跑遍 m 和 $N/4$ 的公因子，且 $\omega\chi_p$ 模 N/p 可定义. 当 f 为尖形式时，f_p 亦可取为尖形式. 当 f 是几乎所有的 Hecke 算子 $T(p^2)$ 的本征函数时，f_p 亦可取为几乎所有的 Hecke 算子 $T(p^2)$ 的本征函数，且与 f 具有相同的本征值.

证明 可以认为 m 无平方因子. 设 m 有 r 个素因子. 当 $r=0$ 时，$f=0$，命题显然成立. 当 $r=1$ 时，该命题即为引理 4.3. 对 r 用归纳法，设 $m=p_0m_0$，取 p 为一素数，定义算子 $K(p)=1-T(p,Np)V(p)$，$T(p,Np)$ 表示 $G(pN,\kappa/2,\omega)$ 上的 Hecke 算子 $T^{N_p}_{\kappa,\omega}(p)$，引理 3.28 及 3.31，可知

$$f\mid K(p)=\sum_{(n,p)=1}a(n)e(nz)\in G(p^2N,\kappa/2,\omega)$$

所以我们有

$$h=\sum_{(n,m_0)=1}a(n)e(nz)=f\mid\prod_{p\mid m_0}K(p)\in G(m_0^2N,\kappa/2,\omega)$$

若 $h=0$，用 m_0 代替 m，由归纳假设，可知命题成立. 今设 $h\neq 0$. 当 $(n,m_0)=1$，$a(n)\neq 0$ 时，一定有 $p_0\mid n$. 由引理 4.3，存在 $g_{p_0}\in G(m_0^2N/p,\kappa/2,\omega\chi_p)$，使 $h=g_{p_0}\mid V(p_0)$，且 $\omega\chi_{p_0}$ 模 m_0^2N/p_0 可定义. 由此可知 $p_0\mid N/4$，且 $\omega\chi_{p_0}$ 模 N/p_0 可定义. 我们有

$$f-h=f-g_{p_0}\mid V(p_0)=\sum_{n=0}^{\infty}b(n)e(nz)$$

当 $(n,m_0)=1$ 时，$b(n)=0$，利用归纳假设，我们有

$$f-g_{p_0}\mid V(p_0)=\sum_p g_p\mid V(p)$$

其中 p 跑遍 m_0 的因子，且 $\omega\chi_p$ 模 m_0^2N/p 可定义. 将 3.2 节中定义的算子 $S(\omega)=S(\omega,N,p_0)$ 作用于上式，利用命题 3.36 得到

$$f\mid S(\omega)-g_{p_0}=\sum_p(g_p\mid S(\omega\chi_p,m_0^2N/p,p_0))\mid V(p)$$

记 $f_{p_0}=f\mid S(\omega)$，它属于 $G(N/p_0,\kappa/2,\omega\chi_{p_0})$. 又记

$$f_{p_0}\mid V(p_0)=\sum_{n=0}^{\infty}c(n)e(nz)$$

由上式可知，$f_{p_0}\mid V(p_0)-g_{p_0}\mid V(p_0)$ 的展开式中仅含适合 $(n,m_0)\neq 1$ 的 $e(nz)$ 项. 所以当 $(n,m_0)=1$ 时，有 $c(n)=a(n)$. 于是当 $(n,m_0)=1$ 时，$f-f_{p_0}\mid V(p_0)$ 中 $e(nz)$ 项的系数为零. 应用归纳假设，得到所要证的 f 的分解式. 命题中其余的结论也可应用归纳法及命题 3.36 证明.

推论 4.5 命题 4.4 中的 f 如果是几乎所有的 Hecke 算子 $T(p^2)$ 的本征函数，则 f 属于 $G^{\mathrm{old}}(N,\kappa/2,\omega)$.

4.2 模形式在尖点的值

设 $f(z)\in G(N,\kappa/2,\omega)$，$s=d/c$ 是 $\Gamma_0(N)$ 的一个尖点. 令 $\boldsymbol{\rho}=\begin{pmatrix}a & b\\ -c & d\end{pmatrix}\in SL_2(\mathbf{Z})$，则 $\boldsymbol{\rho}(s)=\mathrm{i}\infty$. $f\mid[\{\boldsymbol{\rho}^{-1},(cz+a)^{1/2}\}]$ 在 $z=\mathrm{i}\infty$ 关于 $e(z)$ 的 Fourier 展开式的常数项称为 f 在尖点 s 的值，记作 $V(f,s)$. 当 $f\in S(N,\kappa/2,\omega)$ 时，f 在所有尖点的值都是零. f 在尖点 s 的值与 $\boldsymbol{\rho}$ 的选取无关，且当 $c\neq 0$ 时有

$$\begin{aligned}V(f,s)=&\lim_{z\to\mathrm{i}\infty}f((dz-b)/(cz+a))(cz+a)^{-\kappa/2}=\\&\lim_{z\to\mathrm{i}\infty}f(-c^{-1}(cz+a)^{-1}+dc^{-1})(cz+a)^{-\kappa/2}=\\&\lim_{\tau\to 0}(-c\tau)^{-\kappa/2}f(\tau+dc^{-1})\end{aligned}\tag{4.2.1}$$

当 $s=1/N$ 时

$$V(f,s)=V(f,\mathrm{i}\infty)=\lim_{z\to\mathrm{i}\infty}f(z)$$

引理 4.6 设 $f\in G(N,\kappa/2,\omega)$，尖点 $s_1=d_1/c_1$ 与 $s_2=d_2/c_2$ 为 $\Gamma_0(N)$ 等价，即存在

$$\boldsymbol{\rho}=\begin{pmatrix}a & b\\ c & d\end{pmatrix}\in\Gamma_0(N)$$

使 $\boldsymbol{\rho}(s_1)=s_2$，则

$$V(f,s_2)=\omega\chi_c(d)\varepsilon_d^{-\kappa}(f,s_1)$$

证明 令

$$\boldsymbol{\rho}_2=\begin{bmatrix}a_2 & b_2\\ -c_2 & d_2\end{bmatrix}\in SL_2(\mathbf{Z})\text{ 及 }\boldsymbol{\rho}_1=\boldsymbol{\rho}_2\boldsymbol{\rho}$$

由 $\boldsymbol{\rho}^{-1}(s_2)=s_1$，可知 $c_1=-cd_2+ac_2$，$d_1=dd_2-bc_2$，因此

$$\boldsymbol{\rho}_1=\begin{bmatrix}a_1 & b_1\\ -c_1 & d_1\end{bmatrix}\in SL_2(\mathbf{Z})$$

c_1 与 c_2 都是正数,故

$$\{\boldsymbol{\rho}_1^{-1},(c_1z+a_1)^{1/2}\}=\{\boldsymbol{\rho}^{-1},(-cz+a)^{1/2}\}\{\boldsymbol{\rho}_2^{-1},(c_2z+a_2)^{1/2}\}$$

所以

$$\begin{aligned}&f\mid\{[\boldsymbol{\rho}_1^{-1},(c_1z+a_1)^{1/2}]\}=\\&\omega(a)\left(\frac{-c}{a}\right)\varepsilon_a^{-\kappa}f\mid\{[\boldsymbol{\rho}_2^{-1},(c_2z+a_2)^{1/2}]\}=\\&\bar{\omega}(d)\chi_c(d)\varepsilon_d^{\kappa}f\mid\{[\boldsymbol{\rho}_2^{-1},(c_2z+a_2)^{1/2}]\}\end{aligned}$$

得到所需结论.

引理 4.7 设 $f\in G(N,\kappa/2,\omega)$,$s=d/c$ 是 $\Gamma_0(N)$ 的尖点且 $N\mid c$,则 $V(f,s)=\bar{\omega}(d)\chi_c(d)\varepsilon_d^{-\kappa}V(f,\mathrm{i}\infty)$.

证明 这是引理 4.6 的特例,取 $s_1=s,s_2=\mathrm{i}\infty$

$$\boldsymbol{\rho}=\begin{pmatrix}a & b\\ -c & d\end{pmatrix}\in\Gamma_0(N)$$

即可.

设 c 为 N 的正因子,记 $g(c)=\phi((c,N/c))$. 设 $\{d_1,\cdots,d_{g(c)}\}$ 为 $(Z/(c,N/c)Z)^*$ 的一个完全代表系,定义尖点集

$$S(N)=\{d_i/c\mid c\mid N,1\leqslant i\leqslant g(c)\}$$

它是 $\Gamma_0(N)$ 的尖点等价类的完全代表系. 由引理 4.6 可知,f 在 $S(N)$ 中各点的值决定了它在所有尖点的值.

引理 4.8 令

$$\theta(z)=\sum_{n=-\infty}^{+\infty}e(n^2z)$$

则 $\theta(z)$ 属于 $G(4,1/2,id)$,且 $V(\theta,1/4)=1,V(\theta,1/2)=0,V(\theta,1)=(1-\mathrm{i})/2$.

证明 由于定理 1.4,我们仅需证明 θ 在 $S(4)=\{1,1/2,1/4\}$ 中各尖点是全纯的. 现在我们来计算 θ 在这些尖点的值,如果这些值都是有限的,则上述结论显然也就成立了.

由 θ 的展开式,显然有 $V(\theta,\mathrm{i}\infty)=V(\theta,1/4)=1$. 由式(1.1.2) 可得

$$\theta(-1/(4z))=(-2\mathrm{i}z)^{1/2}\cdot\theta(z)\tag{4.2.2}$$

因而

$$V(\theta,1)=\lim_{\tau\to0}(-\tau)^{1/2}\theta(\tau+1)=\lim_{\tau\to0}(2\mathrm{i})^{-1/2}(-1/(4\tau))=(1-\mathrm{i})/2$$

以 $z+1/2$ 代入式(4.2.2) 得

$$(-2z)^{1/2}\theta(z+1/2)=\left(\frac{-2\mathrm{i}z}{2z+1}\right)^{1/2}\theta\left(\frac{z}{2z+1}+\frac{1}{2}\right)$$

令 $z\to0$ 得到 $V(\theta,1/2)=\mathrm{i}^{1/2}V(\theta,1/2)$,故 $V(\theta,1/2)=0$.

考虑在 1.2 节中所构造的 Eisenstein 级数.

定理 4.9 当 $\kappa>3$ 或 $\kappa=3$，ω 不是实特征时，函数 $E_\kappa(\omega,N)$ 和 $E'_\kappa(\bar{\omega}\chi_N,N)$ 属于 $E(N,\kappa/2,\omega)$. 函数 $f_2^*(\omega,N)$ 和 $f_2(\omega,N)$ 属于 $\varepsilon(N,3/2,\omega)$. 当 D 为无平方因子的正整数时，函数 $f_1(ia.,4D)$ 属于 $\varepsilon(4D,3/2,id.)$，$f_1(id.,8D)$ 属于 $\varepsilon(8D,3/2,id.)$.

证明 以函数 $E_\kappa(\omega,N)$ 为例，关于其余函数的证明是类似的. 在 1.2 节中，我们已证明了 $E_k(v,N)$ 是 H 上的全纯函数，考虑它在尖点是否也是全纯. 显然它在 $\mathrm{i}\infty$ 是全纯的. 对任一

$$\boldsymbol{\gamma}=\begin{pmatrix}a & b\\ c & d\end{pmatrix}\in SL_2(\mathbf{Z})$$

设 $c\neq 0$. 利用式(1.2.31) 我们有

$$\begin{aligned}&|E_\kappa(\omega,N)(\boldsymbol{\gamma}(z))(cz+d)^{-\kappa/2}|\leqslant\\&(1+\rho y^{-(\kappa+5)/2}|cz+d|^{\kappa+5})|cz+d|^{-\kappa/2}\leqslant\\&\rho' y^{5/2}\quad(y\to\infty)\end{aligned}$$

这表示 $E_\kappa(\omega,N)$ 在所有尖点都是全纯的，即它属于 $G(N,\kappa/2,\omega)$.

关于 $E_\kappa(\omega,N)$ 与尖形式的正交性，这是一个经典的结果. 这个证明方法是 Petersson 提出来的. 设

$$f(z)=\sum_{n=1}^{\infty}c(n)e(nz)\in S(N,\kappa/2,\omega)$$

及 $\gamma\in\Gamma_0(N)$，因 $\int_0^1\bar{f}(z)\mathrm{d}x=0$ 及

$$\bar{f}(\boldsymbol{\gamma}(z))\mathrm{Im}(\boldsymbol{\gamma}(z))^{(s+\kappa)/2}=\bar{\omega}(d_r)j(\boldsymbol{\gamma},z)^{-\kappa}|j(\boldsymbol{\gamma},z)|^{-2s}\bar{f}(z)y^{(s+\kappa)/2}$$

我们有

$$0=\int_0^\infty y^{(s+\kappa)/2-2}\int_0^1\bar{f}(z)\mathrm{d}x\mathrm{d}y=\iint\limits_{\Gamma_\infty\backslash H}\bar{f}(x+\mathrm{i}y)y^{(s+\kappa)/2-2}\mathrm{d}x\mathrm{d}y=$$

$$\iint\limits_{\Gamma_\infty(N)\backslash H}E_\kappa(s,\bar{\omega},N)(x+\mathrm{i}y)\bar{f}(x+\mathrm{i}y)y^{\kappa/2-2}\mathrm{d}x\mathrm{d}y$$

注意，区域 $\{0\leqslant x<1,0<y<+\infty\}$ 是 Γ_∞ 的基域，取 $s=0$ 即证得正交性.

现在来计算 1.2 节中所引入的函数 $E'_3(\omega,N)$，$E_3(\omega,N)$，$f_1(id.,4D)$，$f_2^*(id.,4D)$，$f_2^*(id.,8D)$ 及 $f_2(id.,8D)$ 在尖点的值，其中 D 为无平方因子正奇数，$id.$ 表示恒为 1 的特征，这些结果将在 4.4 节中被应用.

引理 4.10 设 $\omega_s\neq id.$，则 $V(E'_3(\varepsilon,N),1)=\mathrm{i}$，而对任一 $d/c\in S(N)$，当 $c\neq 1$ 时，有 $V(E'_3(\omega,N),d/c)=0$.

证明 由式(1.2.7)，我们有

$$(-z)^{3/2}E'_3(\varepsilon,N)(z)=\mathrm{i}E_3(\omega,N)(-1/(Nz))\tag{4.2.3}$$

因此，$V(E',1)=\mathrm{i}V(E,\mathrm{i}\infty)=\mathrm{i}$，这里 $E'=E'_3(\varepsilon,N)$，$E=E_3(\omega,N)$.

设 α 为 N 的正因子，且 $\alpha \neq 1$，$(\alpha, N/\alpha) = 1$. 令 $\omega = \omega_1\omega_2$，$\omega_1$ 和 ω_2 分别为模 α 和模 N/α 的特征. 设 p 为 α 的素因子，由定理 3.30 及式(1.2.30)，可知 $E' \mid T(p^2) = pE'$，这里 $T(p^2)$ 是 Hecke 算子，即

$$pE'(z + 1/\alpha) = p^{-2}\sum_{\kappa=1}^{p^2} E'\left(\frac{z}{p^2} + \frac{k}{p^2} + \frac{1}{\alpha}\right) =$$
$$p^{-2}\sum_{\kappa=1}^{p^2} E'\left(\frac{z}{p^2} + \frac{1 + k\alpha}{\alpha p^2}\right)$$

$1 + k\alpha$ 总与 αp^2 互素，利用式(4.2.1) 可得

$$pV(E', 1/\alpha) = p^{-2}\sum_{\kappa=1}^{p^2} V(E', (1 + k\alpha)/\alpha p^2) \tag{4.2.4}$$

由于$(\alpha p^2, N) = \alpha$ 及$(\alpha, N/\alpha) = 1$，故尖点$(1 + k\alpha)/\alpha p^2$ 与尖点 $1/\alpha$ 是$\Gamma_0(N)$ 等价的，即存在$\begin{pmatrix} a & b \\ c & d \end{pmatrix} \in \Gamma_0(N)$，使

$$\begin{pmatrix} a & b \\ c & d \end{pmatrix}\begin{pmatrix} 1 \\ \alpha \end{pmatrix} = \begin{pmatrix} 1 + k\alpha \\ \alpha p^2 \end{pmatrix}$$

因而 $a + b\alpha = 1 + k\alpha$，$c + d\alpha = \alpha p^2$，由此可得 $a \equiv d \equiv 1(\alpha)$ 和 $d \equiv p^2(N/\alpha)$. 在 $4 \mid \alpha$ 或 $2 \nmid \alpha$ 两种情况下，都有 $\varepsilon_d = 1$ 及

$$\left(\frac{c}{d}\right) = \left(\frac{\alpha p^2 - d\alpha}{d}\right) = \left(\frac{\alpha}{d}\right) = 1$$

由引理 4.6，得到$V(E', (1 + k\alpha)/\alpha p^2) = \omega_2(p^2)V(E', 1/\alpha)$，代入式(4.2.4)，可知 $V(E', 1/\alpha) = 0$.

今设 c 为 N 的任一因子，$c \neq 1$. 令 $m = \prod_{p \mid c} p$，一定存在正整数 l，使

$$((m^{2l}c, N), N/(m^{2l}c, N)) = 1$$

利用 $E' \mid T(m^{2l}) = m^l E'$，可得

$$m^l V(E', d/c) = m^{-2l}\sum_{k=1}^{m^{2l}} V(E', (d + kc)/m^{2l}c) = 0$$

这是因为尖点$(d + kc)/m^{2l}c$ 与 $1/(m^{2l}c, N)$ 为 $\Gamma_0(N)$ 等价，而后一尖点属于上述已讨论过的类型.

引理 4.11 设 $\omega^2 \neq id.$，则 $V(E_3(\omega, N), \mathrm{i}\infty) = 1$，而对任 $-d/c \in S(N)$，当 $c \neq N$ 时，有 $V(E_3(\omega, N), d/c) = 0$.

证明 前一结论是显然的，后一结论利用式(4.2.3) 即可证得.

引理 4.12 我们有

$$V(f_1(id., 4D), 1) = -(1 + \mathrm{i})(4D)^{-1}$$
$$V(f_1(id., 8D), 1) = -(1 + \mathrm{i})(8D)^{-1}$$

证明 由定义，我们有

$$f_1(id.,4D)(z)=E(0,id.,4D)(z)-$$
$$(1-\mathrm{i})(4D)^{-1}z^{-3/2}E(0,\chi_D,4D)(-(4Dz)^{-1})$$

因此

$$z^{-3/2}f_1(id.,4D)(-(4Dz)^{-1})=$$
$$E'(0,id.,4D)(z)-2D^{1/2}(1+\mathrm{i})E(0,\chi_D,4D)(z)=$$
$$-2D^{1/2}(1+\mathrm{i})f_1(\chi_D,4D)(z)$$

利用式(4.2.1)和(1.2.37)得到

$$V(f_1(id.,4D),1)=\lim_{z\to \mathrm{i}\infty}(4Dz)^{-3/2}f_1(id.,4D)(-(4Dz)^{-1})=$$
$$-(1+\mathrm{i})(4D)^{-1}$$

类似地可以证明第二个结论.

以下,m,l 和 β 总表示 D 的因子,α 总表示 m 的因子.

引理 4.13 设 $f(z)\in G(8D,3/2,\chi_l)$,且适合

$$f\mid T(p^2)=f(p\mid m)$$
$$f\mid T(p^2)=pf(p\mid Dm^{-1})$$

则我们有

$$V(f,1/\alpha)=\mu(\alpha)\alpha(\alpha,l)^{-1/2}\varepsilon_{\alpha/(\alpha,l)}^{-1}\left(\frac{l/(\alpha,l)}{\alpha/(\alpha,l)}\right)V(f,1)$$

$$V(f,1/(4\alpha))=\mu(\alpha)\alpha(\alpha,l)^{-1/2}\varepsilon_{l/(\alpha,l)}\varepsilon_1^{-1}\left(\frac{\alpha/(\alpha,l)}{l/(\alpha,l)}\right)V(f,1/4)$$

$$V(f,1/(8\alpha))=\mu(\alpha)\alpha(\alpha,l)^{-1/2}\varepsilon_{l/(\alpha,l)}\varepsilon_l^{-1}\left(\frac{2}{(\alpha,l)}\right)\left(\frac{\alpha/(\alpha,l)}{l/(\alpha,l)}\right)V(f,1/8)$$

且当$(\beta,D/m)\neq 1$,$r=0,2,3$ 时,f 在 $1/(2^r\beta)$ 的值都是零.

证明 首先证明最后一个结论.设素数 $p\mid(\beta,D/m)$.由 $f\mid T(p^2)=pf$,我们有

$$pf(z+1/(2^r\beta))=p^{-2}\sum_{k=1}^{p^2}f(z/p^2+(1+2^r\beta k)/(2^r\beta p^2))$$

当 $r=2,3$ 时,$2^r\beta$ 是 4 的倍数,当 $r=0$ 时,$8D/(2^r\beta)$ 是 4 的倍数,利用引理 4.10 的证明中的类似方法,可证得 $V(f,1/(2^r\beta))=0$.

今证第一式当$\alpha=1$时,显然成立.对α的素因子个数应用归纳法.设该式对 $V(f,1/\alpha)$ 成立,且$\alpha\neq m$,我们要证明该式对$V(f,1/(\alpha p))$也成立,这里素数 p 适合 $\alpha p\mid m$.由 $f\mid T(p^2)=f$ 可得

$$f(z+1/\alpha)=p^{-2}\sum_{k=1}^{p^2}f(z/p^2+(1+k\alpha)/(\alpha p^2))$$

这时 $1+k\alpha$ 与 p 不一定互素,必须将分子和分母的公因子消去后,才表示一个尖点.存在唯一的整数 k_1,使 $1\leqslant k_1\leqslant p$,$1+\alpha k_1=pt_1$.同样,存在唯一的整数

k_2，使 $1\leqslant k_2\leqslant p^2$，$1+k_2\alpha=p^2t_2$，这里 t_1，t_2 都是整数. 因而利用式(4.2.1)我们可以得到

$$V(f,1/\alpha)=p^{-2}\sum_{1\leqslant\kappa\leqslant p^2,\,p\nmid 1+k\alpha}V(f,(1+k\alpha)/(\alpha p^2))+p^{-1/2}\sum_{1\leqslant k\leqslant p,\,p\nmid t_1+k\alpha}V(f,(t_1+k\alpha)/(\alpha p))+pV(f,t_2/\alpha)\qquad(4.2.5)$$

尖点 $(1+k\alpha)/(\alpha p^2)(p\nmid 1+k\alpha)$，$(t_1+k\alpha)/(\alpha p)(p\nmid t_1+k\alpha)$ 和 t_2/α 分别 $\Gamma_0(8D)$ 等价于 $1/(\alpha p)$，$1/(\alpha p)$ 和 $1/\alpha$. 首先考虑 $p\nmid l$ 的情况，设 $\begin{pmatrix}a&b\\c&d\end{pmatrix}\in\Gamma_0(8D)$，使

$$\begin{pmatrix}a&b\\c&d\end{pmatrix}\begin{pmatrix}1\\\alpha p\end{pmatrix}=\begin{pmatrix}1+k\alpha\\\alpha p^2\end{pmatrix}\qquad(4.2.6)$$

因而 $\alpha+b\alpha p=1+k\alpha$，$c+d\alpha p=\alpha p^2$. 又由于 $ad-bc=1$，于是可推得 $d\equiv\alpha\equiv 1(\alpha)$，$d\equiv p(4l/(l,\alpha))$. 利用引理 4.6 可得

$$V(f,(1+k\alpha)/(\alpha p^2))=\left(\frac{lc}{d}\right)\varepsilon_d V(f,1/(\alpha p))=$$

$$\left(\frac{l/(l,\alpha)}{d}\right)\left(\frac{c/(l,\alpha)}{d}\right)\varepsilon_p V(f,1/(\alpha p))=$$

$$\left(\frac{l/(l,d)}{p}\right)\left(\frac{d}{\alpha/(l,\alpha)}\right)\varepsilon_{d\alpha/(l,\alpha)}\varepsilon_d^{-1}\varepsilon_{\alpha/(l,\alpha)}^{-1}V(f,1/(\alpha p))=$$

$$\varepsilon_{\alpha p/(l,\alpha)}\varepsilon_{\alpha/(l,\alpha)}^{-1}\left(\frac{l/(l,\alpha)}{p}\right)V(f,1/(\alpha p))\qquad(4.2.7)$$

类似地可推得

$$V\left(f,\frac{t_1+k\alpha}{\alpha p}\right)=\left(\frac{t_1+k\alpha}{p}\right)\left(\frac{p}{\alpha/(\alpha,l)}\right)V(f,1/(\alpha p))\qquad(4.2.8)$$

$$V(f,t_2/\alpha)=V(f,1/\alpha)\qquad(4.2.9)$$

将式(4.2.7)(4.2.8)和(4.2.9)代入(4.2.5)，式(4.2.5)中的第二个和为零，故得到

$$V(f,1/(\alpha p))=-p\varepsilon_{\alpha/(\alpha,l)}\varepsilon_{\alpha p/(\alpha,l)}^{-1}\left(\frac{l/(\alpha,l)}{p}\right)V(f,1/\alpha)$$

这表示第一式对 $V(f,1/(\alpha p))$ 成立.

当 $p\mid l$ 时，这时由式(4.2.6)得到 $d\equiv a\equiv 1(\alpha)$，$d\equiv p(4l/(l,\alpha p))$，$(1+k\alpha)d\equiv 1(p)$，因而

$$V(f,(1+k\alpha)/(\alpha p^2))=$$

$$\left(\frac{l/(l,\alpha p)}{d}\right)\left(\frac{p\alpha/(l,\alpha)}{d}\right)\varepsilon_p V(f,1/(\alpha p))=$$

$$\left(\frac{l/(l,\alpha p)}{p}\right)\left(\frac{d}{p\alpha/(l,\alpha)}\right)\varepsilon_{\alpha/(l,\alpha)}\varepsilon^{-1}_{p\alpha/(l,\alpha)}V(f,1/(\alpha p))=$$

$$\varepsilon_{\alpha/(l,\alpha)}\varepsilon^{-1}_{p\alpha/(l,\alpha)}\left(\frac{(1+k\alpha)l/(l,\alpha p)}{p}\right)V(f,1/(\alpha p))$$

同样可证得

$$V(f,(t_1+k\alpha)/(\alpha p))=\left(\frac{p}{\alpha/(\alpha,l)}\right)V(f,1/(\alpha p))$$

$$V(f,t_2/\alpha)=V(f,1/\alpha)$$

代入式(4.2.5)得

$$V(f,1/(\alpha p))=-p^{-1/2}\left(\frac{p}{\alpha/(\alpha,l)}\right)V(f,1/\alpha)$$

第一式成立.

类似地可证明第二式和第三式.

类似于引理4.13,可以证明以下引理:

引理 4.14 设 $f(z)\in G(8D,3/2,\chi_{2l})$,且适合

$$f\mid T(p^2)=f(p\mid m)$$

$$f\mid T(p^2)=pf(p\mid Dm^{-1})$$

则

$$V(f,1/(2^r\alpha))=\mu(\alpha)\alpha(\alpha,l)^{-1/2}\varepsilon^{-1}_{\alpha/(\alpha,l)}\left(\frac{2^{1-r}l/(\alpha,l)}{\alpha/(\alpha,l)}\right)\cdot$$

$$V(f,1/2^4)\quad(r=0,1)$$

$$V(f,1/(8\alpha))=\mu(\alpha)\alpha(\alpha,l)^{-1/2}\varepsilon_{l/(\alpha,l)}\varepsilon_l^{-1}\left(\frac{\alpha/(\alpha,l)}{l/(\alpha,l)}\right)V(f,1/8)$$

当$(\beta,D/m)\neq 1,r=0,1,3$ 时,f 在 $1/(2^r\beta)$ 的值都是零.

引理 4.15 我们有

$$V(f_2^*(id.,4D),1/\beta)=-4^{-1}(1+\mathrm{i})\mu(D/\beta)\beta/(D\varepsilon_\beta)$$

$$V(f_2^*(id.,4D),1/(2\beta))=0$$

$$V(f_2^*(id.,4D),1/(4\beta))=\mu(D/\beta)\beta/D$$

证明 我们已知 $f_2^*(id.,4D)\in G(4D,3/2,id.)$,且对 $2D$ 的任一素因子 p,有 $f_2^*\mid T(p^2)=f_2^*$(利用式(1.2.42)).首先证明第二式,因为 $f_2^*\mid T(4)=f_2^*$,故

$$f_2^*(id.,4D)(z+1/(2\beta))=4^{-1}\sum_{\kappa=1}^{4}f_2^*(id.,4D)(z/4+(1+2\beta k)/(8\beta))$$

对任一 k,尖点$(1+2\beta k)/(8\beta)$ 与 $1/(4\beta)$ 都和 $\Gamma_0(4D)$ 等价.由上式及引理4.6可得

$$V(f_2^*(id.,4D),1/(2\beta))=$$

$$4^{-1}\sum_{k=1}^{4}V(f_2^*(id.,4D),(1+2\beta k)/(8\beta))=$$

$$4^{-1}\sum_{k=1}^{4}\left(\frac{2\beta}{1+2\beta k}\right)\varepsilon_{1+2k}V(f_2^*(id.,4D),1/(4\beta))=0$$

这里利用了

$$\left(\frac{2\beta}{\alpha+4\beta}\right)=-\left(\frac{2\beta}{\alpha}\right)$$

因为$V(f_2^*(id.,4D),1/(4D))=1$，由引理4.13(取$l=1$)可知$V(f_2^*(id.,4D),1/4)=\mu(D)D^{-1}$，因而由引理4.13的第二式即可证得第三式. 再利用

$$f_2^*(id.,4D)(z)=4^{-1}\sum_{k=1}^{4}f_2^*(id.,4D)(z/4+k/4)$$

及

$$V(f_2^*(id.,4D),1/2)=0$$

得到

$$V(f_2^*(id.,4D),1)=4^{-1}(1+\mathrm{i})V(f_2^*(id.,4D),1/4)+2V(f_2^*(id.,4D),1)$$

注意尖点 3/4 与 1/4 是 $\Gamma_0(4D)$ 等价，因此

$$V(f_2^*(id.,4D),1)=-4^{-1}(1+\mathrm{i})\mu(D)D^{-1}$$

由引理 4.13 的第一式即可证得第一式.

引理 4.16 我们有

$$V(f_2^*(\chi_{2D},8D),1/\beta)=-2^{-3/2}(1+\mathrm{i})\mu(D/\beta)\beta^{1/2}D^{-1/2}$$

$$V(f_2^*(\chi_{2D},8D),1/(2\beta))=2^{-1}(1+\mathrm{i})\mu(D/\beta)\beta^{1/2}D^{-1/2}$$

$$V(f_2^*(\chi_{2D},8D),1/(4\beta))=0$$

$$V(f_2^*(\chi_{2D},8D),1/(8\beta))=\mu(D/\beta)\beta^{1/2}D^{-1/2}\varepsilon_{D/\beta}$$

证明 记 $h=f_2^*(\chi_{2D},8D)$，h 属于 $G(8D,3/2,\chi_{2D})$，且对 $2D$ 的任一素因子 p，有 $h\mid T(p^2)=h$，利用 $h\mid T(4)=h$ 及 $V(h,1/(8D))=1$，可证对任一 β 有 $V(h,1/(4\beta))=0$ 及

$$V(h,1)=-2^{-3/2}(1+\mathrm{i})\mu(D)D^{-1/2}$$

$$V(h,1/2)=2^{-1}(1+\mathrm{i})\mu(D)D^{-1/2}$$

$$V(h,1/8)=\mu(D)D^{-1/2}\varepsilon_D$$

在引理 4.14 中取 $l=D$，即得证.

引理 4.17 我们有

$$-2^{-1}(1+\mathrm{i})\mu(D)V(f_2(id.,8D),1/\beta)=-16^{-1}(1+\mathrm{i})\mu(D/\beta)\beta D^{-1}\varepsilon_\beta^{-1}$$

$$-2^{-1}(1+\mathrm{i})\mu(D)V(f_2(id.,8D),1/(2\beta))=0$$

$$-2^{-1}(1+\mathrm{i})\mu(D)V(f_2(id.,8D),1/(4\beta))=-2^{-1}\mu(D/\beta)\beta D^{-1}$$

$$-2^{-1}(1+\mathrm{i})\mu(D)V(f_2(id.,8D),1/(8\beta))=\mu(D/\beta)\beta D^{-1}$$

证明 由 $f_2^*(\chi_{2D},8D)$ 及 $f_2(id.,8D)$ 的定义式(式(1.2.39)及式(1.2.40)),我们有

$$f_2^*(\chi_{2D},8D),(-1/(8Dz))z^{-3/2}=8\mathrm{i}Df_2(id.,8D)(z)$$

设 c 为 $8D$ 的因子,因

$$(-cz)^{3/2}f_2(id.,8D)(z+c^{-1})=$$

$$-\mathrm{i}(8D)^{-1}c^{3/2}f_2^*(x_{2D},8D)\left(\frac{cz}{8D(z+c^{-1})}-\frac{c}{8D}\right)\left(-\frac{z}{z+c^{-1}}\right)^{3/2}$$

所以我们有

$$V(f_2(id.,8D),1/c)=-\mathrm{i}(8D)^{-1}c^{3/2}V(f_2^*(\chi_{2D},8D),-c/(8D))$$

尖点 $-c/(8D)$ 与 $c/(8D)$ 是 $\Gamma_0(8D)$ 等价的,利用引理 4.16 即得证.

引理 4.18 设 $f\in G(N,3/2,\omega)$,且在 $S(N)$ 中除 $1/N$ 之外所有的尖点的值都为零,则 $g=f\mid W(Q)$ 在 $S(N)$ 中除 $1/(NQ^{-1})$ 之外的所有尖点的值为零.

证明 仅需注意变换 $s\mapsto\dfrac{Qs-1}{uNs+vQ}$ 诱导出 $\Gamma_0(N)$ 的尖点等价类的一个置换,且

$$\left.\frac{Qs-1}{uNs+vQ}\right|_{S=QN^{-1}}=\frac{Q-N/Q}{(u+v)N}$$

而该尖点与 $1/N$ 是 $\Gamma_0(N)$ 等价的.

4.3 权为 1/2 的模形式

定理 4.19 设 ψ 为模 r 的本原特征,v 为 0 或 1,适合 $\psi(-1)=(-1)^v$. 令

$$\theta_\psi(z)=\sum_{n=-\infty}^{+\infty}\psi(n)n^v e(n^2z)\quad(z\in H)$$

则当 $v=0$ 时,$\theta_\psi\in G(4r^2,1/2,\psi)$,当 $v=1$ 时,$\theta_\psi\in S(4r^2,3/2,\psi\chi_{-1})$.

令

$$\theta(z;k,r)=\sum_{m=k(r)}m^v e(zm^2/2r)\quad(z\in H)$$

易见

$$\theta_\psi(z)=\sum_{k=1}^{r}\psi(k)\theta(2rz;k,r)$$

为了证明定理 4.19,需要研究 $\theta(z;k,r)$ 的变换公式. 它与 1.1 节中当 $\kappa=1$ 时所定义的 $\theta(z;h,A,N)$ 稍有不同,即这时 NA^{-1} 不一定是偶数,所以我们不能直接

引用命题 1.3,而需稍作修改.我们这里仅考虑 $\kappa=1$ 的情况,当 $\kappa>1$ 时也有相应的结果(见[23]),这时在定义 $\theta(z;\boldsymbol{h},\boldsymbol{A},N)$ 时,不要求 $N\boldsymbol{A}^{-1}$ 的对角线元素为偶数.

命题 4.20 我们有

$$\theta(-1/z;k,r)=(-1)^{v}r^{-1/2}(-\mathrm{i}z)^{(1+2v)/2}\sum_{j=1}^{r}e(jk/r)\theta(z;j,r)$$

证明 令

$$g(x)=\sum_{m=-\infty}^{+\infty}(x+m)^{v}e(\mathrm{i}tr(x+m)^2/2)$$

因为 $g(x+1)=g(x)$,故 $g(x)$ 有展开式 $g(x)=\sum_{m=-\infty}^{+\infty}a(m)e(mx)$,通过计算,可得

$$a(m)=(-\mathrm{i})^{v}(tr)^{-(1+2v)/2}\mathrm{e}^{-\pi m^2/(tr)}$$

从而

$$g(x)=(-\mathrm{i})^{v}(tr)^{-(1+2v)/2}\sum_{m=-\infty}^{+\infty}\mathrm{e}^{-\pi m^2/(tr)+2\pi\mathrm{i}mx}$$

易见

$$\theta(\mathrm{i}t;k,r)=r^{v}g(k/r)=(-\mathrm{i})^{v}r^{-1/2}t^{-(1+2v)/2}\sum_{j=1}^{r}e(jk/r)\theta(-1/(\mathrm{i}t);j,r)$$

由此即可证得命题.

命题 4.21 设 $\boldsymbol{\gamma}=\begin{pmatrix}a&b\\c&d\end{pmatrix}\in SL_2(\mathbf{Z})$,且 $b\equiv0(2)$,$c\equiv0(2r)$,则

$$\theta(\boldsymbol{\gamma}(z);k,r)=e(abk^2/2r)\varepsilon_d^{-1}\left(\frac{2cr}{d}\right)(cz+d)^{(1+2v)/2}\theta(z;ak,r)$$

证明 设 $\boldsymbol{\gamma}=\begin{pmatrix}a&b\\c&d\end{pmatrix}$,$c>0$,$a=2\alpha$,$d=2\delta$,$\alpha$ 和 β 为整数,利用命题 4.20,我们有

$$\theta(\boldsymbol{\gamma}(z);k,r)=\sum_{n\equiv k(r)}n^{v}e\left(n^2\left(a-\frac{1}{cz+d}\right)\Big/(2cr)\right)=$$
$$(-\mathrm{i})^{v}(cr)^{-1/2}(-\mathrm{i}(cz+d))^{(1+2v)/2}\sum_{t\bmod(cr)}\Phi(k,t)\cdot$$
$$\sum_{n\equiv t(ct)}n^{v}e(n^2z/(2r))$$

其中

$$\Phi(k,t)=\sum_{\substack{g\bmod cr\\ g\equiv k(r)}}e((ag^2+tg+\delta t^2)/(cr))$$

证明的其余部分与命题 1.3 的证明类似,将它留给读者.

定理 4.19 的证明 设 $\boldsymbol{\gamma}=\begin{pmatrix}a & b\\ c & d\end{pmatrix}\in\Gamma_0(4r^2)$，利用命题 4.21 可得

$$\theta_{\psi}(r(z))=\sum_{\kappa=1}^{r}\psi(k)\theta\left(\frac{2rza+2rb}{2rz(c/2r)+d};k,r\right)=$$
$$\varepsilon_d^{-1}\left(\frac{c}{d}\right)(cz+d)^{(1+2v)/2}\sum_{\kappa=1}^{r}\psi(k)\theta(2rz;ak,r)=$$
$$\psi(d)\varepsilon_d^{2}j(\boldsymbol{\gamma},z)^{1+2v}\theta_{\psi}(z)$$

考虑 $\theta_{\psi}(z)$ 在尖点是否全纯. 设 $\boldsymbol{\rho}=\begin{pmatrix}a & b\\ -c & d\end{pmatrix}\in SL_2(\mathbf{Z})$，$c>0$，易见

$$|\theta_{\psi}(z)|\leqslant 1+v+2\sum_{n=1}^{\infty}n^{v}\mathrm{e}^{-2\pi n^2 y}<1-v+\boldsymbol{\rho}y^{-(\frac{v}{2}+1)}\quad(y\to\infty)$$

其中 ρ 为一常数，因而

$$|\theta_{\psi}(\boldsymbol{\rho}^{-1}(z))(cz+a)^{-(1+2v)/2}|\leqslant$$
$$(1-v+\boldsymbol{\rho}y^{-(\frac{v}{2}+1)}\ |cz+a|^{v+2})\ |cz+a|^{-(1+2v)/2}\leqslant$$
$$(1-v+\boldsymbol{\rho}'y^{\frac{v}{2}+1})y^{-(1+2v)/2}\quad(y\to\infty)$$

由上式可见，当 $v=0$ 时，$\theta_{\psi}(z)\in G(4r^2,1/2,\psi)$，当 $v=1$ 时，$\theta_{\psi}(z)\in S(4r^2,3/2,\psi\chi_{-1})$.

设 t 为正整数，ψ 为模 r 的原特征. 令

$$\theta_{\psi,t}(z)=\sum_{n=-\infty}^{+\infty}\psi(n)e(tn^2z)\quad(z\in H)$$

由命题 3.31，可知 $\theta_{\psi,t}\in G(4r^2t,1/2,\psi\chi_t)$. 在本节我们将证明 $G(N,1/2,\omega)$ 是由形如 $\theta_{\psi,t}$ 的函数生成的.

设 ω 为模 N 的偶特征，ψ 为模 $r(\psi)$ 的原偶特征，t 为正整数，以 $\Omega(N,\omega)$ 表示适合下述条件的二元组 (ψ,t) 的集合：

(ⅰ) $4r^2(\psi)t$ 是 N 的因子；

(ⅱ) 对任一与 N 互素的 n 有 $\omega(n)=\psi(n)\chi_t(n)$.

定理 4.22 函数集 $\{\theta_{\psi,t}\mid(\psi,t)\in\Omega(N,\omega)\}$ 是 $G(N,1/2,\omega)$ 的基.

记 $\psi=\prod\psi_p$，这里 p 跑遍 $r(\psi)$ 的素因子，ψ_p 称为 ψ 的 p 一分量，它是模 p^e 的特征，这里 $p^e\parallel r$. 若每个 ψ_p 都是偶特征，则称 ψ 为完全偶的. 将 $\Omega(N,\omega)$ 中 ψ 为完全偶的所有二元组 (ψ,t) 组成的子集记为 $\Omega_e(N,\omega)$，令 $\Omega_c(N,\omega)=\Omega(N,\omega)-\Omega_e(N,\omega)$.

定理 4.23 函数集 $\{\theta_{\psi,t}\mid(\psi,t)\in\Omega_c(N,\omega)\}$ 是 $S(N,1/2,\omega)$ 的基，而函数集 $\{\theta_{\psi,t}\mid(\psi,t)\in\Omega_e(N,\omega)\}$ 是 $S(N,1/2,\omega)$ 在 $G(N,1/2,\omega)$ 中的正交补空间的基.

下面我们来证明定理 4.22 和定理 4.23. 这部分材料取自 H. M. Stark 和 J.

P. Serre[20].

引理 4.24 (a)$G(N,\kappa/2,\omega)$ 中存在一组基,其中每个函数的 Fourier 展开式的系数都属于某一代数数域.

(b) 设 $f(z)=\sum_{n=0}^{\infty}a(n)e(nz)\in(N,\kappa/2,\omega)$ 的系数 $a(n)(n\geqslant 0)$ 都是代数数,则存在一个整数 D,使 $Da(n)(n\geqslant 0)$ 都是代数整数.

证明 对于权为整数的模形式,该引理是成立的(见[22],定理 3.52).令

$$f_0=\theta(z)^{3\kappa}=1+6\kappa e(z)+\cdots$$

映射 $\phi:f\mapsto ff_0$ 将 $G(N,\kappa/2,\omega)$ 映入 $G(N,2\kappa,\omega)$.若 f 的系数都是代数数,则 ff_0 的系数也都是代数数,(b) 对 ff_0 是成立的,可见对 f 亦成立.今证(a):$\theta(z)$ 在 H 上无零点,在 $S(4)=\{1,1/2,1/4\}$ 的三个尖点上,仅在 $1/2$ 的值为零(引理 4.8).$G(N,2\kappa,\omega)$ 中的一个函数 g 属于 ϕ 的象,即 g/f_0 属于 $G(N,\kappa/2,\omega)$ 的充要条件是 g 在 $S(N)$ 中与 $1/2$ 的 $\Gamma_0(N)$ 等价的尖点处有足够高的零点阶.利用整权模形式的性质,我们已知在 $G(N,2\kappa,\omega)$ 中存在一组基$\{g_i\}$,g_i 在各尖点的 Fourier 系数都是代数数.g 是$\{g_i\}$ 的线性组合,g 在一部分尖点具有一定阶的零点,这表示这些组合系数适合一组线性方程,每个方程的系数都是代数数.由此可见,$G(N,\kappa/2,\omega)$ 中存在一组基,其中每个函数的系数都是代数数.

引理 4.25 设 $f(z)=\sum_{n=0}^{\infty}a(n)e(nz)$ 为 $G(N,1/2,\omega)$ 中的非零元,p 为素数,$p\nmid N$,且 $f\mid T(p^2)=c_pf$,c_p 为一复数.又设 m 为正整数,且 $p^2\nmid m$,则:

(a) 对任一 $n\geqslant 0$,有 $a(mp^{2n})=a(m)\omega(p)^n\left(\frac{m}{p}\right)^n$;

(b) 若 $a(m)\neq 0$,则 $p\nmid m$,且 $c_p=\omega(p)\left(\frac{m}{p}\right)(1+p^{-1})$.

证明 算子 $T(p^2)$ 将系数为代数数的模形式仍映为系数为代数数的模形式,$G(N,1/2,\omega)$ 中存在一组基,其中每个模形式的系数都是代数数,所以 $T(p^2)$ 的本征值 c_p 是代数数,且其对应的本征函数空间由具有代数数为系数的模形式张成.不妨假设 f 的系数 $a(n)$ 都是代数数.令

$$A(T)=\sum_{n=0}^{\infty}a(mp^{2n})T^n$$

其中 T 为不一定元.由引理 3.40,我们有

$$A(T)=a(m)\cdot\frac{1-\alpha T}{(1-\beta T)(1-\gamma T)}$$

其中 $\alpha=\omega(p)p^{-1}\left(\frac{m}{p}\right)$,$\beta+\gamma=c_p$,$\beta\gamma=\omega(p^2)p^{-1}$.若假设 $a(m)\neq 0$,$A(T)$ 则为非零的有理函数.将 $A(T)$ 看作 p-adic T 函数,即将 $A(T)$ 的系数看作 p-adic 数域 $\boldsymbol{Q}_p$ 的代数扩域中的元素.由引理 4.24 的(b),可知 $a(mp^{2n})(n\geqslant 0)$ 的

p-adic 绝对值是有界的，从而当 $|T|_p<1$ 时，$A(T)$ 是收敛的，$A(T)$ 在单位圆 $U=\{T \mid |T|_p<1\}$ 内不能有极点，$(1-\beta T)(1-\gamma T)$ 若与 $1-\alpha T$ 互素，则必有 $|\beta|_p<1$，$|\gamma|_p<1$，但 $|\beta\gamma|_p=|\omega(p^2)p^{-1}|_p>1$，这不可能. 所以 β 与 γ 中必有一个等于 α，不妨设 $\beta=\alpha$，因此 $A(T)=a(m)/(1-\gamma T)$，$a(mp^{2n})=\gamma^n a(m)$. 因 $\beta\gamma\neq 0$，故 $\alpha\neq 0$，可见 $p\nmid m$，且

$$\gamma=\frac{\beta\gamma}{\alpha}=\omega(p^2)p^{-1}\Big/\left(\omega(p)p^{-1}\left(\frac{m}{p}\right)\right)=\omega(p)\left(\frac{m}{p}\right)$$

所以，$a(mp^{2n})=a(m)\omega(p)^n\left(\frac{m}{p}\right)^n$. 证得(a). 由 $c_p=\beta+\gamma=\alpha+\gamma$，即证得(b).

定理 4.26 设 $f(z)=\sum_{n=0}^{\infty}a(n)e(nz)$ 为 $G(N,1/2,\omega)$ 中的非零元，N' 为 N 的一个倍数，对任一素数 $p\nmid N'$，有 $f\mid T(p^2)=c_pf$，$c_p\in\mathbf{C}$，则存在唯一的无平方因子的正整数 t，使 n/t 不是平方数时总有 $a(n)=0$，且：

(ⅰ) $t\mid N'$；

(ⅱ) 对任一 $p\nmid N'$，$c_p=\omega(p)\left(\frac{t}{p}\right)(1+p^{-1})$；

(ⅲ) 对任一 $u\geqslant 1$，若 $(u,N')=1$，则

$$a(nu^2)=a(n)\omega(u)\left(\frac{t}{u}\right)$$

证明 设 m 和 m' 为任意两个使 $a(m)$ 和 $a(m')$ 都不是零的正整数，P 为适合 $p\nmid N'mm'$ 的素数集合，对任一 $p\notin P$，由引理 4.25，我们有

$$\omega(p)\left(\frac{m}{p}\right)(1+p^{-1})=\omega(p)\left(\frac{m'}{p}\right)(1+p^{-1})$$

因此 $\left(\frac{mm'}{p}\right)=1$，这表示 mm' 一定是一个平方数. 所以存在一个无平方因子的正数 t，使 $m=tv^2$，$m'=t(v')^2$，这证明了定理的第一部分. 设 p 为任一素数，$p\nmid N'$. 若 $v=p^nu$，$p\nmid u$，由于 $a(m)=a(tu^2p^{2n})\neq 0$，将引理 4.25 应用于 tu^2，可知 $a(tu^2)\neq 0$，由引理 4.25 的(b). 可知 $p\nmid t$，且 $c_p=\omega(p)\left(\frac{t}{p}\right)(1+p^{-1})$，证得(ⅱ). 由于 t 无平方因子，所以(ⅰ)成立. 证明(ⅲ)时，仅需考虑 $u=p$，$p\nmid N'$ 的情况. 设 $n=mp^{2a}$，$p^2\nmid m$，利用引理 4.25 的(b) 即可证(ⅲ).

推论 4.27 在定理 4.26 的假设条件下，又若 $a(1)\neq 0$，则 $t=1$，$c_p=\omega(p)(1+p^{-1})(p\nmid N')$. 可见这时特征 ω 由本征值集合 $\{c_p\}$ 唯一决定.

由定理 4.26 的(ⅰ)和(ⅲ)可得以下定理：

定理 4.28 在定理 4.26 的假设条件下，我们有

$$\sum_{n=1}^{\infty}a(n)n^{-s}=t^{-s}\Big(\sum_{n\mid(N')^{\infty}}a(tn^2)n^{-2s}\Big)\prod_{p\nmid N'}\left(1-\omega(p)\left(\frac{t}{p}\right)p^{-2s}\right)^{-1}$$

下面我们总假设

$$f(z)=\sum_{n=0}^{\infty}a(n)e(nz)$$

为 $G(N,1/2,\omega)$ 中的新形式. 由定理 4.26,存在无平方因子的正整数 t,使 n/t 不是平方数时,总有 $a(n)=0$.

引理 4.29 设 $f(z)=\sum_{n=0}^{\infty}a(n)e(nz)$ 为 $G(N,1/2,\omega)$ 中的新形式,则 $a(1)\neq 0,t=1$.

证明 若 $a(1)=0$,由定理 4.28 可见当 $(n,N')=1$ 时,总有 $a(n)=0$,利用推论 4.5,这时 f 属于 $G^{\mathrm{old}}(N,1/2,\omega)$,这不可能,所以 $a(1)\neq 0$,由推论 4.27 可知这时 $t=1$.

以 $a(1)^{-1}f$ 代替 f,以下我们总假设 $a(1)=1$,这时称 f 为正规化的.

引理 4.30 设 $g\in G(N,1/2,\omega)$ 是几乎所有的 Hecke 算子 $T(p^2)$ 的本征函数,且与 f 具有相同的本征值,则 $g=cf(c\in \mathbf{C})$.

证明 设 g 的展开式中 $e(z)$ 的系数为 c,则 $h=g-cf$ 的展开式中 $e(z)$ 的系数为零. 若 $h\neq 0$,h 是几乎所有的 Hecke 算子 $T(p^2)$ 的本征函数,利用定理 4.28,可以找到 N',使 $(n,N')=1$ 时,h 的展开式中 $e(nz)$ 的系数为零,由引理 4.4 可知 h 属于 $G^{\mathrm{old}}(N,1/2,\omega)$. 由引理 4.2,存在 N 的一个因子 $N_1<N$,模 N_1 的特征 ψ 及 $G(N_1,1/2,\psi)$ 中的一个正规化的新形式 g_1 使 g_1 与 f 和 h 对于几乎所有的算子 $T(p^2)$ 有相同的本征值. 在推论 4.27 中已经提到,特征 ψ 可由本征值集合 $\{c_p\}$ 唯一决定,故 $\psi=\omega$,g_1 属于 $G^{\mathrm{old}}(N,1/2,\omega)$. 同样推理知,$f-g_1$ 也属于 $G^{\mathrm{old}}(N,1/2,\omega)$,而 $f=g_1+(f-g_1)$,这与 f 是 $G(N,1/2,\omega)$ 中的新形式矛盾,因此 $h=0$,即 $g=cf$.

引理 4.31 在上述假设下,f 一定是所有算子 $T(p^2)$ 的本征函数,若

$$f\mid T(p^2)=c_pf$$

则

$$\sum_{n=1}^{\infty}a(n)n^{-s}=\prod_{p\mid N}(1-c_pp^{-2s})^{-1}\prod_{p\nmid N}(1-\omega(p)p^{-2s})^{-1}$$

且当 $4p\mid N$ 时,$c_p=0$.

证明 设 p 为任一素数,令 $g=f\mid T(p^2)$,对几乎所有的算子 $T((p')^2)$,g 与 f 具有相同的本征值,由引理 4.30,有 $g=cf$,所以 f 是所有算子 $T(p^2)$ 的本征函数. 利用定理 4.28 即可得到上述 Euler 乘积表达式.

设 $4p\mid N$,我们有

$$f\mid T(p)=\sum_{n=0}^{\infty}a(np)e(nz)=\sum_{m=0}^{\infty}a(m^2p^2)e(pm^2z)=$$
$$(f\mid T(p^2))\mid V(p)=c_pf\mid V(p)$$

它属于$G(N,1/2,\omega\chi_p)$. 若$c_p \neq 0$,应用引理 4.3 于$f \mid T(p)$,可知ω模N/p是可定义的,且存在$g \in G(N/p,1/2,\omega)$,使$f \mid T(p) = g \mid V(p)$,因而$g = c_p f$,这与$f$是$G(N,1/2,\omega)$中的新形式矛盾. 所以$c_p = 0$.

引理 4.32 在上述假设之下,N是平方数,且$f \mid W(N) = cf \mid H (c \in C)$.

证明 设素数$p \nmid N$,则$f \mid T(p^2) = c_p f$,且$c_p = \omega(p)(1 + p^{-1})$. 利用命题 3.33,我们有

$$f \mid W(N)T(p^2) = \bar{\omega}(p^2) c_p f \mid W(N) = \bar{c}_p f \mid W(N)$$

$$f \mid HT(p^2) = (c_p f) \mid H = \bar{c}_p f \mid H$$

引理 4.1 告诉我们,$f \mid W(N)$是$G(N,1/2,\bar{\omega}\chi_N)$中的新形式,$f \mid H$是$G(N,1/2,\bar{\omega})$中的新形式,当$p \nmid N$时,它们对于算子$T(p^2)$具有相同的本征值,因为本征值集合$\{\bar{c}_p\}$可以唯一地决定它们对应的特征,故有$\bar{\omega}\chi_N = \bar{\omega}$,可见$N$是平方数. 由引理 4.30,可知$f \mid W(N)$与$f \mid N$仅差一常数因子.

定理 4.33 设f是$G(N,1/2,\omega)$中的正规化的新形式,r是ω的导子,则$N = 4r^2$, $f = 2^{-1}\theta_\omega$.

证明 定义

$$F(s) = \sum_{n=1}^{\infty} a(n) n^{-s} = \prod_{p \mid N} (1 - c_p p^{-2s})^{-1} \prod_{p \nmid N} (1 - \omega(p) p^{-2s})^{-1}$$

$$\bar{F}(s) = \sum_{n=1}^{\infty} \overline{a(n)} n^{-s}$$

由定理 3.39,可知当$\mathrm{Re}(s) > 3/2$时,上述级数绝对收敛,且有函数方程

$$(2\pi)^{-s}\Gamma(s)F(s) = c_1 \left(\frac{2\pi}{N}\right)^{s-1/2} \Gamma\left(\frac{1}{2} - s\right) \bar{F}\left(\frac{1}{2} - s\right)$$

(注意$f \mid W(N) = cf \mid N$). 这里的c_1及下中的c_2, c_3, c_4均为常数. 又令

$$G(s) = L(2s,\omega) = \prod_{p \nmid r} (1 - \omega(p) p^{-2s})^{-1}$$

$$\bar{G}(s) = L(2s,\bar{\omega})$$

$G(s)$有函数方程(见式(1.2.21))

$$(2\pi)^{-s}\Gamma(s)G(s) = c_2 \left(\frac{2\pi}{4r^2}\right)^{s-1/2} \Gamma\left(\frac{1}{2} - s\right) \bar{G}\left(\frac{1}{2} - s\right)$$

将以上两式相除得到

$$\prod_{p \mid m} \frac{1 - c_p p^{-2s}}{1 - \omega(p) p^{-2s}} = c_3 \left(\frac{N}{4r^2}\right)^{s-1/2} \prod_{p \mid m} \frac{1 - \bar{c}_p p^{2s-1}}{1 - \bar{\omega}_p p^{2s-1}}$$

m为适合$c_p \neq \omega(p)$的N的素因子的乘积. 若存在$p \mid m$,使$\omega(p) \neq 0$,则有$\mathrm{Re}(s) = 0$的直线上左端的函数有无穷个极点,而右端的函数在$\mathrm{Re}(s) = 0$的直线上没有极点. 故对任一$p \mid m$,有$\omega(p) = 0$(即$p \mid r$). 由于这时$c_p \neq w(p)$,所以$c_p \neq 0$. 我们有

$$\prod_{p\mid m}(1-c_p p^{-2s})=c_4\left(\frac{Nm^2}{4r^2}\right)^s\prod_{p\mid m}(1-c'_p p^{-2s})$$

其中 $c'_p=p/\bar{c}_p$. 考虑上式两端函数的零点，可知对任一 $p\mid m$，有 $c_p=c'_p$，因而 $|c_p|^2=p$. 可见 $c_4=1, Nm^2=4r^2$. 由引理 4.31，当 $4p\mid N$ 时有 $c_p=0$，所以 m 仅可能为 1 或 2. 当 $m=1$ 时就有 $N=4r^2$. 若 $m=2$，因 $c_2\neq 0$，故 $8\nmid N$，但因 $\omega(2)=0$，故 $4\mid r$，由于 $4N=4r^2$，这与 $8\nmid N$ 矛盾. 所以我们证得 $N=4r^2$，$F(s)=G(s)$. 对任一 $n\geqslant 1$，f 与 $2^{-1}\theta_\omega$ 的展开式中 $e(nz)$ 项的系数相同，$f-2^{-1}\theta_\omega$ 是一常数，但它是权为 1/2 的模形式，必有 $f=2^{-1}\theta_\omega$.

定理 4.34 设 ω 是导子为 r 的偶特征，则 $2^{-1}\theta_\omega$ 为 $G(4r^2,1/2,\omega)$ 中的正规化新形式.

证明 我们已知 $\theta_\omega\in G(4r^2,1/2,\omega)$. 由定理 3.30，对任一 $p\nmid 4r^2$，有

$$\theta_\omega\mid T(p^2)=\omega(p)(1+p^{-1})\theta_\omega$$

若 θ_ω 不是 $G(4r^2,1/2,\omega)$ 中的新形式，则存在 $4r^2$ 的因子 $N_1<4r^2$，模 N_1 的特征 ψ 及 $G(N_1,1/2,\psi)$ 中的新形式 f，使 f 与 θ_ω 对几乎所有的算子 $T(p^2)$ 具有相同的本征值 $\psi(p)(1+p^{-1})=\omega(p)(1+p^{-1})$，因此 $\omega=\psi, N_1=4r^2$（定理 4.33），这与 $N_1<4r^2$ 矛盾，所以 θ_ω 是 $G(4r^2,1/2,\omega)$ 中的新形式.

定理 4.22 的证明 (a) $\{\theta_{\psi,t}\mid(\psi,t)\in\Omega(N,\omega)\}$ 是线性独立的.

因为 ψ 由 ω 和 t 唯一确定，所以在 $\Omega(N,\omega)$ 中，t 作为二元对 (ψ,t) 的第二个元素仅出现一次. 设

$$\lambda_1\theta_{\psi_1,t_1}+\cdots+\lambda_m\theta_{\psi_m,t_m}=0$$

并且 $t_1<t_2<\cdots<t_m, \lambda_i\neq 0(1\leqslant i\leqslant m)$. 在 θ_{ψ_1,t_1} 的展开式中 $e(t_1z)$ 的系数为 2，而 $\theta_{\psi_i,t_i}(i\geqslant 2)$ 的展开式中 $e(t_1z)$ 的系数为零，可见 $\lambda_1=0$，这与上述假设矛盾.

(b) $\{\theta_{\psi,t}\mid(\psi,t)\in\Omega(N,\omega)\}$ 生成 $G(N,1/2,\omega)$.

设 $f,g\in G(N,1/2,\omega)$，若 $p\nmid N$，利用引理 3.12 可证

$$\langle f\mid T(p^2),g\rangle=\omega(p^2)\langle f,g\mid T(p^2)\rangle$$

所以 $\bar{\omega}(p)T(p^2)$ 是 Hermitian 算子，由于它们是可交换的，可知 $G(N,1/2,\omega)$ 有一组基，其中每个函数是 $T(p^2)(p\nmid N)$ 的本征函数. 我们仅需证明当 $f\in G(N,1/2,\omega)$ 是所有算子 $T(p^2)(p\nmid N)$ 的本征函数时，它可以表成 $\{\theta_{\psi,t}\mid(\psi,t)\in\Omega(N,\omega)\}$ 的线性组合. 对 N 用归纳法. 若 f 是新形式，由定理 4.33 即得证. 若 f 是老形式，则 $f\in G(N/p,1/2,\omega)$，ω 模 N/p 可定义，或 $f=g\mid V(p)$，$g\in G(N/p,1/2,\omega\chi_p)$，$\omega\chi_p$ 模 N/p 可定义，在第一种情况，由归纳假设，可知 f 是 $\{\theta_{\psi,t}\mid(\psi,t)\in\Omega(N/p,\omega)\}$ 的线性组合，显然 $\Omega(N/p,\omega)\subset\Omega(N,\omega)$；在第二种情况，由归纳假设，$g$ 是 $\{\theta_{\psi,t}\mid(\psi,t)\in\Omega(N/p,\omega\chi_p)\}$ 的线性组合，从而 f 是 $\{\theta_{\psi,t}\mid(\psi,t)\in\Omega(N,\omega)\}$ 的线性组合.

现在考虑定理 4.23 的证明. 设

$$f(z)=\sum_{n=0}^{\infty}a(n)e(nz)$$

为 $\Gamma_1(N)$ 上权为 $\kappa/2$ 的模形式, ε 是定义在 Z 上以 M 为周期的函数,令

$$(f*\varepsilon)(z)=\sum_{n=0}^{\infty}a(n)\varepsilon(n)e(nz)$$

ε 的 Fourier 变换为

$$\hat{\varepsilon}(m)=M^{-1}\sum_{n=1}^{M}\varepsilon(n)e(-nm/M)$$

由反变换得到

$$\varepsilon(n)=\sum_{m=1}^{M}\hat{\varepsilon}(m)e(nm/M)$$

所以

$$(f*\varepsilon)(z)=\sum_{m=1}^{M}\hat{\varepsilon}(m)f(z+m/M)$$

$f(z+m/M)$ 是 $\Gamma_1(NM^2)$ 上的权为 $\kappa/2$ 的模形式.

引理 4.35 下述两个结论是等价的:

(ⅰ) f 在所有的尖点 $m/M(m\in\mathbf{Z})$ 的值为零(这里 m 与 M 可以不互素);

(ⅱ) 对每个以 M 为周期的函数 ε

$$L(f*\varepsilon,s)=\sum_{n=1}^{\infty}a(n)\varepsilon(n)n^{-s}$$

在 $s=\kappa/2$ 是全纯的.(对于权为整数的模形式,类似的结论也成立)

证明 (ⅰ) 等价于对任一以 M 为周期的函数 ε, $f*\varepsilon$ 在尖点 $s=0$ 的值为零,由定理 3.39, (ⅱ) 等价于 $f*\varepsilon\mid W(NM^2)$ 在 $\mathrm{i}\infty$ 的值为零,而 $f*\varepsilon\mid W(NM^2)$ 在 $\mathrm{i}\infty$ 的值与 $f*\varepsilon$ 在尖点 $s=0$ 的值仅差一个常数因子,故引理成立.

推论 4.36 f 是尖形式等价于对任一 $\mathbf{Z}$ 上的周期函数 ε, $L(f*\varepsilon,s)$ 在 $s=\kappa/2$ 是全纯的.

当 $f\in G(N,1/2,\omega)$ 时,由于任一尖点都 $\Gamma_0(N)$ 等价于形如 $m/N(m$ 与 N 不一定互素) 的尖点,所以我们仅需考虑以 N 为周期的函数 ε.

引理 4.37 设 ψ 是偶特征,但不是完全偶的,则 θ_ψ 是尖形式.

证明 设 ε 是 $\mathbf{Z}$ 上任一以 N 为周期的函数,不妨假设 N 是 ψ 的导子 $r(\psi)$ 的倍数. 我们仅需证明

$$F_\varepsilon(s)=2\sum_{n=1}^{\infty}\varepsilon(n^2)\psi(n)n^{-2s}$$

在 $s=1/2$ 是全纯的.

我们有

$$F_{\varepsilon}(s)=2\sum_{m=1}^{N}\varepsilon(m^2)\psi(m)F_{m,N}(2s)$$

其中

$$F_{m,N}(s)=\sum_{\substack{n\equiv m(N)\\ n\geqslant 1}}n^{-s}$$

熟知，$F_{m,N}(s)$ 在 $s=1$ 处有一个单极点，留数为 $1/N$. 所以 $F_{\varepsilon}(s)$ 在 $s=1/2$ 最多有一个单极点，其留数为 $R(\varepsilon,\psi)/N$，其中

$$R(\varepsilon,\psi)=\sum_{m=1}^{N}\varepsilon(m^2)\psi(m)$$

仅需证明 $R(\varepsilon,\psi)=0$. 因 ψ 不是完全偶的，存在 $r(\psi)$ 的一个素因子 l，使 ψ 的 l-分量 ψ_l 是奇特征. 设 $N=l^aN'$，$l\nmid N'$. 取整数 χ_l，使 $\chi_l\equiv -1(l^a)$，$\chi_l\equiv 1(N')$. 易见 χ_l 在 $\mathbf{Z}/N\mathbf{Z}$ 中是可逆的，且 $\chi_l^2\equiv 1(N)$，$\psi(\chi_l)=-1$，所以

$$R(\varepsilon,\psi)=\sum_{m\bmod N}\varepsilon((\chi_l m)^2)\psi(\chi_l m)=-\sum_{m\bmod N}\varepsilon(m)^2\psi(m)=-R(\varepsilon,\psi)$$

因此 $R(\varepsilon,\psi)=0$.

引理 4.38 设 ψ 是完全偶特征，T 是有限个正整数的集合，若 $f=\sum_{t\in T}c_t\theta_{\psi,t}$ $(c_t\in\mathbf{C})$ 为尖形式，则所有的 $c_t=0$.

证明 假设不是所有的 $c_t=0$，设 t_0 为 T 中最小的数，使 $c_{t_0}\neq 0$. 取正整数 M，它是 $2r(\psi)$ 及 T 中所有数的倍数. 由于 ψ 是完全偶的，因此可以找到一个模 M 的特征 α，使 $\alpha^2=\psi$. 定义 $\mathbf{Z}$ 上的周期函数 ε

$$\varepsilon(n)=\begin{cases}\bar{a}(n/t_0), & \text{若 } t_0\mid n, n/t_0 \text{ 与 } M \text{ 互素}\\ 0, & \text{否则}\end{cases}$$

我们有

$$\varepsilon(t_0n^2)=\begin{cases}\bar{\psi}(n), & \text{若}(n,M)=1\\ 0, & \text{若}(n,M)\neq 1\end{cases}$$

及

$$\varepsilon(tn^2)=0,\text{若 } t\in T, t>t_0$$

(因为 $(tn^2,M)\geqslant t>t_0$). 于是

$$L(f*\varepsilon,s)=2c_{t_0}\sum_{\substack{(n,M)=1\\ n\geqslant 1}}\bar{\psi}(n)\psi(n)(t_0n^2)^{-s}=2c_{t_0}t_0^{-s}\sum_{\substack{(n,M)=1\\ n\geqslant 1}}n^{-2s}$$

它在 $s=1/2$ 的留数为

$$c_{t_0}t_0^{-1/2}\varphi(M)/M\neq 0$$

由推论 4.36 可见 f 不是尖形式.

定理 4.23 的证明 仅需证明以下三条：

(a) 若$(\psi,t)\in\Omega_c(N,\omega)$，则 $\theta_{\psi,t}$ 是尖形式(由引理 4.37 即得).

(b) $\{\theta_{\psi,t}\mid(\psi,t)\in\Omega_e(N,\omega)\}$ 的非零性组合不是尖形式.

以 V 表示$\{\theta_{\psi,t}\mid(\psi,t)\in\Omega_e(N,\omega)\}$ 的线性组合与尖形式子空间的交. 若 $V\neq\{0\}$，V 在 $T(p^2)(p\nmid N)$ 的作用下不变，故 V 中有一个所有算子 $T(p^2)(p\nmid N)$ 的非零公共本征函数 f. 由于 $\theta_{\psi,t}$ 关于算子 $T(p^2)$ 的本征值为 $\psi(p)(1+p^{-1})$，可见 f 是一组具有同一 ψ 的 $\theta_{\psi,t}$ 的线性组合，这与引理 4.38 矛盾. 所以 $V=\{0\}$.

(c) 设$(\psi,t)\in\Omega_e(N,\omega)$，$(\psi',t')\in\Omega_e(N,\omega)$，则 $\theta_{\psi,t}$ 与 $\theta_{\psi',t'}$ 在 Petersson 内积下正交.

$\bar{\psi}'\omega^2$ 是完全偶特征，ψ 不是完全偶特征，所以 $\bar{\psi}'\omega^2\neq\psi$，一定可以找到一个素数 p，使 $\psi(p)\neq\bar{\psi}'\omega^2(p)$. $\theta_{\psi,t}$ 和 $\theta_{\psi',t'}$ 关于 $T(p^2)$ 的本征值分别为$(1+p^{-1})\psi(p)$ 和 $(1+p^{-1})\psi'(p)$，利用$\langle\theta_{\psi,t}\mid T(p^2),\theta_{\psi',t'}\rangle=\omega^2(p)\langle\theta_{\psi,t},\theta_{\psi',t'}\mid T(p^2)\rangle$，得到 $\psi(p)\langle\theta_{\psi,t},\theta_{\psi',t'}\rangle=\bar{\psi}'\omega^2(p)\langle\theta_{\psi,t},\theta_{\psi',t'}\rangle$，可见$\langle\theta_{\psi,t},\theta_{\psi',t'}\rangle=0$.

4.4 $\varepsilon(N,3/2,\omega)$ 的基(Ⅰ)

设 $N=2^{r(2)}N'$，$r(2)\geqslant 2$，$2\nmid N'$，ω 为模 N 的偶特征，其导子记为 $r(\omega)$，利用定理 2.23，当 $r(2)=2$ 时，我们有

$$\dim\varepsilon(N,3/2,\omega)=2\sum_{\substack{c\mid N'\\(c,N'/c)\mid N/r(\omega)}}\varphi((c,N'/c))-\dim\varepsilon(N,1/2,\omega)\tag{4.4.1}$$

当 $r(2)=3$ 时，有

$$\dim\varepsilon(N,3/2,\omega)=3\sum_{\substack{c\mid N'\\(c,N'/c)\mid N/r(\omega)}}\varphi((c,N'/c))-\dim\varepsilon(N,1/2,\omega)\tag{4.4.2}$$

当 $r(2)\geqslant 4$ 时，有

$$\dim\varepsilon(N,3/2,\omega)=\sum_{\substack{c\mid N\\(c,N'/c)\mid N/r(\omega)}}\varphi((c,N/c))-\dim\varepsilon(N,1/2,\omega)\tag{4.4.3}$$

从定理 4.23，我们已得到了 $\dim\varepsilon(N,1/2,\omega)$，它是 $\Omega_e(N,\omega)$ 中的二元对(ψ,t)的个数.

在本节，D 总表示一个无平方因子的正奇数，m，l 和 β 总表示 D 的因子，α 总表示 m 的因子，v 为 D 的素因子个数. 我们将构造 $\varepsilon(4D,3/2,\chi_l)$，$\varepsilon(8D,3/2,\chi_l)$ 和 $\varepsilon(8D,3/2,\chi_{2l})$ 的基. 由于 $\Omega_e(4D,\chi_l)=\{(id.,l)\}$，故

$$\dim \varepsilon(4D,1/2,\chi_l)=1$$

所以

$$\dim \varepsilon(4D,3/2,\chi_l)=2^{v+1}-1 \tag{4.4.4}$$

我们在本节仅讨论权为3/2的Eisenstein级数，为了符号的简便，我们将省去下标"3"，定义

$$\lambda(n,4D)=\lambda_3(n,4D)=L_{4D}(2,id.)^{-1}L_{4D}(1,\chi_{-n})\beta_3(n,0,\chi_D,4D)$$

及

$$A(p,n)=A_3(p,n)$$

由式(1.2.43) 及(1.2.44)，易见

$$\begin{aligned}&A(2,4n)-4^{-1}(1-\mathrm{i})=2^{-1}(A(2,n)-4^{-1}(1-\mathrm{i}))\\&A(p,p^2n)-p^{-1}=p^{-1}(A(p,n)-p^{-1})\quad(p\neq 2)\end{aligned} \tag{4.4.5}$$

当 $2\nmid q$ 时，$A(2,qn)=A(2,n)$. 同样当 $p\nmid q$ 时，$A(p,qn)=A(p,n)$.

定义函数

$$\begin{aligned}&g(\chi_l,4D,4D)(z)=\\&1-4\pi(1+\mathrm{i})l^{1/2}\sum_{n=1}^{\infty}\lambda(ln,4D)(A(2,ln)-4^{-1}(1-\mathrm{i}))\cdot\\&\prod_{p\mid D}(A(p,ln)-p^{-1})n^{1/2}e(nz)\end{aligned}$$

当 $m\neq D$ 时，定义函数

$$\begin{aligned}&g(\chi_l,4m,4D)(z)=\\&-4\pi(1+\mathrm{i})l^{1/2}\sum_{n=1}^{\infty}\lambda(ln,4D)(A(2,ln)-4^{-1}(1-\mathrm{i}))\cdot\\&\prod_{p\mid m}(A(p,ln)-p^{-1})n^{1/2}e(nz)\end{aligned}$$

当 $m\neq 1$ 时，定义函数

$$g(\chi_l,m,4D)(z)=2\pi l^{1/2}\sum_{n=1}^{\infty}\lambda(ln,4D)\prod_{p\mid m}(A(p,ln)-p^{-1})n^{1/2}e(nz)$$

命题 4.39 函数 $g(\chi_l,4m,4D)$ 属于 $\varepsilon(4D,3/2,\chi_l)$，且

$$\begin{aligned}&V(g(\chi_l,4m,4D),1/\alpha)=\\&-4^{-1}(1+\mathrm{i})\mu(m/\alpha)\alpha m^{-1}l^{1/2}(l,\alpha)^{-1/2}\varepsilon_{\alpha/(l,\alpha)}^{-1}\left(\frac{l/(l,\alpha)}{\alpha/(l,\alpha)}\right)\\&V(g(\chi_l,4m,4D),1/(4\alpha))=\\&\mu(m/\alpha)\alpha m^{-1}l^{1/2}(l,\alpha)^{-1/2}\varepsilon_{l/(l,\alpha)}\left(\frac{\alpha/(l,\alpha)}{l/(l,\alpha)}\right)\end{aligned}$$

$g(\chi_l,4m,4D)$ 在 $S(4D)$ 的其他尖点的值为零.

证明 首先考虑 $l=1$. 由引理 1.22，可知 $g(id.,4D,4D)=f_2^*(id.,4D)$，

由定理 4.9 及引理 4.15，可见命题对 $g(id.,4D,4D)$ 是成立的. 设 $m \neq D$，我们有

$$g(id.,4m,4D) = -4\pi(1+\mathrm{i})\prod_{p\mid D/m} p(1+p)^{-1} \cdot$$
$$\sum_{n=1}^{\infty}\lambda(n,4D)(A(2,n)-4^{-1}(1-\mathrm{i}))\prod_{p\mid m}(A(p,n)-p^{-1}) \cdot$$
$$\prod_{p\mid D/m}\{1+A(p,n)-(A(p,n)-p^{-1})\}n^{1/2}e(nz) =$$
$$\prod_{p\mid D/m} p(1+p)^{-1}\sum_{d\mid D/m}\mu(d)f_2^*(id.,4md) \tag{4.4.6}$$

所以 $g(id.,4m,4D)$ 属于 $\varepsilon(4D,3/2,id.)$. 由式(4.4.5)可得

$$g(id.,4m,4D) \mid T(p^2) = g(id.,4m,4D)(p \mid 2m)$$
$$g(id.,4m,4D) \mid T(p^2) = pg(id.,4m,4D)(p \mid D/m) \tag{4.4.7}$$

由引理 4.15，我们有

$$V(g(id.,4m,4D),1) =$$
$$\prod_{p\mid D/m} p(1+p)^{-1}\sum_{d\mid D/m}\mu(D)V(f_2^*(id.,4md),1) =$$
$$-4^{-1}(1+\mathrm{i})\prod_{d\mid D/m} p(1+p)^{-1}\sum_{d\mid D/m}\mu(d)\mu(md)(md)^{-1} =$$
$$-4^{-1}(1+\mathrm{i})\mu(m)m^{-1}$$

利用 $g(id.,4m,4D) \mid T(4) = g(id.,4m,4D)$ 和引理 4.15 的证明方法，可证得对一切 β 有 $V(g(id.,4m,4D),1/(2\beta)) = 0$ 及

$$V(g(id.,4m,4D),1/4) = -4(1+\mathrm{i})^{-1}V(g(id.,4m,4D),1) = \mu(m)m^{-1}$$

利用引理 4.13，即可证得 $l=1$ 时命题成立.

对于 $l \neq 1$ 的情况，因为

$$g(\chi_l,4m,4D) = g(id.,4m,4D) \mid T(l) = l^{-1}\sum_{k=1}^{l} g(id.,4m,4D)\left(\frac{z+l}{l}\right)$$

所以 $g(\chi_l,4m,4D) \in 4(4D,3/2,\chi_l)$. 利用引理 4.6，我们可得到

$$V(g(\chi_l,4m,4D),1) =$$
$$l^{-1}\sum_{d\mid l} d^{3/2}\sum_{\substack{k=1\\(k,l/d)=1}}^{l/d} V(g(id.,4m,4D),k/(ld^{-1})) =$$
$$l^{-1}\sum_{d\mid l} l^{3/2}\sum_{k=1}^{l/d}\left(\frac{k}{ld^{-1}}\right)V(g(id.,4m,4D),1/(ld^{-1})) =$$
$$-4^{-1}(1+\mathrm{i})\mu(m)m^{-1}l^{1/2}$$

式(4.4.7)对 $g(\chi_l,4m,4D)$ 也同样成立，利用上述 $l=1$ 时同样的方法，可证命题对 $g(\chi_l,4m,4D)$ 也成立.

引理 4.40 设 κ 为正奇数，n 为正整数，则

$$\lambda_\kappa(n,4m)=\lambda_\kappa(n,4D)\prod_{p\mid D/m}(1+A_\kappa(p,n))$$

证明 设 $n=ab^2$，a 无平方因子，记 $h=h(p,n)$，由定义

$$\lambda_\kappa(n,4m)=L_{4m}(2\lambda,id.)^{-1}L_{4m}(\lambda,\chi_{(-1)^\lambda a})\beta_\kappa(n,0,\chi_m,4m)$$

其中 $\lambda=(\kappa-1)/2$. 易见

$$L_{4m}(2\lambda,id.)^{-1}L_{4m}(\lambda,\chi_{(-1)^\lambda a})=$$

$$L_{4D}(2\lambda,id.)^{-1}L_{4D}(\lambda,\chi_{(-1)^\lambda a})\prod_{p\mid D/m}(1-p^{-2\lambda})(1-\chi_{(-1)^\lambda a}(p)p^{-\lambda})^{-1}$$

及

$$\beta_\kappa(ab^2,0,\chi_m,4m)=\sum_{\substack{uv\mid b\\(nv,2m)=1}}\mu(u)\chi_{(-1)^\lambda a}(u)u^{-\lambda}v^{1-2\lambda}=$$

$$\prod_{p\mid a,p\nmid 2m}\Big(\sum_{l=0}^{(h-1)/2}p^{(1-2l)l}\Big)\prod_{p\mid b,p\nmid 2ma}\Big(\sum_{l=0}^{h/2}p^{(1-2l)l}-\chi_{(-1)^\lambda a}(p)p^{-\lambda}\sum_{l=0}^{h/2-1}p^{(1-2l)l}\Big)=$$

$$\prod_{p\mid a,p\mid D/m}\Big(\sum_{l=0}^{(h-1)/2}p^{(1-2\lambda)l}\Big)\prod_{p\mid b,p\mid D/m,p\nmid a}\Big(\sum_{l=0}^{h/2}p^{(1-2\lambda)l}-\chi_{(-1)^\lambda a}p^{-\lambda}\sum_{l=0}^{h/2-1}p^{(1-2\lambda)l}\Big)\cdot$$

$$\beta_\kappa(ab^2,0,\chi_D,4D)$$

当 $p\mid a,p\mid D/m$ 时

$$(1-p^{-2\lambda})\sum_{l=0}^{(h-1)/2}p^{(1-2\lambda)l}=1+(1-p^{-1})\sum_{l=1}^{(h-1)/2}p^{(1-2\lambda)l}-p^{(1-2\lambda)(h+1)/2-1}=$$

$$1+A_\kappa(p,n)$$

当 $p\nmid a,p\mid b,p\mid D/m$ 时，若 $\chi_{(-1)^\lambda a}(p)=1$，则有

$$(1-p^{-2\lambda})(1-p^{-\lambda})^{-1}\Big(\sum_{l=0}^{h/2}p^{(1-2\lambda)l}-p^{-\lambda}\sum_{l=0}^{h/2-1}p^{(1-2\lambda)l}\Big)=$$

$$\sum_{l=0}^{h/2}p^{(1-2\lambda)l}-p^{-2\lambda}\sum_{l=0}^{h/2-1}p^{(1-2\lambda)l}+p^{(1-2\lambda)(h+1)/2-1/2}=$$

$$1+A_\kappa(p,n)$$

若 $\chi_{(-1)^\lambda a}=-1$，则有

$$(1-p^{-2\lambda})(1+p^{-\lambda})^{-1}\Big(\sum_{l=0}^{h/2}p^{(1-2\lambda)l}-p^{-\lambda}\sum_{l=0}^{h/2-1}p^{(1-2\lambda)l}\Big)=$$

$$\sum_{l=0}^{h/2}p^{(1-2\lambda)l}-p^{-2\lambda}\sum_{l=0}^{h/2-1}p^{(1-2\lambda)l}-p^{(1-2\lambda)(h+1)/2-1/2}=$$

$$1+A_\kappa(p,n)$$

引理证毕.

命题 4.41 函数 $g(\chi_l,m,4D)(m\neq 1)$ 属于 $\varepsilon(4D,3/2,\chi_l)$，且

$$V(g(\chi_l,m,4D),1/\alpha)=$$

$$-4^{-1}(1+\mathrm{i})\mu(m/\alpha)\alpha m^{-1}l^{1/2}(l,\alpha)^{-1/2}\varepsilon_{\alpha/(l,\alpha)}^{-1}\left(\frac{l/(l,\alpha)}{\alpha/(l,\alpha)}\right)$$

$g(\chi_l,m,4D)$ 在 $S(4D)$ 的其他尖点的值为零.

证明 类似于命题 4.39，仅需考虑 $l=1$ 的情况. 假设已证得 $g(id.,m,4D)$ 属于 $\varepsilon(4D,3/2,id.)$，由式(4.4.5)可知

$$
\begin{aligned}
g(id.,m,4D) \mid T(p^2) &= g(id.,m,4D)(p \mid m) \\
g(id.,m,4D) \mid T(p^2) &= pg(id.,m,4D)(p \mid 2D/m)
\end{aligned} \tag{4.4.8}
$$

利用上述关于 $T(4)$ 的关系式，对任一 β 有

$$
\begin{aligned}
&2V(g(id.,m,4D),1/(4\beta)) = \\
&4^{-1}\sum_{k=1}^{4}V(g(id.,m,4D),(1+4\beta k)/(4\beta)) = \\
&V(g(id.,m,4D),1/(4\beta))
\end{aligned}
$$

由此得到 $V(g(id.,m,4D),1/(4\beta))=0$. 仍利用关于 $T(4)$ 的关系式可得

$$
\begin{aligned}
&2V(g(id.,m,4D),1/(2\beta)) = \\
&4^{-1}\sum_{k=1}^{4}V(g(id.,m,4D),(1+2\beta k)/(8\beta)) = 0
\end{aligned}
$$

所以如果知道了 $V(g(id.,m,4D),1)$，由引理 4.13，即可知道 $g(id.,m,4D)$ 在所有尖点的值. 令

$$
f_3(id.,4D)(z) = 2\pi\sum_{n=1}^{\infty}\lambda(n,4D)\left(\prod_{p\mid D}A(p,n)-D^{-1}\right)n^{1/2}e(nz)
$$

则

$$
\begin{aligned}
f_1(id.,4D) = -f_3(id.,4D) + 1 - 4\pi(1+\mathrm{i})\sum_{n=1}^{\infty}\lambda(n,4D)\,\cdot \\
(A(2,n)-4^{-1}(1-i))\prod_{p\mid D}A(p,n)n^{1/2}e(nz) = \\
D^{-1}\sum_{m\mid D}mg(id.,4m,4D) - f_3(id.,4D)
\end{aligned}
$$

可见 $f_3(id.,4D)$ 属于 $\varepsilon(4D,3/2,id.)$，且

$$
\begin{aligned}
V(f_3(id.,4D),1) = D^{-1}\sum_{m\mid D}mV(g(id.,4m,4D),1) - V(f_1(id.,4D),1) = \\
-4^{-1}(1+\mathrm{i})D^{-1}\sum_{m\mid D}\mu(m) + (1+\mathrm{i})(4D)^{-1} = \\
(1+\mathrm{i})(4D)^{-1}
\end{aligned} \tag{4.4.9}
$$

因为 $m\neq 1$ 即表示 $D\neq 1$.

若 D 为一素数 p，则 $g(id.,p,4p)=f_3(id.,4p)$，它属于 $\varepsilon(4p,3/2,id.)$，再由式(4.4.9)可知这时命题成立. 现对 D 的素因子个数 v 应用归纳法. 易见

$$
\begin{aligned}
&\prod_{p\mid\beta}(1+p)^{-1}\prod_{p\mid D}(A(p,n)-p^{-1}) = \\
&\prod_{p\mid D/\beta}(A(p,n)-p^{-1})\prod_{p\mid\beta}\{(1+A(p,n))(1+p^{-1})-p^{-1}\} =
\end{aligned}
$$

$$\sum_{d\mid\beta}\mu(\beta/d)d\beta^{-1}\prod_{p\mid D/\beta}(A(p,n)-p^{-1})\cdot$$
$$\prod_{p\mid D}(1+A(p,n))(1+p)^{-1}$$

所以

$$\sum_{\beta\mid D,\beta\neq D}\mu(\beta)\prod_{p\mid\beta}(1+p)^{-1}\prod_{p\mid D}(A(p,n)-p^{-1})=$$
$$\prod_{p\mid D}A(p,n)-D^{-1}+\sum_{\beta\mid D,\beta\neq D}\ \sum_{d\mid\beta,d\neq1}\mu(d)d\beta^{-1}\cdot$$
$$\prod_{p\mid D/\beta}(A(p,n)-p^{-1})\prod_{p\mid d}(1+A(p,n))(1+p)^{-1}$$

我们得到

$$\sum_{\beta\mid D,\beta\neq D}\mu(\beta)\prod_{p\mid\beta}(1+p)^{-1}g(id.,D,4D)=$$
$$f_3(id.,4D)+\sum_{\beta\mid D,\beta\neq D}\ \sum_{d\mid\beta,d\neq1}\mu(d)d\beta^{-1}g(id.,D/\beta,4D/d)$$

这里利用了引理 4.40. 由归纳假设,可知 $g(id.,D,4D)$ 属于 $\varepsilon(4D,3/2,id.)$,且

$$\sum_{\beta\mid D,\beta\neq D}\mu(\beta)\prod_{p\mid\beta}(1+p)^{-1}V(g(id.,D,4D),1)=$$
$$(1+\mathrm{i})(4D)^{-1}+\sum_{\beta\mid D,\beta\neq D}\ \sum_{d\mid\beta,d\neq1}\mu(d)d\beta^{-1}\cdot$$
$$\prod_{p\mid d}(1+p)^{-1}(-4^{-1}(1+\mathrm{i})\mu(D/\beta)\beta D^{-1})=$$
$$-(4D)^{-1}(1+\mathrm{i})\mu(D)\sum_{\beta\mid D,\beta\neq D}\mu(\beta)\prod_{p\mid\beta}(1+p)^{-1}$$

所以,$V(g(id.,D,4D),1)=-(4D)^{-1}(1+\mathrm{i})\mu(D)$,命题对 $g(id.,D,4D)$ 成立.

利用命题 4.39 中所用的方法,可得

$$g(id.,m,4D)=\prod_{p\mid D/m}p(1+p)^{-1}\sum_{d\mid D/m}\mu(d)g(id.,md,4md)$$

由归纳假设及以上所证,右端每个函数都属于 $\varepsilon(4D,3/2,id.)$,故 $g(id.,m,4D)$ 亦属于 $\varepsilon(4D,3/2,id.)$,且

$$V(g(id.,m,4D),1)=\prod_{p\mid D/m}p(1+p)^{-1}\sum_{d\mid D/m}\mu(d)V(g(id.,md,4md),1)=$$
$$-4^{-1}(1+\mathrm{i})\prod_{p\mid D/m}p(1+p)^{-1}\sum_{d\mid D/m}\mu(d)\mu(md)(md)^{-1}=$$
$$-(4m)^{-1}(1+\mathrm{i})\mu(m)$$

正如本证明开始时所述,可见命题成立.

定理 4.42 函数集

$$g(\chi_l,4m,4D)(m\mid D),g(\chi_l,m,4D)(m\mid D,m\neq1)$$

是 $\varepsilon(4D,3/2,\chi_l)$ 的基.

证明 定义函数

$$G(\chi_l,4,4D)=l^{-1/2}\varepsilon_l^{-1}g(\chi_l,4,4D)$$

对 D 的每个素因子 p 定义函数

$$G(\chi_l,p,4D)=2(\mathrm{i}-1)l^{-1/2}(l,p)^{1/2}\varepsilon_{p/(l,p)}\left(\frac{l/(l,p)}{p/(l,p)}\right)g(\chi_l,p,4D)$$

然后对 m 的素因子个数归纳地定义函数

$$G(\chi_l,4m,4D)=l^{-1/2}(l,m)^{1/2}\varepsilon_{l/(l,m)}^{-1}\left(\frac{m/(l,m)}{l/(l,m)}\right)\Big\{g(\chi_l,4m,4D)-$$

$$g(\chi_l,m,4D)-\mu(m)m^{-1}l^{1/2}\sum_{\alpha\mid m,\alpha\neq m}\mu(\alpha)\alpha(l,\alpha)^{-1/2}\cdot$$

$$\varepsilon_{l/(l,\alpha)}\left(\frac{\alpha/(l,\alpha)}{l/(l,\alpha)}\right)G(\chi_l,4\alpha,4D)\Big\}$$

及

$$G(\chi_l,m,4D)=2(\mathrm{i}-1)l^{-1/2}(l,m)^{1/2}\varepsilon_{m/(l,m)}\left(\frac{l/(l,m)}{m/(l,m)}\right)\cdot$$

$$\Big\{g(\chi_l,m,4D)+(1+\mathrm{i})(4m)^{-1}\mu(m)\sum_{\alpha\mid m,\alpha\neq 1,m}\mu(\alpha)\cdot$$

$$\alpha l^{1/2}(l,\alpha)^{-1/2}\varepsilon_{\alpha/(l,\alpha)}^{-1}\left(\frac{l/(l,\alpha)}{\alpha/(l,\alpha)}\right)G(\chi_l,\alpha,4D)\Big\}$$

可以归纳地证明，除了在 1 和 $1/(2^rm)$ 两个尖点之外，$G(\chi_l,2^rm,4D)$($r=0$ 或 2) 在 $S(4D)$ 中的其他尖点的值都是零. 利用命题 4.39 和 4.41，通过直接计算可知

$$V(G(\chi_l,4m,4D),1/(4m))=V(G(\chi_l,m,4D),1/m)=1$$

$$V(G(\chi_l,4m,4D),1)=-(4m)^{-1}(1+\mathrm{i})(l,m)^{1/2}\varepsilon_{l/(l,m)}^{-1}\left(\frac{m/(l,m)}{l/(l,m)}\right)\quad(4.4.10)$$

$$V(G(\chi_l,m,4D),1)=-m^{-1}(l,m)^{1/2}\varepsilon_{m/(l,m)}\left(\frac{l/(l,m)}{m/(l,m)}\right)$$

由式(4.4.4)，可见函数集

$$G(\chi_l,4m,4D)(m\mid D)\text{ 及 }G(\chi_l,m,4D)(m\mid D,m\neq 1)$$

是 $\varepsilon(4D,3/2,\chi_l)$ 的基，它们是定理中所说的函数集的线性组合，所以定理成立.

现在取 $N=8D$. 因为 $\Omega_e(8D,\chi_l)=\{(id.\,,l)\}$，$\Omega_e(8D,\chi_{2l})=\{(id.\,,2l)\}$，所以式(4.4.2) 可知

$$\dim\varepsilon(8D,3/2,\chi_l)=\dim\varepsilon(8D,3/2,\chi_{2l})=3\cdot 2^v-1$$

令

$$R=\{n\in\mathbf{Z}\mid n\geqslant 1,n\equiv 1\text{ 或 }2(4)\}$$

定义函数

$$f_4(id.,4D)=2\pi\sum_{n\in\boldsymbol{R}}\lambda(n,4D)\prod_{p\mid D}(A(p,n)-p^{-1})n^{1/2}e(nz)$$

由式(1.2.45)和(1.2.46)我们有

$$f_2^*(id.,4D)+2^{-1}(1+\mathrm{i})\mu(D)f_2(id.,8D)=2^{-1}\cdot 3f_4(id.,8D)$$

这里我们利用了 $\overline{A}(2,n)-4^{-1}(1-\mathrm{i})=3(\mathrm{i}-1)/8(n\in\boldsymbol{R})$. 可见 $f_4(id.,8D)$ 属于 $\varepsilon(8D,3/2,id.)$，由引理 4.15 和 4.17，我们有

$$V(f_4(id.,8D),1/(8\beta))=V(f_4(id.,8D),1/(2\beta))=0$$

$$V(f_4(id.,8D),1/\beta)=-8^{-1}(1+\mathrm{i})\mu(D/\beta)\beta D^{-1}\varepsilon_\beta^{-1} \qquad (4.4.11)$$

$$V(f_4(id.,8D),1/(4\beta))=\mu(D/\beta)\beta D^{-1}$$

对任一 $m\mid D$，定义函数

$$g(\chi_l,4m,8D)=2\pi l^{1/2}\sum_{ln\in\boldsymbol{R}}\lambda(ln,4D)\prod_{p\mid m}(A(p,ln)-p^{-1})n^{1/2}e(nz)$$

命题 4.43 函数 $g(\chi_l,4m,4D)$ 属于 $\varepsilon(8D,3/2,\chi_l)$，且

$$V(g(\chi_l,4m,8D),1/\alpha)=-8^{-1}(1+\mathrm{i})\mu(m/\alpha)\alpha m^{-1}l^{1/2}(l,\alpha)^{-1/2}\varepsilon_{\alpha/(1,\alpha)}^{-1}\left(\frac{l/(l,\alpha)}{\alpha/(l,\alpha)}\right)$$

$$V(g(\chi_l,4m,8D),1/(4\alpha))=\mu(m/\alpha)\alpha m^{-1}l^{1/2}(l,\alpha)^{-1/2}\varepsilon_{l/(1,\alpha)}\left(\frac{\alpha/(l,\alpha)}{l/(l,\alpha)}\right)$$

$g(\chi_l,4m,8D)$ 在 $S(8D)$ 的其他尖点的值为零.

证明 因 $g(\chi_l,4m,8D)=g(id.,4m,8D)\mid T(l)$，故仅需考虑 $l=1$ 的情况. 类似于式(4.4.6)，我们有

$$g(id.,4m,8D)=\prod_{p\mid D/m}p(1+p)^{-1}\sum_{d\mid D/m}\mu(d)f_4(id.,8md)$$

所以 $g(id.,4m,8D)$ 属于 $\varepsilon(8D,3/2,id.)$. 由式(4.4.11)得

$$V(g(id.,4m,8D),1/(8\beta))=V(g(id.,4m,8D),1/(2\beta))=0$$

$$V(g(id.,4m,8D),1)=-8^{-1}(1+\mathrm{i})\mu(m)m^{-1}$$

$$V(g(id.,4m,8D),1/4)=\mu(m)m^{-1}$$

虽然我们也有

$$g(id.,4m,8D)\mid T(p^2)=g(id.,4m,8D)(p\mid m)$$

$$g(id.,4m,8D)\mid T(p^2)=pg(id.,4m,8D)(p\mid D/m)$$

由引理 4.13，即可证得命题成立.

定理 4.44 函数集

$$g(\chi_l,4m,8D)(m\mid D)$$

$$g(\chi_l,4m,4D)(m\mid D)$$

$$g(\chi_l,m,4D)(m\mid D,m\neq 1)$$

是 $\varepsilon(8D,3/2,\chi_l)$ 的基.

证明 尖点 $1/(8\alpha)$ 和尖点 $1/(4\alpha)$ 是 $\Gamma_0(4D)$ 等价的，由命题 4.39 和引理

4.6 得到

$$V(g(\chi_l,4m,8D),1/(8\alpha))=\mu(m/\alpha)\alpha m^{-1}l^{1/2}(l,\alpha)^{-1/2}\varepsilon_{l/(l,\alpha)}\left(\frac{2\alpha/(l,\alpha)}{l/(l,\alpha)}\right)$$

定义函数

$$G(\chi_l,4,8D)=l^{-1/2}\varepsilon_l^{-1}g(\chi_l,4,8D)$$

$$G(\chi_l,8,8D)=l^{-1/2}\varepsilon_l^{-1}\left(\frac{2}{l}\right)\{g(\chi_l,4,4D)-g(\chi_l,4,8D)\}$$

然后归纳地定义

$$G(\chi_l,8m,8D)=l^{-1/2}(l,m)^{-1/2}\varepsilon_{l/(l,m)}^{-1}\left(\frac{2m/(l,m)}{l/(l,m)}\right)\cdot$$
$$\{g(\chi_l,4m,4D)-g(\chi_l,4m,8D)-2^{-1}g(\chi_l,m,4D)-$$
$$\mu(m)m^{-1}l^{1/2}\sum_{\alpha|m,\alpha\neq m}\mu(\alpha)\alpha(1,\alpha)^{-1/2}\cdot$$
$$\varepsilon_{l/(l,\alpha)}\left(\frac{2\alpha/(l,\alpha)}{l/(l,\alpha)}\right)G(\chi_l,8\alpha,8D)\}$$

及

$$G(\chi_l,4m,8D)=l^{-1/2}(l,m)^{1/2}\varepsilon_{l/(l,m)}^{-1}\left(\frac{m/(l,m)}{l/(l,m)}\right)\cdot$$
$$\{g(\chi_l,4m,8D)-2^{-1}g(\chi_l,m,4D)-$$
$$\mu(m)m^{-1}l^{1/2}\sum_{\alpha|m,\alpha\neq m}\mu(\alpha)\alpha(1,\alpha)^{-1/2}\cdot$$
$$\varepsilon_{l/(l,\alpha)}\left(\frac{\alpha/(l,\alpha)}{l/(l,\alpha)}\right)G(\chi_l,4\alpha,4D)\}$$

当 $m\neq 1$ 时,定义函数 $G(\chi_l,m,8D)=G(\chi_l,m,4D)$.

可以归纳地证明 $G(\chi_l,2^r m,8D)(r=0,2,3)$ 仅在尖点 1 和 $1/(2^r m)$ 有非零的值,在 $S(8D)$ 的其他尖点的值都是零. 通过直接计算得到

$$V(G(\chi_l,m,8D),1/m)=1(m\neq 1)$$

$$V(G(\chi_l,4m,8D),1/4m)=V(G(\chi_l,8m,8D),1/(8m))=1$$

$$V(G(\chi_l,m,8D),1)=-m^{-1}(l,m)^{1/2}\varepsilon_{m/(l,m)}\left(\frac{l/(l,m)}{m/(l,m)}\right)$$

$$V(G(\chi_l,4m,8D),1)=-8^{-1}(1+\mathrm{i})m^{-1}(l,m)^{1/2}\varepsilon_{l/(l,m)}^{-1}\left(\frac{m/(l,m)}{l/(l,m)}\right)$$

$$V(G(\chi_l,8m,8D),1)=-8^{-1}(1+\mathrm{i})m^{-1}(l,m)^{1/2}\varepsilon_{l/(l,m)}^{-1}\left(\frac{2m/(l,m)}{l/(l,m)}\right)\quad(4.4.12)$$

由式(4.4.10),可见函数集

$$G(\chi_l,8m,8D)(m\mid D)$$

$$G(\chi_l,4m,8D)(m\mid D)$$

$$G(\chi_l,m,8D)(m\mid D,m\neq 1)$$

是 $\varepsilon(8D,3/2,\chi_l)$ 的基,从而定理成立.

现在考虑 $\varepsilon(8D,3/2,\chi_{2l})$ 的基.定义函数

$$\begin{aligned}g(\chi_{2l},m,8D)&=g(\chi_l,m,4D)\mid T(2)\\g(\chi_{2l},2m,8D)&=g(\chi_l,4m,8D)\mid T(2)\\g(\chi_{2l},8m,8D)&=g(\chi_l,4m,4D)\mid T(2)\end{aligned}\tag{4.4.13}$$

利用命题 4.41,4.43 和 4.39 不难证明下述三个命题:

命题 4.45 函数 $g(\chi_{2l},m,8D)(m\neq 1)$ 属于 $\varepsilon(8D,3/2,\chi_l)$,且

$$V(g(\chi_{2l},m,8D),1/\alpha)=$$
$$-2^{-3/2}(1+\mathrm{i})\mu(m/\alpha)\alpha m^{-1}l^{1/2}(l,\alpha)^{-1/2}\varepsilon_{\alpha/(l,\alpha)}^{-1}\left(\frac{2l/(l,\alpha)}{\alpha/(l,\alpha)}\right)$$

$g(\chi_{2l},m,8D)$ 在 $S(8D)$ 的其他尖点的值都是零.

命题 4.46 函数 $g(\chi_{2l},2m,8D)$ 属于 $\varepsilon(8D,3/2,\chi_{2l})$,且

$$V(g(\chi_{2l},2m,8D),1/\alpha)=$$
$$-2^{-5/2}(1+\mathrm{i})\mu(m/\alpha)\alpha m^{-1}l^{1/2}(l,\alpha)^{-1/2}\varepsilon_{\alpha/(l,\alpha)}^{-1}\left(\frac{2l/(l,\alpha)}{\alpha/(l,\alpha)}\right)$$
$$V(g(\chi_{2l},2m,8D),1/(2\alpha))=$$
$$-2^{-1}(1+\mathrm{i})\mu(m/\alpha)\alpha m^{-1}l^{1/2}(l,\alpha)^{-1/2}\varepsilon_{\alpha/(l,\alpha)}^{-1}\varepsilon_l^{-1}\left(\frac{l/(l,\alpha)}{\alpha/(l,\alpha)}\right)$$

$g(\chi_{2l},2m,8D)$ 在 $S(8D)$ 的其他尖点的值都是零.

命题 4.47 函数 $g(\chi_{2l},8m,8D)$ 属于 $\varepsilon(8D,3/2,\chi_{2l})$,且

$$V(g(\chi_{2l},8m,8D),1/\alpha)=$$
$$-2^{-3/2}(1+\mathrm{i})\mu(m/\alpha)\alpha m^{-1}l^{1/2}(l,\alpha)^{-1/2}\varepsilon_{\alpha/(l,\alpha)}^{-1}\left(\frac{2l/(l,\alpha)}{\alpha/(l,\alpha)}\right)$$
$$V(g(\chi_{2l},8m,8D),1/(2\alpha))=$$
$$2^{-1}(1+\mathrm{i})\mu(m/\alpha)\alpha m^{-1}l^{1/2}(l,\alpha)^{-1/2}\varepsilon_{\alpha/(l,\alpha)}^{-1}\varepsilon_l^{-1}\left(\frac{l/(l,\alpha)}{\alpha/(l,\alpha)}\right)$$
$$V(g(\chi_{2l},8m,8D),1/(8\alpha))=\mu(m/\alpha)\alpha m^{-1}l^{1/2}(l,\alpha)^{-1/2}\varepsilon_{l/(l,\alpha)}\left(\frac{\alpha/(l,\alpha)}{l/(l,\alpha)}\right)$$

$g(\chi_{2l},8m,8D)$ 在 $S(8D)$ 的其他尖点的值都是零.

定理 4.48 函数集

$$g(\chi_{2l},m,8D)(m\mid D,m\neq 1)$$
$$g(\chi_{2l},2m,8D)(m\mid D)$$
$$g(\chi_{2l},8m,8D)(m\mid D)$$

是 $\varepsilon(8D,3/2,\chi_{2l})$ 的基.

证明 令

$$G(\chi_{2l},2,8D)=(1-\mathrm{i})l^{-1/2}\varepsilon_l g(\chi_{2l},2,8D)$$

$$G(\chi_{2l},8,8D)=l^{-1/2}\varepsilon_l^{-1}(g(\chi_{2l},8,8D)-g(\chi_{2l},2,8D))$$

设 p 为 D 的任一素因子,定义

$$G(\chi_{2l},p,8D)=2^{1/2}(\mathrm{i}-1)l^{-1/2}(l,p)^{1/2}\varepsilon_{p/(l,p)}\left(\frac{2l/(l,p)}{p/(l,p)}\right)g(\chi_{2l},p,8D)$$

对任一 $m\neq 1$,归纳地定义

$$G(\chi_{2l},m,8D)=2^{1/2}(\mathrm{i}-1)l^{-1/2}(l,m)^{1/2}\varepsilon_{m/(l,m)}\left(\frac{2l/(l,m)}{m/(l,m)}\right)\cdot$$
$$\{g(\chi_{2l},m,8D)+2^{-3/2}(1+\mathrm{i})\mu(m)m^{-1}\cdot$$
$$\sum_{\alpha|m,\alpha\neq 1,m}\mu(\alpha)\alpha l^{1/2}(l,\alpha)^{-1/2}\cdot$$
$$\varepsilon_{\alpha/(l,\alpha)}^{-1}\left(\frac{2l/(l,\alpha)}{\alpha/(l,\alpha)}\right)G(\chi_{2l},\alpha,8D)\}$$

$$G(\chi_{2l},2m,8D)=(1-\mathrm{i})l^{-1/2}(l,m)^{1/2}\varepsilon_{m/(l,m)}\varepsilon_l\left(\frac{l/(l,m)}{m/(l,m)}\right)\cdot$$
$$\{g(\chi_{2l},2m,8D)-2^{-1}g(\chi_{2l},m,8D)-$$
$$2^{-1}(1+\mathrm{i})\mu(m)m^{-1}l^{1/2}\varepsilon_l^{-1}\sum_{\alpha|m,\alpha\neq n}\mu(\alpha)(l,\alpha)^{1/2}\cdot$$
$$\varepsilon_{\alpha/(l,\alpha)}^{-1}\left(\frac{l/(l,\alpha)}{\alpha/(l,\alpha)}\right)G(\chi_{2l},2\alpha,8D)\}$$

$$G(\chi_{2l},8m,8D)=l^{-1/2}(l,m)^{1/2}\varepsilon_{l/(l,m)}^{-1}\left(\frac{m/(l,m)}{l/(l,m)}\right)\cdot$$
$$\{g(\chi_{2l},8m,8D)-g(\chi_{2l},2m,8D)-$$
$$2^{-1}g(\chi_{2l},m,8D)-$$
$$\mu(m)m^{-1}l^{1/2}\sum_{\alpha|m,\alpha\neq m}\mu(\alpha)\alpha(l,\alpha)^{-1/2}\cdot$$
$$\varepsilon_{l/(l,\alpha)}\left(\frac{\alpha/(l,\alpha)}{l/(l,\alpha)}\right)G(\chi_{2l},8\alpha,8D)\}$$

从而我们有

$$V(G(\chi_{2l},m,8D),1/m)=V(G(\chi_{2l},2m,8D),1/(2m))=$$
$$V(G(\chi_{2l},8m,8D),1/(8m))=1$$

$$V(G(\chi_{2l},m,8D),1)=-m^{-1}(l,m)^{1/2}\varepsilon_{m/(l,m)}\left(\frac{l/(l,m)}{m/(l,m)}\right)$$

$$V(G(\chi_{2l},2m,8D),1)=-2^{-3/2}m^{-1}(l,m)^{1/2}\varepsilon_{m/(l,m)}\varepsilon_l\left(\frac{l/(l,m)}{m/(l,m)}\right)$$

$$V(G(\chi_{2l},8m,8D),1)=-2^{-5/2}(1+\mathrm{i})m^{-1}(l,m)^{1/2}\varepsilon_{l/(l,m)}^{-1}\left(\frac{m/(l,m)}{l/(l,m)}\right) \quad (4.4.14)$$

从而可证得定理.

由于空间 $\varepsilon(8D,3/2,\chi_{2l})$ 的维数与 $\varepsilon(8D,3/2,\chi_l)$ 的维数相同，算子 $T(2)$ 是线性的，由式(4.4.13)及定理 4.44 可给出定理 4.48 的另一证明. 我们在下一节将利用函数 $G(\chi_{2l},m,8D)$，$G(\chi_{2l},2m,8D)$ 和 $G(\chi_{2l},8m,8D)$.

最后，我们给出本节所引入的一些模形式的 Zeta 函数，设

$$f(z)=\sum_{n=0}^{\infty}a(n)e(nz)\in G(N,3/2,\omega)$$

是所有 Hecke 算子 $T(p^2)$ 的本征函数，对应的本征值为 λ_p. 设 t 为无平方因子的正整数，且与 N 互素. 定理 3.41 给出了 f 的 Zeta 函数的 Eular 乘积表示（取 $\kappa=3$）

$$\sum_{n=0}^{\infty}a(tn^2)n^{-s}=a(t)\prod_{p}\left(1-\omega(p)\left(\frac{-1}{p}\right)p^{-s}\right)\cdot$$
$$(1-\lambda_p p^{-s}+\omega(p^2)p^{1-2s})^{-1}$$

取 $f=g(\chi_l,4m,4D)$. 我们已知 $f\mid T(p^2)=f$（若 $p\mid 2m$）及 $f\mid T(p^2)=pf$（若 $p\mid D/m$）. 设素数 q 与 $4D$ 互素. 令

$$a(n)=\lambda(ln,4D)(A(2,ln)-4^{-1}(1-\mathrm{i}))\prod_{p\mid m}(A(p,ln)-p^{-1})n^{1/2}$$

及

$$f\mid T(q^2)=\sum_{n=0}^{\infty}b(n)e(nz)$$

易见

$$L_{4D}(1,\chi_{-lnq^2})(A(2,lnq^2)-4^{-1}(1-\mathrm{i}))\prod_{p\mid m}(A(p,lnq^2)-p^{-1})=$$
$$L_{4D}(1,\chi_{-ln})(A(2,ln)-4^{-1}(1-\mathrm{i}))\prod_{p\mid m}(\overline{A}(p,ln)-p^{-1})$$

记 $ln=\tau\sigma^2$，τ 为无平方因子的正整数，以 $h(p)$ 表示 ln 中出现的 p 的最高幂次. 利用表达式

$$\beta_3(\tau\sigma^2,0,\chi_D,4D)=\prod_{p\mid\tau,p\nmid 2D}\left(\sum_{k=0}^{(h(p)-1)/2}p^{-k}\right)\prod_{p\mid\sigma,p\nmid 2D\tau}\left(\sum_{k=0}^{h(p)/2}p^{-k}-\chi_{-ln}(p)\sum_{k=1}^{h(p)/2}p^{-k}\right)$$

若 $h(q)=0$，则

$$\beta_3(\tau\sigma^2q^2,0,\chi_D,4D)=(1+q^{-1}-\chi_{-l\tau}(q)q^{-1})\beta_3(\tau\sigma^2,0,\chi_D,4D)$$

若 $q\mid\tau$，则

$$\beta_3(\tau\sigma^2q^2,0,\chi_D,4D)=\left(\sum_{k=0}^{(h(q)+1)/2}q^{-k}\right)\left(\sum_{k=0}^{(h(q)-1)/2}q^{-k}\right)^{-1}\beta_3(\tau\sigma^2,0,\chi_D,4D)$$

若 $q\nmid\tau$，$q\mid\sigma$，则

$$\beta_3(\tau\sigma^2 q^2,0,\chi_D,4D)=\left(\sum_{k=0}^{h(q)/2+1} q^{-k}-\chi_{-\tau l}(q)\sum_{k=1}^{(h(q)/2)+1} q^{-k}\right)\cdot$$
$$\left(\sum_{k=0}^{h(q)/2} q^{-k}-\chi_{-\tau l}(q)\sum_{k=1}^{h(q)/2} q^{-k}\right)^{-1}\cdot$$
$$\beta_3(\tau\sigma^2,0,\chi_D,4D)$$

利用定理 3.30，当 $h(q)=0$ 时，我们有

$$b(n)=\{q(1+q^{-1}-\chi_{-l\tau}(q)q^{-1})+\chi_{-l\tau}(q)\}a(n)=(1+q)a(n)$$

当 $h(q)=1$ 时，我们有

$$b(n)=a(q^2 n)=(1+q)a(n)$$

当 $q\mid\tau,h(q)\geqslant 3$ 时，我们有

$$b(n)=\left\{q\left(\sum_{k=0}^{(h(q)+1)/2} q^{-k}\right)\left(\sum_{k=0}^{(h(q)-1)/2} q^{-k}\right)^{-1}+\right.$$
$$\left.\left(\sum_{k=0}^{(h(q)-3)/2} q^{-k}\right)\left(\sum_{k=0}^{(h(q)-1)/2} q^{-k}\right)^{-1}\right\}a(n)=$$
$$(1+q)a(n)$$

当 $q\nmid\tau,q\mid\sigma$ 时，我们有

$$b(n)=\left\{q\left(\sum_{k=0}^{(h(q)/2)+1} q^{-k}-\chi_{-l\tau}(q)\sum_{k=1}^{(h(q)/2)+1} q^{-k}\right)\cdot\right.$$
$$\left(\sum_{k=0}^{h(q)/2+1} q^{-k}-\chi_{-l\tau}(q)\sum_{k=1}^{h(q)/2} q^{-k}\right)^{-1}+$$
$$\left(\sum_{k=0}^{(h(q)/2)-1} q^{-k}-\chi_{-l\tau}(q)\sum_{k=1}^{(h(q)/2)-1} q^{-k}\right)\cdot$$
$$\left.\left(\sum_{k=0}^{h(q)/2} q^{-k}-\chi_{-l\tau}(q)\sum_{k=1}^{h(q)/2} q^{-k}\right)^{-1}\right\}a(n)=$$
$$(1+q)a(n)$$

因此

$$g(\chi_l,4m,4D)\mid T(q^2)=(1+q)g(\chi_l,4m,4D)(q\nmid 2D)$$

我们得到

$$\sum_{n=1}^{\infty}a(tn^2)n^{-s}=a(t)\prod_{p\mid 2m}(1-p^{-s})^{-1}\prod_{p\mid D/m}(1-p^{-s})^{-1}\cdot$$
$$\prod_{q\nmid 2D}(1-\chi_{-lt}(q)q^{-s})(1-(1+q)q^{-s}+q^{1-2s})^{-1}=$$
$$a(t)L_{D/m}(s,id.)L_{2m}(s-1,id.)L_{2Dt}(s,\chi_{-lt})^{-1}$$

如以 $g(\chi_l,m,4D)$ 代替 $g(\chi_l,4m,4D)$，相应的 Euler 乘积为

$$a(t)L_{2D/m}(s,id.)L_m(s-1,id.)L_{2Dt}(s,\chi_{-lt})^{-1}$$

由于 $g(\chi_l,4m,4D)\mid T(2)=0$，故 $g(\chi_l,4m,4D)$ 相应的 Euler 乘积为

$$a(t)L_{2D/m}(s,id.)L_{2m}(s-1,id.)L_{2Dt}(s,\chi_{-lt})^{-1}$$

函数 $g(\chi_l,m,8D)$，$g(\chi_{2l},2m,8D)$ 和 $g(\chi_{2l},8m,8D)$ 所对应的 Euler 乘积分别为

$$a(t)L_{2D/m}(s,id.)L_m(s-1,id.)L_{2Dt}(s,\chi_{-2lt})^{-1}$$
$$a(t)L_{D/m}(s,id.)L_{2m}(s-1,id.)L_{2Dt}(s,\chi_{-2lt})^{-1}$$
$$a(t)L_{2D/m}(s,id.)L_{2m}(s-1,id.)L_{2Dt}(s,\chi_{-2lt})^{-1}$$

4.5 $\varepsilon(N,3/2,\omega)$ 的基（Ⅱ）

对任意的 $N(4\mid N)$ 和模 N 的偶特征 ω，本节将构造 $\varepsilon(N,3/2,\omega)$ 的基. 以 f 表示 ω 的导子. 设 c 为正整数，ψ 为模 m 的原特征. 对任一素数 p，我们以 $c(p)$，$f(p)$，$m(p)$，… 分别表示 c,f,m，… 的标准因子分解式中所出现的 p 的幂次（即 $p^{c(p)}\parallel c$ 等）. 为了简便，将 $N(p)$ 写为 $n(p)$.

二元对 (ψ,c)，若适合下列条件之一，称为允许对：

(1) 当 $n(2)\geqslant 4$ 时，c 和 m 适合

$$c\mid N, m\mid (c,N/c)\mid N/f \tag{4.5.1}$$

(2) 当 $n(2)=3$，$f(2)=3$，c 和 m 适合

$$c\mid N, m\mid (c/2^{c(2)},N/c)\mid N/f, c(2)=0,1,3$$

(3) 当 $n(2)=3$，$f(2)=0,2$ 时，c 和 m 适合式(4.5.1)，且 $c(2)=0,2,3$.

(4) 当 $n(2)=2$ 时，c 和 m 适合式(4.5.1)，且 $c(2)=0,2$.

允许对的个数为

$$\sum_{c\mid N,(c,N/c)\mid N/f}\varphi((c,N/c))，若\ n(2)\geqslant 4$$
$$3\sum_{c\mid N',(c,N/c)\mid N/f}\varphi((c,N/c))，若\ n(2)=3$$
$$2\sum_{c\mid N',(c,N/c)\mid N/f}\varphi((c,N/c))，若\ n(2)=2$$

其中 $N'=N/2^{n(2)}$，φ 为欧拉函数. 设 t 是正整数，ψ^* 是一个完全偶的原特征，以 r 为导子，且 (ψ^*,t) 适合

$$(\text{i})\,4r^2t\mid N;(\text{ii})\,\omega=\psi^*\chi_t \tag{4.5.2}$$

二元对 (ψ^*,t) 的个数等于 $\varepsilon(N,1/2,\omega)$ 的维数. 对任一这样的对 (ψ^*,t)，因 ψ^* 是完全偶的，存在特征 ξ，使 $\xi^2=\psi^*$，以 $\widetilde{m}$ 表示 ξ 的导子. 当 $2\nmid r$ 时，有 $\widetilde{m}=r$；当 $2\mid r$ 时，有 $\widetilde{m}=2r$. 在选取 ξ 时，我们还有个约定，对模素数幂 p^e 的任一偶特征 ψ_p^*，在两个可能的适合 $\xi_p^e=\psi_p^*$ 的模 p^e（模 p^{e+1}，当 $p=2$ 时）的特征中，固定选取其中的一个. 以下我们总以 p 表示奇素数. 令

$$\tilde{c}=2^{e}rt\prod_{p\mid t,\,p\nmid r}p^{-1}\tag{4.5.3}$$

其中

$$e=\begin{cases}1, & 若\ r(2)\geqslant 3\\ -1, & 若\ r(2)=0,t(2)\geqslant 1\\ 0, & 若\ r(2)=t(2)=0\end{cases}$$

因 r 是 ψ^{*} 的导子，所以 $r(2)$ 不能是 1 或 2. 由式(4.5.2) 的(ⅰ) 可知

$$2^{2-e}r\prod_{p\mid t,\,p\nmid r}p\tilde{c}\mid N$$

由式(4.5.2) 的(ⅱ) 可知 $f(2)\leqslant 2-e+r(2)$，若 $p\mid r$，则 $f(p)\leqslant r(p)$，若 $p\mid t,p\nmid r$，则 $f(p)\leqslant 1$. 因此我们有 $f\tilde{c}\mid N$. 易见 $\widetilde{m}\mid\tilde{c}$ 及 $\widetilde{m}\mid N/\tilde{c}$，当 $n(2)=2,3$ 时，总有 $\tilde{c}(2)=0$. $(\xi,\tilde{c})$ 是一个允许对，我们称这样的允许对为例外对. 每个二元对(ψ^{*},t) 对应唯一的例外对，例外对的个数为 $\varepsilon(N,1/2,\omega)$ 的维数. 由式(4.4.1)(4.4.2) 和(4.4.3) 可知，非例外的允许对个数就是 $\varepsilon(N,3/2,\omega)$ 的维数.

将 N 的所有因子排个次序. 首先将 N 的素因子排列为 $p_0=2,p_1,\cdots,p_n$，N 的任一因子 c 对应一个序列$(c(p_0),c(p_1),\cdots,c(p_n))$. 设 c_1 和 c_2 为 N 的两个因子，若存在一个整数 $j(0\leqslant j\leqslant n)$，使 $c_1(p_j)<c_2(p_j)$，及 $c_1(p_i)<c_2(p_i)(0\leqslant i<j)$，我们称 c_1 位于 c_2 之前，记为 $c_1\prec c_2$. 于是 N 的所有因子有了排序.

我们知道

$$S(N)=\{d_1/c,\cdots,d_{g(c)}/c\mid c\mid N\}$$

是 $\Gamma_0(N)$ 的尖点等价类的一个完全代表系，其中 $g(c)=\varphi((c,N/c))$，$d_i\ (1\leqslant i\leqslant g(c))$ 跑遍$(Z/(c,N/c)Z)^{*}$，且与 c 互素. 将 $S(N)$ 中的尖点首先按照 c 的次序排列，在对应同一个 c 的 $g(c)$ 个尖点之间可以任意排列，这样就得到了 $S(N)$ 中所有尖点的一个排序.

本节的主要内容是构造 $\varepsilon(N,3/2,\omega)$ 的基.

对任一非例外的允许对(ψ,c)，我们定义一个函数 $F(\psi,c)(z)\in\varepsilon(N,3/2,\omega)$，使

$$V(F(\psi,c),d/c)=\psi(d)\rho_1(\psi)\rho_2(d)\tag{4.5.4}$$

及

$$V(F(\psi,c),d/\beta)=0(c\prec\beta,\beta\mid N)\tag{4.5.5}$$

这里 $\rho_1(\psi)$ 不依赖于 d，$\rho_2(d)$ 不依赖于 ψ，且 $\rho_1(\psi)\rho_2(d)\neq 0$. 定义尖点集合

$$S_f(N)=\{d_1/c,\cdots,d_{g(c)}/c\mid c\ 适合条件(1)\sim(4)\ 之一\}$$

构造一个矩阵 $\mathbf{A}=(V(F(\psi,c),s))$，$\mathbf{A}$ 的每一行对应一个函数 $F(\psi,c)$，$\mathbf{A}$ 的每一列对应 $S_f(N)$ 中的一个尖点. 在函数集$\{F(\psi,c)\}$ 中也可引入一个排序，首先按照 c 的次序，而在同一个 c 对应的函数 $F(\psi,c)$ 之间可以任意排列. $\mathbf{A}$ 的行按照

函数 $F(\psi,c)$ 的次序排列，$\mathbf{A}$ 的列则按照尖点 s 的次序排列．利用式(4.5.4)(4.5.5)及下述引理4.49可知 $\mathbf{A}$ 是满秩的．因此我们所找到的函数集 $\{F(\psi,c)\}$ 就是 $\varepsilon(N,3/2,\omega)$ 的基．有时在式(4.5.3)右端还会出现附加的项，但这时可以证明它并不影响 $\mathbf{A}$ 的满秩．

我们首先叙述关于特征的几个引理：

引理 4.49　设 n 为正整数，$\psi_i(1\leqslant i\leqslant\varphi(n))$ 为模 n 的所有特征，$a_j(1\leqslant j\leqslant\varphi(n))$ 是 $(Z/nZ)^*$ 的一个完全代表系，则矩阵 $(\psi_i(a_j))$ 是 $\varphi(n)$ 阶满秩矩阵．

引理 4.50　设 ω 为模 r 的原特征，a 和 n 为整数，且 $r\nmid n$，则

$$\sum_{b=1}^{r/(r,n)}\omega(a+nb)=0$$

证明　由于 $r\nmid n$，故 $(r,n)\neq r$，存在整数 b_0，使 $\omega(1+(r,n)b_0)\neq 1$．我们有

$$\omega(1+(r,n)b_0)\sum_{b=1}^{r/(r,n)}\omega(a+nb)=$$

$$\omega(1+(r,n)b_0)\sum_{b=1}^{r/(r,n)}\omega(a+(r,n)b)=$$

$$\sum_{b=1}^{r/(r,n)}\omega(a+(r,n)(b(1+(r,n)b_0)+ab_0))=$$

$$\sum_{b=1}^{r/(r,n)}\omega(a+(r,n)b)$$

可见引理成立．

引理 4.51　设 ψ 和 ω 分别为模 m 和 f 的原特征，f 是 m 的倍数，且 $\psi\omega$ 为模 f 的原特征，则

$$\sum_{a=1}^{M}\psi(a)(1+af/m)=\varepsilon m^{1/2}$$

其中 $|\varepsilon|=1$．

证明　利用特征的积分，仅需考虑 $m=p^r,f=p^s(s\geqslant r)$ 的情况，这里 p 是一个素数(也可以是2)．若 $s=r$(这时 $p\neq 2$，因 $\psi\omega$ 是模 f 的原特征)，则

$$\sum_{a=1}^{p^r}\psi(a)\omega(1+a)\sum_{b=1}^{p^r}\bar{\psi}(b)\bar{\omega}(1+b)=$$

$$\sum_{a=1}^{p^r}\sum_{p\nmid b,b=1}^{p^r}\psi(ab^{-1})\omega(1+a)\bar{\omega}(1+b)=$$

$$\sum_{c=1}^{p^r}\psi(c)\sum_{\substack{b=1\\ p\nmid b,\,p\nmid 1+b}}^{p^r}\omega(1+(c-1)b(1+b)^{-1})=$$

$$\sum_{c=1}^{p^r}\psi(c)\Big\{\sum_{b=1}^{p^r}\psi(1+(c-1)b)-$$

$$\sum_{b=1}^{p^r-1}\psi(1+(c-1)pb)-\sum_{b=1}^{p^r-1}\omega(1+(c-1)(1+pb))\Big\}=$$

$$p^r-p^{r-1}\sum_{a=1}^{p}\psi(1+ap^{r-1})-$$

$$p^{r-1}\sum_{a=1}^{p}\psi\omega(1+ap^{r-1})=p^r$$

最后两个等式应用了引理 4.50. 若 $s>r$,则

$$\sum_{a=1}^{p^r}\psi(a)\omega(1+p^{s-r}a)\sum_{b=1}^{p^r}\bar{\psi}(b)\bar{\omega}(1+p^{s-r}b)=$$

$$\sum_{c=1}^{p^r}\psi(c)\sum_{p\nmid b=1}^{p^r}\omega(1+p^{s-r}(c-1)b(1+p^{s-r}b)^{-1})=$$

$$\sum_{r=1}^{p^r}\psi(c)\Big\{\sum_{b=1}^{p^r}\omega(1+p^{s-1}(c-1)b)-$$

$$\sum_{b=1}^{p^r-1}\omega(1+p^{s-r+1}(c-1)b)\Big\}=$$

$$p^r-p^{r-1}\sum_{a=1}^{p}\psi(1+ap^{r-1})=p^r$$

从现在开始我们对每一个非例外的允许对(ψ,c)构造函数 $F(\psi,c)(z)\in\varepsilon(N,3/2,\omega)$,且使 $F(\psi,c)$ 在尖点的值适合式(4.5.4)和(4.5.5).分$(\bar{\omega}\psi^2)^2\neq id$.和$(\bar{\omega}\psi^2)^2=id$.两种情况讨论.

(Ⅰ)$(\bar{\omega}\psi^2)^2\neq id$..

对于给定的非例外允许对(ψ,c),定义下列参数:

f_1 是适合 $c(p)<f(p)$ 的素数幂 $p^{f(p)}$ 之积;

m_2 是适合 $f(p)\leqslant m(p),m(p)>0$ 的素数幂 $p^{m(p)}$ 之积;

f_3 是适合 $0<m(p)<f(p)\leqslant c(p)$ 的素数幂 $p^{f(p)}$ 之积;

f_4 是适合 $0=m(p)<f(p)\leqslant c(p)$ 的素数幂 $p^{f(p)}$ 之积;

u_1 是适合 $p\mid c,p\nmid mf,2\nmid c(p),c(p)<n(p)$ 的素数 p 之积;

u_2 是适合 $p\mid c,p\nmid mf,2\mid c(p),c(p)<n(p)$ 的素数 p 之积;

v_1 是适合 $p\mid c,p\nmid mf,2\nmid c(p),c(p)=n(p)$ 的素数 p 之积;

v_2 是适合 $p\mid c,p\nmid mf,2\mid c(p),c(p)=n(p)$ 的素数 p 之积;

w 是适合 $p\mid N,p\nmid cf$ 的素数 p 之积.

令

$$f_0=2^{f(2)},f_2=\prod_{p\mid m_0}p^{f(p)}$$

$$m_0=2^{m(2)},m_i=\prod_{p\mid f_i}p^{m(n)}\quad(i=1,3)$$

因此,我们有 $f=f_0f_1f_2f_3f_4,m=m_0m_1m_2m_3$. 若 $i\neq j$,则

$$(f_i,f_j)=(m_i,m_j)=1$$

若 $p\mid N$,则 p 能除尽集合 $\{f_1,m_2,f_3,f_4,u_1,v_1,u_2,v_2,w\}$ 中唯一的一个数.

将特征 ω 和 ψ 相应分解为

$$\omega=\prod_{i=0}^{4}\omega_i,\psi=\prod_{i=0}^{3}\psi_i$$

其中 ω_i 的导子是 $f_i(0\leqslant i\leqslant 4)$,$\psi_i$ 的导子是 $m_i(0\leqslant i\leqslant 3)$.

在构造函数 $F(\psi,c)$ 时,将区分下列五种不同的情况. 在每一个情况,我们首先恰当选择正整数 N_1,Q,η 及特征 ϕ_1,ϕ_2,其中 ϕ_1 是模 N_1 的特征,且 $\phi_1^2\neq id.$,Q 适合条件 $Q\mid N,(Q,N/Q)=1$. 然后定义下列函数

$$g=g(\psi,c)(z)=E(\phi_1,N_1)\mid W(Q)\tag{4.5.6}$$

$$h=h(\psi,c)(z)=\sum_{j=1}^{\sigma}\phi_2(j)g(z+j/\sigma)\tag{4.5.7}$$

$$q=q(\psi,c)(z)=h\mid V(\eta)\tag{4.5.8}$$

其中 σ 为 ϕ_2 的导子. $E(\phi_1,N_1)$ 为式(1.2.29)所定义的 $E_3(\phi_1,N_1)$,$W(Q)$ 为对称算子,$V(\eta)$ 为平移算子. 我们的目标是使 $q\in\varepsilon(N,3/2,\omega)$,并且在尖点的值具有所要求的性质. 对任一给定的整数 s,定义 $c[s]=\prod_{p\mid s}p^{c(p)}$,类似地定义 $N[s]$. 令

$$N_1'=f_1m_2f_3f_4u_1u_2v_1w,Q'=f_1m_2u_1u_2w$$

$$\eta'=c/(m_1m_2'f_3f_4u_1v_1),\zeta=c[m_2]u_1,\sigma'=m_1m_2'm_3u_1$$

$$\phi_1'=\bar{\omega}_1\omega_2\omega_3\omega_4\bar{\psi}^2,\phi_2'=\bar{\omega}_2\psi_1\psi_2\bar{\psi}_3\chi_\zeta'\quad(\text{这里 }\chi_\zeta'=(\overline{\zeta}))$$

其中 σ' 是 ϕ_2' 的导子,即 m_2' 是 $\bar{\omega}_2\psi_2$ 的导子.

情况 1 $n(2)\geqslant 4,c(2)<f(2)$.

我们取

$$N_1=[8,2^{f(2)}]N_1',Q=[8,2^{f(2)}]Q',\eta=\eta'/m_0$$

$$\phi_1=\bar{\omega}_0\phi_1'\chi_{\eta Q},\phi_2=\psi_0\phi_2'$$

这时 ϕ_2 的导子 $\sigma=m_0\sigma'$. 容易验证 ϕ_1 是模 N_1 的特征. 由于

$$(\bar{\omega}\psi^2)^2=(\bar{\omega}_0\psi_0^2)^2(\bar{\omega}_1\psi_1^2)^2(\bar{\omega}_2\psi_2^2)^2(\bar{\omega}_3\psi_3^2)^2\bar{\omega}_4^2$$

及

$$\phi_1^2=(\bar{\omega}_0\bar{\psi}_0^2)^2(\bar{\omega}_1\bar{\psi}_1^2)^2(\bar{\omega}_2\bar{\psi}_2^2)^2(\omega_3\bar{\psi}_3^2)^2\bar{\omega}_4^2$$

当 $f(2)>c(2)\geqslant m(2),f(p)>c(p)(p\mid f_1)$ 时,由 $(\bar{\omega}\psi^2)^2\neq id.$,即可推出 $\phi_1^2\neq id.$. 利用命题 3.32,3.33 及 3.31,可知 $g\in\varepsilon(N_1,3/2,\omega\phi_2^2\chi_\eta)$,$h\in\varepsilon(\sigma N_1,3/2,\omega\chi_\eta)$ 及 $q\in\varepsilon([8,2^{f(2)}]f_1m_2m_3u_1u_2wc,3/2,\omega)$. 在应用命题 3.33

时，利用了$[4,\sigma,f]\mid N_1$. 由式(4.5.1)，有

$$m(p)\leqslant\min(c(p),n(p)-c(p))\leqslant n(p)-f(p)$$

所以当$c(p)<f(p)$(即$p\mid f_1$)时，有

$$c(p)=\min(c(p),n(p)-c(p))\leqslant n(p)-f(p)$$

此式当$p=2$时也成立，而当$f(2)\leqslant 2$时，则有$c(2)+3\leqslant 4\leqslant n(2)$. 可见$[8,2^{f(2)}]f_1m_2m_3u_1u_2wc$是$N$的因子(注意$u_1,u_2$及$w$的定义)，这表示$q\in\varepsilon(N,3/2,\omega)$.

由引理4.10和4.18，g在$S(N_1)$中除$1/(f_3f_4v_1)$之外的所有尖点的值为零. 以$\alpha_3,\alpha_4,\alpha_5,\alpha_6$表示适合

$$f_i\mid\alpha_i\mid\prod_{p\mid f_i}p^{n(p)}\ (i=3,4),v_1\mid\alpha_5\mid\prod_{p\mid v_1}p^{n(p)},\alpha_6\mid\prod_{p\mid v_2}p^{n(p)}$$

的正整数. 尖点d/c一定$\Gamma_0(N_1)$等价于$S(N_1)$中以(c,N_1)为分母的一个尖点，由于$\sigma=m_0m_1m'_2m_3u_1$，可见h仅可能在$S(N)$中形如$d/(m_0m_1\cdot m'_2\alpha_3\alpha_4\alpha_5\alpha_6u_1)$的尖点处取非零值. 我们在下面仅需利用$\alpha_6=1$的情况，所以令$\alpha_6=1$，我们有

$$h\left(z+\frac{d}{m_0m_1m'_2\alpha_3\alpha_4\alpha_5u_1}\right)=\sum_{j=1}^{\sigma}\phi_2(j)g\left(z+\frac{d+j\alpha_3\alpha_4\alpha_5m_3^{-1}}{m_0m_1m'_2\alpha_3\alpha_4\alpha_5u_1}\right)=$$

$$\sum_{j_1=1}^{\sigma/m_3}\sum_{j_2=1}^{m_3}\bar{\omega}_2\psi_0\psi_1\psi_2\chi'_\zeta(m_3j_1)\bar{\psi}_3(\sigma m_3^{-1}j_2)\cdot$$

$$g\left(z+\frac{d+j\alpha_3\alpha_4\alpha_5+j_2\sigma\alpha_3\alpha_4\alpha_5m_3^{-2}}{m_0m_1m'_2\alpha_3\alpha_4\alpha_5u_1}\right)\tag{4.5.9}$$

存在唯一的整数j_1^*适合

$$d+j_1^*\alpha_3\alpha_4\alpha_5=\lambda\sigma m_3^{-1}\quad(1\leqslant j_1^*\leqslant\sigma m_3^{-1})$$

这里λ是正整数. 仅当$j_1=j_1^*$时，式(4.5.9)中右端的分数对应的尖点是$\Gamma_0(N_1)$等价于$1/(f_3f_4v_1)$，故

$$V\left(h,\frac{d}{m_0m_1m'_2\alpha_3\alpha_4\alpha_5u_1}\right)=\bar{\omega}_2\psi_0\psi_1\psi_2\chi'_\zeta(m_3j_1^*)(\sigma m_3^{-1})^{3/2}\sum_{j=1}^{m_3}\bar{\psi}_3(\sigma m_3^{-1}j)\cdot$$

$$V\left(g,\frac{\lambda+j\alpha_3\alpha_4\alpha_5m_3^{-1}}{\alpha_3\alpha_4\alpha_5}\right)\tag{4.5.10}$$

设

$$\begin{pmatrix}A&B\\C&D\end{pmatrix}\begin{pmatrix}1\\f_3f_4v_1\end{pmatrix}=\begin{bmatrix}\lambda+j\alpha_3\alpha_4\alpha_5m_3^{-1}\\\alpha_3\alpha_4\alpha_5\end{bmatrix}\quad\left(\begin{pmatrix}A&B\\C&D\end{pmatrix}\in\Gamma_0(N_1)\right)$$

则

$$D\equiv\alpha_3\alpha_4\alpha_5/(f_3f_4v_1)\quad([8,2^{f(2)}]f_1m_2u_1)$$
$$A\equiv\lambda+j\alpha_3\alpha_4\alpha_5m_3^{-1}\quad(f_3f_4v_1)$$

将c写作$c[2f_1m_2u_1]c[f_3f_4]c[u_1v_1v_2]$，$\varepsilon_d$记作$\varepsilon(d)$. 由引理4.6，我们有

$$V\left(g,\frac{\lambda+j\alpha_3\alpha_4\alpha_5 m_3^{-1}}{\alpha_3\alpha_4\alpha_5}\right)=$$
$$\bar{\omega}_3\psi_3^2(\lambda+j\alpha_3\alpha_4\alpha_5 m_3^{-1})\bar{\omega}_4(\lambda)\omega_0\omega_1\bar{\omega}_2\psi_0^2\psi_1^2\psi_2^2\left(\frac{\alpha_3\alpha_4\alpha_5}{f_3f_4v_1}\right)\cdot$$
$$\varepsilon(D)\left(\frac{cm_0m_1m_2'f_3f_4u_1v_1\alpha_3\alpha_4\alpha_5}{D}\right)V\left(g,\frac{1}{f_3f_4v_1}\right) \tag{4.5.11}$$

易见

$$\left(\frac{c[2f_1m_2u_1]}{D}\right)=\left(\frac{c[2f_1m_2u_1]}{\alpha_3\alpha_4\alpha_5f_3f_4v_1}\right)$$
$$\left(\frac{c[f_3f_4]f_3f_4\alpha_3\alpha_4\alpha_5}{D}\right)=$$
$$\varepsilon^{-1}(D)\varepsilon^{-1}(c[f_3f_4]f_3f_4\alpha_3\alpha_4\alpha_5)\cdot$$
$$\varepsilon(c[f_3f_4]v_1)\left(\frac{D}{c[f_3f_4]f_3f_4\alpha_3\alpha_4\alpha_5}\right)=$$
$$\varepsilon^{-1}(D)\varepsilon^{-1}(c[f_3f_4]f_3f_4\alpha_3\alpha_4\alpha_5)\varepsilon(c[f_3f_4]v_1)\cdot$$
$$\left(\frac{d}{c[f_3f_4]f_3f_4\alpha_3\alpha_4\alpha_5}\right)\left(\frac{m_0m_1m_2'u_1}{c[f_3f_4]f_3f_4\alpha_3\alpha_4\alpha_5}\right)$$

注意 $c[u_2v_1v_2]v_1$ 是平方数，由式(4.5.11)可得

$$V\left(g,\frac{\lambda+j\alpha_3\alpha_4\alpha_5 m_3^{-1}}{\alpha_3\alpha_4\alpha_5}\right)=$$
$$\bar{\omega}_3\psi_3^2(\lambda+j\alpha_3\alpha_4\alpha_5 m_3^{-1})\bar{\omega}_4(\lambda)\omega_0\omega_1\bar{\omega}_2\psi_0^2\psi_1^2\psi_2^2\left(\frac{\alpha_3\alpha_4\alpha_5}{f_3f_4v_1}\right)\cdot$$
$$\varepsilon(c[f_3f_4]v_1)\varepsilon^{-1}(c[f_3f_4]f_3f_4\alpha_3\alpha_4\alpha_5)\cdot$$
$$\left(\frac{d}{c[f_3f_4]f_3f_4\alpha_3\alpha_4\alpha_5}\right)\left(\frac{c[2f_1m_2u_1]}{\alpha_3\alpha_4\alpha_5f_3f_4v_1}\right)\left(\frac{m_0m_1m_2'u_1}{c[f_3f_4]v_1}\right) \tag{4.5.12}$$

考虑和式

$$\sum_{j=1}^{m_3}\bar{\psi}_3(\sigma m_3^{-1}j)\bar{\omega}_3\psi_3^2(\lambda+j\alpha_3\alpha_4\alpha_5m_3^{-1})=$$
$$\omega_3\bar{\psi}_3^2(\sigma m_3^{-1})\sum_{j=1}^{m_3}\bar{\psi}_3(\sigma m_3^{-1}j)\bar{\omega}_3\psi_3^2(d+j\sigma\alpha_3\alpha_4\alpha_5m_3^{-2})=$$
$$\bar{\omega}_3\psi_3(d)\psi_3(\alpha_4\alpha_5)\omega_3\bar{\psi}_3^2(\sigma m_3^{-1})\sum_{j=1}^{m_3}\bar{\psi}_3(j)\bar{\omega}_3\psi_3^2(1+j\alpha_3m_3^{-1})$$

这里利用了 d 与 m_3 的互素关系，因为 d 与 c 是互素的. 令 $n=m_3/(m_3,\alpha_3f_3^{-1})$，因 $f_3\mid\alpha_3/(m_3,\alpha_3f_3^{-1})$，故当 $n\neq m_3$ 时，由引理 4.50，我们有

$$\sum_{j=1}^{m_3}\bar{\psi}_3(j)\bar{\omega}_3\psi_3^2(1+j\alpha_3m_3^{-1})=$$
$$\sum_{a=1}^{n}\sum_{b=1}^{m_3/n}\bar{\psi}_3(a+bn)\bar{\omega}_3\psi_3^2(1+a\alpha_3/m_3+b\alpha_3/(m_3,\alpha_3f_3^{-1}))=$$

$$\sum_{a=1}^{n}\bar{\omega}_3\psi_3^2(1+a\alpha_3/m_3)\sum_{b=1}^{m_3/n}\bar{\psi}_3(a+bn)=0$$

而当 $n=m_3$ 时，有 $\alpha_3=f_3$，由引理 4.51 可知

$$\sum_{j=1}^{m_3}\bar{\psi}_3(j)\bar{\omega}_3\psi_3^2(1+jf_3/m_3)\neq 0$$

将式(4.5.12) 代入(4.5.10)，并利用上述结果，得到

$$V\left(h,\frac{d}{m_0m_1m_2'}f_3\alpha_4\alpha_5u_1\right)=\bar{\omega}_2\bar{\omega}_3\bar{\omega}_4\psi(d)\chi_a(c[m_2f_3f_4]f_4\alpha_4\alpha_5u_1)\cdot$$

$$\omega_0\omega_1\psi\chi'_\zeta(\alpha_4\alpha_5)\varepsilon(c[f_3f_4]v_1)\varepsilon^{-1}(c[f_3f_4]f_4\alpha_4\alpha_5)\cdot$$

$$\left(\frac{c[2f_1m_2u_1]}{f_4\alpha_4\alpha_5v_1}\right)\left(\frac{m_0m_1m_2'u_1}{c[f_4]}\right)\rho$$

其中常数 ρ 为

$$(\sigma m_3^{-1})^{3/2}\omega_3\omega_4\bar{\psi}_3^2(\sigma m_3^{-1})\omega_2\bar{\psi}_0\bar{\psi}_1\chi'_\zeta(f_3m_3^{-1})\left(\frac{m_0m_1m_2'u_1}{c[f_4]v_1}\right)\cdot$$

$$\bar{\omega}_0\bar{\omega}_1\omega_2\bar{\psi}_0^2\bar{\psi}_1^2\bar{\psi}_2^2(f_4v_1)\sum_{j=1}^{m_3}\bar{\psi}_3(j)\bar{\omega}_3\psi_3^2(1+jf_3m_3^{-1})$$

ρ 不为零，且不依赖 d,α_4,α_5 和 $c[f_4]$. 以下总以 ρ 表示一个非零常数，但它的值在不同的场合可以是不同的.

以 τ 和 α 表示适合条件

$$\tau\mid c,(\tau,m_0m_1m_2'f_3f_4u_1v_1)=1,\alpha\mid\prod_{p\mid f_d}p^{n(p)-c(p)}$$

的正整数，由于 $\eta=c/(m_0m_1m_2'f_3f_4u_1v_1)$，故

$$V(q,d/(c\alpha\tau^{-1}))=$$

$$\tau^{-3/2}V(h,d\tau/(m_0m_1m_2'f_3f_4\alpha u_1v_1))=$$

$$\bar{\omega}_2\bar{\omega}_3\bar{\omega}_4\psi(d\tau)\chi_{d\tau}(c[m_2f_3f_4]\alpha u_1v_1)\omega_0\omega_1\psi\chi'_\zeta(\alpha)\varepsilon(c[f_3f_4]v_1)\cdot$$

$$\varepsilon^{-1}(c[f_3f_4]\alpha v_1)\left(\frac{c[2f_1m_2u_1]}{\alpha}\right)\left(\frac{m_0m_1m_2'u_1}{c[f_4]}\right)\rho\tau^{-3/2}\tag{4.5.13}$$

而且 q 在 $S(N)$ 中其他尖点的值都为零.

设 t 为无平方因子的正整数，且适合 $t\mid(f_4,N,c)$，今证(ψ,ct) 也是一个允许对. 显然有 $ct\mid N$. 设 p 为 f_4 的一个素因子，若

$$n(p)-c(p)=\min(c(p),n(p)-c(p))\leqslant n(p)-f(p)$$

则

$$n(p)-c(p)-1<n(p)-f(p)$$

又若

$$c(p)<n(p)-c(p)\leqslant n(p)-f(p)$$

则 $c(p)+1\leqslant n(p)-f(p)$，因此$(ct,N/ct)\mid N/f$. 显然也有 $m\mid(ct,N/ct)$，这

证明了(ψ,ct)是一个允许对.我们可以类似地定义函数$q(\psi,ct)$.

定义函数

$$F(\psi,c)(z)=\sum_{t\mid(f_d,N/c)}\mu(t)\omega_0\omega_1\psi\chi'_\zeta(t)\chi'_t(c[2f_1m_2]m_0m_1m'_2)\cdot$$
$$\varepsilon(c[f_3f_4]v_1)\varepsilon^{-1}(c[f_3f_4]v_1t)q(\psi,ct) \qquad (4.5.14)$$

可见$F(\psi,c)\in\varepsilon(N,3/2,\omega)$.当$t\nmid\alpha$时,我们有$V(q(\psi,ct),d/(c\alpha\tau^{-1}))=0$,当$\alpha\neq1$时,由式(4.5.13)得到(注意$(ct)[f_4]=c(f_4)t$)

$$V(F(\psi,c),d/(c\alpha\tau^{-1}))=$$
$$\bar{\omega}_2\bar{\omega}_3\bar{\omega}_4\psi(d\tau)\chi_{d\tau}(c[m_2f_3f_4]\alpha u_1v_1)\cdot$$
$$\omega_0\omega_1\psi\chi'_\zeta(\alpha)\tau^{-3/2}\varepsilon(c[f_3f_4]v_1)\varepsilon^{-1}(c[f_3f_4]av_1)\cdot$$
$$\left(\frac{c[2f_1m_2u_1]}{\alpha}\right)\left(\frac{m_0m_1m'_2u_1}{c[f_4]}\right)\rho\sum_{t\mid\alpha}\mu(t)=0$$

最后得到

$$V(F(\psi,c),d/c)=\rho\bar{\omega}_2\bar{\omega}_3\bar{\omega}_4\psi(d)\chi_d(c^*) \qquad (4.5.15)$$
$$V(F(\psi,c),d/\beta)=0 \quad (\beta\mid N,c\prec\beta) \qquad (4.5.16)$$

其中$c^*=c/c[2f_1]$,它不依赖ψ;ρ不依赖d.

情况 2 $n(2)\geqslant4,m(2)\geqslant3,f(2)\leqslant m(2)$.

我们取

$$N_1=2^{m(2)}N'_1,Q=2^{m(2)}Q',\eta=\eta'/m'_0$$
$$\phi_1=\begin{cases}\omega_0\phi'_1\chi_{\eta Q}, & 若\ f(2)\geqslant4\\ \bar{\omega}_0\phi'_1\chi_{\eta Q}, & 若\ f(2)\leqslant3\end{cases}$$
$$\phi_2=\begin{cases}\bar{\omega}_0\psi_0\phi'_2, & 若\ f(2)\geqslant4\\ \psi_0\phi'_2, & 若\ f(2)\leqslant3\end{cases}$$

其中m'_0是$\bar{\omega}_0\psi_0$的导子(当$f(2)\geqslant4$时),若$m'_0=m$(当$f(2)\leqslant3$时).ϕ_2的导子为$\sigma=m'_0\sigma'$.在上述定义下,ϕ_1是模N_1的特征,且$\phi_1^2\neq id.$,σ能除尽N_1,$\sigma N_1\eta$能除尽N.利用情况1中的同样方法可以找到$F(\psi,c)\in\varepsilon(N,3/2,\omega)$,使式(4.5.16)成立,且

$$V(F(\psi,c),d/c)=\begin{cases}\rho\bar{\omega}_0\bar{\omega}_2\bar{\omega}_3\bar{\omega}_4\psi(d)\chi_d(c^*), & 若\ f(2)\geqslant4\\ \rho\bar{\omega}_2\bar{\omega}_3\bar{\omega}_4\psi(d)\chi_d(c^*), & 若\ f(2)\leqslant3\end{cases} \qquad (4.5.17)$$

ρ不依赖d,c^*的定义如上.

情况 3 (ⅰ)$n(2)\geqslant4,f(2)\leqslant3,m(2)\leqslant2,f(2)\leqslant c(2)\leqslant n(2)-3$;

(ⅱ)$n(2)\geqslant4,c(2)=n(2)-2,m(2)=2,\omega_0\chi_v=id.$或$\chi_{-1}$($v=2^{c(2)}$,以下同);

(ⅲ)$n(2)=3,c(2)=1$;

(ⅳ) $n(2)=3, c(2)=0$;

(ⅴ) $n(2)=2, c(2)=0$.

我们取

$$N_1=aN_1', Q=aQ', \eta=\eta'/m_0$$

$$\phi_1=\bar{\omega}_0\phi_1'\chi_{\eta Q}, \phi_2=\psi_0\phi_2'$$

在(ⅰ),(ⅳ)和(ⅴ)中取 $a=(8,2^{n(2)})$,在(ⅱ)和(ⅲ)中取 $a=4$.在上述取法下,ϕ_1 总是模 N_1 的特征(注意 $\bar{\omega}_0\bar{\psi}_0^2\chi_{a\varpi m_0}$ 的导子.在(ⅲ)中,有 $f(2)=3, m_0=1$),$\phi_1^2\neq id$..ϕ_2 的导子 $\sigma=m_0\sigma'$ 能除尽 N_1,且 $\sigma N_1\eta$ 能除尽 N,所以仍利用情况 1 的方法,可以找到 $F(\psi,c)\in\varepsilon(N,3/2,\omega)$,使式(4.5.15)(4.5.16)成立.

情况 4 $n(2)\geqslant 4, f(2)\geqslant 4, m(2)<f(2)\leqslant c(2)$.

我们取

$$N_1=2^{f(2)}N_1', Q=Q', \eta=\eta'/2^{f(2)}$$

$$\phi_1=\omega_0\phi_1'\chi_{\eta Q}, \phi_2=\bar{\psi}_0\phi_2'$$

这时 $\sigma=m_0\sigma'$.因 $m(2)+c(2)\leqslant n(2)$,所以 $\sigma N_1\eta$ 能除尽 N.类似于情况 1,我们有 $g\in\varepsilon(N_1,3/2,\omega\phi_2^2\chi_\eta)$,$h\in\varepsilon(\sigma N_1,3/2,\omega\chi_\eta)$ 及 $q\in\varepsilon(m_0f_1m_2m_3u_1u_2\varpi c, 3/2,\omega)\subset\varepsilon(N,3/2,\omega)$.以 α_0 表示适合 $2^{f(2)}\mid\alpha_0\mid 2^{n(2)}$ 的正整数,$\alpha_3,\alpha_4,\alpha_5$ 定义如前.又取整数 j^* 和 λ,使其适合

$$\alpha+j_{\alpha_0}^*\alpha_3\alpha_4\alpha_5=\lambda m_1m_2'u_1\quad(1\leqslant j^*\leqslant m_1m_2'u_1)$$

类似于情况 1,我们有

$$V\left(h,\frac{d}{\alpha_0m_1m_2'\alpha_3\alpha_4\alpha_5u_1}\right)=$$

$$\bar{\omega}_2\psi_1\psi_2\chi_\zeta'(m_0m_3j^*)(m_1m_2'u_1)^{3/2}\sum_{j=1}^{m_0m_3}\bar{\psi}_0\bar{\psi}_3(m_1m_2'u_1j)\cdot$$

$$V\left(g,\frac{\lambda+j\alpha_0\alpha_3\alpha_4\alpha_5m_0^{-1}m_3^{-1}}{\alpha_0\alpha_3\alpha_4\alpha_5}\right)$$

上式右端的尖点 $\Gamma_0(N_1)$ 等价于尖点 $1/(2^{f(2)}f_3f_4v_1)$.假设

$$\begin{pmatrix}A & B\\ C & D\end{pmatrix}\begin{bmatrix}1\\ 2^{f(2)}f_3f_4v_1\end{bmatrix}=\begin{bmatrix}\lambda+j\alpha_0\alpha_3\alpha_4\alpha_5m_0^{-1}m_3^{-1}\\ \alpha_0\alpha_3\alpha_4\alpha_5\end{bmatrix}$$

$$\begin{pmatrix}A & B\\ C & D\end{pmatrix}\in\Gamma_0(N_1)$$

因而

$$D\equiv\frac{\alpha_0\alpha_3\alpha_4\alpha_5}{2^{f(2)}f_3f_4v_1}\quad(f_1m_2u_1)$$

$$A\equiv\frac{\lambda+j\alpha_0\alpha_3\alpha_4\alpha_5}{m_0m_3}\quad(2^{f(2)}f_3f_4v_1)$$

由此可得

$$V\left(g,\frac{\lambda+j\alpha_0\alpha_3\alpha_4\alpha_5 m_0^{-1}m_3^{-1}}{\alpha_0\alpha_3\alpha_4\alpha_5}\right)=$$

$$\bar{\omega}_0\bar{\omega}_3\bar{\omega}_4\psi_0^2\psi_3^2(\lambda+j\alpha_0\alpha_3\alpha_4\alpha_5 m_0^{-1}m_3^{-1})\omega_1\bar{\omega}_2\psi_1^2\psi_2^2\left(\frac{\alpha_0\alpha_3\alpha_4\alpha_5}{2^{f(2)}f_3f_4v_1}\right)\cdot$$

$$\varepsilon(D)\left(\frac{c2^{f(2)}m_1m_2'f_3f_4u_1v_1\alpha_0\alpha_3\alpha_4\alpha_5}{D}\right)\cdot$$

$$V\left(g,\frac{1}{2^{f(2)}f_3f_4v_1}\right)\tag{4.5.18}$$

易见

$$\left(\frac{c[f_1m_2f_3f_4]m_1m_2'f_3f_4\alpha_3\alpha_4\alpha_5}{D}\right)=$$

$$\varepsilon^{-1}(D)\varepsilon^{-1}(c[f_1m_2f_3f_4]m_1m_2'f_3f_4\alpha_3\alpha_4\alpha_5)\cdot$$

$$\varepsilon(dc[f_1m_2f_3f_4]m_1m_2'f_3f_4\alpha_3\alpha_4\alpha_5)\cdot$$

$$\left(\frac{D}{c[f_1m_2f_3f_4]m_1m_2'f_3f_4\alpha_3\alpha_4\alpha_5}\right)$$

将它代入式(4.5.18)得到

$$V\left(g,\frac{\lambda+j\alpha_0\alpha_3\alpha_4\alpha_5 m_0^{-1}m_3^{-1}}{\alpha_0\alpha_3\alpha_4\alpha_5}\right)=$$

$$\bar{\omega}_0\bar{\omega}_3\bar{\omega}_4\psi_0^2\psi_3^2(\lambda+j\alpha_0\alpha_3\alpha_4\alpha_5 m_0^{-1}m_3^{-1})\omega_1\bar{\omega}_2\psi_1^2\psi_2^2\left(\frac{\alpha_0\alpha_3\alpha_4\alpha_5}{2^{f(2)}f_3f_4v_1}\right)\cdot$$

$$\varepsilon(dc[f_1m_2f_3f_4]u_1f_3f_4\alpha_3\alpha_4\alpha_5+\alpha_0m_0^{-1})\cdot$$

$$\varepsilon^{-1}(c[f_1m_2f_3f_4]m_1m_2'f_3f_4\alpha_3\alpha_4\alpha_5)\cdot$$

$$\left(\frac{2^{f(2)+c(2)}\alpha_0}{\lambda+j\alpha_0\alpha_3\alpha_4\alpha_5m_0^{-1}m_3^{-1}}\right)\left(\frac{dm_1m_2'u_1}{c[f_3f_4]f_3f_4\alpha_3\alpha_4\alpha_5}\right)\cdot$$

$$\left(\frac{2^{f(2)}f_3f_4v_1\alpha_0\alpha_3\alpha_4\alpha_5}{c[f_1m_2]m_1m_2'}\right)V\left(g,\frac{1}{2^{f(2)}f_3v_4v_1}\right)$$

考虑和式

$$\sum_{j=1}^{m_0m_3}\bar{\psi}_0\bar{\psi}_3(j)\bar{\omega}_0\bar{\omega}_3\psi_0^2\psi_3^2\left(1+\frac{j\alpha_0\alpha_3}{m_0m_3}\right)\left(\frac{2^{f(2)+c(2)}\alpha_0}{1+j\alpha_0\alpha_3/m_0m_3}\right)$$

利用引理4.50,可以证明,当 $m_0>1$ 时,上述和式当且仅当 $\alpha_0=2^{f(2)}$,$\alpha_3=f_4$ 时非零;当 $m_0=1$ 时,当且仅当 $\alpha_3=f_3$ 时,上述和式不为零.类似于式(4.5.14)定义函数 $F'(\psi,c)$,当 $m_0=1$ 时,以 $t\mid(2f_4,N/c)$ 代替 $t\mid(f_4,N/c)$.函数 $F'(\psi,c)$ 适合式(4.5.16)及

$$V(F'(\psi,c),d/c)=\rho\bar{\omega}_0\bar{\omega}_2\bar{\omega}_3\bar{\omega}_4\psi\chi_v(d)\chi_d(c^*)\varepsilon(dc^*+2^{f(c)-m(2)})\tag{4.5.19}$$

设 m' 为 $\psi\chi_v$ 的导子,因 $m(2)<f(2)$,$f(2)\geqslant 4$,故 $m'(2)<f(2)$.式(4.5.16)

和(4.5.19)对 $F'(\psi\chi_v, c)$ 和 $F'(\psi\chi_{-v}, c)$ 都成立. 令

$$F(\psi,c) = F'(\psi\chi_v, c) \pm \mathrm{i}\chi_{-1}(c^*)F'(\psi\chi_{-v}, c)$$

(当 $f(2) - m'(2) \geqslant 2$ 时取"+"号,当 $f(2) - m'(2) = 1$ 时取"—"号). 容易验证 $F(\psi,c)$ 适合式(4.5.15)和(4.5.16).

情况 5 (ⅰ) $n(2) \geqslant 4, f(2) \leqslant 3, n(2) - 2 \leqslant c(2) \leqslant n(2), m(2) = 0$;

(ⅱ) $n(2) \geqslant 5, c(2) = n(2) - 2, m(2) = 2, \omega_0\chi_v = \chi_2$ 或 χ_{-2};

(ⅲ) $n(2) = 3, c(2) = 2$ 或 3;

(ⅳ) $n(2) = 2, c(2) = 2$.

我们取

$$N_1 = aN'_1, Q = Q', \eta = \eta'/a$$

$$\phi_1 = \omega_0\phi'_1\chi_{\eta Q}, \phi_2 = \psi_0\phi'_2$$

其中 $a = (8, 2^{c(2)})$. 当 $c(2) = 2, n(2) = 4$ 时, $f(2) \leqslant 2$, 所以 ϕ_1 总是模 N_1 的特征. 类似于情况 4, 可以找到 $F'(\psi,c)$ 适合式(4.5.16)及

$$V(F'(\psi,c), d/c) = \rho\bar{\omega}_0\bar{\omega}_2\bar{\omega}_3\bar{\omega}_4\psi\chi_v(d)\chi_d(c^*)\varepsilon(dc^* + a/m_0) \tag{4.5.20}$$

再用情况 4 所用的方法, 可以得到所需要的 $F(\psi,c)$.

情况 1 ~ 5 包含了 $(\bar{\omega}\psi^2)^2 \neq id.$ 的所有可能的情况.

(Ⅱ) $(\bar{\omega}\psi^2)^2 \neq id.$.

由 $(\bar{\omega}\psi^2)^2 \neq id.$, 可推出:

(ⅰ) 若 $f(2) \geqslant 4$, 则 $m(2) = f(2) + 1$, 若 $f(2) \leqslant 3$, 则 $m(2) \leqslant 4$;

(ⅱ) $c[f_1] = m_1 = 1$, f_1 和 f_4 无平方因子, $\omega_1 = \prod_{p|f_1}\chi'_p$, $\omega_4 = \prod_{p|f_d}\chi'_p$ (这里 $\chi'_p = \left(\frac{\cdot}{p}\right)$);

(ⅲ) 当 $p \mid m_2$ 时, $f(p) = m(p)$;

(ⅳ) $f_3 = m_3 = 1$.

因而 $\omega = \omega_0\omega_1\omega_2\omega_4, \psi = \psi_0\psi_2$. 定义整数 u'_1, u'_2, v'_1, v'_2 如下:

u'_1 是 u_1 与适合 $p \mid f_4, c(p) < n(p), 2 \mid c(p)$ 的素数 p 之积;

u'_2 是 u_2 与适合 $p \mid f_4, c(p) < n(p), 2 \nmid c(p)$ 的素数 p 之积;

v'_1 是 v_1 与适合 $p \mid f_4, c(p) = n(p), 2 \mid c(p)$ 的素数 p 之积;

v'_2 是 v_2 与适合 $p \mid f_4, c(p) = n(p), 2 \nmid c(p)$ 的素数 p 之积.

于是我们有

$$\chi_d(u'_1v'_1) = \omega_4(d)\chi_d(c[f_4]u_1v_1) \tag{4.5.21}$$

在下面我们分九种情况进行讨论. 在每种情况, 我们选取一个特征 ϕ_2, 整数 η 和函数 $g(z) = g(\psi,c)(z)$. 然后令 $\phi_1 = \omega\phi_2^2\chi_\eta$, 按照式(4.5.7)和(4.5.8)分

别定义 $h(\psi,c)$ 和 $q(\psi,c)$. 在每一种情况下，都可有 $q(\psi,c)\in\varepsilon(N,3/2,\omega)$，我们不再逐一证明这一事实，而将它留给读者.

令

$$N_2=f_1\widetilde{m}_2u_1'u_2'v_1'w,\zeta=c[m_2]u_1',\eta'=c/(m_2'u_1'v_1')$$

$$\phi_2'=\bar{\omega}_2\psi_2\chi_\zeta',\sigma'=m_2'u_1'$$

其中 $\widetilde{m}_2$ 是 m_2 的素因子之积，σ' 是 ϕ_2'的导子，m_2'是 m_2 的因子.

设 D 为无平方因子的正奇数，l 是 D 的因子，在 4.4 节中，我们已找到 $\varepsilon(8D,3/2,\chi_l)$ 的一组基

$$G(\chi_l,m,8D)(m\mid D,m\neq 1),G(\chi_l,4m,8D)(m\mid D),G(\chi_l,8m,8D)(m\mid D)$$

$\varepsilon(8D,3/2,\chi_{2l})$ 的一组基

$$G(\chi_{2l},m,8D)(m\mid D,m\neq 1),G(\chi_{2l},2m,8D)(m\mid D),G(\chi_{2l},8m,8D)(m\mid D)$$

$\varepsilon(4D,3/2,\chi_l)$ 的一组基

$$G(\chi_l,m,4D)(m\mid D,m\neq 1),G(\chi_l,4m,4D)(m\mid D)$$

情况 1 (ⅰ) $n(2)\geqslant 4,n(2)-2\leqslant c(2)\leqslant n,m(2)=0$;

(ⅱ) $n(2)\geqslant 5,c(2)=n(2)-2,m(2)=2,\omega_0\chi_v=\chi_2$ 或 χ_{-2};

(ⅲ) $n(2)=3,c(2)=2$ 或 3;

(ⅳ) $n(2)=2,c(2)=2$.

我们取 $\phi_2=\psi_0\phi_2',\eta=\eta'/a$ 及 $g=G(\phi_1,av_1',aN_2)$，其中 $a=(8,v)$. 易见 ϕ_1 是偶特征，$\phi_1^2=id.$，且 ϕ_1 是模 aN_2 的特征. ϕ_2 的导子 $\sigma=m_0\sigma'$. 在(ⅰ)，(ⅲ)，(ⅳ) 中 $m_0=1$，在(ⅱ) 中 $m_0=4$，m_0 总能除尽 a. 这时 $h\in\varepsilon(a\sigma[\sigma,N_2],3/2,\omega\chi_\eta)$，$q\in\varepsilon(a\sigma[\sigma,N_2]\eta,3/2,\omega)\subset\varepsilon(N,3/2,\omega)$. 利用(Ⅰ) 中情况 5 的方法，可以找到 $F(\psi,c)\in\varepsilon(N,3/2,\omega)$，使其适合式(4.5.16) 及(4.5.20).

情况 2

(ⅰ) $n(2)\geqslant 4,c(2)=n(2)-2,m(2)=2,\omega_0\chi_v=id.$ 或 χ_{-1};

(ⅱ) $n(2)=3,c(2)=1$.

在(ⅰ) 中取 $\phi_2=\psi_0\phi_2',\eta=\eta'/4$，当 $v_1'\neq 1$ 时，取 $g=G(\phi_1,v_1',8N_2)$，当 $v_1'=1$ 时，取 $g=G(\phi_1,4,8N_2)$，这时 $\phi_1=\chi_l$，其中 l 为 N_2 的因子. 在(ⅱ) 中取 $\phi_2=\phi_2',\eta=\eta'/2$ 及 $g=G(\phi_1,2v_1',8N_2)$，这时 $f(2)=3$，故 $\phi_1=\chi_{2l}$，l 为 N_2 的因子. 在两种情况下，都能证明 q 适合式(4.5.15) 和(4.5.16). 以(ⅱ) 的证明为例，我们知道 g 仅在 $S(8N_2)$ 中的两个尖点 1 和 $1/(2v_1')$ 不为零. 设整数 j^* 和 λ 适合

$$d+2j^*v_1'=\lambda\sigma'\quad(1\leqslant j^*\leqslant\sigma')$$

我们可得

$$V(h,d/(2\sigma'v_1'))=\phi_2(j^*)(\sigma')^{3/2}V(g,\lambda/(2v_1'))=$$

$$\rho\bar{\omega}_2\omega_4\psi(d)\chi_d(c^*)$$

及

$$V(h,d/\beta)=0 \quad (2\sigma' v_1' < \beta, \beta \mid 8\sigma' N^2)$$

这里利用了 $\phi_1=\chi_{2l}(l \mid N_2,(l,v_1')=1)$ 及式(4.5.21),取 $F(\psi,c)=q(\psi,c)$ 即可.

在讨论了情况 1 和情况 2 之后,以下我们仅需考虑:当 $n(2)\geqslant 4$ 时,有 $c(2)\leqslant n(2)-3$;当 $n(2)=2,3$ 时,有 $c(2)=0$. 令 $b=(8,2^{n(2)})$,当 $f(2)\leqslant 3$ 时,令 $\psi_0'=\psi_0$;当 $f(2)\geqslant 4$ 时,令 $\psi_0'=\bar{\omega}_0\psi_0$. ψ_0' 的导子是 m_0.

情况 3　$n(2)\geqslant 4,c(2)\leqslant n(2)-3$,或 $n(2)=2,3,c(2)=0;v_1'\neq 1$.

令 $\phi_2=\psi_0'\phi_2',\eta=\eta'/m_0$ 及 $g=G(\phi_1,v_1',bN_2)$,可以证明 $q(\psi,c)$ 适合式(4.5.15) 和(4.5.16). 取 $F(\psi,c)=q(\psi,c)$.

情况 4　$n(2)\geqslant 4,c(2)\leqslant n(2)-3$,或 $n(2)=2,3,c(2)=0;v_1'=1,v_2'\neq 1$.

取 v_2' 的一个素因子 p,令 $\phi_2=\psi_0'\phi_2',\eta=\eta'/(m_0p)$ 及 $g=G(\phi_1,p,bN_2p)$, ϕ_1 以 χ_p' 为它的 p-分量. 在 $S(N)$ 的尖点中,h 仅可能在形如 $d/\sigma p^i(\sigma=m_0\sigma',i\geqslant 1)$ 的尖点处不零,且 $V(h,d/(\sigma p))=\rho\phi_2(d)$. 对 v_2' 的任一素因子 p' 都有 $c(p')=n(p')$,而 $\eta=c/(\sigma p)$. 在计算 q 在尖点的值时,仅需利用 $V(h,d/(\sigma p))$. 可以证明 q 适合式(4.5.16) 和(4.5.17). 取 $F(\psi,c)=q(\psi,c)$.

情况 5　$n(2)\geqslant 4,c(2)\leqslant n(2)-3$,或 $n(2)=2,3,c(2)=0;v_1'v_2'=1,u_2'\neq 1$.

设 p 为 u_2' 的素因子. 取 $\phi_2=\psi_0'\phi_2',\eta=\eta'/m_0$ 及 $g=G(\phi_1,p,bN_2)$. 我们有

$$V(q,d/c)=V(h,d/\sigma)=\phi_2(-d)\sigma^{3/2}V(g,1)=$$
$$-\phi_2(-d)\sigma^{3/2}p^{-1}\varepsilon_p\phi_1(p)$$
$$V(q,d/(cp^i))=V(h,d/(\sigma p^i))=$$
$$\phi_2(-d)\chi_{d\sigma}(p^i)\bar{\phi}_2(p^i)\phi_2(p^{i-1})\varepsilon_p\varepsilon^{-1}(p^i)\sigma^{3/2} \quad (i\geqslant 1)$$

$V(g,1)$ 可由式(4.4.10)(4.4.12) 及(4.4.14) 得到. 当 $\beta\mid N,c<\beta,\beta\neq cp^i$ $(i\geqslant 0)$ 时,$V(q,d/\beta)=0$. 定义

$$g_1(\psi,c)=G(\phi_1\chi_p,p,bN_2)$$
$$h_1(\psi,c)=\sum_{j=1}^{\sigma}\phi_2(j)g_1(z+j/\sigma)$$
$$q_1(\psi,c)=h_1 \mid V(c(\sigma p))$$

易证

$$V(q_1,d/(cp^i))=\phi_2(-d)\chi_{d\sigma}(p^i)\phi_2(p^{i+1})\phi_1(p^i)\varepsilon^{-1}(p^i)\sigma^{3/2} \quad (i\geqslant 0)$$

而当 $\beta\mid N,c<\beta,\beta\neq cp^i(i\geqslant 0)$ 时,$V(q_1,d/\beta)=0$. 令

$$F(\psi,c)=q(\psi,c)-\varepsilon_p\phi_1\phi_2(p)q_1(\psi,c)$$

可知 $F(\psi,c)$ 适合式(4.5.16)和(4.5.17).

令 $\bar{\omega}_2\psi_2^2=\chi'_s$($s$ 是 $\widetilde{m}_2$ 的因子),及

$$\chi_d(sc[m_2]m_2\widetilde{m}_2)=\chi_d(y),y\mid\widetilde{m}_2,(d,\widetilde{m}_2)=1 \tag{4.5.22}$$

情况 6　$n(2)\geqslant 4,c(2)\leqslant n(2)-3$,或 $n(2)=2,3,c(2)=0;u'_2v'_1v'_2=1$,$\psi_2\chi'_y$ 的导子小于 m_2 或 $y\neq\widetilde{m}_2$.

取 $\xi=u'_1$ 及 $\phi_2=\psi'_0\bar{\psi}_2\chi'_\xi$. ϕ_2 的导子为 $\sigma=m\xi=m_0m_2u'_1$. 令 $\eta=c/\sigma$ 及 $g=G(\phi_1,\widetilde{m}_2,bN_2)$,这时 $N_2=f_1\widetilde{m}_2u'_1w,c=c[2m_2u'_1],N=N[2f_1m_2u'_1w]$. 在 $S(N)$ 的所有尖点中,h 仅可能在形如 $d/(\sigma a)(a\mid m_2^\infty)$ 的尖点不为零.

设 $a\neq 1$:将 m_2 表为 $m_{21}m_{22}$,其中 m_{21} 与 a 互素,m_{22} 与 a 具有相同的素因子,可见 $m_{22}\neq 1$. 我们有

$$\begin{aligned}h(z+d/(\sigma a))=&\sum_{j=1}^{\sigma}\phi_2(j)g(z+(d+ja)/(\sigma a))=\\&\sum_{j_1=1}^{m_0u'_1}\sum_{j_2=1}^{m_0}\bar{\omega}_0\psi_0\chi'_\xi(j_1m_2)\bar{\psi}_2(j_2m_0u'_1)\cdot\\&g\left(z+\frac{d+j_1am_2+j_2am_0u'_1}{m_0m_2u'_1a}\right)\end{aligned} \tag{4.5.23}$$

存在唯一的整数 j_1^* 及 λ,使

$$d+j_1^*am_2=\lambda m_0u'_1\quad(1\leqslant j_1^*\leqslant m_0u'_1)$$

设 $\psi_2=\psi_{21}\psi_{22}$,$\psi_{21}$ 和 ψ_{22} 的导子分别为 m_{21} 和 m_{22}. 将 j_2 表成 $j_{21}m_{22}+j_{22}m_{21}$,$1\leqslant j_{21}\leqslant m_{21},1\leqslant j_{22}\leqslant m_{22}$. 记 $\lambda+j_{21}m_{22}a+j_{22}m_{21}a=e\alpha$,其中 $e\mid m_{21}$,α 与 m_{21} 互素. 由于 d 与 m_2 互素,因而 λ 与 m_2 互素,α 也与 m_2 互素. 由式(4.5.22)可得

$$\begin{aligned}V(h,d/(\sigma a))=&\bar{\omega}_0\psi_0\chi'_\xi(j_1^*m_2)\bar{\psi}_2(m_0u'_1)(m_0u'_1)^{3/2}\cdot\\&\sum_{e\mid m_{21}}e^{3/2}\sum_{j_{21}}\sum_{j_{22}}\bar{\psi}_{21}(j_{21}m_{22})\bar{\psi}_{22}(j_{22}m_{21})\cdot\\&V\left(g,\frac{\alpha}{m_2ae^{-1}}\right)\end{aligned} \tag{4.5.24}$$

取定 e 后,j_{21} 应适合$(\lambda+j_{21}m_{22}a,m_{21})=e$. 仅当 $\widetilde{m}_2\mid m_{21}m_{22}ae^{-1}$ 时,上式中才能出现一个对应的非零项,这时 e 应能除尽 $m_{21}/\widetilde{m}_{21}$,这里 $\widetilde{m}_{21}$ 表示 m_{21} 的素因子之积. 我们有

$$\begin{pmatrix}A&B\\C&D\end{pmatrix}\begin{pmatrix}1\\\widetilde{m}_2\end{pmatrix}=\begin{bmatrix}\alpha\\m_2ae^{-1}\end{bmatrix}\quad\left(\begin{pmatrix}A&B\\C&D\end{pmatrix}\in\Gamma_0(bN_2)\right)$$

故

$$A\equiv\alpha(\widetilde{m}_2)$$
$$D\equiv m_2a/(e\widetilde{m}_2)\quad(bf_1u'_1w)$$

因而

$$V\left(g,\frac{\alpha}{m_2 a \mathrm{e}^{-1}}\right)=\bar{\omega}_0\psi_0^2 w_1\frac{m_2 a}{e\widetilde{m}_2}\varepsilon^{-1}(c[m_2]ae)\varepsilon(c[m_2]m_2\widetilde{m}_2)\cdot$$

$$\left(\frac{c[2]m_0(-1)^{(f_4-1)/2}}{m_2\widetilde{m}_2 ae}\right)\left(\frac{a}{c[m_2]aes}\right) \tag{4.5.25}$$

当 j_{21} 取定一个值后，e 随之确定，而当 j_{22} 跑遍 $Z/m_{22}Z$ 时，$a \bmod \widetilde{m}_2$ 是固定不变的（注意 $\widetilde{m}_{21} \mid m_{21}\mathrm{e}^{-1}$），所以由式(4.5.24) 可知 $V(h,d/(\sigma a))=0$，即当 $\beta \mid N$，$c<\beta$ 时，总有 $V(h,d/\beta)=0$.

设 $a=1$：我们来计算 $V(h,d/\sigma)$. 设整数 j^* 与 λ 适合 $d+j^* m_2=\lambda m_0\xi$，$1\leqslant j^*\leqslant m_0\xi$，由式(4.5.23) 可得

$$V(h,d/\sigma)=\phi_2(-d)\sigma^{3/2}V(g,1)+$$

$$\psi'_0\chi'_\xi(j^*)(m_0\xi)^{3/2}\sum_{e\mid m_2/\widetilde{m}_2}\mathrm{e}^{3/2}\sum_{\substack{\alpha=1\\(\alpha,m_2/e)=1}}^{m_2/e}\bar{\psi}_2(e\alpha-\lambda)\cdot$$

$$V\left(g,\frac{\alpha}{m_2 e^{-1}}\right) \tag{4.5.26}$$

在式(4.5.25) 中令 $a=1$ 即得到 $V\left(g,\frac{\alpha}{m_2 e^{-1}}\right)$. 当 $e\neq m_2/\widetilde{m}_2$ 时，我们有

$$\sum_{\substack{\alpha=1\\(\alpha,m_2/e)=1}}^{m_2/e}\bar{\psi}_2(e\alpha-\lambda)\left(\frac{\alpha}{c[m_2]es}\right)=$$

$$\sum_{\substack{\alpha=1\\(\alpha,m_2/e)=1}}^{\widetilde{m}_2}\left(\frac{\alpha}{c[m_2]es}\right)\sum_{j=1}^{m_2/e\widetilde{m}_2}\bar{\psi}_2(e\alpha-\lambda+je\widetilde{m}_2)=0$$

而当 $e=m_2/\widetilde{m}_2$ 时，我们有

$$\sum_{\substack{\alpha=1\\(\alpha,\widetilde{m}_2)=1}}^{\widetilde{m}_2}\left(\frac{\alpha}{y}\right)\bar{\psi}_2\left(-\lambda+\frac{\alpha m_2}{\widetilde{m}_2}\right)=$$

$$\sum_{\alpha=1}^{\widetilde{m}_2}\left(\frac{\alpha}{y}\right)\bar{\psi}_2\left(-\lambda+\frac{\alpha m_2}{\widetilde{m}_2}\right)\sum_{n\mid(\alpha,\widetilde{m}_2 y^{-1})}\mu(n)=$$

$$\sum_{n\mid\widetilde{m}_2 y^{-1}}\mu(n)\left(\frac{n}{y}\right)\sum_{\alpha=1}^{y}\left(\frac{\alpha}{y}\right)\sum_{j=1}^{\widetilde{m}_2/(ny)}\bar{\psi}_2\left(-\lambda+\frac{\alpha n m_2}{\widetilde{m}_2}+\frac{jynm_2}{\widetilde{m}_2}\right)=$$

$$\bar{\psi}_2(-d)\chi'_y(-dm\xi\widetilde{m}_2 y^{-1})\psi_2(m_0\xi)\mu(\widetilde{m}_2 y^{-1})\cdot$$

$$\sum_{\alpha=1}^{y}\left(\frac{\alpha}{y}\right)\bar{\psi}_2\left(1+\frac{\alpha m_2}{y}\right)$$

利用引理 4.51，由式(4.5.26) 即可得到

$$V(q(\psi,c),d/c)=V(h,d/\sigma)=$$

$$\bar{\omega}_0\bar{\omega}_2\omega_4\psi(d)\chi_d(c^* m_2\widetilde{m}_2)\sigma^{3/2}(\widetilde{m}_2)^{-3/2}y^{1/2}\rho_1-$$

$$\bar{\omega}_0\bar{\omega}_2\omega_4\psi(d)\chi'_y(d)\chi_d(c^* m_2\widetilde{m}_2)\sigma^{3/2}(\widetilde{m}_2)^{-1/2}y^{1/2}\rho_2 \qquad (4.5.27)$$

这里利用了 $\phi_1=\chi_l$ 或 χ_{2l}，且 $l=\widetilde{m}_2/y,\bar{\psi}_2=\bar{\omega}_2\psi_2\chi'_s$，及式(4.5.21)(4.5.22). 常数 ρ_1 与 ρ_2 的绝对值都为 1. 当 $\psi_2\chi'_y$的导子小于 m_2 时，式(4.5.27) 的第二项的出现不会影响方阵 $\mathbf{A}=(F(\psi,c),s)$ 的秩，所以我们令 $F(\psi,c)=q(\psi\chi'_i,c)$，其中 $i=m_2\widetilde{m}_2$，$\psi_2\chi'_i$的导子仍为 m_2. 当 $\psi_2\chi'_y$的导子等于 m_2 时，则

$$V(q(\psi\chi'_y,c),d/c)=\bar{\omega}_0\bar{\omega}_2\omega_4\psi\chi'_y(d)\chi_d(c^* m_2\widetilde{m}_2)\sigma^{3/2}(\widetilde{m}_2)^{-3/2}y^{1/2}\rho_1-$$
$$\bar{\omega}_0\bar{\omega}_2\omega_4\psi(d)\chi_d(c^* m_2\widetilde{m}_2)\sigma^{3/2}(\widetilde{m}_2)^{-1/2}y^{1/2}\rho_2$$

若 $y\neq\widetilde{m}_2$，可以取 $F(\psi,c)$ 为 $q(\psi\chi'_i,c)$ 和 $q(\psi\chi'_y,c)$ 的一个适当的线性组合，使 $F(\psi,c)$ 适合式(4.5.16) 和(4.5.17).

以下我们可以假设 $u'_2v'_1v'_2=1,y=\widetilde{m}_2$(即 $\chi'_{c[m_2]m_2s}=id.$)，$\psi_2\chi'_y$的导子是 m_2. 由此可知 ψ_2 和 ψ_2^2 具有相同的导子，且 $\omega_1\omega_2\omega_4=\psi_2^2\chi'_{f_1f_4s}=\psi_2^2\chi'_\lambda$，其中 $\lambda=cf_1u'_1/(2^{c(2)}m_2)$，这里利用了式(4.5.22). 由于 $m_2^2\lambda=c^* m_2f_1u'_1\mid N$，这里

$$c^*=m_2\lambda\prod_{p\mid\lambda,\,p\nmid m_2}p^{-1}$$

可见存在例外对$(K_0K_2,\tilde{c})$，使

$$\psi_2=K_2\chi'_n(n\mid\widetilde{m}_2),c/2^{c(2)}=\tilde{c}/2^{\tilde{c}(2)} \qquad (4.5.28)$$

即在式(4.5.3) 中取 $r/2^{r(2)}=m_2,t/2^{t(2)}=\lambda,K_0$ 的导子是 2 的幂，K_2 的导子是 m_2. 当 m_2 确定后，K_2 的取法我们已约定了.

情况 7 $n(2)\geqslant 4,c(2)\leqslant n(2)-3$，或 $n(2)=2,3,c(2)=0;\psi_2=K_2\chi'_n(n\mid\widetilde{m}_2,n\neq 1)$.

取 $\phi_2=\psi'_0\bar{K}_2\chi'_\lambda(\lambda=m_2u'_1),\sigma=mu'_1,\eta=c/\sigma$ 及 $g=G(\phi_1,n,bN_2)$. 类似于情况 6 可证

$$V(q(\psi,c),d/c)=\bar{\omega}_0\bar{\omega}_2\omega_4\psi(d)\chi_d(c^*)\sigma^{3/2}n^{-1}\rho_1-$$
$$\bar{\omega}_0\bar{\omega}_2\omega_4K_2(d)\chi_d(c^*)\sigma^{3/2}n^{-1}\rho_2 \qquad (4.5.29)$$

及 $V(q(\psi,c),d/\beta)=0(\beta\mid N,c<\beta)$. 取 $F(\psi,c)=q(\psi,c)$，同样式(4.5.29) 的第二项不影响矩阵 $\mathbf{A}$ 的秩.

到此，我们已完成了 $n(2)=2,3$ 的讨论，因当 $\psi_2=K_2,c(2)=0$ 时，在上述条件下，(ψ,c) 就是一个例外对. 对下假设 $n(2)\geqslant 4,c(2)\leqslant n(2)-3,\psi_2=K_2$，$\phi_2=\psi'_0\bar{K}_2\chi'_\xi(\xi=m_2u'_1),\sigma=mu'_1,\eta=c/\sigma$. 易见 $\phi_1=\chi_{f_1}$ 或 χ_{2f_1}.

情况 8 $\phi_1=\chi_{2f_1}$.

这时一定有 $m(2)>0$，否则，若 $m(2)=0$，(ψ,c) 就是例外对(在式(4.5.3) 中有 $r(2)=0,t(2)=c(2)+1$). 令 $g=G(\chi_{2f_1},2,8N_2)$，可以证明 q 适合式

(4.5.16) 及

$$V(q,d/c)=\sigma^{3/2}\phi_2(-d)V(g,1)+(\sigma/2)^{3/2}\phi_2(-d+\sigma/2)=$$
$$-2^{-1/2}\bar{\omega}_0\bar{\omega}_2\omega_4\psi(-d)\chi_{-d}(c^*)\sigma^{3/2}$$

这里我们利用了 $V(g,1)=-2^{-3/2}$ 及 $\psi_0'(-d+\sigma/2)=-\psi_0'(-d)$，因为 ψ_0' 的导子是 m_0. 取 $F(\psi,c)=q(\psi,c)$，它适合式(4.5.16) 和(4.5.17).

情况 9 $\phi_1=\chi_{f_1}$.

若 $m(2)=c(2)=0$，在式(4.5.3) 中有 $r(2)=t(2)=0$，可见(ψ,c) 是例外对，这不可能. 我们首先考虑 $m(2)>3$ 的情况，由于 $\phi_1=\omega\phi_2^2\chi_\eta=\chi_{f_1}$，可知

$$\omega_0=\psi_0^2\chi_{\omega_0(-1)\delta}(\delta=2^{c(2)-m(2)})$$

于是 $\omega=\psi^2\chi_{\delta\xi}$. 在式(4.5.3) 中，取 $r(2)=m(2)-1,t(2)=c(2)-m(2)$，可见存在一个例外对$(K_0K_2,c)$，其中 $K_0^2=\psi_0^2$. 因为(ψ,c) 不是例外对，故有 $\psi_0=K_0\chi_{-1},K_0\chi_2$ 或 $K_0\chi_{-2}$，令 $K=K_0K_2$，取

$$g(K\chi_{-1},c)=g(K\chi_2,c)=G(\chi_{f_1},4,8N_2)$$
$$g(K\chi_{-2},c)=G(\chi_{f_1},8,8N_2)$$

可以证明 $q(K\chi_{-1},c),q(K\chi_2,c),q(K\chi_{-2},c)$ 适合式(4.5.16)，且

$$V(q(K\chi_{-1},c),d/c)=$$
$$-8^{-1}(1+\mathrm{i})\varepsilon_{f_1}^{-1}\sigma^{3/2}\bar{\omega}_0\bar{\omega}_2\omega_4(-d)\chi_{-d}(c^*)\cdot$$
$$\left\{K\chi_{-1}(-d)+\mathrm{i}\varepsilon_{f_1}K(-d)\sum_{j=1}^{4}\left(\frac{-1}{j}\right)\phi_2\left(1+\frac{j\sigma}{4}\right)\right\}$$
$$V(q(K\chi_2,c),d/c)=$$
$$-8^{-1}(1+\mathrm{i})\varepsilon_{f_1}^{-1}\sigma^{3/2}\bar{\omega}_0\bar{\omega}_2\omega_4(-d)\chi_{-d}(c^*)\cdot$$
$$\left\{K\chi_2(-d)+\mathrm{i}\varepsilon_{f_1}K\chi_{-2}(-d)\sum_{j=1}^{4}\left(\frac{-1}{j}\right)\phi_2\left(1+\frac{j\sigma}{4}\right)\right\}$$
$$V(q(K\chi_{-2},c),d/c)=$$
$$-8^{-1}(1+\mathrm{i})\varepsilon_{f_1}^{-1}\sigma^{3/2}\bar{\omega}_0\bar{\omega}_2\omega_4(-d)\chi_{-d}(c^*)\cdot$$
$$\left\{K(-d)-2^{-5/2}\varepsilon_{f_1}K\chi_2(-d)\sum_{j=1}^{8}\left(\frac{2}{j}\right)\phi_2\left(1+\frac{j\sigma}{8}\right)\right\}$$

当 d 跑遍 $d_1,\cdots,d_{g(c)}[g(c)=\phi((c,N/c))]$ 时，以上三个式子所对应的行向量是线性独立的.

当 $0<m(2)\leqslant 3$ 时，$\psi_0=\chi_{-1},\chi_2$ 或 χ_{-2}，我们只需用 id. 代替 K_0.

现在考虑 $m(2)=0,c(2)>0$ 的情况. 这时取 $\phi_2=K_2\chi_\xi'(\xi=m_2u_1'),\sigma=m_2u_1'$ 及 $g=G(\chi_{2f_1},2,8N_2)$，h 的定义如前，而 $q=h\mid V(\eta/2)$，取 $F(\psi,c)=q(\psi,c)$，可以证明 $F(\psi,c)$ 适合式(4.5.15) 和(4.5.16).

到此为止，我们已对每个非例外的允许对定义了一个函数 $F(\psi,c)$，而且也已经证明了矩阵 $\mathbf{A}=(V(F(\psi,c),s))$ 是满秩的. 因此我们可以得到这样的结论：$\varepsilon(N,3/2,\omega)$ 是由 Eisenstein 级数生成的. 我们也构造了该空间的一组基.

4.4 和 4.5 节的结果也即证明了权为 3/2 的尖形式的正交补子空间是由 Eisenstein 级数生成的. 当模形式的权为 $\geqslant 5/2$ 的整数或半整数时，这一结论早在 20 世纪 30 年代就已证明了，见 Hecke[5] 和 Petersson[16].

4.6 $\varepsilon(N,\kappa/2,\omega)(\kappa\geqslant 5)$ 的基

本节讨论权为 $\kappa/2\geqslant 5/2$ 的 Eisenstein 级数. 由定理 2.23，我们知道 $\varepsilon(N,\kappa/2,\omega)$ 的维数为

$$\begin{cases}\displaystyle\sum_{c\mid N,(c,N/c)\mid N/F}\varphi((c,N/c)),\text{若 } n(2)\geqslant 4\\ \displaystyle 3\sum_{c\mid N',(c,N/c)\mid N/F}\varphi((c,N/c)),\text{若 } n(2)=3\\ \displaystyle 2\sum_{c\mid N',(c,N/c)\mid N/F}\varphi((c,N/c)),\text{若 } n(2)=4\end{cases}\tag{4.6.1}$$

其中 $N=2^{n(2)}N'$，$2\nmid N'$，F 为 ω 的导子. 利用 4.4 和 4.5 节的类似方法，可以构造 $\varepsilon(N,\kappa/2,\omega)$ 的基，且比权为 3/2 的情况要简单一些. 在下面我们仅限于考虑 $N=4D$ 或 $8D$（D 为无平方因子的正奇数），ω 为实特征的情况. 由式(4.6.1) 可知

$$\dim\varepsilon(4D,\kappa/2,\chi_l)=2^{v+1}$$

$$\dim\varepsilon(8D,\kappa/2,\chi_l)=\dim\varepsilon(8D,\kappa/2,\chi_{2l})=3\cdot 2^v$$

其中 v 为 D 的素因子个数，l 为 D 的因子. 为了符号的简便，令

$$\lambda'_\kappa(n,4D)=\frac{(-2\pi\mathrm{i})^{\kappa/2}}{\Gamma(\kappa/2)}\lambda_\kappa(n,4D)=\frac{(-2\pi\mathrm{i})^{\kappa/2}}{\Gamma(\kappa/2)}\cdot\frac{L_{4D}(\lambda,\chi_{(-1)^\lambda n})}{L_{4D}(2\lambda,id.)}\beta_\kappa(n,0,\chi_D,4D)$$

其中 $\lambda=(\kappa-1)/2$. 由式(1.2.33)(1.2.34)(1.2.35)，及引理 4.40，可知函数

$$E_\kappa(id.,4m)(z)=$$

$$1+\sum_{n=1}^{\infty}\lambda'_\kappa(n,4D)\prod_{p\mid 2m}A_\kappa(p,n)\prod_{p\mid D/m}(A_\kappa(p,n)+1)n^{\kappa/2-1}e(nz)\tag{4.6.2}$$

及

$$E'_\kappa(\chi_m,4m)(z)=\sum_{n=1}^{\infty}\lambda'_\kappa(n,4D)\prod_{p\mid D/m}(A_\kappa(p,n)+1)n^{\kappa/2-1}e(nz)\tag{4.6.3}$$

属于空间 $\varepsilon(4m,\kappa/2,id.)$，而函数

$$E_\kappa(id.,8m)(z)=1+\sum_{(-1)^\lambda n\equiv 0,1(4)}^{\infty}\lambda'_\kappa(n,4D)\cdot$$

$$(A_\kappa(2,n)-2^{-\kappa}(1+(-1)^\lambda \mathrm{i}))\prod_{p\mid m}A_\kappa(p,n)\cdot$$

$$\prod_{p\mid D/m}(A_\kappa(p,n)+1)n^{\kappa/2-1}e(nz) \qquad (4.6.4)$$

属于空间 $\varepsilon(8m,\kappa/2,id.)$.

令

$$\eta_2=\frac{1+(-1)^\lambda \mathrm{i}}{2^\kappa-4},\eta_p=\frac{p-1}{p(p^{\kappa-2}-1)} \quad (p\neq 2)$$

由引理 1.20 及 1.21 可得.

引理 4.52 设 p 为素数(可以为 2),我们有

$$A_\kappa(p,p^2n)-\eta_p=p^{\kappa-2}(A_\kappa(p,n)-\eta_p)$$

以下 l 和 m 总表示 D 的因子.定义函数

$$g_\kappa(\chi_l,4D,4D)(z)=1+\sum_{n=1}^{\infty}\lambda'_\kappa(ln,4D)\prod_{p\mid 2D}(A_\kappa(p,ln)-\eta_p)(ln)^{\kappa/2-1}e(nz)$$

$$g_\kappa(\chi_l,4m,4D)(z)=$$

$$\sum_{n=1}^{\infty}\lambda'_\kappa(ln,4D)\prod_{p\mid 2m}(A_\kappa(p,ln)-\eta_p)(ln)^{\kappa/2-1}e(nz) \quad (m\neq D)$$

$$g_\kappa(\chi_l,m,4D)(z)=\sum_{n=1}^{\infty}\lambda'_\kappa(ln,4D)\prod_{p\mid m}(A_\kappa(p,ln)-\eta_p)(ln)^{\kappa/2-1}e(nz)$$

$$g_\kappa(\chi_l,m,8D)(z)=$$

$$\sum_{\substack{n\geqslant 1\\(-1)^\lambda ln\equiv 2,3(4)}}\lambda'_\kappa(ln,4D)\prod_{p\mid m}(A_\kappa(p,ln)-\eta_p)(ln)^{\kappa/2-1}e(nz)$$

定理 4.53 函数集

$$g_\kappa(\chi_l,4m,4D),g_\kappa(\chi_l,m,4D) \quad (m\mid D)$$

是空间 $\varepsilon(4D,\kappa/2,\chi_l)$ 的一组基,它们是 Hecke 算子公共本征函数,且

$$g_\kappa(\chi_l,j,4D)\mid T(p^2)=g_\kappa(\chi_l,j,4D) \quad (p\mid j)$$

$$g_\kappa(\chi_l,j,4D)\mid T(p^2)=p^{\kappa-2}g_\kappa(\chi_l,j,4D) \quad (p\mid 8D/j)$$

$$g_\kappa(\chi_l,j,4D)\mid T(p^2)=(1+p^{\kappa-2})g_\kappa(\chi_l,j,4D) \quad (p\nmid 2D)$$

其中 $j=m$ 或 $4m$.

证明 由于 $g_\kappa(\chi_l,j,4D)=g_\kappa(id.,j,4D)\mid T(l)$,可知仅需考虑 $l=1$ 的情况.引进函数

$$F_\kappa(4D)(z)=1+\sum_{n=1}^{\infty}\lambda'_\kappa(n,4D)\prod_{p\mid 2D}A_\kappa(p,n)n^{\kappa/2-1}e(nz)=E_\kappa(id.,4D)(z)$$

$$F_\kappa(4m)(z)=\sum_{n=1}^{\infty}\lambda'_\kappa(n,4D)\prod_{p\mid 2m}A_\kappa(p,n)n^{\kappa/2-1}e(nz)$$

$$F_\kappa(4m)(z)=\sum_{n=1}^{\infty}\lambda'_\kappa(n,4D)\prod_{p\mid m}A_\kappa(p,n)n^{\kappa/2-1}e(nz) \qquad (4.6.5)$$

由于

$$\prod_{p\mid 2m}A_\kappa(p,n)=\prod_{p\mid 2m}A_\kappa(p,n)\prod_{p\mid D/m}(1+A_\kappa(p,n)-A_\kappa(p,n))=$$
$$\sum_{d\mid D/m}\mu(d)\prod_{p\mid 2md}A_\kappa(p,n)\prod_{p\mid D/(md)}(1+A_\kappa(p,n))$$

以及

$$\prod_{p\mid m}A_\kappa(p,n)=\sum_{d\mid m}\mu(d)\prod_{p\mid m/d}(1+A_\kappa(p,n))$$

由式(4.6.2)及(4.6.3)得到

$$F_\kappa(4m)=\sum_{d\mid D/m}\mu(d)E_\kappa(id.,4md)\in\varepsilon(4D,\kappa/2,id.)$$
$$F_\kappa(m)=\sum_{d\mid m}\mu(d)E'_\kappa(\chi_{dD/m},4dD/m)\in\varepsilon(4D,\kappa/2,id.)$$

又由于

$$g_\kappa(id.,4m,4D)=\sum_{d\mid m}\mu(d)\prod_{p\mid d}\eta_pF_\kappa(4m/d)-\sum_{d\mid m}\mu(d)\prod_{p\mid 2d}\eta_pF_\kappa(4m/d)$$
$$g_\kappa(id.,m,4D)=\sum_{d\mid m}\mu(d)\prod_{p\mid d}\eta_pF_\kappa(m/d)$$

因此,$g_\kappa(id.,4m,4D)$ 和 $g_\kappa(id.,m,4D)$ 都属于 $\varepsilon(4D,\kappa/2,id.)$. 定理中的前两个等式由定理 3.30 及引理 4.52 可得到. 第三个等式可利用 4.4 节末尾的方法证明之.

由于定理中所说的函数在 Hecke 算子作用下,对应不同的本征值集合,故它们是线性独立的. 它们的个数恰等于 $\varepsilon(4D,\kappa/2,id.)$ 的维数 2^v,因而构成一组基.

定理 4.54 函数集

$$g_\kappa(\chi_l,4m,4D),g_\kappa(\chi_l,m,4D)\text{ 和 }g_\kappa(\chi_l,m,4D)\quad(m\mid D)$$

是空间 $\varepsilon(8D,\kappa/2,\chi_l)$ 中的 Hecke 算子的公共本征函数. 它们构成该空间的一组基. 对于 $g_\kappa(\chi_l,m,4D)$,有

$$g_\kappa(\chi_l,m,8D)\mid T(p^2)=g_\kappa(\chi_l,m,8D)\quad(p\mid m)$$
$$g_\kappa(\chi_l,m,8D)\mid T(p^2)=p^{\kappa-2}g_\kappa(\chi_l,m,8D)\quad(p\mid 2D/m)$$
$$g_\kappa(\chi_l,m,8D)\mid T(p^2)=(1+p^{\kappa-2})g_\kappa(\chi_l,m,8D)\quad(p\nmid 2D)$$

证明 定义函数

$$E^*_\kappa(id.,4D)(z)=-2^{\kappa-1}(1+(-1)^\lambda \mathrm{i})^{-1}\cdot$$
$$\{E_\kappa(id.,4D)(z)-2^{-\kappa}(1+(-1)^\lambda \mathrm{i})F_\kappa(D)(z)-E_\kappa(id.,8D)(z)\}$$

它属于 $\varepsilon(8D,\kappa/2,id.)$. 由式(4.6.2)(4.6.4)及(4.6.5)得

$$E_\kappa^*(id.,4D)(z)=\sum_{\substack{n\geqslant 1\\(-1)^\lambda n\equiv 2,3(4)}}\lambda'_\kappa(n,4D)\prod_{p\mid D}A_\kappa(p,n)n^{\kappa/2-1}e(nz)$$

以 m 代替 D 可得

$$E_\kappa^*(id.,4m)(z)=\sum_{\substack{n\geqslant 1\\(-1)^\lambda n\equiv 2,3(4)}}\lambda'_\kappa(n,4D)\prod_{p\mid m}A_\kappa(p,n)\cdot\prod_{p\mid D/m}(1+A_\kappa(p,n))n^{\kappa/2-1}e(nz)$$

类似于定理 4.53,可以证明 $g_\kappa(id.,m,8D)$ 属于 $\varepsilon(8D,\kappa/2,id.)$,且可计算它在 Hecke 算子作用下的本征值,利用定理 4.53,可以证明本定理.

令

$$g_\kappa(\chi_{2l},m,8D)=g_\kappa(\chi_l,m,4D)\mid T(2)$$

$$g_\kappa(\chi_{2l},2m,8D)=g_\kappa(\chi_l,m,8D)\mid T(2)$$

$$g_\kappa(\chi_{2l},8m,8D)=g_\kappa(\chi_l,4m,4D)\mid T(2)$$

利用定理 4.54 及 Hecke 算子的交换性可以证明以下定理:

定理 4.55 函数集

$$g_\kappa(\chi_{2l},m,8D),g_\kappa(\chi_{2l},2m,8D),g_\kappa(\chi_{2l},8m,8D)\quad(m\mid D)$$

是空间 $\varepsilon(8D,\kappa/2,\chi_{2l})$ 中的 Hecke 算子公共本征函数,它们构成一组基底,而且

$$g_\kappa(\chi_{2l},j,8D)\mid T(p^2)=g_\kappa(\chi_{2l},j,8D)\quad(p\mid j)$$

$$g_\kappa(\chi_{2l},j,8D)\mid T(p^2)=p^{\kappa-2}g_\kappa(\chi_{2l},j,8D)\quad(p\mid 16D/j)$$

$$g_\kappa(\chi_{2l},j,8D)\mid T(p^2)=(1+p^{\kappa-2})g_\kappa(\chi_{2l},j,8D)\quad(p\nmid 2D)$$

其中 $j=m,2m$ 或 $8m$.

权为整数的 Eisenstein 级数

第 5 章

5.1 $\varepsilon(N,k,\omega)$ 的 基

在本章中，N 和 k 总表示正整数. 设 ω 为模 N 的特征，且适合 $\omega(-1)=(-1)^{\kappa}$. 通过与上一章类似的方法，即利用式 (4.5.6)(4.5.7)(4.5.8) 三种变换及模形式在尖点的值，可以构造空间 $\varepsilon(N,k,\omega)$ 的基. 但在权为整数的情况，有一种更为简洁的方法，这个方法是由 Hecke 提出[6] 的. 本节将利用 Hecke 的方法构造 $\varepsilon(N,k,\omega)$ 的基，并在此基础上给出 $\varepsilon(N,k,\omega)$ 中的尖形式特性的刻画.

令

$$\Gamma_{\infty}=\left\{\pm\begin{pmatrix}1 & m\\ 0 & 1\end{pmatrix}\;\middle|\; m\in\mathbf{Z}\right\}$$

及

$$W=\left\{\begin{pmatrix}* & *\\ mN & n\end{pmatrix}\in SL_2(\mathbf{Z})\;\middle|\; m\geqslant 0,\text{当 } m=0 \text{ 时}, n=1\right\}$$

W 是 $\Gamma_{\infty}\backslash\Gamma_0(N)$ 的一组代表元. 定义函数

$$E_k(z,s,\omega,N)=y^s\sum_{\gamma\in\Gamma_{\infty}\backslash\Gamma_0(N)}\bar{\omega}(d_{\gamma})J(\gamma,z)^{-k}\mid J(\gamma,z)\mid^{-2s}=$$
$$2^{-1}y^s\sum_{(m,n)=1}\bar{\omega}(n)(mNz+n)^{-k}\cdot$$
$$\mid mNz+n\mid^{-2s}$$

这里 s 是一个复变数，m,n 跑遍所有互素的整数对（也可以为负数）. 为了与半整权的情况有所区别，我们在这里引用表达式 $E_k(z,s,\omega,N)$. 当 $\mathrm{Re}(2s)>2-k$ 时，上述无穷级数是绝对收敛的，它是 s 的解析函数. 易见

$$E_k(\gamma(z),s,\omega,N)=\omega(d_\gamma)J(\gamma,z)^kE_k(z,s,\omega,N)$$
$$\gamma\in\Gamma_0(N) \tag{5.1.1}$$

利用引理 1.10，我们得到

$$\begin{aligned}&E_k(z,s,\omega,N)=\\&2^{-1}y^sL_N^{-1}(k+2s,\bar{\omega})\sum_{m,n}{}'\bar{\omega}(n)(mNz+n)^{-k}\mid mNz+n\mid^{-2s}=\\&y^s+y^sN^{-k-2s}L_N^{-1}(k+2s,\bar{\omega})\sum_{m=1}^{\infty}\sum_{a=1}^{N}\bar{\omega}(\alpha)\cdot\\&\sum_{t=-\infty}^{+\infty}(mz+aN^{-1}+t)^{-k-s}(m\bar{z}+aN^{-1}+t)^{-2}=\\&y^s+\mathrm{i}^{-k}(2\pi N^{-1})^{k+2s}y^sL_N^{-1}(k+2s,\bar{\omega})\cdot\\&\sum_{n=-\infty}^{+\infty}\sum_{m=1}^{\infty}t_n(my,k+s,s)\sum_{a=1}^{N}\bar{\omega}(a)e(nmx+anN^{-1})\end{aligned} \tag{5.1.2}$$

$\sum'$ 表示对所有 $(m,n)\neq(0,0)$ 求和. 类似于半整权的情况，$E_k(z,s,\omega,N)$ 可拓为 s－平面上的亚纯函数. 式(5.1.1) 在延拓后仍成立. 当 $k\neq2$ 或 $k=2,\omega\neq id.$ 时，定义

$$E_k(z,\omega,N)=E_k(z,0,\omega,N)$$

由于 $\Gamma(s)^{-1}\to0(s\to0)$ 及 $W(y,\alpha,0)=1$，$E_k(z,0,\omega,N)$ 的展开式中对应 $n<0$ 的项都消失，因而有

$$\begin{aligned}&E_k(z,\omega,N)=\\&1+\frac{(-2\pi\mathrm{i})^k}{N^k(k-1)!\ L_N(k,\omega)}\sum_{n=1}^{\infty}\{\sum_{d\mid n}d^{k-1}\sum_{a=1}^{N}\bar{\omega}(a)e(ad/N)\}e(nz)\end{aligned} \tag{5.1.3}$$

类似于定理 4.9，可证明这时 $E_k(z,\omega,N)\in\varepsilon(N,k,\omega)$.

在式(5.1.2) 中令 $s=0,k=2$ 及 $\omega=id.$，则得到

$$\begin{aligned}E_2(z,0,id.,N)=1-&\frac{\pi\varphi(N)}{2yN^2L_N(2,id.)}-\\&\frac{4\pi^2}{N^2L_N(2,id.)}\sum_{n=1}^{\infty}\left\{\sum_{d\mid n}d\sum_{\substack{a=1\\(a,N)=1}}^{N}e(ad/N)\right\}e(nz)\end{aligned} \tag{5.1.4}$$

设正整数 Q 适合

$$Q\mid N,(Q,N/Q)=1 \tag{5.1.5}$$

定义矩阵

$$\boldsymbol{W}(Q)=\begin{pmatrix}Q_S&t\\N_U&Q_V\end{pmatrix}\in GL_2^+(\mathbf{Z}),\det\boldsymbol{W}(Q)=Q \tag{5.1.6}$$

我们有 $\boldsymbol{W}(Q)\Gamma_0(N)\boldsymbol{W}(Q)^{-1}=\Gamma_0(N)$. 类似于命题 3.32,我们有如下命题:

命题 5.1 $\boldsymbol{W}(Q)$ 如上定义. 设 $\omega=\omega_1\omega_2$,其中 ω_1 和 ω_2 分别为模 Q 和 N/Q 的特征. 若 $f\in G(N,k,\omega)$,则 $g=f\mid[\boldsymbol{W}(Q)]_k\in G(N,k,\bar{\omega}_1\omega_2)$. 又若 $f\in\varepsilon(N,k,\omega)$,则 $g\in\varepsilon(N,k,\bar{\omega}_1\omega_2)$.

证明 任取 $\boldsymbol{\gamma}=\begin{pmatrix}a & b\\ c & d\end{pmatrix}\in\Gamma_0(N)$,设 $\boldsymbol{W}(Q)\boldsymbol{\gamma}\boldsymbol{W}(Q)^{-1}=\begin{bmatrix}a_0 & b_0\\ c_0 & d_0\end{bmatrix}$,直接计算可以验证 $c_0\equiv 0(N),d_0\equiv a(Q),d_0\equiv d(N/Q)$,所以

$$g\mid[\gamma]=f\mid[\boldsymbol{W}(Q)\boldsymbol{\gamma}\boldsymbol{W}(Q)^{-1}\boldsymbol{W}(Q)]=\omega(d_0)f\mid[\boldsymbol{W}(Q)]=\omega(d_0)g$$

即 $g\in G(N,k,\bar{\omega}_1\omega_2)$. 类似于引理 3.23,3.24 和 3.25,当 $N\mid M$ 时,我们有

$$\varepsilon(N,k,\omega)=G(N,k,\omega)\cap\varepsilon(\Gamma(M),k)$$

由此可证命题中最后的讨论.

若 $\boldsymbol{W}'(Q)$ 为另一个适合(5.1.6)的方阵,由于 $\boldsymbol{W}'(Q)\boldsymbol{W}(Q)^{-1}\in\Gamma_0(N)$,所以若 $f\in G(N,k,\omega)$,$f\mid[\boldsymbol{W}(Q)]$ 与 $f\mid[\boldsymbol{W}(Q)]$ 仅差一个常数因子. 对适合式(5.1.5)的 Q,固定取一个

$$\boldsymbol{W}(Q)=\begin{pmatrix}jQ & l\\ -N & Q\end{pmatrix},\text{其中 } jQ+lN/Q=1$$

现在我们来计算 $E_k(z,\omega,N)\mid[\boldsymbol{W}(Q)]$ 的 Fourier 展开式. 首先,我们有

$$\begin{aligned}
&L_N(k+2s,\bar{\omega})E_k(z,s,\omega,N)\mid[\boldsymbol{W}(Q)]=\\
&2^{-1}Q^{-k/2-2s}y^s\sum_{m,n}{}'\bar{\omega}(n)((mjQ-n)NQ^{-1}z+lmNQ^{-1}+n)^{-k}\cdot\\
&|(mjQ-n)NQ^{-1}z+lmNQ^{-1}+n|^{-2s}=\\
&2^{-1}Q^{-k/2-2s}y^s\sum_{m,n}{}'\bar{\omega}_1(-m)\bar{\omega}_2(n)(mNQ^{-1}z+n)^{-k}\mid mNQ^{-1}z+n\mid^{-2s}=\\
&N^{-k-2s}Q^{k/2}y^s\sum_{m=1}^{\infty}\bar{\omega}_1(-m)\sum_{a=1}^{N/Q}\bar{\omega}_2(a)\cdot\\
&\sum_{t=-\infty}^{+\infty}(mz+aQN^{-1}+t)^{-k-s}(m\bar{z}+aQN^{-1}+t)^{-s}=\\
&\mathrm{i}^k(2\pi N^{-1})^{k+2s}Q^{k/2}y^s\sum_{n=-\infty}^{+\infty}\sum_{m=1}^{\infty}\bar{\omega}_1(-m)t_n(my,k+s,s)\cdot\\
&\sum_{a=1}^{N/Q}\bar{\omega}_2(a)e(anQN^{-1}+nmx)
\end{aligned}$$

这里 ω_1 和 ω_2 如命题 5.1 中所定义. 当 $k\geqslant 3$ 或 $k=2,\omega\neq id.$ 时,我们得到

$$\begin{aligned}
&E_k(z,\omega,N)\mid[\boldsymbol{W}(Q)]=E_k(z,0,\omega,N)\mid[\boldsymbol{W}(Q)]=\\
&\frac{(-2\pi\mathrm{i})^kQ^{k/2}}{N^k(k-1)!\ L_N(k,\bar{\omega})}\sum_{n=1}^{\infty}\sum_{d\mid n}\bar{\omega}_1(-n/d)d^{k-1}\cdot\\
&\sum_{a=1}^{N/Q}\bar{\omega}_2(a)e(adQ/N)e(nz)
\end{aligned}\tag{5.1.8}$$

当 $k=1,\omega_2 \neq id.$ 时

$$E_1(z,\omega,N) \mid [\boldsymbol{W}(Q)] = E_1(z,0,\omega,N) \mid [\boldsymbol{W}(Q)] =$$

$$\frac{-2\pi \mathrm{i} Q^{1/2}}{NL_N(1,\bar{\omega})} \sum_{n=1}^{\infty} \sum_{d\mid n} \bar{\omega}_1(-n/d) \cdot$$

$$\sum_{a=1}^{N/Q} \bar{\omega}_2(a) e(adQ/N) e(nz) \qquad (5.1.9)$$

当 $k=1,\omega_2 = id.$ 时，式(5.1.7)中将出现对应 $n=0$ 的项，于是可得

$$E_1(z,\omega,N) \mid [\boldsymbol{W}(Q)] = E_1(z,0,\omega,N) \mid [\boldsymbol{W}(Q)] =$$

$$\frac{\pi \mathrm{i} L_Q(0,\bar{\omega})}{Q^{1/2} L_N(1,\bar{\omega})} \prod_{p\mid N/Q} \left(1-\frac{1}{p}\right) - \frac{2\pi \mathrm{i} Q^{1/2}}{NL_N(1,\bar{\omega})} \sum_{n=1}^{\infty} \sum_{d\mid n} \bar{\omega}(-n/d) \cdot$$

$$\sum_{\substack{a=1 \\ (a,N/Q)=1}}^{N/Q} e(adQ/N) e(nz) \qquad (5.1.10)$$

最后，当 $k=2,\omega=id.$ 时，由式(5.1.7)得

$$E_2(z,0,\omega,N) \mid [\boldsymbol{W}(Q)] =$$

$$-\frac{-\varphi(N)}{2yN^2 L_N(2,id.)} - \frac{4\pi^2 Q}{N^2 L_N(2,id.)} \sum_{n=1}^{\infty} \sum_{\substack{d\mid n \\ (n/d,Q)=1}} \sum_{\substack{a=1 \\ (a,N/Q)=1}}^{N/Q} e(adQ/N) e(nz)$$

$$(5.1.11)$$

假设 ω 为模 N 的原特征，Q 适合式(5.1.5)，令

$$b_k(n) = \sum_{d\mid n} \omega_1(-n/d) d^{k-1} \sum_{a=1}^{N/Q} \bar{\omega}_2(a) e(adQ/N)$$

ω_1 与 ω_2 如命题 5.1 中所定义. ω_2 是模 N/Q 的原特征. 易当 $(d,N/Q)>1$ 时，上式的内和为零，故

$$b_k(n) = \sum_{a=1}^{N/Q} \bar{\omega}_2(a) e(aQ/N) \sum_{d\mid n} \omega_1(-n/d) \omega_2(d) d^{k-1}$$

设 p 为素数，$p \nmid N$. 当 $p \nmid n$ 时，我们有

$$b_k(pn) = (\omega_1(p) + \omega_1(p) p^{k-1}) b_k(n)$$

当 $p \mid n$ 时，若 $n = p^l n_1 (p \nmid n_1)$，我们有

$$b_k(pn) = \omega_1(p) b_k(n) + \omega_2(p) p^{k-1} \sum_{a=1}^{N/Q} \bar{\omega}_2(a) e(adQ/N) \cdot$$

$$\sum_{d\mid n_1} \omega_1(-n_1/d) \omega_2(p^l d)(p^l d)^{k-1} =$$

$$\omega_1(p) b_k(n) + \omega_2(p) p^{k-1} (b_k(n) - \omega_1(p) b_k(n/p)) =$$

$$(\omega_1(p) + \omega_2(p) p^{k-1}) b_k(n) - \omega(p) p^{k-1} b_k(n/p)$$

今设 $p \mid Q$，则

$$b_k(pn) = \omega_2(p) p^{k-1} b_k(n)$$

而当 $p \mid N/Q$ 时，易见 $b_k(pn) = \omega_1(p) b_k(n)$. 综合上述，我们得到

$$(\omega_1(p)+\omega_2(p)p^{k-1})b_k(n)=b_k(pn)+\omega(p)p^{k-1}b_k(n/p)$$

当 $p\nmid n$ 时,$b(n/p)$ 理解为零.因而

$$\sum_{n=1}^{\infty}b_k(n)n^{-s}=b_k(1)\prod_{p\mid Q}(1-\omega_2(p)p^{k-1-s})^{-1}\prod_{p\mid N/Q}(1-\omega_1(p)p^{-s})^{-1}\cdot$$
$$\prod_{p\nmid N}(1-(\omega_1(p)+\omega_2(p)p^{k-1})p^{-s}+\omega(p)p^{k-1-2s})^{-1}=$$
$$b_k(1)\prod_{p\nmid Q}(1-\omega_1(p)p^{-s})^{-1}\prod_{p\nmid N/Q}(1-\omega_2(p)p^{k-1-s})^{-1}=$$
$$b_k(1)L(s,\omega_1)L(s-k+1,\omega_2)$$

当 $k\neq 2$ 或 $k=2,\omega\neq id.$(即 $N>1$)时,令

$$E_k(z,\omega_1,\omega_2)=\frac{N^k(k-1)!\ L_N(k,\omega_1\bar{\omega}_2)}{(-2\pi\mathrm{i})^kQ^{k/2}\omega_1(-1)\sum_{a=1}^{N/Q}\bar{\omega}_2(a)e(aQ/N)}\cdot$$
$$E_k(z,\bar{\omega}_1\omega_2,N)\mid[\boldsymbol{W}(Q)]$$

则 $E_k(z,\omega_1,\omega_2)\in\varepsilon(N,k,\omega)$,且

$$E_k(z,\omega_1\omega_2)=(b^k(1))^{-1}\sum_{n=1}^{\infty}b_k(n)e(nz)$$

因而

$$L(s,E_k(z,\omega_1,\omega_2))=L(s,\omega_1)L(s-k+1,\omega_2)\qquad(5.1.12)$$

其中 $L(s,E_k(z,\omega_1,\omega_2))$ 是 $E_k(z,\omega_1,\omega_2)$ 的 Zeta 函数,$L(s,\omega)$ 是通常的 L 函数.同时也可见 $E_k(z,\omega_1,\omega_2)$ 是 Hecke 算子的公共本征函数,且

$$E_k(z,\omega_1,\omega_2)\mid T(p)=(\omega_1(p)+p^{k-1}\omega_2(p))E_k(z,\omega_1,\omega_2)$$

现在假设 ω 为模 N 的任一特征.首先仍考虑 $k\neq 2$ 或 $k=2,\omega\neq id.$ 的情况.若 $\omega=\omega_1\omega_2$,ω_1 和 ω_2 的导子分别为 r_1 和 r_2,将 ω_1 和 ω_2 看作为模 r_1 和 r_2 的原特征,我们将构造一个函数 $E_k(z,\omega_1,\omega_2)\in\varepsilon(N,k,\omega)$,且使式(5.1.12)对它也成立.

类似命题 3.33,我们有

命题 5.2 设 $f(z)=\sum_{n=0}^{\infty}a_ne(nz)\in G(N,k,\omega)$,$\omega$ 的导子为 s,ψ 是模 r 的原特征,令

$$h(z)=\sum_{u=1}^{r}\bar{\psi}(n)f(z+u/r)\sum_{u=1}^{r}\bar{\psi}(u)e(u/r)\sum_{n=1}^{\infty}\psi(n)a_ne(nz)$$

则 $h(z)\in G(M,k,\omega\psi^2)$,其中 $M=[N,rs,r^2]$.又若 $f(z)\in\varepsilon(N,k,\omega)$ 或 $S(N,k,\omega)$,则 $h(z)\in\varepsilon(M,k,\omega\psi^2)$ 或 $S(M,k,\omega\psi^2)$.

设 $\omega=\omega_1\omega_2$,ω_1 和 ω_2 的导子分别为 r_1 和 r_2,又设

$$r_1=\prod_{i=1}^{m}p_i^{\alpha_i},r_2=\prod_{i=1}^{m}p_i^{\beta_i}$$

$$\omega_1=\prod_{i=1}^{m}\omega_{1,i},\omega_2=\prod_{i=1}^{m}\omega_{2,i}$$

$\omega_{1,i}$ 和 $\omega_{2,i}$ 的导子分别为 $p_i^{\alpha_i}$ 和 $p_i^{\beta_i}$. 不失普遍性,可假设存在正整数 m_1,使得当 $1\leqslant i\leqslant m_1\leqslant m$ 时,有 $\alpha_i\geqslant\beta_i$,而当 $m_1<i\leqslant m$ 时,有 $\alpha_i<\beta_i$,利用上述结果,可知存在

$$\widetilde{E}_k(z)=E_k(z,\prod_{i=1}^{m_1}\omega_{1,i}\bar{\omega}_{2,i},\prod_{i=m_1+1}^{m}\bar{\omega}_{1,i}\omega_{2,i})\in$$

$$\varepsilon(\prod_{i=1}^{m_1}p_i^{\alpha_i}\prod_{i=m_1+1}^{m}p_i^{\beta_i},k,\prod_{i=1}^{m_1}\omega_{1,i}\bar{\omega}_{2,i},\prod_{i=m_1+1}^{m}\bar{\omega}_{1,i}\omega_{2,i})$$

当 $1\leqslant i\leqslant m_1$ 时,$\omega_{1,i}\bar{\omega}_{2,i}$ 不一定是模 $p_i^{\alpha_i}$ 的原特征,但这并不影响上式的成立. 在命题 5.2 中,取 $\psi=\prod_{i=1}^{m_1}\omega_{2,i}\prod_{i=m_1+1}^{m}\omega_{1,i}$,$\psi$ 的导子 $r=\prod_{i=1}^{m_1}p_i^{\beta_i}\prod_{i=1}^{m}p_i^{\alpha_i}$,令

$$E_k(z,\omega_1,\omega_2)=(\sum_{u=1}^{r}\bar{\psi}(u)e(u/r))^{-1}\sum_{u=1}^{r}\bar{\psi}(u)\widetilde{E}_k(z+u/r)$$

则 $E_k(z,\omega_1,\omega_2)\in\varepsilon(r_1r_2,k,\omega)$,且

$$L(s,E_k(z,\omega_1,\omega_2))=L(s,\psi\prod_{i=1}^{m_1}\omega_{1,i}\bar{\omega}_{2,i})L(s-k+1,\psi\prod_{i=m_1+1}^{m}\bar{\omega}_{1,i}\omega_{2,i})=$$

$$L(s,\omega_1)L(s-k+1,\omega_2)$$

设 l 为正整数,ω_1 和 ω_2 分别为模 r_1 和 r_2 的原特征. 考虑适合下述条件的三元组

$$(l,\omega_1,\omega_2):\omega=\omega_1\omega_2,lr_1r_2\mid N \tag{5.1.13}$$

对应每一个这样的三元组 (l,ω_1,ω_2),我们有函数

$$E_k(lz,\omega_1,\omega_2)\in\varepsilon(lr_1r_2,k,\omega)\subset s(N,k,\omega)$$

且

$$L(s,E_k(lz,\omega_1,\omega_2))=l^{-s}L(s,\omega_1)L(s-k+1,\omega_2)$$

记 s 为 ω 的导子,以 $A(N,s)$ 表示适合式(5.1.13)的三元组 (l,ω_1,ω_2) 的个数.

引理 5.3 我们有

$$A(N,s)=\sum_{c\mid N,(c,N/c)\mid N/s}\varphi((c,N/c))$$

证明 以 $B(N,s)$ 表示上式右端. 若 $N=N_1N_2$,$s=s_1s_2$,N_1 与 N_2 互素,且 $s_1\mid N_1$,$s_2\mid N_2$,则易见 $A(N,s)=A(N_1,s_1)A(N_2,s_2)$,$B(N,s)=B(N_1,s_1)B(N_2,s_2)$. 故仅需考虑 $N=p^a$,$s=p^b(b\leqslant a)$. 若 (p^i,ω_1,ω_2) 适合(5.1.13),r_1 与 r_2 中一定有一个是 s 的倍数,因而 $0\leqslant i\leqslant a-b$. r_1 与 r_2 中若有一个比 s 大,则 r_1 与 r_2 务必相等. 由于 $\omega_2=\omega\bar{\omega}_1$,$\omega_1$ 确定后,ω_2 也随之确定.

首先假设 $2b \leqslant a$. 当 $0 \leqslant i \leqslant a-2b$ 时，r_1 可取的最大可能的值为 $p^{\left[\frac{a-i}{2}\right]}$，这时 $\left[\frac{a-i}{2}\right] \geqslant b$，$\omega_1$ 可取为模 $p^{\left[\frac{a-i}{2}\right]}$ 的任一特征；当 $a-2b+1 \leqslant i \leqslant a-b$ 时（这时 $b \geqslant 1$），由于 $2b+i > a$，r_1 和 r_2 不能同时是 p^b 的倍数，但其中一定有一个是 p^b，这时 ω_1 可取为 χ 或 $\omega\chi$，χ 是模 p^{a-b-i} 的任一特征. 于是得到

$$A(p^a, p^b) = 2\sum_{i=0}^{b-1}\varphi(p^i) + \sum_{i=0}^{a-2b}\varphi(p^{\left[\frac{a-i}{2}\right]}) =$$

$$\begin{cases} 2\sum_{i=0}^{a/2-1}\varphi(p^i) + \varphi(p^{a/2}), & \text{若 } 2 \mid a \\ 2\sum_{i=0}^{(a-1)/2}\varphi(p^i), & \text{若 } 2 \nmid a \end{cases}$$

现在假设 $a < 2b$. 这时 r_1 与 r_2 中一定有一个是 p^b，ω_1 可取为 χ 或 $\omega\chi$，χ 为模 p^{a-b-i} 的特征，所以这时

$$A(p^a, p^b) = 2\sum_{i=0}^{a-b}\varphi(p^i)$$

直接计算 $B(p^a, p^b)$，可证得引理.

对于整权模形式，也有类似与定理 3.39 的结果，即 $E_k(lz, \omega_1, \omega_2)$ 在 ∞ 的展开式的常数项为 $-L(0, \omega_1)L(1-k, \omega_2)$. 当 ω 为模 $r(\neq 1)$ 的原特征时，若 $\omega(-1) = (-1)^v$ ($v = 0$ 或 1)，则函数

$$R(s, \omega) = (r/\pi)^{(s+v)/2}\Gamma((s+v)/2)L(s, \omega)$$

是 s 平面上的全纯函数. 同样，函数

$$\pi^{-\varepsilon/s}s(s-1)\Gamma\left(\frac{s}{2}\right)\zeta(s)$$

也是 s 平面上的全纯函数. $s=0$ 和负整数是理 $\Gamma(s)$ 的一个阶极点. 由此可知，当 ω 为非平凡的偶特征时有 $L(0, \omega) = 0$，当 k 为大于 1 的奇数及 ω 为偶特征时，有 $L(1-\kappa, \omega) = 0$，当 k 为偶数及 ω 为奇特征时，也有 $L(1-\kappa, \omega) = 0$. 所以有

$$-L(0, \omega_1)L(1-\kappa, \omega_2) =$$

$$\begin{cases} 0, & \text{若 } k \neq 1, \omega_1 \text{ 非平凡，或 } \omega_1 \text{ 和 } \omega_2 \text{ 都非平凡} \\ L(1-k, \omega)/2, & \text{其他情况} \end{cases}$$

这里我们利用了 $\zeta(0) = -1/2$.

设 $N = p_1^{\alpha_1} \cdots p_n^{\alpha_n}$，在 4.5 节中，我们已在 N 所有的因子中引入了一个次序. 即若 $l = p_1^{\beta_1} \cdots p_n^{\beta_n}$ 和 $l' = p_1^{\gamma_1} \cdots p_n^{\gamma_n}$ 为 N 的两个因子，若存在 $i (0 \leqslant i \leqslant n)$，使 $\beta_j = \gamma_j (1 \leqslant j \leqslant i)$，而 $\beta_{i+1} > \gamma_{i+1}$，则记 $l > l'$.

定理 5.4 当 $k \geqslant 3$ 或 $k = 2$，$\omega \neq id.$ 时，函数集

$$E_k(lz, \omega_1, \omega_2) = -L(0, \omega_1)L(1-k, \omega_2) +$$

$$\sum_{n=1}^{\infty}\Big(\sum_{d|n}\omega_1(n/d)\omega_2(d)d^{k-1}\Big)e(lnz)$$

组成 $\varepsilon(N,k,\omega)$ 的基，其中(l,ω_1,ω_2) 跑遍适合(5.1.13) 的三元组.

证明 当 $k\geqslant 3$ 或 $k=2,\omega\neq id.$ 时，由式(2.3.11)，我们有

$$\dim\varepsilon(N,k,\omega)=B(N,s)$$

利用引理 5.3，我们仅需证明以上这组函数是线性无关的.

假设

$$0=\sum_{n=0}^{\infty}b(n)e(nz)=\sum_{(l,\omega_1,\omega_2)}c(l,\omega_1,\omega_2)E_k(lz,\omega_1,\omega_2)$$

求和号跑遍适合(5.1.3) 的所有(l,ω_1,ω_2). 设(l,ω_1,ω_2) 适合(5.1.13)，则不可能存在另一个形如(l,ω_1',ω_2') 的三元组适合(5.1.13)，使 $\omega_2=\omega_2'$. 以 1_N 表示模 N 的平凡特征，我们有

$$\begin{aligned}0=&\sum_{n=1}^{\infty}1_N\bar{\omega}_2(n)b(n)n^{-s}=\\&c(1,\omega_1,\bar{\omega}_2)L(s,\omega_1\bar{\omega}_2 1_N)L(s-k+1,1_N)+\\&\sum_{\omega_2'\neq\omega_2}c(1,\omega_1',\omega_2')L(s,\omega_1'\bar{\omega}_2 1_N)L(s-k+1,\omega_2'\omega_2 1_N)\end{aligned}$$

上述求和号跑遍适合(5.1.13) 形如$(1,\omega_1',\omega_2')(\omega_2'\neq\omega_2)$ 的三元组. 上式右端第一项在 $s=k$ 有一阶极点，其余各项在 $s=k$ 处无极点，可见 $c(1,\omega_1,\omega_2)=0$. 类似地可证一切 $c(1,\omega_1,\omega_2)$ 都为零.

归纳假设当 $l'<l$ 时，$c(l',\omega_1,\omega_2)$ 都为零. 设(l,ω_1,ω_2) 适合(5.1.13)，我们有

$$\begin{aligned}0=&\sum_{n=1}^{\infty}1_N\bar{\omega}_2(n)b(ln)n^{-s}=\\&c(l,\omega_1,\omega_2)L(s,\omega_1\bar{\omega}_2 1_N)L(s-k+1,1_N)+\\&\sum_{\omega_2'\neq\omega_2}c(l,\omega_1',\omega_2')L(s,\omega_1'\bar{\omega}_2 1_N)L(s-k+1,\omega_2'\bar{\omega}_2 1_N)\end{aligned}$$

利用同样推理，可知 $c(l,\omega_1,\omega_2)=0$，从而一切 $c(l,\omega_1,\omega_2)$ 都为零.

定理 5.5 函数集

$$E_1(lz,\omega_1,\omega_2)=-L(0,\omega_1)L(0,\omega_2)+\sum_{n=1}^{\infty}\Big(\sum_{d|n}\omega_1(n/d)\omega_2(d)\Big)e(nz)$$

组成 $\varepsilon(N,1,\omega)$ 的基，其中(l,ω_1,ω_2) 跑遍适合(5.1.13) 的三元组，且(l,ω_1,ω_2) 与(l,ω_2,ω_1) 中仅取一个.

证明 由式(2.3.13)，可知

$$\dim\varepsilon(N,1,\omega)=\frac{1}{2}B(N,s)$$

所以仅需证明上述函数集线性无关即可，这可以利用定理 5.4 同样的方法证

明.

最后,考虑 $k=2,\omega=id.$ 的情形. ω_1 和 ω_2 仍为模 r_1 和 r_2 的原特征,考虑适合下述条件的三元组

$$\omega_1\omega_2=id.,lr_1r_2\mid N,\text{且当 } r_1=r_2=1 \text{ 时},l\neq 1 \tag{5.1.14}$$

适合式(5.1.14)的三元组的个数为 $B(N,s)-1$,而由式(2.3.12),它恰等于 $\dim \varepsilon(N,2,id.)$.

设 $t\neq 1$ 为无平方因子的正整数,且是 N 的因子.定义函数

$$g_t(z)=\sum_{Q|t}\mu(Q)E_2(z,0,id.,t)\mid[W(t/Q)]$$

由式(5.1.4)及(5.1.11),我们有

$$g_t(z)=\mu(t)-\frac{4\pi^2}{tL_t(2,id.)}\sum_{Q|t}\frac{\mu(Q)}{Q}\sum_{n=1}^{\infty}\sum_{\substack{d|n\\(t/Q,n/d)=1}}d\cdot$$
$$\sum_{\substack{a=1\\(a,Q)=1}}^{Q}e(ad/Q)e(nz)$$

将任一正整数 n 表为 $n'\prod_{p|t}p^{n(p)}$,n' 与 t 互素,记 $Q^*=\prod_{p|Q}p^{n(p)}$,则

$$\sum_{Q|t}\frac{\mu(Q)}{Q}\sum_{\substack{d|n\\(t/Q,n/d)=1}}d\sum_{\substack{a=1\\(a,Q)=1}}^{Q}e(ad/Q)=$$
$$\sum_{Q|t}\frac{\mu(Q)}{Q}\prod_{p|t/Q}p^{n(p)}\sum_{d|Q^*}d\sum_{d'|n'}d'\sum_{\substack{a=1\\(a,Q)=1}}^{Q}e(ad/Q)=$$
$$\sum_{d'|n'}d'\sum_{Q|t}\frac{\mu(Q)}{Q}\prod_{p|t/Q}p^{n(p)}\prod_{p|Q}d\sum_{d|p^{n(p)}}d\sum_{\substack{a=1\\(a,p)=1}}^{p}e(ad/p)=$$
$$\sum_{d'|n'}d'\prod_{p|t}(p^{n(p)}-p^{-1}(-1+(p-1)\sum_{i=1}^{n(p)}p^i))=$$
$$\sum_{d'|n'}d'\prod_{p|t}(1+p^{-1})$$

令

$$g_t^*(z)=\left(\frac{-4\pi^2}{tL_t(2,id.)}\prod_{p|t}(1+p^{-1})\right)^{-1}g_t(z)=$$
$$-\prod_{p|t}(1-p)/24+\sum_{n=1}^{\infty}\sum_{\substack{d|n\\(d,t)=1}}de(nz)$$

不难证明 $g_t^*(z)\in\varepsilon(t,2,id.)$.易见

$$L(s,g_t^*)=\zeta(s)L(s-1,1_t)$$

对任一正整数 l,令 $t(l)=\prod_{p|l}p$.当 $l\neq 1$ 时,$(l,id.,id.)$ 适合(5.1.14),令

$$E_2(lz,id.,id.)=g_{t(l)}^*(zl/t(l))\in\varepsilon(l,2,id.)$$

易见

$$L(s,E_2(lz,id.,id.))=(l/t(l))^{-s}\zeta(s)L(s-1,1_{t(l)})$$

注意:这里符号 $E_2(z,id.,id.)$ 是没有定义的.

若(l,ω_1,ω_2)适合(5.1.14),且 ω_1 是非平凡的,这时 ω_2 也是非平凡的,当 $\omega_1^2=id.$(这时 $\omega_1=\omega_2$)时,令

$$E_2(z,\omega_1,\omega_2)=(\sum_{u=1}^{r_1}\omega_1(u)e(u/r_1))^{-1}\sum_{u=1}^{r_1}\omega_1(u)g_{t(r_1)}^{*}(z+u/r_1)$$

则 $E_2(z,\omega_1,\omega_2)\in\varepsilon(r_1^2,2,id.)$,且

$$L(s,E_2(z,\omega_1,\omega_2))=L(s,\omega_1)L(s-1,\omega_2)$$

当 $\omega_1^2\neq id.$ 时,令

$$E_2(z,\omega_1,\omega_2)=(\sum_{u=1}^{r_1}\bar{\omega}_1(u)e(u/r_1))^{-1}\sum_{u=1}^{r_1}\bar{\omega}_1(u)E_2(z+u/r_1,id.,\bar{\omega}_1^2)$$

$E_2(z,id.,\bar{\omega}_1^2)$ 在前面已有定义,这时仍有 $E_2(z,\omega_1,\omega_2)\in\varepsilon(r_1^2,2,id.)$,且由式(5.1.12)可知

$$L(s,E_2(z,\omega_1,\omega_2))=L(s,\omega_1)L(s-1,\omega_2)$$

到此,对每个适合(5.1.14)的三元组(l,ω_1,ω_2),都有一个函数 $E_2(lz,\omega_1,\omega_2)$ 属于 $\varepsilon(N,2,id.)$.

以 $a_0(l,\omega_1,\omega_2)$ 表示 $E_2(lz,\omega_1,\omega_2)$ 在 ∞ 的展开式的常数项,则易见

$$a_0(l,\omega_1,\omega_2)=\begin{cases}0,\text{若 }\omega_1\text{ 非平凡}\\ -\prod_{p\mid l}(1-p)/24,\text{若 }\omega_1\text{ 平凡}\end{cases}$$

定理 5.6 函数集

$$E_2(lz,\omega_1,\omega_2)=a_0(l,\omega_1,\omega_2)+\sum_{n=1}^{\infty}(\sum_{d\mid n}\omega_{(}n/d)\omega_2(d)d)e(lnz)$$

组成 $\varepsilon(N,2,id.)$ 的基,其中(l,ω_1,ω_2)跑遍适合(5.1.14)的三元组.

证明 仅需证明上述函数集是线性无关的.假设

$$\sum c(l,\omega_1,\omega_2)E_2(lz,\omega_1,\omega_2)=0 \tag{5.1.15}$$

上述求和号跑遍适合(5.1.14)的所有三元组(l,ω_1,ω_2).

设 $f(z)=\sum_{n=0}^{\infty}a(n)e(nz)\in G(N,k,\omega)$,$r$ 为 N 的因子,ψ 为模 N 的任一特征,定义

$$L(s,f,\psi,r)=\sum_{n=1}^{\infty}\psi(n)a(rn)n^{-s}$$

当 $l/t(l)\nmid r$ 时,我们有 $L(s,E_2(lz,id.,id.),\psi,r)=0$.当 $l/t(l)\mid r$ 时

$$L(s,E_2(lz,id.,id.),\psi,r)=\sum_{n=1}^{\infty}\psi(n)\sum_{\substack{d\mid nrt(l)/l\\(d,l)=1}}dn^{-s}=$$

$$\prod_{p|r,p\nmid l}(1+p+\cdots+p^{r(p)})L(s,\psi)L(s-1,\psi)$$

其中 $r(p)$ 适合 $p^{r(p)}\parallel r$. 当 ψ 为模 N 的非平凡特征时,$L(s,E_2(lz,id.,id.),\psi,r)$ 在 $s=2$ 处全纯,因此,利用定理 5.4 的同样方法,由式(5.1.15)可证得当 ω_2 为非平凡特征时,有 $c(l,\omega_1,\omega_2)=0$.

以 f 表示式(5.1.15)左端的函数,显然,$L(s,f,1_N,r)$ 在 $s=2$ 处无极点,由此得到

$$A_r=\sum_{\substack{l|N,l\neq 1\\ l/t(l)|r}}\prod_{p|r,p\nmid l}(1+p+\cdots+p^{r(p)})c(l)=0\quad(r\mid N,r\neq N)\quad(5.1.16)$$

其中 $c(l)=c(l,id.,id.)$. 式(5.1.16)是 $\{c(l)\mid l\mid N,l\neq 1\}$ 所适合的一个线性方程组. 如果我们能证明该线性方程组仅有零解,便可完成定理的证明.

当 N 为素数幂 p^n 时,显然由 $A_1=0,A_p=0,\cdots,A_{p^{n-1}}=0$ 依次得到 $c(p)=0,c(p^2)=0,\cdots,c(p^n)=0$.

对 N 的素因子个数用归纳法:设 $N=p_1^nN_1$,p_1 与 N_1 互素,当 $N=N_1$ 时,式(5.1.16)仅有零解. 设 $r_1\mid N_1$,则

$$A_{p_1^nr_1}-A_{p_1^{n-1}r_1}=p_1^n\sum_{\substack{l|N_1,l\neq 1\\ l/t(l)|r_2}}\prod_{p|r_1,p\nmid l}(1+p+\cdots+p^{r_1(p)})c(l)=0$$

$$(r_1\mid N_1,r_1\neq N_1)$$

由归纳假设可知当 $p_1\nmid l$ 时有 $c(l)=0$. 显然,这里的 p_1 可用 N 的任一素因子代替,即若存在 N 的任一素因子 p,使 $p\nmid l$,则 $c(l)=0$. 这时我们有

$$A_{r_1}=\sum_{\substack{l|N_1,l\neq 1\\ l/t(l)|r_1}}\prod_{p|r_1,p\nmid l}(1+p+\cdots+p^{r_1(p)})c(p_1l)=0$$

$$(r_1\mid N_1,r_1\neq N_1)$$

同样由归纳假设可知 $c(p_1l)=0(l\mid N_1)$,类似地依次利用

$$A_{p_1r_1}=0,A_{p_1^2r_1}=0,\cdots,A_{p_1^{n-1}r_1}=0\quad(r_1\mid N_1,r_1\neq N_1)$$

可证得 $c(p_1^2l)=0,\cdots,c(p_1^nl)=0(l\mid N_1)$. 可见线性方程组(5.1.16)仅有零解.

利用定理 5.4,5.5 和 5.6,我们可以得到权为整数的尖形式特性的一个刻画.

定理 5.7 设 $f(z)=\sum_{n=0}^{\infty}a(n)e(nz)\in G(N,k,\omega)$,则 $f(z)$ 是尖形式的充要条件是对任一模 N 的特征 ψ 及 N 的任一真因子 r,函数 $L(s,f,\psi,r)$ 在 $s=k$ 处全纯.

证明 由引理 4.35 即可得到定理中所述条件的必要性,现在证明该条件的充分性. 因为 $G(N,k,\omega)=\varepsilon(N,k,\omega)\oplus S(N,k,\omega)$,$f(z)$ 可表为

$$f(z)=\sum c(l,\omega_1,\omega_2)E_k(lz,\omega_1,\omega_2)+g(z)$$

上述求和号分别跑遍定理 5.4,5.5 和 5.6 中所给的 $\varepsilon(N,k,\omega)$ 的基,$g(x)$ 属于 $S(N,k,\omega)$. 利用 $L(s,f,\psi,r)$ 在 $s=k$ 处的全纯性质及定理 5.4,5.5 和 5.6 的证明方法,可证得所有系数 $c(l,\omega_1,\omega_2)$ 为零,所以 $f(z)$ 是尖形式.

定理 5.7 中的充要条件也可以改述为:对任一模 N 的特征所诱导的原特征 ψ 及 N^2 的任一真因子 r,$L(s,f,\psi,r)$ 在 $s=k$ 处全纯. 由引理 4.35 可知该条件的必要性成立,今证其充分性. 假设该条件成立,设 χ 为任一模 N 的特征,其诱导的原特征为 ψ,则

$$L(s,f,\chi,r)=\sum_{n=1}^{\infty}\chi(n)a(rn)n^{-s}=\sum_{n=1}^{\infty}\psi(n)\sum_{d\mid(n,N)}\mu(d)a(rn)n^{-s}=\sum_{d\mid N}\psi(d)d^{-s}L(s,f,\psi,rd)$$

所以 $L(s,f,\chi,r)$ 在 $s=k$ 处全纯,f 是尖形式.

仍利用引理 4.35,定理 5.7 中的充要条件进一步可改为:对任一原特征 ψ 及任一正整数 r,$L(s,f,\psi,r)$ 在 $s=k$ 处全纯.

5.2 半整权 Eisenstein 级数的提升

设 $\kappa\geqslant 5$ 为奇数,t 为无平方因子的正奇数,令 $\lambda=(\kappa-1)/2$. 若 $f(z)=\sum_{n=1}^{\infty}a(n)e(nz)\in S(N,\kappa/2,\omega)$,令

$$b(n)=\sum_{d\mid n}\omega(d)\left(\frac{(-1)^{\lambda}t}{d}\right)d^{\lambda-1}a\left(\frac{tn^2}{d^2}\right)$$

我们有

$$\sum_{n=1}^{\infty}b(n)n^{-s}=L\left(s-\lambda+1,\omega\left(\frac{(-1)^{\lambda}t}{\cdot}\right)\right)\sum_{n=1}^{\infty}a(tn^2)n^{-s}$$

令

$$L_t(f)=\sum_{n=1}^{\infty}b(n)e(nz)$$

Shimura[23] 证明了 $L_t(f)$ 属于 $S(N_t,\kappa-1,\omega^2)$,且 $N_t\mid N^{\infty}$.(当 $\kappa=3$ 时,则有 $L_t(f)\in G(N_t,\kappa-1,\omega^2)$,但 $L_t(f)$ 不一定是尖形式,我们将在 5.3 节中给出 $L_t(f)$ 是尖形式的一个充要条件)由 f 到 $L_t(f)$ 称为 f 的 Shimura 提升. 本节讨论半整权的 Eisenstein 级数的提升.

在本节中,N 总表示一个无平方因子的正奇数,χ 为模 $4N$ 或 $8N$ 的实偶特征,这时总有 N 的一个因子 l,使

$$\chi(d)=\left(\frac{l}{d}\right)\text{ 或 }\chi(d)=\left(\frac{2l}{d}\right),(d,2N)=1$$

将 χ 记为 χ_l 或 χ_{2l}. 以 χ'_l 表示一个模 N 的特征，它适合

$$\chi'_l(d)=\left(\frac{d}{l}\right),(d,N)=1$$

在 4.6 节中我们曾给出了 $\varepsilon(2^\alpha N,\kappa/2,\chi)(\alpha=2,3,\kappa\geqslant 5)$ 的基，利用这组基，可以定义从 $\varepsilon(2^\alpha N,\kappa/2,\chi)$ 到 $\varepsilon(2N,\kappa-1,id.)$ 的提升.

设整数 D 无奇数平方因子，$D\equiv 1(4)$ 或 $D\equiv 8,12(16)$，我们称 D 为基本判别式. 给定任一整数 n，总存在一个基本判别式 D，使 $\left(\frac{n}{\cdot}\right)=\left(\frac{D}{\cdot}\right)$，这时 $n=D(2^r f)^2$，f 为正奇数，r 可为 -1 及一切非负整数，n 的这种表法也是唯一的.

引理 5.8 设 n 为正整数，且 $(-1)^\lambda n=D(2^r f)^2$，其中 D 为基本判别式，f 为奇数，r 为整数，则

$$(A_\kappa(2,n)-\eta_2)\cdot 2^{\kappa-2}(1-(-1)^\lambda \mathrm{i})(1-2^{\kappa-2})\cdot$$
$$\left(1-2^{-\lambda}\left(\frac{D}{2}\right)\right)(1-2^{1-\kappa})^{-1}=$$
$$2^{-r(\kappa-2)}\left(1-2^{\lambda-1}\left(\frac{D}{2}\right)\right)$$

及

$$(A_\kappa(p,n)-\eta_p)\cdot p^{h(p,f)(\kappa-2)}(1-p^{\kappa-2})\cdot$$
$$\left(1-p^{-\lambda}\left(\frac{D}{p}\right)\right)(1-p^{1-\kappa})^{-1}=$$
$$1-p^{\lambda-1}\left(\frac{D}{p}\right)\quad(p\text{ 为奇素数})$$

其中所用符号的定义见 1.2 及 4.6 节.

证明 利用引理 1.20 和 1.21，可直接证明.

定理 5.9 设 $f(z)=\sum\limits_{n=0}^{\infty}a(n)q^n\in\varepsilon(2^\alpha N,\kappa/2,\chi)(\alpha=2,3;\kappa\geqslant 5)$，$t$ 为无平方因子的正奇数，令

$$L_t(f)=2^{-1}a(0)L_{2n}\left(1-\lambda,\chi\left(\frac{(-1)^\lambda t}{\cdot}\right)\right)+$$
$$\sum_{n=1}^{\infty}\sum_{d\mid n}\chi(d)\left(\frac{(-1)^\lambda t}{d}\right)d^{\lambda-1}a\left(\frac{tn^2}{d^2}\right)e(nz)$$

则 $L_t(f)\in\varepsilon(2N,\kappa-1,id.)$.

证明 我们只考虑 $\varepsilon(4N,\kappa/2,\chi_l)$ 上的提升. $\varepsilon(8N,\kappa/2,\chi_l)$ 和 $\varepsilon(8N,\kappa/2,\chi_{2l})$ 上的情况是类似的. 定理 4.53 给出了 $\varepsilon(4N,\kappa/2,\chi_l)$ 的一组基底：$g_\chi(\chi_l,4m,4N)$，$g_\kappa(\chi_l,m,4N)(m\mid N)$. 记

$$g_\kappa(\chi_l,j,4N)=\sum_{n=0}^{\infty}a(l,j,4N,n)e(nz)$$

其中 $j=m$ 或 $4m$. 由定理 3.41 及 4.53,我们有

$$L_{2N}\left(s-\lambda-1,\chi_t\left(\frac{-1^{\lambda}t}{\cdot}\right)\right)\sum_{n=1}^{\infty}a(l,4m,4N,tn^2)n^{-2}=$$

$$a(l,4m,4N,t)\prod_{p|2m}(1-p^{-s})^{-1}\prod_{p|N/m}(1-p^{\kappa-2-s})^{-1}\cdot$$

$$\prod_{p\nmid 2N}(1-(1+p^{\kappa-2})p^{-s}+p^{\kappa-2-2s})^{-1}=$$

$$a(l,4m,4N,t)\prod_{p|2m}(1-p^{\kappa-2-s})\prod_{p|N/m}(1-p^{-s})\zeta(s)\zeta(s-\kappa+2)=$$

$$a(l,4m,4N,t)\sum_{d|2N}\mu(d)(d,2m)^{\kappa-2}\sum_{n=1}^{\infty}\sigma_{\kappa-2}(n)(dn)^{-s}$$

这里 $\sigma_{\kappa-2}(n)=\sum_{d|n}d^{\kappa-2}$. 当 $\kappa\geqslant 5$ 为奇数时,由式(5.1.3),可知

$$E_{\kappa-1}(z,id.,1)=1+\frac{(2\pi i)^{\kappa-1}}{(\kappa-2)!\ \zeta(\kappa-1)}\sum_{n=1}^{\infty}\sigma_{\kappa-2}(n)e(nz)=$$

$$1+2\zeta(2-\kappa)^{-1}\sum_{n=1}^{\infty}\sigma_{\kappa-2}(n)e(nz)$$

属于 $\varepsilon(1,\kappa-1,id.)$. 令 $G_{\kappa-1}(z)=2^{-1}\zeta(2-\kappa)E_{\kappa-1}(z,id.,1)$,从而

$$a(l,4m,4N,t)\sum_{d|2N}\mu(d)(d,2m)^{\kappa-2}G_{\kappa-1}(dz)=$$

$$2^{-1}\zeta(2-\kappa)a(l,4m,4N,t)\sum_{d|2N}\mu(d)(d,2m)^{\kappa-2}+$$

$$\sum_{n=1}^{\infty}\sum_{d|n}\chi_l(d)\left(\frac{(-1)^{\lambda}t}{d}\right)d^{\lambda-1}a(l,4m,4N,tn^2/d^2)e(nz) \tag{5.2.1}$$

属于 $\varepsilon(2N,\kappa-1,id.)$. 当 $m\neq N$ 时

$$\sum_{d|2N}\mu(d)(d,2m)^{\kappa-2}=\prod_{p|2m}(1-p^{\kappa-2})\prod_{p|N/m}(1-1)=0$$

故仅当 $m=N$ 时,式(5.2.1) 中有非零常数项,记它为 $c(t,l,4N)$. 我们有

$$c(t,l,4N)=2^{-1}L_{2N}(2-\kappa,id.)a(l,4N,4N,t)=$$

$$\frac{2^{-1}(-2\pi i)^{\kappa/2}L_{2N}(2-\kappa,id.)L_{4N}\left(\lambda,\left(\frac{(-1)^{\lambda}lt}{\cdot}\right)\right)}{\Gamma(\kappa/2)L_{4N}(2\lambda,id.)}\cdot$$

$$\prod_{p|2N}(A(p,lt)-\eta_p)(lt)^{\kappa/2-1} \tag{5.2.2}$$

(由于 t 无平方因子,故 $\beta_{\kappa}(t,0,\chi_N,4N)=1$) 令 $(-1)^{\lambda}lt=D(2^rf)^2$,其中 D 为基本判别式,f 为奇数,r 为整数,D 即为特征 $\left(\frac{(-1)^{\lambda}lt}{\cdot}\right)$ 的导子. 利用 L 函数的函数方程,我们有

$$\frac{(-2\pi \mathrm{i})^{\kappa/2} L_{2N}\left(\lambda,\left(\frac{D}{\cdot}\right)\right)}{\Gamma(\kappa/2) L_{2N}(2\lambda, id.)} = \frac{L\left(1-\lambda,\left(\frac{D}{\cdot}\right)\right)}{\zeta(2-\kappa)} \cdot$$

$$2^{\kappa-2}(1-(-1)^{\lambda}\mathrm{i}) \mid D \mid^{1-\kappa/2} \prod_{p\mid 2N} \frac{1-p^{-\lambda}\left(\frac{D}{p}\right)}{1-p^{1-\kappa}} \tag{5.2.3}$$

将它代入式(5.2.2),并利用引理5.8,得到

$$c(t,l,4N) = 2^{-1} L_{2N}\left(1-\lambda, \chi_l\left(\frac{(-1)^{\lambda} t}{\cdot}\right)\right)$$

以上我们亦即证明了

$$L_t(g_\kappa(\chi_l, 4m, 4N)) = a(l, 4m, 4N, t)\sum_{d\mid 2N}\mu(d)(d, 2m)^{\kappa-2} G_{\kappa-1}(dz)$$

属于 $\varepsilon(2N, \kappa-1, id.)$.

对于函数 $g_\kappa(\chi_l, m, 4N)$,类似地有

$$L_{2n}\left(s-\lambda+1, \chi_l\left(\frac{(-1)^{\lambda} t}{\cdot}\right)\right)\sum_{n=1}^{\infty} a(l, m, 4N, tn^2) n^{-s} =$$

$$a(l, m, 4N, t)\sum_{d\mid 2N}\mu(d)(d, m)^{\kappa-2}\sum_{n=1}^{\infty}\sigma_{\kappa-2}(n)(dn)^{-s}$$

从而

$$L_t(g_\kappa(\chi_l, m, 4N)) =$$

$$\sum_{n=1}^{\infty}\sum_{d\mid n}\chi_l(d)\left(\frac{(-1)^{\lambda} t}{d}\right) d^{\lambda-1} a(l, m, 4N, tn^2/d^2) e(nz) =$$

$$a(l, m, 4N, t)\sum_{d\mid 2N}\mu(d)(d, m)^{\kappa-2} G_{\kappa-1}(dz)$$

属于 $\varepsilon(2N, k-1, id.)$,这时 $\sum_{d\mid 2m}\mu(d)(d, m)^{\kappa-2}$ 总是零. 到此,我们证明了在 $\varepsilon(4N, \kappa/2, \chi_l)$ 上定理5.11是成立的.

在一般情况下,定理5.11中所定义的提升 $L_t(f)$ 不是一对一的映射,但在 $\varepsilon(4N, \kappa/2, \chi_l)$ 中存在一个子空间,使 $L_t(f)$ 在其上是一对一的映射.

设 m 为 N 的因子,定义函数

$$H_\kappa(\chi_l, m, 4N)(z) =$$

$$g_\kappa(\chi_l, 4m, 4N)(z) + (2^{-\kappa}(1+(-1)^{\lambda}\mathrm{i}) + \mu_2) g_\kappa(\chi_l, m, 4N)(z)$$

它们所构成的子空间记为 $\varepsilon^{+}(4N, \kappa/2, \chi_l)$. 若以 v 表示 N 的素因子个数,则 $\varepsilon^{+}(4N, \kappa/2, \chi_l)$ 的维数即为 2^{v}. 现在我们来计算 $H_\kappa(\chi_l, m, 4N)$ 的Fourier展开式. 首先设 $m \neq N$. 我们有

$$H_\kappa(\chi_l, m, 4N) = \sum_{n=1}^{\infty}\lambda'_k(ln, 4N)(A(2, ln) + 2^{-\kappa}(1+(-1)^{\lambda}\mathrm{i})) =$$

$$\prod_{p|m}(A_\kappa(p,ln)-\eta_p)(ln)^{\kappa/2-1}e(nz) \tag{5.2.4}$$

其中

$$\lambda'_\lambda(ln,4N)=\frac{(-2\pi i)^{\kappa/2}L_{2N}\left(\lambda,\chi_l\left(\frac{(-1)^\lambda n}{\cdot}\right)\right)}{\Gamma(\kappa/2)L_{2N}(2\lambda,id.)}\cdot$$

$$\beta_\kappa(ln,0,\chi_N,4N) \tag{5.2.5}$$

记

$$I=A(2,ln)+2^{-\kappa}(1+(-1)^\lambda i)$$

由引理1.20，当$(-1)^\lambda ln\equiv 2,3(4)$时，我们有$I=0$. 当$(-1)^\lambda ln\equiv 0,1(4)$时，令$\varepsilon=(-1)^{(l-1)/2}$，因为$\varepsilon\equiv l(4)$，所以$(-1)^\lambda\varepsilon n\equiv 0,1(4)$. 设$(-1)^\lambda\varepsilon n=D_nf_n^2$及$(-1)^\lambda ln=D'_n(f'_n)^2$，其中$D_n$与$D'_n$为基本判别式，$f_n$和$f'_n$为正整数. 比较两式可见$D'_n=\varepsilon lD_n/(l,D_n)^2$，$f'_n=(l,D_n)f_n$. 由引理1.20，当$(-1)^\lambda ln\equiv 1(4)$时，我们有

$$I=2^{-\kappa+1}(1+(-1)^\lambda i)\left(1+2^{-\lambda}\left(\frac{D'_n}{2}\right)\right) \tag{5.2.6}$$

当$(-1)^\lambda ln\equiv 0(4)$，$2\nmid h(2,ln)$时，则有$8\parallel D'_n$，$(h(2,ln)-1)/2=h(2,f'_n)+1$，故

$$I=2^{-\kappa+1}(1+(-1)^\lambda i)(1-2^{1-\kappa})\sum_{t=0}^{h(2,f'_n)}2^{(2-\kappa)t} \tag{5.2.7}$$

当$(-1)^\lambda ln\equiv 0(4)$，$2\mid h(2,ln)$时，若$2\nmid D'_n$，则$(-1)^\lambda ln/2^{h(2,ln)}\equiv 1(4)$，故

$$I=2^{-\kappa+1}(1+(-1)^\lambda i)\left(1+2^{-\lambda}\left(\frac{D'_n}{2}\right)\right)\cdot$$

$$\left(\sum_{t=0}^{h(2,f'_n)}2^{(2-\kappa)t}-2^{-\lambda}\left(\frac{D'_n}{2}\right)\sum_{t=0}^{h(2,f'_n)-1}2^{(2-\kappa)t}\right) \tag{5.2.8}$$

若$2\mid D'_n$，则$4\parallel D'_n$，$(-1)^\lambda ln/2^{h(2,ln)}\equiv -1(4)$，故

$$I=2^{-\kappa+1}(1+(-1)^\lambda i)(1-2^{1-\kappa})\sum_{t=0}^{h(2,f'_n)}2^{(2-\kappa)t} \tag{5.2.9}$$

当$(-1)^\lambda ln\equiv 0,1(4)$时，由引理5.8有

$$\prod_{p|m}(A(p,ln)-\eta_p)(ln)^{\kappa/2-1}=$$

$$|D'_n|^{\kappa/2-1}\prod_{p|m}\left(1-p^{\lambda-1}\left(\frac{D'_n}{p}\right)\right)(1-p^{\kappa-2})^{-1}\left(1-p^{\lambda-1}\left(\frac{D'_n}{p}\right)\right)^{-1}\cdot$$

$$(1-p^{1-\kappa})\prod_{p\nmid m}p^{(\kappa-2)h(p,f'_n)} \tag{5.2.10}$$

易见

$$\prod_{p\nmid m}p^{(\kappa-2)h(p,f'_n)}=\left(\frac{(l,D_n)}{(l,D_n,m)}\right)^{\kappa-1}\prod_{p\nmid m}p^{(\kappa-2)h(p,f_n)}$$

由定义,我们有

$$\beta_\kappa(ln,0,\chi_N,4N)=\prod_{p\mid D_n',p\nmid 2N}\sum_{t=0}^{h(p,f_n')}p^{(2-\kappa)t}\cdot$$

$$\prod_{p\nmid 2ND_n'}\left(\sum_{t=0}^{h(p,f_n')}p^{(2-\kappa)t}-p^{-\lambda}\left(\frac{D_n'}{p}\right)\sum_{t=0}^{h(p,f_n')-1}p^{(2-\kappa)t}\right)=$$

$$\prod_{p\mid D_n,p\nmid 2N}\sum_{t=0}^{h(2,f_n)}p^{(2-\kappa)t}\prod_{p\nmid 2ND_n}\left(\sum_{t=0}^{h(p,f_n)}p^{(2-\kappa)t}-\right.$$

$$\left.p^{-\lambda}\chi_l'(p)\left(\frac{D_n'}{p}\right)\sum_{t=0}^{h(p,f_n)-1}p^{(2-\kappa)t}\right)\qquad(5.2.11)$$

这里我们利用了 $h(p,f_n)=h(p,f_n')(p\nmid N)$. 在式(5.2.3)中以 D_n' 代替 D,将(5.2.3)(5.2.5) ~ (5.2.11)代入式(5.2.4),得到 $\left(\text{注意}\left(\frac{D_n'}{\cdot}\right)=\chi_l'\left(\frac{D_n}{\cdot}\right)\right)$

$$H_\kappa(\chi_l,m,4N)=\sum_{\substack{n>0\\ \varepsilon(-1)^\lambda n\equiv 0,1(4)}}\frac{L_m\left(1-\lambda,\left(\frac{D_n'}{\cdot}\right)\right)}{L_m(2-\kappa,id.)}\cdot$$

$$\prod_{p\mid N/m}\frac{1-p^{-\lambda}\left(\frac{D_n'}{p}\right)}{1-p^{1-\kappa}}\left(\frac{(l,D_n)}{(l,D_n,m)}\right)^{\kappa-2}\cdot$$

$$\sum_{a\mid f_n}\mu(a)\chi_l'(a)\left(\frac{D_n}{a}\right)a^{\lambda-1}\cdot$$

$$\sum_{\substack{b\mid f_n/a\\ (b,m)=1,(f_n/ab,N/m)=1}}b^{\kappa-2}e(nz)$$

这里我们利用了

$$\prod_{p\nmid m}p^{(\kappa-2)h(p,f_n)}\prod_{p\mid D_n,p\nmid N}\sum_{t=0}^{h(p,f_n)}p^{(2-\kappa)t}\cdot$$

$$\prod_{p\nmid ND_n}\left(\sum_{t=0}^{h(p,f_n)}p^{(2-\kappa)t}-p^{-\lambda}\chi_l'(p)\left(\frac{D_n}{p}\right)\sum_{t=0}^{h(p,f_n)-1}p^{(2-\kappa)t}\right)=$$

$$\prod_{p\mid N/m}p^{(\kappa-2)h(p,f_n)}\prod_{p\mid D_n,p\nmid N}\sum_{t=0}^{h(p,f_n)}p^{(\kappa-2)t}\cdot$$

$$\prod_{p\nmid ND_n}\left(\sum_{t=1}^{h(p,f_n)}p^{(\kappa-2)t}-p^{\lambda-1}\chi_l'(p)\left(\frac{D_n}{p}\right)\sum_{t=0}^{h(p,f_n)-1}p^{(\kappa-2)t}\right)=$$

$$\sum_{a\mid f_n}\mu(a)\chi_l(a)\left(\frac{D_n}{a}\right)a^{\lambda-1}\sum_{\substack{b\mid f_n/a\\ (b,m)=1,(f_n/ab,N/m)=1}}b^{\kappa-2}$$

类似地可得到

$$H_\kappa(\chi_l, N, 4N) = 1 + \sum_{\substack{n>0 \\ \varepsilon(-1)^\lambda n \equiv 0,1(4)}} \frac{L_N\left(1-\lambda, \left(\frac{D'_n}{\cdot}\right)\right)}{L_N(2-\kappa, id.)} \cdot$$

$$\sum_{a \mid f_n} \mu(a)\lambda'_l(a)\left(\frac{D_n}{a}\right)a^{\lambda-1} \sum_{b \mid f_n/a, (b,N)=1} b^{\kappa-2} e(nz)$$

设 $f(z) = \sum a(n)e(nz) \in \varepsilon^+(4N, \kappa/2, \chi_l)$，$p$ 为素数，定义 $\varepsilon^+(4N, \kappa/2, \chi_l)$ 上的 Hecke 算子 $T^+(p^2)$

$$f \mid T^+(p^2) = \sum_{\substack{n>0 \\ \varepsilon(-1)^\lambda n \equiv 0,1(4)}} \{a(p^2 n) + \chi'_l(p)\left(\frac{(-1)^\lambda \varepsilon n}{p}\right)p^{\lambda-1}a(n) +$$

$$\chi'_l(p^2)p^{\kappa-2}a(n/p^2)\}e(nz)$$

当 $p \neq 2$ 时，它是 $G(4N, \kappa/2, \chi_l)$ 上的 Hecke 算子 $T(p^2)$ 在 $\varepsilon^+(4N, \kappa/2, \chi_l)$ 上的限制. 通过直接验算可知 $H_\kappa(\chi_l, m, 4N)$ 是 $T^+(p^2)(p \neq 2)$ 的本征函数，且

$$H_\kappa(\chi_l, m, 4N) \mid T^+(p^2) = H_\kappa(\chi_l, m, 4N) \quad (p \mid m)$$

$$H_\kappa(\chi_l, m, 4N) \mid T^+(p^2) = p^{\kappa-2} H_\kappa(\chi_l, m, 4N) \quad (p \mid N/m)$$

$$H_\kappa(\chi_l, m, 4N) \mid T^+(p^2) = (1 + p^{\kappa-2}) H_\kappa(\chi_l, m, 4N) \quad (p \nmid 2N)$$

(利用定理 4.53).

命题 5.10 设 N 为无平方因子正整数(这里 N 可以为偶数)，有 v 个不同的素因子，$k \geqslant 4$ 为偶数，令

$$f_\kappa(N)(z) = L_N(1-\kappa, id.)/2 + \sum_{n=1}^{\infty} \sum_{\substack{d \mid n \\ (d,N)=1}} d^{\kappa-1} e(nz)$$

及

$$f_\kappa(m) = \sum_{n=1}^{\infty} \sum_{\substack{d \mid n \\ (d,m)=1, (n/d, N/m)=1}} d^{\kappa-1} e(nz) \quad (m \mid N, m \neq N)$$

上述 2^v 个函数组成 $\varepsilon(N, \kappa, id.)$ 的一组基.

证明 当 $\omega = id.$ 时，适合(5.1.13) 的三元组一定形如 $(l, id., id.)(l \mid N)$. 定理 5.4 给出了 $\varepsilon(N, \kappa, id.)$ 如下的一组基

$$E_\kappa(lz, id., id.) = \zeta(1-\kappa)/2 + \sum_{n=1}^{\infty} \sum_{d \mid n} d^{\kappa-1} e(lnz) \quad (l \mid N)$$

令 $q_\kappa(N) = E_\kappa(Nz, id., id.)$ 及

$$q_\kappa(m) = \sum_{l \mid N/m} \mu(l) E_\kappa(mlz, id., id.) \quad (m \mid N, m \neq N)$$

函数集 $\{q_\kappa(m) \mid m \mid N\}$ 是 $\varepsilon(N, \kappa, id.)$ 的基. 易见

$$q_\kappa(m) = \sum_{n=1}^{\infty} \sum_{l \mid N/m} \mu(l) \sum_{l \mid n} \sum_{d \mid n/l} d^{\kappa-1} e(mnz) =$$

$$\sum_{n=1}^{\infty}\sum_{d\mid n}d^{k-1}\sum_{l\mid(n/d,N/m)}\mu(l)e(mnz)=$$
$$\sum_{n=1}^{\infty}\sum_{\substack{d\mid n\\(n/d,N/m)=1}}d^{k-1}e(mnz)\tag{5.2.12}$$

设 $m\mid N,m\neq N$,令

$$f'_k(m)=\sum_{s\mid m}\prod_{p\mid sm}(1-p^{\kappa-1})q_\kappa(s)=\sum_{n=1}^{\infty}a(n)e(nz)$$

给定 n,设 $(n,m)=m_1,m=m_1m_2,n=n'\prod_{p\mid m_1}p^{h(p,n)}$,其中 n' 与 m 互素.可见

$$a(n)=\sum_{s\mid m_1}\prod_{p\mid s}(1-p^{\kappa-1})\sum_{\substack{d\mid n/s\\(n/sd,N/s)=1}}d^{k-1}=$$
$$\sum_{s\mid m_1}\prod_{p\mid s}(1-p^{\kappa-1})\prod_{p\mid s}(\sum_{t=0}^{h(p,n)-1}p^{(k-1)t})\cdot$$
$$\prod_{p\mid m_1/s}p^{(\kappa-1)h(p,n)}\sum_{\substack{d\mid n\\(d,m)=1(n/d,N/m)=1}}d^{k-1}=$$
$$\sum_{s\mid m_1}\prod_{p\mid s}(1-p^{(\kappa-1)h(p,n)})\prod_{p\mid m_1/s}p^{(k-1)h(p,n)}\cdot$$
$$\sum_{\substack{d\mid n\\(d,m)=1(n/d,N/m)=1}}d^{k-1}=$$
$$\sum_{\substack{d\mid n\\(d,m)=1,(n/d,N/m)=1}}d^{k-1}$$

所以 $f'_\kappa(m)=f_\kappa(m)(m\mid N,m\neq N)$.类似地可以证明

$$f_\kappa(N)=\sum_{s\mid N}\prod_{p\mid s}(1-p^{\kappa-1})q_\kappa(s)$$

因而 $\{f_\kappa(m)\mid m\mid N\}$ 是 $\varepsilon(N,k,id.)$ 的基.

以 $T(p)$ 表示 $\varepsilon(N,k,id.)$ 上的 Hecke 算子,我们有

$$f_\kappa(m)\mid T(p)=f_\kappa(m),若\ p\mid m$$
$$f_\kappa(m)\mid T(p)=p^{\kappa-1}f_\kappa(m),若\ p\mid N/m$$
$$f_\kappa(m)\mid T(p)=(1+p^{\kappa-1})f_\kappa(m),若\ p\nmid N$$

设 t 为无平方因子的正整数,我们有

$$\chi_l\left(\frac{(-1)^\lambda t}{\cdot}\right)=\chi_l\left(\frac{\varepsilon(-1)^\lambda t}{\cdot}\right)=\chi_l\left(\frac{D}{\cdot}\right)$$

其中

$$D=\begin{cases}\varepsilon(-1)^\lambda t, & 若\ \varepsilon(-1)^\lambda t\equiv 1(4)\\ 4\varepsilon(-1)^\lambda t, & 若\ \varepsilon(-1)^\lambda t\equiv 2,3(4)\end{cases}$$

D 是一个基本判别式,且 $\varepsilon(-1)^\lambda D>0$.

考虑定理 5.9 中所定义的 $\varepsilon(4N,\kappa/2,\chi_l)$ 上的提升 $L_D(f)$ 在 $\varepsilon^+(4N,\kappa/2,$

χ_l) 上的作用,我们有下述定理:

定理 5.11 设 D 是一个基本判别式,且 $\varepsilon(-1)^{\lambda}D>0(\varepsilon=(-1)^{(l-1)/2})$. 设 $f(z)=\sum_{n\geqslant 0}a(n)e(nz)\in\varepsilon^{+}(4N,\kappa/2,\chi_l)$,定义 $\varepsilon^{+}(4N,\kappa/2,\chi_l)$ 上的提升

$$L_D(f)=\frac{a(0)}{2}L_N\left(1-\lambda,\chi_l'\left(\frac{D}{\cdot}\right)\right)+\sum_{n\geqslant 1}\left\{\sum_{d\mid n}\chi_l'(d)\left(\frac{D}{d}\right)d^{\lambda-1}\alpha\left(\mid D\mid\frac{n^2}{d^2}\right)\right\}e(nz)$$

则 L_D 是 $\varepsilon^{+}(4N,\kappa/2,\chi_l)$ 到 $\varepsilon(4N,\kappa-1,id.)$ 的一一映射.

证明 仅需考虑 L_D 在 $H_\kappa(\chi_l,m,4N)$ 上的作用. 由于

$$\sum_{d\mid n}\chi'_l(d)\left(\frac{D}{d}\right)d^{\lambda-1}\sum_{a\mid n/d}\mu(a)\chi'_l\left(\frac{D}{a}\right)a^{\lambda-1}\sum_{\substack{b\mid n/ad\\(b,m)=1,(n/(abd),N/m)=1}}b^{\kappa-1}=$$

$$\sum_{s\mid n}\chi'_l(s)\left(\frac{D}{s}\right)s^{\lambda-1}\sum_{\substack{b\mid n/s\\(b,m)=1,(n/(sb),N/m)=1}}b^{\kappa-2}\sum_{a\mid s}\mu(a)=$$

$$\sum_{\substack{b\mid n\\(b,m)=1,(n/b,N/m)=1}}b^{\kappa-2}$$

所以

$$L_D(H_\kappa(\chi_l,N,4N))=\frac{L_N\left(1-\lambda,\chi'_l\left(\frac{D}{\cdot}\right)\right)}{L_N(2-\kappa,id.)}f_{\kappa-1}(N)$$

而当 $m\neq N$ 时

$$L_D(H_\kappa(\chi_l,m,4N))=\frac{L_m\left(1-\lambda,\chi'_l\left(\frac{D}{\cdot}\right)\right)}{L_N(2-\kappa,id.)}\cdot$$

$$\prod_{p\mid N/m}\frac{1-\chi'_l(p)\left(\frac{D}{p}\right)p^{-\lambda}}{1-p^{1-\kappa}}\left(\frac{(l,D)}{(l,D,m)}\right)^{\kappa-2}f_{\kappa-1}(m)$$

利用命题 5.10 即证得本定理.

关于 $S(4N,\kappa/2,\chi_l)$ 中类似的子空间 $S^{+}(4N,\kappa/2,\chi_l)$ 的讨论,请见 W. Kohnen[8].

5.3 权为 3/2 的尖形式的提升

设 $f(z)=\sum_{n=0}^{\infty}a(n)e(nz)\in S(N,3/2,\omega)$, $4\mid N$, $\omega(-1)=1$, t 为无平方因子的正整数. 以 $L_t(f)$ 表示 f 的 Shimura 提升,则 $L_t(f)\in G(N_t,2,\omega^2)$,且 $N_t\mid N^{\infty}$. 本节将给出 $L_t(f)\in S(N_t,2,\omega^2)$ 的一个充要条件. 由 Shimura 提升的定义,$L_t(f)$ 的 Zeta 函数为

$$L(s,L_t(f))=L\left(s,\omega\left(\frac{-t}{\cdot}\right)\right)\sum_{n=1}^{\infty}a(tm^2)m^{-s} \tag{5.3.1}$$

命题 5.12 设 ψ 为模 r 的本原奇特征,令

$$h(z,\psi)=\sum_{n=1}^{\infty}\psi(m)me(m^2z) \quad (z\in H)$$

则 $h\in S\left(4r^2,3/2,\varphi\left(\frac{-1}{\cdot}\right)\right)$.

证明 令

$$\theta(z,k,r)=\sum_{m\equiv h(r)}me(m^2z/2r)$$

其中 k 为一整数,则

$$h(z,\psi)=\sum_{k=1}^{r}\psi(k)\theta(2rz,k,r)$$

设 t 为正实数,令

$$\varphi(x)=\sum_{t=-\infty}^{+\infty}(x+n)\mathrm{e}^{-\pi t(x+n)^2}$$

计算 $\varphi(x)$ 的 Fourier 展开式,得到

$$\varphi(x)=-\mathrm{i}\cdot t^{-3/2}\sum_{h=1}^{r}\mathrm{e}^{2\pi \mathrm{i}hx}\sum_{m\equiv h(r)}n\mathrm{e}^{-\pi n^2/t}$$

易见

$$\theta(\mathrm{i}t,k,r)=r\sum_{n=-\infty}^{+\infty}(k/r+n)\mathrm{e}^{-\pi+r(k/r+n)^2}=$$

$$-\mathrm{i}t^{-3/2}r^{-1/2}\sum_{h=1}^{r}\mathrm{e}^{2\pi \mathrm{i}hk/r}\sum_{m\equiv h(r)}n\mathrm{e}^{-\pi n^2/tr}$$

因而我们有

$$\theta(-1/z,k,r)=(-\mathrm{i})(-\mathrm{i}z)^{3/2}r^{-1/2}\sum_{h=1}^{r}\mathrm{e}^{2\pi \mathrm{i}hk/r}\theta(z,h,r) \tag{5.3.2}$$

利用式(5.3.2)及命题1.3的类似证法,可以证明当 $\boldsymbol{\gamma}=\begin{pmatrix}a & b\\ c & d\end{pmatrix}\in\Gamma_0(4r^2)$ 时

$$h(\boldsymbol{\gamma}(z),\psi)=\psi(d)\left(\frac{-1}{d}\right)j(\boldsymbol{\gamma},z)^3h(z,\psi)$$

今设 $\boldsymbol{\gamma}=\begin{pmatrix}a & b\\ c & d\end{pmatrix}\in SL_2(\mathbf{Z}),c>0$,利用式(5.3.2)我们有

$$h(\boldsymbol{\gamma}(z),\psi)=\sum_{k=1}^{rc}\psi(k)e(k^2a/c)\sum_{m\equiv k(rc)}me(-2rm^2/(2rc(cz+d)))=$$

$$(-\mathrm{i})(cr)^{-1/2}\left(\frac{cz+d}{2ri}\right)^{3/2}\sum_{k=1}^{rc}\psi(k)e(k^2a/c)\cdot$$

$$\sum_{h=1}^{rc} \mathrm{e}^{2\pi \mathrm{i}hk/rc}\theta\left(\frac{cz+d}{2r}, h, rc\right)$$

因而

$$\lim_{z\to\infty}(cz+d)^{-3/2}h(\boldsymbol{\gamma}(z),\psi)=0$$

可见 $h(z,\psi)\in S\left(4r^2, 3/2, \psi\left(\frac{-1}{\cdot}\right)\right)$.

由式(5.3.1)可见

$$L(s, L_1(h(z,\psi)))=L(s,\psi)L(s-1,\psi)$$

所以 $L_1(h(z,\psi))$ 是 Eisenstein 级数,不是尖形式.

在讨论本节的主要结果之前,我们引入下述两个命题:

命题 5.13 设 α 为非负整数,A 为正整数,φ 为模 A 的原特征. 定义

$$H_\alpha(s,z,\varphi)=\pi^{-s}\Gamma(s)y^s\sum_{m,n}{}'\varphi(n)(mAz+n)^\alpha \mid mAz+n\mid^{-2s} \quad (z\in H)$$

这里的求和号跑遍所有 $(m,n)\neq(0,0)$ 的整数对. 假设 $\alpha>0$ 或 $A>1$,则上述无穷级数当 $\mathrm{Re}(s)>1+\alpha/2$ 时绝对收敛,$H_\alpha(s,z,\varphi)$ 可以延拓为 s 平面上的整函数,且适合函数方程

$$H_\alpha(\alpha+1-s,z,\varphi)=(-1)^\alpha g(\varphi)A^{3s-\alpha-2}z^\alpha H_\alpha(s,-1/Az,\bar{\varphi})$$

其中 $g(\varphi)=\sum_{k=1}^{A}\varphi(k)e(k/A)$.

证明 我们有

$$\begin{aligned}
&\int_{-\infty}^{+\infty}\int_{-\infty}^{+\infty}\exp(-\pi t\mid uz+v\mid^2/y)e(ur+vs)\mathrm{d}u\mathrm{d}v=\\
&\int_{-\infty}^{+\infty}\int_{-\infty}^{+\infty}\exp(-\pi t((ux+v)^2+u^2y^2)/y)e(ur+vs)\mathrm{d}u\mathrm{d}v=\\
&\int_{-\infty}^{+\infty}\int_{-\infty}^{+\infty}\exp(-\pi t(v^2+u^2y^2)/y)e(u(r-xs)+vs)\mathrm{d}u\mathrm{d}v=\\
&(ty)^{-1/2}\int_{-\infty}^{+\infty}\exp(-\pi u^2)e(u(r-xs)/(ty)^{1/2})\mathrm{d}u\cdot(ty^{-1})^{-1/2}\cdot\\
&\int_{-\infty}^{-\infty}\exp(-\pi v^2)e(vsy^{1/2}/t^{1/2})\mathrm{d}v=\\
&t^{-1}\mathrm{e}^{-\pi[(r-xs)^2/(ty)+s^2y/t]}=t^{-1}\mathrm{e}^{-\pi|r-sz|^2/ty} \qquad (5.3.3)
\end{aligned}$$

由于

$$\left(x\frac{\partial}{\partial r}+\frac{\partial}{\partial s}\right)e(ur+vs)=2\pi\mathrm{i}(uz+v)$$

$$\left(z\frac{\partial}{\partial r}+\frac{\partial}{\partial s}\right)\exp(-\pi\mid r-sz\mid^2/yt)=-2\pi\mathrm{i}t^{-1}(r-sz)\cdot\exp(-\pi\mid r-sz\mid^2/yt)$$

将微分算子 $z\frac{\partial}{\partial r}+\frac{\partial}{\partial s}$ 在式(5.3.3)两端作用 α 次,得到

$$\int_{-\infty}^{+\infty}\int_{-\infty}^{+\infty}(uz+v)^{\alpha}\exp(-\pi t\mid uz+v\mid^2/y)e(ur+vs)\,\mathrm{d}u\mathrm{d}v=$$
$$(-1)^{\alpha}t^{-\alpha-1}(r-sz)^{\alpha}\exp(-\pi\mid r-sz\mid^2/yt)\tag{5.3.4}$$

令

$$\zeta(t,z,u,v)=$$
$$\sum_{m,n}((m+u)z+n+v)^{\alpha}\exp(-\pi t\mid(m+u)z+n+v\mid^2/y)=$$
$$\sum_{m,n}c(m,n)e(mu+nv)$$

利用式(5.3.4)可得

$$c(-m,-n)=\int_0^1\int_0^1\sum_{m',n'}((m'+u)z+n'+v)^{\alpha}\cdot$$
$$\exp(-\pi t\mid(m'+u)z+n'+v\mid^2/y)e(mu+nvv)\,\mathrm{d}u\mathrm{d}v=$$
$$\int_{-\infty}^{+\infty}\int_{-\infty}^{+\infty}(uz+v)^{\alpha}\exp(-\pi t\mid uz+v\mid^2/y)e(mu+nv)\,\mathrm{d}u\mathrm{d}v=$$
$$(-1)^{\alpha}t^{-\alpha-1}(m-nz)^{\alpha}\exp(-\pi\mid m-nz\mid^2/yt)$$

故

$$\zeta(t,z,u,v)=(-1)^{\alpha}t^{-\alpha-1}\sum_{m,n}(mz+n)^{\alpha}\cdot$$
$$\exp(-\pi\mid mz+n\mid^2/yt)e(mv-nu)\tag{5.3.5}$$

设 p 与 q 为整数,定义

$$\zeta(t,z,p,q)=\sum_{(m,n)\equiv(p,q)(A)}(mz+n)^{\alpha}\exp(-\pi t\mid mz+n\mid^2/A^2y)$$

及

$$\eta(t,z,p,q)=\sum_{n=1}^{A}\varphi(k)\xi(t,z,kp,kq)\tag{5.3.6}$$

当 $A>1$ 时,假设 $(p,q)\not\equiv(0,0)(A)$. 利用式(5.3.5),我们有

$$\xi(t,z,p,q)=A^{\alpha}\zeta(t,z,p/A,q/A)=$$
$$(-A)^{\alpha}t^{-\alpha-1}\sum_{m,n}e((qm-pn)/A)(mz+n)^{\alpha}\exp(-\pi\mid mz+n\mid^2/yt)=$$
$$(-A)^{\alpha}t^{-\alpha-1}\sum_{(a,b)\bmod A}e((qa-pb)/A)\xi(A^2t^{-1},z,a,b)$$

以及

$$\eta(t^{-1},z,p,q)=\sum_{k=1}^{A}\varphi(k)\xi(t^{-1},z,kp,kq)=$$
$$(-A)^{\alpha}t^{\alpha+1}\sum_{k=1}^{A}\varphi(k)\sum_{(a,b)\bmod A}e(k(qa-pb)/A)\xi(A^2t,z,a,b)=$$
$$(-A)^{\alpha}t^{\alpha+1}g(\varphi)\sum_{(a,b)\bmod A}\bar{\varphi}(qa-pb)\xi(A^2t,z,a,b)\tag{5.3.7}$$

当 $\alpha>0$ 或 $A>1$ 时,式(5.3.7)两端都不出现 $m=n=0$ 的项,因此,由式

(5.3.6) 及(5.3.7),我们有

$$| \eta(t,z,p,q) | \leqslant \begin{cases} Me^{-ct}, 若\ t>1 \\ M't^{-\alpha-1}e^{-c'/t}, 若\ t<1 \end{cases} \tag{5.3.8}$$

M, M', c 和 c' 为仅依赖于 z, p, q 的正常数. 下述无穷积分可以逐项求积

$$\int_0^\infty \eta(t,z,p,q)t^{s-1}\mathrm{d}t =$$

$$\sum_{k=1}^{A}\varphi(k)\sum_{(m,n)\equiv k(p,q)(A)}(mz+n)^\alpha\int_0^\infty \exp(-\pi t\ |\ mz+n\ |^2/A^2y)t^{s-1}\mathrm{d}t =$$

$$A^{2s}\pi^{-s}y^s\Gamma(s)\sum_{k=1}^{A}\varphi(k)\sum_{(m,n)\equiv(p,q)(A)}(mz+n)^\alpha\ |\ mz+n\ |^{-2s} \tag{5.3.9}$$

上式右端的无穷级数当 $\mathrm{Re}(s)>1+\alpha/2$ 时绝对收敛,将左端的积分分为$\int_0^1$ 和 $\int_1^\infty$ 两部分,利用式(5.3.8),可知这两个积分都是 s 平面上的整函数,它使式(5.3.9) 右端的无穷级数延拓为 s 平面上的整函数.

我们有

$$A^{2s}H_\alpha(s,z,\varphi)=\int_0^\infty \eta(t,z,0,1)t^{s-1}\mathrm{d}t \tag{5.3.10}$$

所以当 $\alpha>0$ 或 $A>1$ 时,$H_\alpha(s,z,\varphi)$ 可以延拓为 s 平面上的整函数. 在式(5.3.10) 中以 $\alpha+1-s$ 代替 s,得到

$$A^{2(\alpha+1-s)}H_\alpha(\alpha+1-s,z,\varphi)=$$

$$\int_0^\infty \eta(t,z,0,1)t^{\alpha-s}\mathrm{d}t=\int_0^\infty \eta(t^{-1},z,0,1)t^{s-\alpha-2}\mathrm{d}t=$$

$$(-A)^\alpha g(\varphi)\sum_{(a,b)\bmod d}\bar{\varphi}(a)\int_0^\infty \xi(A^2t,z,a,b)t^{s-1}\mathrm{d}t=$$

$$(-A)^\alpha g(\varphi)y^s\pi^{-s}\Gamma(s)\sum_{m,n}{}'\bar{\varphi}(m)(mz+n)^\alpha\ |\ mz+n\ |^{-2s}=$$

$$(-1)^\alpha g(\varphi)A^{\alpha+s}z^\alpha H_\alpha(s,-1/Az,\bar{\varphi})$$

从而得到 $H_\alpha(s,z,\varphi)$ 适合的函数方程.

命题 5.14 设 ω 为模 A 的特征(不一定是原特征),令

$$G(s)=\Gamma(s)\sum_{m,n}{}'\omega(n)\ |\ mAz+n\ |^{-2s}$$

当 ω 为非平凡特征时,$G(s)$ 可以延拓为 s 平面上的整函数;当 $A=1$ 时,$G(s)$ 可延拓为 s 平面上的亚纯函数,仅以 $s=0$ 和 $s=1$ 为一阶极点,留数分别为 -1 和 π/y;当 $A>1$,ω 为平凡特征时,$G(s)$ 可以延拓为 s 平面上的亚纯函数,且仅以 $s=1$ 为一阶极点,留数为 $\pi\prod_{p|A}(1-p^{-1})/Ay$.

证明 设 ω 的导子为 B,$A=BC$,φ 为 ω 所决定的模 B 的原特征,则

$$G(s)=\Gamma(s)\sum_{m,n}{}'\varphi(n)\sum_{d\mid(n,c)}\mu(d)\mid mAz+n\mid^{-2s}=$$

$$\Gamma(s)\sum_{d\mid c}\mu(d)\varphi(d)d^{-2s}\sum_{m,n}{}'\varphi(n)\left|m\frac{A}{d}z+n\right|^{-2s}\qquad(5.3.11)$$

所以当 $B>1$(即 ω 为非平凡特征)时,由命题 5.13 可知 $G(s)$ 可以延拓为 s 平面上的整函数.

设 $A=1$,令

$$\eta(t,z)=\sum_{m,n}\exp(-\pi t\mid mz+n\mid^2/y)$$

由式(5.3.7),可得

$$\eta(t^{-1},z)=t\eta(t,z)$$

当 $\mathrm{Re}(s)>1$ 时,我们有

$$\pi^{-s}y^sG(s)=\int_0^\infty(\eta(t,z)-1)t^{s-1}\mathrm{d}t=$$

$$\int_1^\infty(\eta(t^{-1},z)-1)t^{-s-1}\mathrm{d}t+\int_1^\infty(\eta(t,z)-1)t^{s-1}\mathrm{d}t=$$

$$\int_1^\infty(t(\eta(t,z)-1)+t-1)t^{-s-1}\mathrm{d}t+\int_1^\infty(\eta(t,z)-1)t^{s-1}\mathrm{d}t=$$

$$\frac{1}{s-1}-\frac{1}{s}+\int_0^\infty(\eta(t,z)-1)t^{-s}\mathrm{d}t+$$

$$\int_1^\infty(\eta(t,z)-1)t^{s-1}\mathrm{d}t$$

上式右端两个积分是 s 平面上的整函数.因此 $G(s)$ 可以延拓为 s 平面上的亚纯函数,且仅以 $s=0$ 和 $s=1$ 为一阶极点,留数分别为 -1 和 π/y.

设 $B=1,A>1$,由式(5.3.11)得到

$$G(s)=\sum_{d\mid A}\mu(d)d^{-2s}\Gamma(s)\sum_{m,n}{}'\left|m\frac{A}{d}z+n\right|^{-2s}$$

将 $\frac{A}{d}z$ 看作 z,利用上述 $A=1$ 时的结果,可知 $G(s)$ 可以延拓为 s 平面上的亚纯函数,仅以 $s=1$ 为一阶极点,留数为

$$\sum_{d\mid A}\mu(d)d^{-2}\pi d/Ay=\pi\sum_{d\mid A}(1-p)/Ay$$

令

$$T=\{h(tz,\psi)\mid\psi\text{ 为奇原特征},t\text{ 为正整数}\}$$

T 张成的 $\mathbf{C}$ 上的向量空间记为 $\widetilde{T}$.又令

$$T_1=\{h(tz,\psi)\mid\psi\text{ 为奇特征},t\text{ 为正整数}\}$$

及

$$T_2=\{\theta(tz,h,N)\mid t,h,N\in\mathbf{Z},t>0,N>0\}$$

其中

$$\theta(z,h,N)=\sum_{m\equiv h(N)} me(m^2 z)$$

T_1 与 T_2 所张成的 **C** 上的向量空间分别记为 $\widetilde{T}_1$ 和 $\widetilde{T}_2$.

引理 5.15 我们有 $\widetilde{T}=\widetilde{T}_1=\widetilde{T}_2$.

证明 显然 $\widetilde{T}\subset\widetilde{T}_1\subset\widetilde{T}_2$. 设 ψ 为任一模 N 的奇特征，ψ 所诱导的原特征记为 $\tilde{\psi}$，即当 $(d,N)=1$ 时，有 $\psi(d)=\tilde{\psi}(d)$，则

$$\sum_{m=1}^{\infty}\psi(m)me(tm^2z)=\sum_{m=1}^{\infty}\sum_{d\mid(m,N)}\mu(d)\tilde{\psi}(m)me(tm^2z)=$$
$$\sum_{d\mid N}\mu(d)d\tilde{\psi}(d)h(td^2z,\tilde{\psi})\in\widetilde{T}$$

这证明了 $\widetilde{T}=\widetilde{T}_1$. 记 $d=(h,N)$，我们有

$$\theta(tz,h,N)=d\sum_{m\equiv hd^{-1}(Nd^{-1})} me(td^2m^2z)=$$
$$d\varphi(Nd^{-1})^{-1}\sum_{m=1}^{\infty}\sum_{\psi}\bar{\psi}(hd^{-1})\psi(m)me(td^2m^2z)=$$
$$d\varphi(Nd^{-1})^{-1}\sum_{\psi}\bar{\psi}(hd^{-1})h(td^2z,\psi)\in\widetilde{T}_1$$

其中 ψ 跑遍模 Nd^{-1} 的所有特征，φ 为 Euler 函数，由此可见 $\widetilde{T}_1=\widetilde{T}_2$.

若 $f(z)=\sum_{n\in Q}a(n)e(nz)$ 为一形式级数，令

$$\xi(f(z))=\sum_{n=0}^{\infty}a(n)e(nz)$$

定义

$$F=\{\theta(zA^{-1})\mid\theta(z)\in\widetilde{T},A\text{ 为正整数}\}$$

引理 5.16 设 $G(z)\in F$，$\boldsymbol{\gamma}=\begin{pmatrix}a&b\\c&d\end{pmatrix}\in SL_2(\mathbf{Z})$ 及 $H(z)=G(\boldsymbol{\gamma}(z))(cz+d)^{-3/2}$，则：(1) $H(z)\in F$；(2) $\zeta(G(z))\in\widetilde{T}$.

证明 由于 $SL_2(\mathbf{Z})$ 是由 $\boldsymbol{\gamma}_1=\begin{pmatrix}1&1\\0&1\end{pmatrix}$ 及 $\boldsymbol{\gamma}_2=\begin{pmatrix}0&-1\\1&0\end{pmatrix}$ 生成的，故仅需对 $\boldsymbol{\gamma}=\boldsymbol{\gamma}_1$ 和 $\boldsymbol{\gamma}=\boldsymbol{\gamma}_2$ 证明(1). 不失普遍性，可以假设 $G(z)=\theta(tA^{-1}z,h,N)$，易见

$$G(\boldsymbol{\gamma}_1(z))=\sum_{\substack{g\equiv h(N)\\ g\bmod AN}} e(tg^2/A)\theta(tz/A,AN,g)\in F$$

利用式(5.3.2)可证得 $\boldsymbol{\gamma}=\boldsymbol{\gamma}_2$ 时(1)也成立.

以下证(2)：仍假设 $G(z)=(tz/A,h,N)$，这时

$$\xi G((z))=\sum_{\substack{m\equiv h(N)\\ M^2\equiv 0(A)}} me(tm^2z/A)$$

设 A 的因子分解为 $p_1^{e(1)}\cdots p_j^{e(j)}$，取 $B=p_1^{f(1)}\cdots p_j^{f(j)}$，其中 $f(i)$ 是最小的正整数使 $2f(i)\geqslant e(i)(1\leqslant i\leqslant j)$，从而

$$\xi G((z)) = \sum_{\substack{m\equiv h(N)\\ M\equiv 0(B)}} me(tm^2 z/A)$$

记 $d=(B,N)$，若 $d\nmid h$，则 $\xi(G(z))=0$. 设 $d\mid h$，记 $h'=hd^{-1}$，$N'=Nd^{-1}$，$t'=tB^2A^{-1}$，取 B' 使 $Bd^{-1}B'\equiv 1(N')$，这时

$$\xi G((z)) = \sum_{n\equiv h'B'(N')} nBe(tn^2B^2z/A) = \theta(t'z, h'B, N') \in \widetilde{T}$$

下面给出本节的主要结果：

定理 5.17 设 $f(z)=\sum_{n=1}^{\infty}a(n)e(nz)\in S(N,3/2,\omega)$，则对任一无平方因子的正整数 t，f 的 Shimura 提升 $L_t(f)$ 都是尖形式的充要条件是 f 与子空间 $S(N,3/2,\omega)\cap\widetilde{T}$ 正交.

证明 设 $L_t(f)=\sum_{n=0}^{\infty}b(n)e(nz)$，$L_t(f)$ 属于 $G(N_t,2,\omega^2)$，其中 $N_t\mid N^{\infty}$. 由定理5.7后的说明，$L_t(f)$ 是尖形式的充要条件是：对一切原特征 ψ 及正整数 r，级数 $L(s,L(f),\psi,r)$ 在 $s=2$ 处全纯. 以 N 与 r 的最小公倍数代替 N，不失普遍性，可以假设 $r\mid N^{\infty}$. 我们有

$$\sum_{n=1}^{\infty}b(n)n^{-s} = L\left(s,\omega\left(\frac{-t}{\cdot}\right)\right)\sum_{n=1}^{\infty}a(tn^2)n^{-s}$$

注意 ω 是模 N 的特征，因而

$$L(s,L_t(f),\psi,r) = \sum_{n=1}^{\infty}\psi(n)b(rn)n^{-s} = L\left(s,\omega\psi\left(\frac{-t}{\cdot}\right)\right)\sum_{n=1}^{\infty}\psi(n)a(tr^2n^2)n^{-s}$$

令

$$h(z,\bar{\psi}) = \sum_{n=1}^{\infty}\bar{\psi}(n)n^{v}e(n^2z)$$

其中 $\psi(-1)=(-1)^v$，v 为 0 或 1. 取常数 $\sigma>0$，当 $\mathrm{Re}(s)>\sigma$ 时，我们有

$$\begin{aligned}&\int_0^{\infty}\int_0^1 f(z)\bar{h}(tr^2z,\bar{\psi})y^{s-1}\,\mathrm{d}x\mathrm{d}y = \\ &\sum_{n=1}^{\infty}\sum_{m=1}^{\infty}a(n)\psi(m)m^{v}\int_0^{\infty}e(\mathrm{i}(n+tr^2m^2)y)y^{s-1}\,\mathrm{d}y\cdot \\ &\int_0^1 e((n-tr^2m^2)x)\,\mathrm{d}x = \\ &(4\pi tr^2)^{-s}\Gamma(s)\sum_{m=1}^{\infty}\psi(m)a(tr^2m^2)m^{v-2s}\end{aligned}$$

以 g 表示 ψ 的导子. 由命题 3.31，定理 4.19 及命题 5.12，$h(tr^2z,\bar{\psi})$ 属于 $G\left(4tr^2g^2,(1+2v)/2,\bar{\psi}\left(\frac{(-1)^v tr^2}{\cdot}\right)\right)$. 记 $\widetilde{N}=(4tr^2g^2,N)$，定义 $B(z,s)=f(z)\bar{h}(tr^2z,\bar{\psi})y^{s+1}$，则对任一 $\boldsymbol{\gamma}=\begin{pmatrix}a & b\\ c & d\end{pmatrix}\in\Gamma=\Gamma_0(\widetilde{N})$，我们有

$$B(\boldsymbol{\gamma}(z),s)=\omega\psi(d)\left(\frac{-t}{d}\right)(cz+d)^{1-v}\mid cz+d\mid^{2v-1-2s}B(z,s)$$

所以

$$L(2s-v,L(f)\psi,r)=(4\pi tr^{2})^{s}\Gamma(s)^{-1}\cdot$$
$$\int_{\Gamma\backslash H}B(z,s)L\left(2s-v,\omega\psi\left(\frac{-t}{\cdot}\right)\right)\cdot$$
$$\sum_{\left(\begin{smallmatrix}a&b\\c&d\end{smallmatrix}\right)\in\Gamma_{\infty}\backslash\Gamma}\omega\psi(d)\left(\frac{-t}{d}\right)(cz+d)^{1-v}\mid cz+d\mid^{2v-1-2s}\frac{\mathrm{d}x\mathrm{d}y}{y^{2}}\tag{5.3.12}$$

易见

$$L\left(2s-v,\omega\psi\left(\frac{-t}{\cdot}\right)\right)\cdot$$
$$\sum_{\left(\begin{smallmatrix}a&b\\c&d\end{smallmatrix}\right)\in\Gamma_{\infty}\backslash\Gamma}\omega\psi(d)\left(\frac{-t}{d}\right)(cz+d)^{1-v}\mid cz+d\mid^{2v-1-2s}=$$
$$\sum_{m,n}{}'\omega\psi(n)\left(\frac{-t}{n}\right)(m\widetilde{N}z+n)^{1-v}\mid m\widetilde{N}z+n\mid^{2v-1-2s}\tag{5.3.13}$$

当 $v=0$ 时，由命题5.13可知 $L(s,L_t(f),\psi,r)$ 在 $s=2$ 处全纯；当 $v=1$ 时，由命题5.14可知仅当 $\omega=\bar{\psi}\left(\frac{-t}{\cdot}\right)$ 时，式(5.3.13)中的级数在 $s=3/2$ 时有一阶极点，其留数为 c/y，c 为一非零常数，因而由式(5.3.12)可知，仅当 $\omega=\bar{\psi}\left(\frac{-t}{\cdot}\right)$ 时，$L(s,L_t(f),\psi,r)$ 在 $s=2$ 处可能有一阶极点，留数为 $c'\langle f,h(tr^2z,\bar{\psi})\rangle$，$c'$ 为一非零常数.

今设 $L_t(f)$ 为尖形式，由上述推导可知，当 $\omega=\bar{\psi}\left(\frac{-t}{\cdot}\right)$ 时，f 与 $h(tr^2z,\bar{\psi})$ 正交. 而当 $\omega\neq\bar{\psi}\left(\frac{-t}{\cdot}\right)$ 时，记 $\omega'=\bar{\psi}\left(\frac{-t}{\cdot}\right)$，这时 $f\in S(\widetilde{N},3/2,\omega)$，$h(tr^2z,\bar{\psi})\in S(\widetilde{N},3/2,\omega')$ 类似于式(3.1.5)，对于任一 $\gamma\in\Gamma_0(\widetilde{N})$，我们有

$$\omega(d_\gamma)\bar{\omega}'(d_\gamma)\langle f,h(tr^2z,\bar{\psi})\rangle_{\Gamma_0(\widetilde{N})}=\langle f\mid[\gamma],h(t\bar{r}^2z,\psi)\mid[\gamma]\rangle_{\Gamma_0(\widetilde{N})}=$$
$$\langle f,h(tr^2z,\bar{\psi})\rangle_{\Gamma_0(\widetilde{N})}$$

由于 $\omega\neq\omega'$，总可找到 $\gamma\in\Gamma_0(\widetilde{N})$，使 $\omega(d_\gamma)\neq\omega'(d_\gamma)$，于是可得 $\langle f,h(tr^2z,\bar{\psi})\rangle=0$. 由于任一正整数 u 都可表为 $u=tr^2$，其中 t 无平方因子，所以可见 f 与 $\widetilde{T}$ 正交，因而 f 与 $S(N,3/2,\omega)\cap\widetilde{T}$ 正交.

反之，设 f 与 $S(N,3/2,\omega)\cap\widetilde{T}$ 正交. 任取 $h(uz,\psi)\in T$，$h(uz,\psi)$ 属于 $S\left(4ug^2,3/2,\psi\left(\frac{-u}{\cdot}\right)\right)$，其中 g 表示 ψ 的导子. 仍以 $\widetilde{N}$ 表示 $[4ug^2,N]$. 假设 $\omega=\psi\left(\frac{-u}{\cdot}\right)$. 若 $\Gamma(\widetilde{N})$ 在 $\Gamma_0(N)$ 中的右陪集分解为 $\Gamma_0(N)=\bigcup_{i=1}^{r}\Gamma(\widetilde{N})\gamma_i$，以 a_i 表示

γ_i 的左上角元素，则函数

$$g(z)=\sum_{i=1}^{r}\omega(a_i)h(uz,\psi)\mid[\gamma_i]$$

属于 $S(N,3/2,\omega)$. 利用命题 5.16 的(1)，可知 $g\in F$，由于 $g(z+1)=g(z)$，从而 $\zeta(g(z))=g(z)$，由命题 5.16 的(2)，可知 $g\in\widetilde{T}$，即 $g\in S(N,3/2,\omega)\cap\widetilde{T}$. 由假设条件得

$$\begin{aligned}0=\langle f,g\rangle=\sum_{i=1}^{r}\bar{\omega}(a_i)\langle f,h(uz,\psi)\mid[\gamma_i]\rangle=\\ \sum_{i=1}^{r}\bar{\omega}(a_i)\langle f\mid[\gamma_i^{-1}],h(uz,\psi)\rangle=\\ r\langle f,h(uz,\psi)\rangle\end{aligned}$$

可见 f 与 $h(uz,\psi)$ 正交. 由上述论证，可知对任一 t，$L_t(f)$ 都是尖形式.

定理 5.17 的结论与 J. Sturm[26] 的结果是类似的，但证明的方法略有不同. 这个结果首先是由 Shimura[23] 作为猜想提出来的.

三元二次型表整数

第6章

6.1 正定二次型簇的 θ 函数

回到 1.1 节中所提出的二次型表整数的问题. 我们仍采用 1.1 节的符号, 设 $f(x_1,\cdots,x_k)$ 为整系数正定二次型, 假定 $\kappa \geqslant 3$. 定义矩阵

$$\mathbf{A}=\left(\frac{\partial^2 f}{\partial x_i \partial x_j}\right)$$

$\mathbf{A}$ 是一个 κ 阶整数对称方阵, 其对角线元素都是偶数. 定义 f 对应的 θ 函数

$$\theta_f(z)=\sum_{m\in \boldsymbol{Z}^{\kappa}} e(z\boldsymbol{m}\mathbf{A}\boldsymbol{m}^{\mathrm{T}}/2) \quad (z\in H)$$

$\theta_f(z)$ 是 H 上的全纯函数. 设 N 是使 $N\mathbf{A}^{-1}$ 为整数方阵, 且对角线元素都为偶数的最小正整数, 令

$$\chi=\begin{cases}\left(\dfrac{2\det \mathbf{A}}{\cdot}\right), & 若\ \kappa\ 为奇数\\ \left(\dfrac{(-1)^{\kappa/2}\det \mathbf{A}}{\cdot}\right), & 若\ \kappa\ 为偶数\end{cases}$$

定理 6.1 $\theta_f(z)$ 属于 $G(N,\kappa/2,\chi)$.

证明 由定理 1.4, 我们仅需考虑 $\theta_f(z)$ 在 $\Gamma_0(N)$ 的尖点的性质. 显然有

$$\lim_{z\to \mathrm{i}\infty}\theta_f(z)=1$$

即 θ_f 在 $i\infty$ 全纯. 设 a/c 为任一尖点($c>0$),取 $\boldsymbol{\rho}=\begin{pmatrix} a & b \\ c & d \end{pmatrix}\in SL_2(\mathbf{Z})$,则 $\boldsymbol{\rho}(\infty)=a/c$,我们有

$$\theta_f\left(\frac{az+b}{cz+d}\right)=\sum_{x \bmod c} e(a\boldsymbol{x}\boldsymbol{A}\boldsymbol{x}^{\mathrm{T}}/2c)\cdot$$
$$\sum_{\boldsymbol{m}\in \boldsymbol{Z}^{\kappa}} e(-(\boldsymbol{m}+\boldsymbol{x}/c)\boldsymbol{A}(\boldsymbol{m}+\boldsymbol{x}/c)^{\mathrm{T}}/2(z+d/c)) \tag{6.1.1}$$

其中 $\boldsymbol{x}\in \boldsymbol{Z}^{\kappa}$. 在命题 1.2 中我们实际上已证明了

$$\sum_{\boldsymbol{m}\in \boldsymbol{Z}^{\kappa}} e(-(\boldsymbol{x}+\boldsymbol{m})\boldsymbol{A}(\boldsymbol{x}+\boldsymbol{m})^{\mathrm{T}}/2z)=$$
$$(-iz)^{\kappa/2}(\det \boldsymbol{A})^{-1/2}\sum_{\boldsymbol{m}\in \boldsymbol{Z}^{\kappa}} e(z\boldsymbol{m}\boldsymbol{A}^{-1}\boldsymbol{m}^{\mathrm{T}}/2+\boldsymbol{x}\cdot \boldsymbol{m}^{\mathrm{T}})$$

这里 $\boldsymbol{x}\in \boldsymbol{R}^{\kappa}$,以式(6.1.1) 中的 $\boldsymbol{x}/c$ 代替上式中的 $\boldsymbol{x}$,得到

$$\theta_f\left(\frac{az+b}{cz+d}\right)=(-i(z+d/c))^{\kappa/2}(\det \boldsymbol{A})^{-1/2}\sum_{\boldsymbol{m}\in \boldsymbol{Z}^{\kappa}} e(z\boldsymbol{m}\boldsymbol{A}\boldsymbol{m}^{\mathrm{T}}/2)\cdot$$
$$\sum_{x \bmod c} e(a\boldsymbol{x}\boldsymbol{A}\boldsymbol{x}^{\mathrm{T}}/2c+\boldsymbol{x}\cdot \boldsymbol{m}^{\mathrm{T}}/c+d\boldsymbol{m}\boldsymbol{A}^{-1}\boldsymbol{m}^{\mathrm{T}}/2c)$$

从而

$$\lim_{z\to i\infty}(z+d/c)^{-\kappa/2}\theta_f\left(\frac{az+b}{cz+d}\right)=$$
$$(-i)^{\kappa/2}(\det \boldsymbol{A})^{-1/2}\sum_{x \bmod c} e(a\boldsymbol{x}\boldsymbol{A}\boldsymbol{x}^{\mathrm{T}}/2c) \tag{6.1.2}$$

可见 $\theta_f(z)$ 在尖点 a/c 全纯.

设 $f_1(x_1,\cdots,x_\kappa)$ 和 $f_2(x_1,\cdots,x_\kappa)$ 为两个整系数正定二次型,它们对应的矩阵分别为 $\boldsymbol{A}_1$ 和 $\boldsymbol{A}_2$. 若存在一个行列式为 ± 1 的整数方阵 $\boldsymbol{S}$,使 $\boldsymbol{S}\boldsymbol{A}_1\boldsymbol{S}^{\mathrm{T}}=\boldsymbol{A}_2$,则称 f_1 与 f_2 等价. 若存在实数域上的可逆方阵 $\boldsymbol{S}_R$,使 $\boldsymbol{S}_R\boldsymbol{A}_1\boldsymbol{S}_R^{\mathrm{T}}=\boldsymbol{A}_2$,则称 f_1 与 f_2 在实数域上等价. 设 p 为素数,将 $\boldsymbol{A}_1$ 和 $\boldsymbol{A}_2$ 看作 Z_P 上的方阵,若存在 Z_P 上的可逆方阵 $\boldsymbol{S}_P$,使 $\boldsymbol{S}_P\boldsymbol{A}_1\boldsymbol{S}_P^{\mathrm{T}}=\boldsymbol{A}_2$,则称 f_1 与 f_2 在 Z_P 上等价. 若对所有素数 p,f_1 与 f_2 都在 Z_P 上等价,而且 f_1 与 f_2 也在实数域上等价,则称 f_1 与 f_2 属于同一个簇. 显然,当 f_1 与 f_2 等价时,它们属于同一个簇. 可以证明,一个簇内仅包含有限个等价类.

设 $f_1(x_1,\cdots,x_\kappa)$ 和 $f_2(x_1,\cdots,x_\kappa)$ 属于同一个簇,则它们所对应的 $\boldsymbol{A}_1$ 与 $\boldsymbol{A}_2$ 具有相同的行列式. 若 a/c 为一个尖点,c 为正整数,由上述定义,利用孙子定理,一定存在一个整数方阵 $\boldsymbol{S}$,其行列式与 $2c$ 互素,且 $\boldsymbol{S}\boldsymbol{A}_1\boldsymbol{S}^{\mathrm{T}}\equiv \boldsymbol{A}_2(2c)$. 由式(6.1.2),可知 $\theta_{f_1}(z)$ 与 $\theta_{f_0}(z)$ 在 a/c 处具有相同的值,因而 $\theta_{f_1}-\theta_{f_2}$ 是一个尖形式.

以 $M_\kappa(\boldsymbol{Z})$ 表示 κ 阶整数方阵集合. 令 $o(f)=\#\{\boldsymbol{S}\in M_\kappa(\boldsymbol{Z})\mid \boldsymbol{SAS}^{\mathrm{T}}=\boldsymbol{A}\}$，定义 f 所在的簇对应的 θ 函数

$$\theta(\mathrm{gen}.\,f,z)=\Big(\sum_{f_i}\frac{1}{o(f_i)}\Big)^{-1}\sum_{f_2}\frac{\theta_{f_2}(z)}{o(f_i)}$$

上述求和号中的 f_i 跑遍 f 所在的簇中的所有等价类.

命题 6.2 设 p 为互数，$p\nmid N$，令

$$\lambda_p=\begin{cases}p^{\kappa-2}+1, & \text{若 } 2\nmid\kappa\\ p^{\kappa-2}+2p^{\kappa/2-1}\Big(\dfrac{(-1)^{\kappa/2}\det\boldsymbol{A}}{p}\Big)+1, & \text{若 } 2\mid\kappa\end{cases}$$

则

$$\theta(\mathrm{gen}.\,f,z)\mid T(p^2)=\lambda_p\theta(\mathrm{gen}.\,f,z)$$

其中 $T(p^2)$ 表示空间 $G(N,\kappa/2,\chi)$ 上的 Hecke 算子.

命题 6.2 的证明超出了本书的范围. 当 τ 为偶数时，M. Eichler[4] 研究了 Hecke 算子在 θ_f 函数上的作用. 当 κ 为奇数时，类似的结果也成立. 读者可参阅 R. Schulze-Pillot[19] 和 P. Ponomarev[17].

利用命题 6.2，可以证明下述定理：

定理 6.3 函数 $\theta(\mathrm{gen}.\,f,z)$ 属于 $\varepsilon(N,\kappa/2,\chi)$.

证明 首先假定 $\kappa\geqslant 4$ 为偶数. 由于

$$G(N,\kappa/2,\chi)=\varepsilon(N,\kappa/2,\chi)\oplus S(N,\kappa/2,\chi)$$

设 $\theta(\mathrm{gen}.\,f,z)=g_1(z)+g_2(z)$，其中 $g_1(z)\in S(N,\kappa/2,\chi)$，$g_2\in\varepsilon(N,\kappa/2,\chi)$. 设 $g_1(z)=\sum\limits_{n=n_0}^{\infty}c(n)e(nz)(c(n_0)\neq 0)$. 当 $p\nmid N$ 时，由命题 6.2，我们有

$$g_1(z)\mid T(p^2)=\lambda_p g_1(z)$$

因而

$$\lambda_p c(n_0)=c(n_0p^2)+\chi(p)\Big(\frac{-n_0}{p}\Big)a(n_0)$$

类似于命题 3.38，可以证明 $c(n)=O(n^{\kappa/4})$. 于是可以得 $\lambda_p=O(p^{\kappa/2})$. 当 $\kappa\geqslant 6$ 时，由命题 6.2 可知，$p\to\infty$ 时 λ_p 的阶为 $p^{\kappa-2}$，这个矛盾说明 $g_1=0$，这时定理成立. 当 $\kappa=4$ 时，利用 Rankin[18] 关于尖形式的 Fourier 系数的估计结果 $c(n)=O(n^{\kappa/4-1/5})$ 代替命题 3.38 较粗的估计，也可证明定理成立.

假设 κ 为奇数. 当 $\kappa\geqslant 5$ 时，类似于上述 $\kappa\geqslant 6$ 为偶数的情况，可以证明定理成立. 今设 $\kappa=3$，以 V 表示定理 5.17 中所引入的子空间 $S(N,3/2,\chi)\cap\widetilde{T}$，$V^{\perp}$ 表示 V 在 $S(N,3/2,\chi)$ 中的正交补空间，于是我们可以假设 $\theta(\mathrm{gen}.\,f,z)=g_1+g_2+g_3$，其中 $g_1\in V$，$g_2\in V^{\perp}$，$g_3\in\varepsilon(N,3/2,\chi)$. 利用命题 6.2，可知对任一素数 $p(p\nmid N)$ 有 $g_i\mid T(p^2)=(p+1)g_i(i=1,2,3)$. g_1 为有限个形如 $h(tz,\psi)$

的函数的线性组合，且有 $\chi=\psi\left(\frac{-t}{\cdot}\right)$. 这时我们有 $h(tz;\psi)\mid T(p^2)=\chi(p)\left(\frac{-t}{p}\right)(p+1)h(tz,\psi)$ 对上述有限个函数 $h(tz;\psi)$ 都成立，从而

$$g_1\mid T(p^2)=-(p+1)g_1$$

由此得到 $g_1=0$. 在 Shimura 提升下，g_2 映入 $S(N/2,2,id.)$，它的象也是 Hecke 算子 $T(p)$ 的本征函数，并以 $p+1$ 为本征值. 利用 Rankin 的估计 $c(n)=O(n^{4/5})$，可以证得 $g_2=0$，所以 $\theta(\text{gen.}\,f,z)$ 属于 $\varepsilon(N,3/2,\chi)$.

定理 6.3 的证明取自 R. Schulze-Pillot[19].

6.2 三元二次型簇表整数

设 $f(x_1,x_2,x_3)$ 为正定整系数三元二次型. 在 1.1 节我们引入了函数

$$\theta_f(z)=\sum_{m\in\mathbf{Z}^3}e(z\boldsymbol{mAm}^{\mathrm{T}}/2)=\sum_{n=0}^{\infty}r(f,n)e(nz)$$

这里 $r(f,n)$ 为 $f(x_1,x_2,x_3)=n$ 的整数解 (x_1,x_2,x_3) 的个数. 在上节我们证明了 $\theta(\text{gen.}\,f,z)$ 属于 $\varepsilon(N,3/2,\chi)$，N 与 χ 由 f 所决定. 对于某些特殊的 N 与 χ，我们在第 4 章已构造了 $\varepsilon(N,3/2,\chi)$ 的基，并给出了其中每个函数的 Fourier 展开式. 如果我们能计算 $\theta(\text{gen.}\,f,z)$ 在各尖点的值，我们就可以将它表成 $\varepsilon(N,3/2,\chi)$ 这组已知基的线性组合，由此即可得到

$$\gamma(\text{gen.}\,f,n)=\left(\sum_{f_i}\frac{1}{O(f_i)}\right)^{-1}\sum_{f_i}\frac{\gamma(f_i,n)}{O(f_i)}$$

的解析表达式，其中 f_i 跑遍 f 所在簇的等价类.

在 6.1 节中，我们实际上也已指出 $\theta_f(z)$ 与 $\theta(\text{gen.}\,f,z)$ 在各尖点具有相同的值.

为了简便起见，我们在本节中仅讨论下述三个类型的三元二次型

$$\alpha x_1^2+\beta x_2^2+\gamma x_3^2$$

$$2\alpha x_1^2+\beta x_2^2+\gamma x_3^2$$

$$2\alpha x_1^2+2\beta x_2^2+\gamma x_3^2$$

其中，α,β,γ 为无平方因子的正奇数，且适合 $(\alpha,\beta,\gamma)=1$.

设 $f(x_1,x_2,x_3)=\alpha x_1^2+\beta x_2^2+\gamma x_3^2$，其中，$\alpha,\beta,\gamma$ 为无平方因子的正整数，且 $(\alpha,\beta,\gamma)=1$，则

$$\theta_f(z)=\theta(\alpha z)\theta(\beta z)\theta(\gamma z)$$

其中

$$\theta(z)=\sum_{m=-\infty}^{+\infty}e(m^2z)$$

不难看出，$\theta_f(z)$ 属于 $G(4D,3/2,\chi_l)$，其中

$$D=[\alpha,\beta,\gamma]$$

$$l=\alpha\beta\gamma/((\alpha,\beta)^2(\alpha,\gamma)^2(\beta,\gamma)^2) \tag{6.2.1}$$

引理 6.4 设 d/c 是一个尖点($c>0,(c,d)=1$)，则

$$V(\theta,d/c)=\begin{cases}\varepsilon_d^{-1}\left(\dfrac{d}{c}\right), & 若\ 4\mid c\\ \dfrac{1-\mathrm{i}}{2}\varepsilon_0\left(\dfrac{d}{c}\right), & 若\ 2\nmid c\\ 0, & 若\ 2\parallel c\end{cases}$$

证明 利用引理 4.6,4.7 和 4.8 即可证明之.

引理 6.5 设 d 为无平方因子的正奇数，则

$$\varepsilon_d=\prod_{p\mid d}\varepsilon_p\left(\frac{dp^{-1}}{p}\right)$$

证明 设 d_1 与 d_2 为两个互素的奇数，我们有

$$\left(\frac{d_1}{d_2}\right)\left(\frac{d_2}{d_1}\right)=(-1)^{(d_1-1)(d_2-1)/4}=\varepsilon_{d_1d_2}\varepsilon_{d_1}^{-1}\varepsilon_{d_2}^{-1}$$

由此不难证得引理.

当 D 为无平方因子正奇数时

$$S(4D)=\{1/d,1/2d,1/4d\mid d\mid D\}$$

是 $\Gamma_0(4D)$ 的尖点等价类代表系

$$S(8D)=\{1/d,1/2d,1/4d,1/8d\mid d\mid D\}$$

是 $\Gamma_0(8D)$ 的尖点等价类代表系.

命题 6.6 设 $f=\alpha x_1^2+\beta x_2^2+\gamma x_3^2$，其中，$\alpha,\beta,\gamma$ 为无平方因子的正奇数，且适合 $(\alpha,\beta,\gamma)=1$，则 $\theta_f(z)$ 属于 $G(4D,3/2,\chi_l)$，D 与 l 为式(6.2.1)所定义，且

$$V(\theta_f,1/d)=-\frac{(1+\mathrm{i})dl^{1/2}}{4D(l,d)^{1/2}}\varepsilon_{d/(d,l)}^{-1}\left(\frac{-1}{d}\right)\left(\frac{l/(l,d)}{d/(l,d)}\right)\cdot$$
$$\left(\frac{\alpha\beta/(\alpha,\beta)^2}{(d,\alpha,\beta)(d,l,\gamma)}\right)\left(\frac{\beta\gamma/(\beta,\gamma)^2}{(d,\beta,\gamma)(d,l,\alpha)}\right)\cdot$$
$$\left(\frac{\gamma\alpha/(\gamma,\alpha)^2}{(d,\gamma,\alpha)(d,l,\beta)}\right)$$

$$V(\theta_f,1/4d)=dD^{-1}l^{1/2}(l,d)^{-1/2}\varepsilon_{l/(l,d)}\left(\frac{-1}{D/d}\right)\left(\frac{d/(l,d)}{l/(l,d)}\right)\cdot$$
$$\left(\frac{\alpha\beta/(\alpha,\beta)^2}{\gamma(\alpha,\beta)(\alpha,\beta,d)^{-1}(\gamma,\alpha\beta d)^{-1}}\right)\cdot$$

$$\left(\frac{\beta\gamma/(\beta,\gamma)^2}{\alpha(\beta,\gamma)(\alpha,\beta\gamma d)^{-1}(\beta,\gamma,d)^{-1}}\right)\cdot$$
$$\left(\frac{\gamma\alpha/(\gamma,\alpha)^2}{\beta(\gamma,\alpha)(\beta,\alpha\gamma d)^{-1}(\gamma,\alpha,d)^{-1}}\right)$$
$$V(\theta_f,1/2d)=0$$

d 为 D 的任一因子.

证明 我们有

$$V(\theta_f,1/d)=$$
$$\lim_{z\to 0}(-dz)^{3/2}\theta(\alpha(z+1/d))\theta(\beta(z+1/d))\theta(\gamma(z+1/d))=$$
$$\lim_{z\to 0}(-dz)^{3/2}\theta\left(\alpha z+\frac{\alpha/(\alpha,d)}{d/(\alpha,d)}\right)\theta\left(\beta z+\frac{\beta/(\beta,d)}{d/(\beta,d)}\right)\theta\left(\gamma z+\frac{\gamma/(\gamma,d)}{d/(\gamma,d)}\right)=$$
$$\left(\frac{(\alpha,d)(\beta,d)(\gamma,d)}{\alpha\beta\gamma}\right)^{1/2}V\theta\left(\theta,\frac{\alpha/(\alpha,d)}{d/(\alpha,d)}\right)\cdot$$
$$V\left(\theta,\frac{\beta/(\beta,d)}{d/(\beta,d)}\right)V\left(\theta,\frac{\gamma/(\gamma,d)}{d/(\gamma,d)}\right)$$

将 d 表为 $d=(d,l)\cdot d/(d,l)$. 设 p 为 d 的素因子,当且仅当 p 仅能除尽 α,β,γ 中的一个数时,p 能除尽 (d,l);当且仅当 p 能除尽 α,β,γ 中的两个数时,p 能除尽 $d/(d,l)$. 所以 $\alpha\beta\gamma=D^2/l$,$(\alpha,d)(\beta,d)(\gamma,d)=d^2/(d,l)$. 利用引理6.4和6.5,我们得到

$$V(\theta_f,1/d)=-4^{-1}(1+\mathrm{i})dD^{-1}l^{1/2}(d,l)^{-1/2}V_1$$

其中

$$V_1=\varepsilon_{d/(\alpha,d)}\varepsilon_{d/(\beta,d)}\varepsilon_{d/(\gamma,d)}\left(\frac{\alpha/(\alpha,d)}{d/(\alpha,d)}\right)\left(\frac{\beta/(\beta,d)}{d/(\beta,d)}\right)\left(\frac{\gamma/(\gamma,d)}{d/(\gamma,d)}\right)=$$
$$\prod_{p\mid d}\varepsilon_p^2\prod_{p\mid d(d,l)}\varepsilon_p^{-1}\prod_{p\mid d/(\alpha,d)}\left(\frac{\alpha d/p}{p}\right)\prod_{p\mid d/(\beta,d)}\left(\frac{\beta d/p}{p}\right)\prod_{p\mid d/(\gamma,d)}\left(\frac{\gamma d/p}{p}\right)=$$
$$\left(\frac{-1}{d}\right)\varepsilon_{d/(d,l)}^{-1}\prod_{p\mid d/(d,l)}\left(\frac{d(p(d,l))^{-1}}{p}\right)\cdot$$
$$\prod_{p\mid d/(\alpha,d)}\left(\frac{\alpha d/p}{p}\right)\prod_{p\mid d/(\beta,d)}\left(\frac{\beta d/p}{p}\right)\prod_{p\mid d/(\gamma,d)}\left(\frac{\gamma d/p}{p}\right)=$$
$$\left(\frac{-1}{d}\right)\varepsilon_{d/(d,l)}^{-1}\left(\frac{\alpha(d,l)}{(d,\beta,\gamma)}\right)\left(\frac{\beta(d,l)}{(d,\gamma,\alpha)}\right)\left(\frac{\gamma(d,l)}{(d,\alpha,\beta)}\right)\cdot$$
$$\left(\frac{\alpha\beta}{(d,l,\gamma)}\right)\left(\frac{\beta\gamma}{(d,l,\alpha)}\right)\left(\frac{\gamma\alpha}{(d,l,\beta)}\right)=$$
$$\left(\frac{-1}{d}\right)\varepsilon_{d/(d,l)}^{-1}\left(\frac{l/(d,l)}{d/(d,l)}\right)\left(\frac{\alpha\beta/(\alpha,\beta)^2}{(d,l,\gamma)(d,\alpha,\beta)}\right)\cdot$$
$$\left(\frac{\beta\gamma/(\beta,\gamma)^2}{(d,l,\alpha)(d,\beta,\gamma)}\right)\left(\frac{\gamma\alpha/(\gamma,\alpha)^2}{(d,l,\beta)(d,\gamma,\alpha)}\right)$$

由此得到 $V(\theta_f,1/d)$ 的表达式.

类似地我们有

$$V(\theta_f,1/4d)=$$
$$\lim_{z\to 0}(-4dz)^{3/2}\theta(\alpha(z+1/4d))\theta(\beta(z+1/4d))\theta(\gamma(z+1/4d))=$$
$$\left(\frac{(\alpha,d)(\beta,d)(\gamma,d)}{\alpha\beta\gamma}\right)^{1/2}V\left(\theta,\frac{\alpha/(\alpha,d)}{4d/(\alpha,d)}\right)\cdot$$
$$V\left(\theta,\frac{\beta/(\beta,d)}{4d/(\beta,d)}\right)V\left(\theta,\frac{\gamma/(\gamma,d)}{4d/(\gamma,d)}\right)=$$
$$dD^{-1}l^{1/2}(l,d)^{-1/2}V_2$$

其中

$$V_2=\varepsilon_{\alpha/(\alpha,d)}^{-1}\varepsilon_{\beta/(\beta,d)}^{-1}\varepsilon_{\gamma/(\gamma,d)}^{-1}\left(\frac{d/(\alpha,d)}{\alpha/(\alpha,d)}\right)\left(\frac{d/(\beta,d)}{\beta/(\beta,d)}\right)\left(\frac{d/(\gamma,d)}{\gamma/(\gamma,d)}\right)=$$
$$\prod_{p\mid D/d}\varepsilon_p^{-2}\prod_{p\mid l/(l,d)}\varepsilon_p\prod_{p\mid\alpha/(\alpha,d)}\left(\frac{\alpha d/p}{p}\right)\prod_{p\mid\beta/(\beta,d)}\left(\frac{\beta d/p}{p}\right)\prod_{p\mid\gamma/(\gamma,d)}\left(\frac{\gamma d/p}{p}\right)=$$
$$\varepsilon_{l/(l,d)}\left(\frac{-1}{D/d}\right)\prod_{p\mid l/(l,d)}\left(\frac{l(p(l,d))^{-1}}{p}\right)\cdot$$
$$\prod_{p\mid\alpha/(\alpha,d)}\left(\frac{\alpha d/p}{p}\right)\prod_{p\mid\beta/(\beta,d)}\left(\frac{\beta d/p}{p}\right)\prod_{p\mid\gamma/(\gamma,d)}\left(\frac{\gamma d/p}{p}\right)$$

由于

$$l/(l,d)=(\alpha/(\alpha,\beta\gamma d))(\beta/(\beta,\gamma\alpha d))(\gamma/(\gamma,\alpha\beta d))$$

所以

$$V_2=\varepsilon_{l/(l,d)}\left(\frac{-1}{D/d}\right)\left(\frac{\alpha\beta/(\alpha,\beta)^2}{(\alpha,\beta)(\alpha,\beta,d)}\right)\left(\frac{\beta\gamma/(\beta,\gamma)^2}{(\beta,\gamma)(\beta,\gamma,d)}\right)\cdot$$
$$\left(\frac{\gamma\alpha/(\gamma,\alpha)^2}{(\gamma,\alpha)(\gamma,\alpha,d)}\right)\left(\frac{\alpha dl(d,l)^{-1}(\alpha,l)^{-2}}{\alpha/(\alpha,\beta\gamma d)}\right)\cdot$$
$$\left(\frac{\beta dl(d,l)^{-1}(\beta,l)^{-2}}{\beta/(\beta,\gamma\alpha d)}\right)\left(\frac{\gamma dl(d,l)^{-1}(\gamma,l)^{-2}}{\gamma/(\gamma,\alpha\beta d)}\right)=$$
$$\varepsilon_{l/(l,d)}\left(\frac{-1}{D/d}\right)\left(\frac{d/(d,l)}{l/(d,l)}\right)\left(\frac{\alpha\beta/(\alpha,\beta)^2}{(\alpha,\beta)/(\alpha,\beta,d)\gamma(\gamma,\alpha\beta d)}\right)\cdot$$
$$\left(\frac{\beta\gamma/(\beta,\gamma)^2}{(\beta,\gamma)/(\beta,\gamma,d)\alpha(\alpha,\beta\gamma d)}\right)\cdot$$
$$\left(\frac{\gamma\alpha/(\gamma,\alpha)^2}{(\gamma,\alpha)/(\gamma,\alpha,d)\beta(\beta,\gamma\alpha d)}\right)$$

由此可得到$V(\theta_f,1/4d)$的表达式. 利用$V(\theta,1/2)=0$,不难证明$V(\theta_f,1/2d)=0$.

类似地可以证明以下两个命题:

命题 6.7 设$f=2\alpha x_1^2+\beta x_2^2+\gamma x_3^2$,其中,$\alpha,\beta,\gamma$为无平方因子的正奇数,且适合$(\alpha,\beta,\gamma)=1$,则$\theta_f(z)$属于$G(8D,3/2,x_{2l})$,$D$与$l$如式(6.2.1)中所定义. 对$D$的任一因子$d$,有

$$V(\theta_f,1/d)=\left(\frac{2}{d/(\alpha,d)}\right)V(\theta_{f'},1/d)$$

$$V(\theta_f,1/8d)=\left(\frac{2}{\beta\gamma/(\beta\gamma,d)}\right)V(\theta_{f'},1/4d)$$

$$V(\theta_f,1/2d)=V(\theta_f,1/4d)=0$$

其中 $f'=\alpha x_1^2+\beta x_2^2+\gamma x_3^2$，$V(\theta_{f'},1/d)$ 和 $V(\theta_{f'},1/4d)$ 由命题 6.6 所给定.

命题6.8 设 $f=2\alpha x_1^2+2\beta x_2^2+\gamma x_3^2$，其中，$\alpha,\beta,\gamma$ 为无平方因子的正奇数，且适合 $(\alpha,\beta,\gamma)=1$，则 $\theta_f(z)$ 属于 $G(8D,3/2,\chi_l)$，D 与 l 如式(6.2.1)中所定义，对 D 的任一因子 d，有

$$V(\theta_f,1/d)=\left(\frac{2}{d/(\alpha\beta,d)}\right)V(\theta_{f'},1/d)$$

$$V(\theta_f,1/8d)=\left(\frac{2}{\gamma/(\gamma,d)}\right)V(\theta_{f'},1/4d)$$

$$V(\theta_f,1/2d)=V(\theta_f,1/4d)=0$$

其中 $f'=\alpha x_1^2+\beta x_2^2+\gamma x_3^2$，$V(\theta_{f'},1/d)$ 和 $V(\theta_{f'},1/4d)$ 由命题 6.6 所给定.

下面我们给出一个计算 $\gamma(\text{gen}.\ f,n)$ 的解析表达式的例子. 设 $f_p=x_1^2+x_2^2+px_3^2$，p 为一奇素数. 这时 $\theta(\text{gen}.\ f,z)$ 属于 $\varepsilon(4p,3/2,\chi_p)$，它是一个三维子空间. 定理 4.42 给出了它的一组基

$$g(\chi_p,4p,4p),g(\chi_p,4,4p),g(\chi_p,4,4p)$$

应用第 4 章的符号，令

$$\lambda(n,4p)=L_{4p}(2,id.)^{-1}L_{4p}(1,\chi_{-n})\sum\mu(a)\chi_{-n}(a)(ab)^{-1}$$

求和号跑遍所有与 $4p$ 互素且适合 $(ab)^2\mid n$ 的整数对 a,b. 又令

$$a(n)=2(1+\mathrm{i})(4^{-1}(1-\mathrm{i})-A(2,n))=\begin{cases}3\cdot 2^{-(1+h(2,n))/2}, & \text{若 } 2\nmid h(2,n)\\ 3\cdot 2^{-(1+h(2,n))/2}, & \text{若 } 2\nmid h(2,n),n/2^{h(2,n)}\equiv 1(4)\\ 2^{-h(2,n)/2}, & \text{若 } 2\mid h(2,n),n/2^{h(2,n)}\equiv 3(8)\\ 0, & \text{若 } 2\mid h(2,n),n/2^{h(2,n)}\equiv 7(8)\end{cases}$$

$$\beta_p(n)=p^2(p^{-1}-A(p,pn))=\begin{cases}(1+p)p^{-h(p,n)/2}, & \text{若 } 2\mid h(p,n)\\ 2p^{(1-h(p,n))/2}, & \text{若 } 2\nmid h(p,n),\left(\frac{-n/p^{h(p,n)}}{p}\right)=-1\\ 0, & \text{若 } 2\nmid h(p,n),\left(\frac{-n/p^{h(p,n)}}{p}\right)=1\end{cases}$$

以 δ_{pn} 表示特征 χ_{-pn} 的导子，$h(-pn)$ 表示虚二次 $\boldsymbol{Q}(\sqrt{-pn})$ 的类数. 利用类数公式

$$h(-pn)=(2\pi)^{-1}\delta_{pn}^{1/2}\omega_{pn}L(1,\chi_{-pn})$$

我们有

$$\lambda(pn,4p)(pn)^{1/2}=\frac{16p^2}{\pi\omega_{pn}(p^2-1)}h(-pn)\gamma_p(n)$$

其中

$$\omega_{pn}=\begin{cases}6, & 若\ \delta_{pn}=3\\4, & 若\ \delta_{pn}=4\\2, & 其他情况\end{cases}$$

$$\gamma_p(n)=(1-2^{-1}\chi_{-pn}(2))(1-p^{-1}\chi_{-pn}(p))(pn/\delta_{pn})^{1/2}\cdot\sum_{(ab)^2|n,(ab,2p)=1}\mu(a)\chi_{-pn}(a)(ab)^{-1}$$

空间 $\varepsilon(4p,3/2,\chi_p)$ 有如下的一组基

$$g(\chi_p,4p,4p)=1-\frac{32}{p^2-1}\sum_{n=1}^{\infty}h(-pn)\omega_{pn}^{-1}\alpha(pn)\beta_p(n)\gamma_p(n)e(nz)$$

$$g(\chi_p,4,4p)=\frac{32}{p^2-1}\sum_{n=1}^{\infty}h(-pn)\omega_{pn}^{-1}\alpha(pn)\gamma_p(n)e(nz)$$

$$g(\chi_p,p,4p)=-\frac{32}{p^2-1}\sum_{n=1}^{\infty}h(-pn)\omega_{pn}^{-1}\beta_p(n)\gamma_p(n)e(nz)$$

由命题 4.39 和命题 4.41 可以得到上述函数在 $S(4p)$ 中各个尖点的值，由命题 6.6 得到 $\theta(\text{gen}.\, f_p,z)$ 在 $S(4p)$ 中各尖点的值，它们在 $1/2$ 和 $1/2p$ 的值都是零. 将它们在其他尖点的值列表如表 6.1 所示.

表 6.1

	1	$\frac{1}{p}$	$\frac{1}{4}$	$\frac{1}{4p}$
$g(\chi_p,4p,4p)$	$\frac{1+\mathrm{i}}{4p^{1/2}}$	$\frac{-(1+\mathrm{i})}{4}$	$-\varepsilon_p p^{-1/2}$	1
$g(\chi_p,4,4p)$	$\frac{-(1+\mathrm{i})p^{1/2}}{4}$	0	$\varepsilon_p p^{1/2}$	0
$g(\chi_p,p,4p)$	$\frac{1+\mathrm{i}}{4p^{1/2}}$	$\frac{-(1+\mathrm{i})}{4}$	0	0
$\theta(\text{gen}.\, f,z)$	$\frac{-(1+\mathrm{i})}{4p^{1/2}}$	$-(1+\mathrm{i})\left(-\frac{1}{p}\right)/4$	$-\frac{1}{p}\varepsilon_p p^{-1/2}$	1

由此可知

$$\theta(\text{gen}.\, f_p,z)=\begin{cases}g(\chi_p,4p,4p)+2p^{-1}g(\chi_p,4,4p), & 若\ p\equiv1(4)\\g(\chi_p,4p,4p)-2g(\chi_p,p,4p), & 若\ p\equiv3(4)\end{cases}$$

从而我们得到

$\gamma(\text{gen}.\, f_p,n)=$

$$\begin{cases}\dfrac{32}{\omega_{pn}(p^2-1)}h(-pn)\alpha(pn)(2p^{-1}-\beta_p(n))\gamma_p(n), & 若\ p\equiv 1(4)\\ \dfrac{32}{\omega_{pn}(p^2-1)}h(-pn)(2-\alpha(pn))\beta_p(n)\gamma_p(n), & 若\ p\equiv 3(4)\end{cases}$$

取 $p=7$ 为例. 在 f_7 所在的簇内有两个等价类,其代表可取为 $f=x_1^2+x_2^2+7x_3^2$ 及 $f'=x_1^2+2x_2^2+4x_3^2+2x_2x_3$,且 $o(f)=8$,$o(f')=4$(见 H. Brandt 和 O. Intran[1]). 因此

$$\gamma(\text{gen}.\ f,n)=\frac{1}{3}\gamma(f,n)+\frac{2}{3}\gamma(f',n)$$

由上述结果,我们有

$$\gamma(f,n)+2\gamma(f',n)=2\omega_{7n}^{-1}h(-7n)(2-\alpha(7n))\beta_7(n)\gamma_7(n)$$

考虑一个特殊的情况. 当尖形式子空间 $S(N,3/2,\chi)=\{0\}$ 时,$\varepsilon(N,3/2,\chi)$ 的基就是整个空间 $G(N,3/2,\chi)$ 的基,$\theta_f(z)$ 若属于这种类型的空间,利用上面的方法就能计算得到 $\gamma(f,n)$ 的解析表达式. 实际上,这时 f 所在的簇仅有一个等价类,在 6.1 节我们已指出,当 f' 与 f 在同一个簇时,$\theta_{f'}-\theta_f$ 就是一个尖形式. 利用定理 2.23 及 4.3 节中关于 $G(N,1/2,\chi)$ 的维数的结果,可以发现以下一批尖形式空间仅含零元素

$$S(4,3/2,\chi_1),S(8,3/2,\chi_1),S(8,3/2,\chi_2)$$
$$S(12,3/2,\chi_1),S(12,3/2,\chi_3),S(16,3/2,\chi_1)$$
$$S(16,3/2,\chi_2),S(20,3/2,\chi_1),S(20,3/2,\chi_5)$$
$$S(24,3/2,\chi_1),S(24,3/2,\chi_2),S(24,3/2,\chi_3)$$
$$S(24,3/2,\chi_6),S(32,3/2,\chi_1),S(32,3/2,\chi_2)$$
$$S(64,3/2,\chi_2)$$

利用我们在本书开始时定义的符号 $N(a,b,c,;n)$,通过计算,可以得到以下的结果(令 $\delta(x)=1$,当 x 为整数时,否则,$\delta(x)=0$)

$$N(1,1,1;n)=2\pi n^{1/2}\lambda(n,4)\alpha(n)$$

$$N(1,2,2;n)=2\pi n^{1/2}\lambda(n,4)\left(\alpha(n)-\delta\left(\frac{n-1}{4}\right)-\delta\left(\frac{n-2}{4}\right)\right)$$

$$N(1,3,3;n)=2\pi n^{1/2}\lambda(n,12)\left(\frac{1}{3}-A(3,n)\right)(2-\alpha(n))$$

$$N(1,5,5;n)=2\pi n^{1/2}\lambda(n,20)\alpha(n)\left(A(5,n)+\frac{1}{5}\right)$$

$$N(1,6,6;n)=2\pi n^{1/2}\lambda(n,12)\left(\frac{1}{3}-A(3,n)\right)\cdot$$
$$\left(1+\delta\left(\frac{n-1}{4}\right)+\delta\left(\frac{n-2}{4}\right)-\alpha(n)\right)$$

$$N(2,3,6;n)=2\pi n^{1/2}\lambda(n,12)\left(\frac{1}{3}+A(3,n)\right)\cdot$$
$$\left(\alpha(n)-\delta\left(\frac{n-1}{4}\right)-\delta\left(\frac{n-2}{4}\right)\right)$$
$$N(1,1,4;n)=\pi n^{1/2}\lambda(n,4)\left(2\delta\left(\frac{n-1}{4}\right)+\delta\left(\frac{n-2}{4}\right)+2\delta\left(\frac{n}{4}\right)\alpha(n)\right)$$
$$N(1,4,4;n)=\pi n^{1/2}\lambda(n,4)\left(2\delta\left(\frac{n}{4}\right)\alpha(n)+\delta\left(\frac{n-1}{4}\right)\right)$$
$$N(1,2,4;n)=\pi(2n)^{1/2}\lambda(2n,4)\left(2\alpha(2n)-\delta\left(\frac{n}{2}\right)\delta\left(\frac{n/2-1}{4}\right)-\right.$$
$$\left.\delta\left(\frac{n}{4}\right)\delta\left(\frac{n/4-1}{2}\right)-\frac{5}{2}\delta\left(\frac{n-1}{2}\right)\right)$$
$$N(1,1,8;n)=\pi n^{1/2}\lambda(2n,4)\left(2^{-1/2}\alpha\left(\frac{n}{8}\right)\delta\left(\frac{n}{8}\right)+2^{1/2}\delta\left(\frac{n}{2}\right)\delta\left(\frac{n/2-1}{2}\right)+\right.$$
$$\left.2^{-1/2}\delta\left(\frac{n}{4}\right)\delta\left(\frac{n/4-1}{2}\right)+2^{5/2}\delta\left(\frac{n-1}{4}\right)\right)$$
$$N(1,4,8;n)=\pi n^{1/2}\lambda(2n,4)\left(2^{-1/2}\alpha\left(\frac{n}{8}\right)\delta\left(\frac{n}{8}\right)+\right.$$
$$\left.2^{-1/2}\delta\left(\frac{n}{4}\right)\delta\left(\frac{n/4-1}{2}\right)+2^{-1/2}\delta\left(\frac{n-1}{4}\right)\right)$$

我们也不难发现下述关系式

$$N(1,1,2;n)=N(1,2,2;2n)$$
$$N(1,1,3;n)=N(1,3,3;3n)$$
$$N(1,1,5;n)=N(1,5,5;5n)$$
$$N(2,3,3;n)=N(1,6,6;2n)$$
$$N(1,3,6;n)=N(2,3,6;2n)$$
$$N(2,2,3;n)=N(1,6,6;3n)$$
$$N(1,2,6;n)=N(2,3,6;3n)$$
$$N(1,1,6;n)=N(1,6,6;6n)$$
$$N(1,2,3;n)=N(2,3,6;6n)$$

专访广州大学信息安全研究所所长裴定一

附录

一、简介

广州大学数学与信息科学学院的裴定一教授有过一大串傲人的头衔：

中国科学院应用数学研究所副研究员，中国科学院研究生院教授、博士生导师，广州大学教授、理学院院长，国内外密码界著名的学者，中国科学院研究生院信息安全国家重点实验室学术委员会主任，中国密码学会理事长，国际密码学会理事，计算机权威刊物 *Computer Science and Technology* 编委、2006 年亚洲密码年会总主席……

1992 年起享受国务院政府特殊津贴的裴教授在科研和教学上都有自己的建树.

二、硕果累累

2006 年亚洲密码会议，裴教授接受 RSA 密码发明人之一 Adi Shamir 的颁奖.

除获奖外，他还收获了许多可爱的学生.

三、羊城专访

1. 带好学生，做好研究

在广州大学任教多年以来，裴教授一直带研究生和博士生，对怎样带出好学生有着个人的见解.

裴教授觉得一个好学生的成因是由多方面决定的,比如说教授的科研水平够不够,学生的知识储备够不够,学生努不努力这些方面,但是最重要的还是要靠他本人的努力.学生不仅要学会用,还要懂得去学.裴教授也把自己带学生的体会讲了一番,他既抓研究生学习,又抓博士生学习,但是最主要的还是抓博士生学习.裴教授希望博士生能搞科研,独立地搞科研.因此,裴教授在任教过程中着重于教学生如何独立地搞科研,比如说当裴教授抛出一个问题,他会引导学生去弄懂弄透直到消化.裴教授说:"因为看问题不能只看表面,感觉好像懂了,最后别人问深一点,就不懂了,这时候你还是不懂,那样你就没办法搞学问、搞研究了.所以我们看待一个问题不仅要从表面上看,也要从本质上看,不断地钻研下去.

裴教授还讲了自己教授华罗庚教授对研究数学的高招,他说华老把积累知识进入科学研究的过程形容为"从薄到厚,从厚到薄",当我们进入一个新的知识领域,开始知之甚少,通过不断的学习,后来积累的知识就越来越多,但这时必须消化这些知识,深入思考分析,一层一层地"拆架子",抓住其中的一些关键,在我们的脑子中就会觉得这些知识并不很多了,也只有在这时就有可能进入科学研究阶段了.裴教授说华老的话对他的启发非常大,因此,他经常和学生强调看文章要看本质、看核心,一步一步分解直到看懂.

2. 走入应用数学,结缘信息安全

裴教授说自己从应用数学走向信息安全的原因有两个:

客观上是因为美国访学,裴教授高中毕业考入中国科技大学应用数学系五年制本科.当时,我国著名数学家华罗庚教授任该系主任.四年级时,裴教授挑选了数论代数专业,并选修了华老主讲的《典型群》课程.从那时起,华老的学术魅力就在他的心中播下了种子.1964年本科毕业的裴教授以优异的成绩考取同系研究生,实现了师从华罗庚教授做研究的梦想.

1978年12月25日,裴教授成为改革开放后由教育部公派留美的第一批访问学者之一.在华老的推荐下,裴教授进入世界一流的普林斯顿大学数学系进修.结束访学的裴教授回到中国科学院,在华罗庚先生的影响和带动下,帮助部队解决一些问题进而逐渐接触信息安全这个领域.裴教授开始从事数论研究逐渐转向密码学研究领域.

主观上是因为大学所学的专业数论代数与密码非常密切,密码学需要这些数学知识作为储备,可以把这些知识用上,这也是后来促成裴教授走入密码学的一大主要原因.后来裴教授就一直在信息安全这个领域做着自己喜欢的研究,也引领了无数学生走入这个领域.

3. 寄语年轻一代,为国增光

数学被称为科学的皇冠,在过去的半个多世纪里,裴教授用自己的心血和汗水屡屡摘获皇冠上的明珠.从基础数学到现代密码学,这些明珠为我国的数学研究与应用事业增添了光彩,也为年轻一代指明了一个前进的方向.裴教授说:"我盼望着能够涌现更多有志的年轻人加入到数学研究的队伍中,为确保我们国家的信息安全贡献力量!"裴教授在研究岗位上兢兢业业,在教育学生上孜孜不倦,身体力行地教育学生要积极学习,努力学习,学好数学,为自己的梦想奋斗.

新一代的年轻学子,让我们谨记裴教授教诲,珍惜学校和学院给我们的平台,珍惜丰富的教育资源,努力学习,心怀祖国,勇攀事业高峰.

参 考 文 献

[1] BRANDT H, INTRAN O. Tabellen reduzierter positiver ternarer quadratischer Formen[J]. Abh. Sächs. Akad. Wiss. leipsing Math-Natur, 1958,4.

[2] COHEN H S, OESTERLÉ J. Dimensions des espaces de formes modulaires, Modular Functions of One Variable Ⅵ, Lecture Notes in Math., vol 627[M]. Berlin and New York:Springer-Verlag, 1977.

[3] DELIGNE P. La conjecture de Weil Ⅰ[J]. Publ. Math. Lost. Hautes Etud. Sci., 1974(43):273-307.

[4] EICHLER M. Quadratische Formen und orthogonale Gruppen[M]. Berlin,Göttingen,Heidelberg:Springer, 1952.

[5] HECKE H. Theorie der Eisensteischen Reihen höherer Stufe und ihre Anwendung auf Funktionentheorie und Arithmetik[J]. Abh. Math. Sem Univ. Hamberg, 1927(5):199-224.

[6] HECKE E. Über Modulfunktionen und die Dirichletscher Reihen mit Eulerscher Produktentwicklung Ⅰ,Ⅱ[J]. Math. Ann., 1937(114):1-28, 316-351.

[7] IWANICE H. Fourier cofficients of modular forms of half-integral weight [J]. Invent. Math., 1987(87):385-401.

[8] KOHNEN W. Newforms of half-integral weight[J]. J. Reine Angew. Math., 1982(333):32-72.

[9] KOJIMA H. Cusp forms of weight 3/2[J]. Nagoya Math. J., 1980(79):111-122.

[10] NIWA S. Modular forms of half-iutegral weight and the integral of certain theta functions[J]. Nagoya Math. J., 1975(56):147-161.

[11] PEI D Y. Eisenstein series of weight 3/2: Ⅰ,Ⅱ[J]. Trans. Amer. Math. Soc., 1982(274):573-606,1984(283):589-603.

[12] 裴定一. 不定方程 $ax^2+by^2+cz^2=n$ 解的个数[J]. 科学通报,1982(24):1476-1479.

[13] 裴定一. 权为半整数的 Eisenstein 空间的提升[J]. 科学通报，1986(24)：1841-1844.

[14] 裴定一. 权为半整数的 Eisenstein 空间[J]. 科学通报，1987(30)：512-522.

[15] PEI D Y. A note on representations of integers by ternary quadratic forms, Algebraic Geometry and Algebraic Number Theory. Nankai Series in Pure, Applied Math. and Theoretical Physics vol. 3[C]. 天津：[出版者不详]，1992：92-101.

[16] PETERSSON H. Über die Entwicklungskoeftizienten der ganzen Modul-formen und ihre Bedentung für die Zahlentheorie[J]. Abh. Math. Sem. Univ. Hamburg, 1931(8)：215-242.

[17] PONOMAREV P. Ternary quadratic forms and Shimura's correspondence[J]. Nagoya Math. J., 1981(81)：123-151.

[18] RANKIN R A. Contributions to the theory of Ramanujan's function $\tau(n)$ and similar arithmetical functions Ⅰ, Ⅱ, Ⅲ[J]. Proc, Cambridge Phil. Soc., 1939(35)：351-356，357-372，1940(36)：150-151.

[19] SCHULZE-PILLOT R. Thetareihen positiv definiter quaqdratischer Formen[J]. Inven. Math., 1984(75)：283-299.

[20] SERRE J P, STARK H M. Modular forms of weight 1/2, Modular Function of One Variable Ⅵ, Lecture Notes in Math. vol. 627 [M]. Berlin：Sringer-Verlag, [出版年不详]：29-67.

[21] SIEGEL C L. Die Funktionalgleichungen einiger Dirichletscher Reihen [J]. Math. z, 1956(63)：363-373.

[22] SHIMURA G. Introduction to the arithmetic theory of automorphic functions[M]. Tokyo，Princeton：Iwanami Shoten, Publishers and Princeton University Press, 1971.

[23] SHIMURA G. On modular forms of half integral weight[J]. Ann. of Math., 1973(97)：440-481.

[24] SHIMURA G. On the holomorphy of certain Dirichlet series[J]. Proc. London Math. Soc., 1975，31(3)：79-98.

[25] STURM J. Special values of zeta functions and Eisenstein series of half integral weight[J]. Amer. J. Math., 1980(102)：219-240.

[26] STURM J. Theta series of weight 3/2 [J]. J. of Number Theory, 1982(14)：353-361.